全国职业技术院校模具制造/模具设计专业教材

冷冲压工艺与模具设计
(第二版)

人力资源和社会保障部教材办公室组织编写

中国劳动社会保障出版社

简　介

本书主要内容包括冷冲压工艺与模具基础知识、冲裁工艺与冲裁模设计、弯曲工艺与弯曲模设计、拉深工艺与拉深模设计、其他成型工艺与模具设计、多工位精密自动级进模设计基础等。

本书由管林东主编，贾大虎任副主编，孙海锋、周秋荣、刘春、孙喜兵参加编写；洪惠良主审。

图书在版编目(CIP)数据

冷冲压工艺与模具设计/人力资源和社会保障部教材办公室组织编写. —2 版. —北京：中国劳动社会保障出版社，2016

全国职业技术院校模具制造/模具设计专业教材

ISBN 978－7－5167－2741－6

Ⅰ.①冷…　Ⅱ.①人…　Ⅲ.①冷冲压-生产工艺-职业教育-教材②模具-设计-职业教育-教材　Ⅳ.①TG386②TG702

中国版本图书馆 CIP 数据核字(2016)第 233030 号

中国劳动社会保障出版社出版发行

(北京市惠新东街 1 号　邮政编码：100029)

*

北京市白帆印务有限公司印刷装订　　新华书店经销

787 毫米×1092 毫米　16 开本　18.5 印张　372 千字

2016 年 9 月第 2 版　　2025 年 1 月第 8 次印刷

定价：34.00 元

营销中心电话：400-606-6496

出版社网址：http://www.class.com.cn

http://jg.class.com.cn

为了更好地适应全国职业技术院校模具类专业的教学要求，全面提升教学质量，人力资源和社会保障部教材办公室组织有关学校的骨干教师和行业、企业专家，对全国中等职业技术学校和高等职业技术院校模具类专业教材进行了修订和补充开发。教材的修订和开发以人力资源社会保障部颁布的《技工院校模具制造专业教学计划和教学大纲（2016）》与《技工院校模具设计专业教学计划和教学大纲（2016）》为依据，充分调研了企业生产和学校教学情况，广泛听取了教师对现行教材使用情况的反馈意见，吸收和借鉴了各地职业技术院校教学改革的成功经验。

教材体系

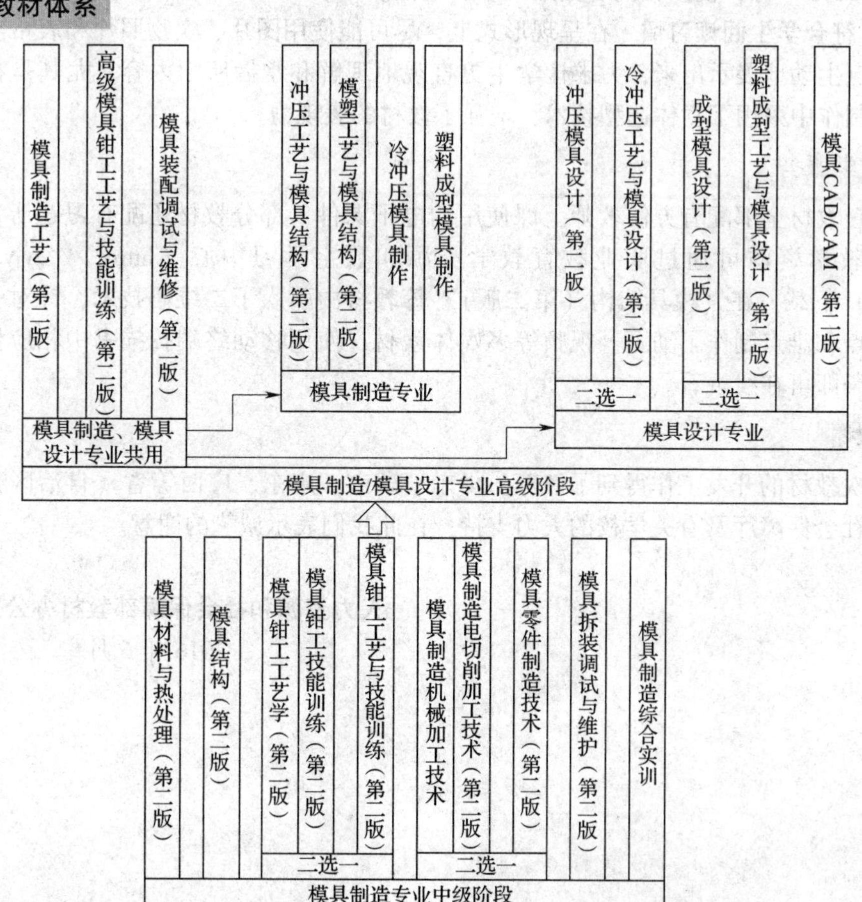

适用对象

模具制造/模具设计专业中级、高级两个层次和以下 3 种学制：

- 初中毕业生 3 年学制培养中级工
- 高中毕业生 3 年学制培养高级工
- 初中毕业生 5 年学制培养高级工

编写特色

◆ **紧贴国家职业标准** 紧密贴合《中华人民共和国职业分类大典（2015 年版）》中对模具工等职业的职业能力要求，同时参照了模具工、工具钳工等国家职业技能标准。

◆ **体现行业技术发展** 根据模具行业的最新发展，在教材中充实模具制造、设计方面的新技术，如模具 CAD/CAM/CAE 技术、快速成型技术、多轴数控加工技术、微细加工技术等，体现教材的先进性。

◆ **更新国家技术标准** 采用最新的国家技术标准，如《工模具钢》（GB/T 1299—2014）、《冲压件尺寸公差》（GB/T 13914—2013）、《冲压件角度公差》（GB/T 13915—2013）等，使教材内容更加科学和规范。

◆ **符合学生阅读习惯** 在呈现形式上，尽可能使用图片、实物照片和表格等形式将知识点生动地展示出来，力求让学生更直观地理解和掌握所学内容。尤其是在教材插图的制作中采用了立体造型技术，增强了教材的表现力。

教学服务

本套教材全部配有方便教师上课使用的电子课件，部分教材还配有习题册，电子课件等教学资源可通过职业教育教学资源和数字学习中心（http：// zyjy. class. com. cn）下载。在《模具结构（第二版）》等教材中引入了二维码技术，针对书中的教学重点和难点制作了动画、视频等多媒体素材，使用移动终端扫描书中相应位置处的二维码即可在线观看。

致谢

本次教材的开发工作得到了江苏、山东、湖南、广东、广西等省（自治区）人力资源和社会保障厅及有关学校的大力支持，在此我们表示诚挚的谢意。

人力资源和社会保障部教材办公室

2016 年 6 月

目 录
Contents

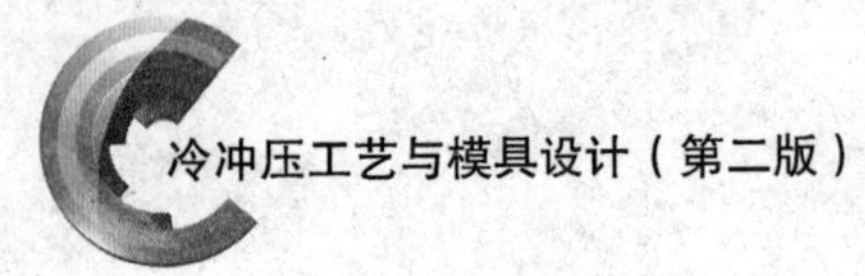

第一章 冷冲压工艺与模具基础知识

第一节　冷冲压加工基础知识

一、冷冲压加工的基本概念

1. 压力加工

压力加工是指利用各种压力机和装在压力机上的模具，使材料在常温或高温状态下达到符合要求的变形。压力加工的种类很多，按加工性质不同，可分为以下两大类：

（1）冷压力加工

冷压力加工是指材料在常温状态下进行压力变形的加工方法。

（2）热压力加工

热压力加工是指材料经过加热后，在高温状态下进行压力变形的加工方法。

2. 冷冲压加工

冷冲压加工是指在常温状态下，在压力机上通过模具对板料金属（非金属）加压，使其产生分离或塑性变形，从而得到一定形状、尺寸和性能要求的零件的加工方法，其过程如图1—1—1所示。由于冷冲压加工的原材料一般为板料，故这种加工方法又称板料冲压。冷冲压加工所使用的成形工具称为冷冲压模具，简称冲模。

二、冷冲压加工的特点及应用

1. 冷冲压加工的特点

冷冲压加工与其他加工方法相比，无论在技术方面还是经济方面，都具有许多独特的特点。冲压成形制件的高精度、高复杂程度、高一致性、高生产率和低消耗是其他加工方法所无法比拟的。作为一种先进的加工方法，冷冲压加工与其他方法（如机械加工）相比具有以下优点：

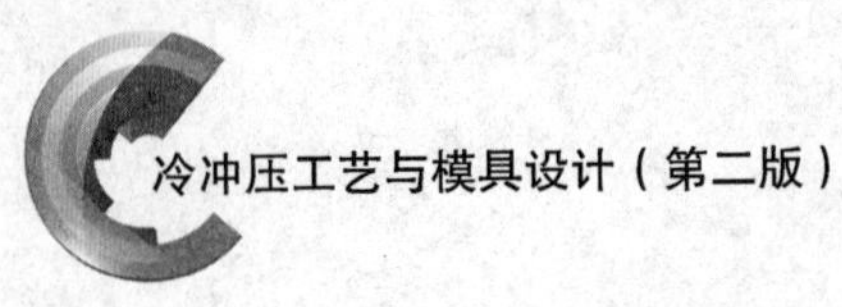

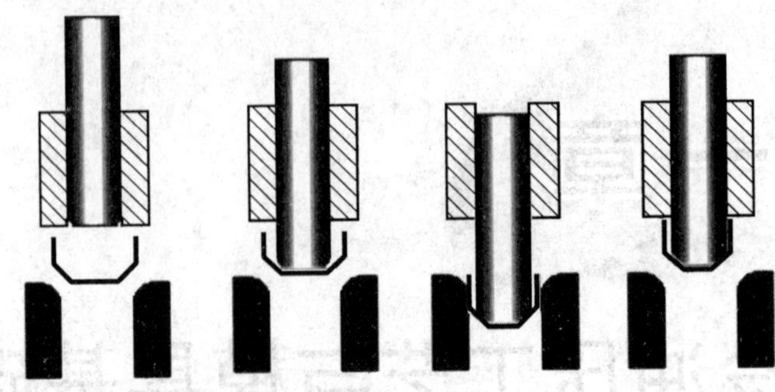

图 1—1—1 冷冲压加工过程

（1）冲压加工生产效率极高，如级进模冲压速度可达 800 次/min，操作简单，易实现自动化。

（2）材料利用率高，冲压能耗小，属于无切削加工，经济性好。

（3）冲压制件的尺寸精度与冲模的精度有关，尺寸比较稳定，互换性好。

（4）可以利用金属材料的塑性变形适当地提高成形制件的强度、刚度等力学性能指标。

（5）可获得其他加工方法难以加工或不能加工的形状复杂制件，如薄壳制件、大型覆盖件（如汽车覆盖件、车门）等。

（6）冲模使用寿命长，降低了产品的生产成本。

当然，冲压加工也有着自身的不足。例如，由于冲模是技术密集型产品，其制造属单件小批量生产，具有制造成本高（占产品成本的 10% ~30%）、生产周期长、技术要求高、加工过程复杂、冲压生产过程中噪声大等特点。所以，只有在冲压制件生产批量大的情况下，冲压加工的优点才能充分体现，从而获得较好的经济效益。

2. 冷冲压加工的应用

冷冲压加工的应用范围十分广泛，在国民经济中处于很重要的地位。全世界的钢材中，有 60% ~70% 是板材，其中大部分经过冷冲压加工制成产品。汽车的车身、底盘、油箱、散热器片，锅炉的汽包，容器的壳体，电机、电器的铁芯硅钢片等都是由冷冲压加工而成的。在仪器仪表、家用电器、交通工具、办公机械、生活器皿等生产中，也有大量冲压件，如图 1—1—2 所示。

三、冷冲压加工的分类

生产中，为满足冲压零件形状、尺寸、精度、批量大小、原材料性能等要求，所采用的冲压加工方法多种多样。总体来说，冷冲压加工可分为两大类，即分离工序和成形工序。

1. 分离工序

分离工序是指使坯料沿一定的轮廓线相互分开而获得一定形状、尺寸和断面质量冲压件的工艺方法。分离工序中，坯料应力超过其抗拉强度，即 $\sigma > R_m$。

图 1—1—2 冲压产品

作为分离工序的基本工序，冲裁包括落料、冲孔、切断、切边、切口和剖切等，其各自的工序特点见表 1—1—1。

表 1—1—1 分离工序

工序名称	工序图例	工序特点
落料	废料 制件	用冲模沿封闭线冲切板料，冲下的部分为制件，其余部分为废料
冲孔	制件 废料	用冲模沿封闭线冲切板料，冲下的部分是废料
切断		用冲模沿不封闭切断线切断板料

续表

工序名称	工序图例	工序特点
切边		将半成品边缘部分多余的板料切除
切口		将板料部分切开，切口部分发生弯曲
剖切		将半成品切成两个或几个制件，常用于成对冲压

2. 变形工序

变形工序是指使坯料在不被破坏的条件下发生塑性变形，产生形状和尺寸的变化，转化成所需要的制件。在变形工序中，坯料应力介于坯料的抗拉强度和屈服强度之间，即 $R_{eL} < \sigma < R_m$。

变形工序包括弯曲、拉深和成形等基本工序。其中，弯曲还包括拉弯、扭弯和滚弯等，拉深还包括变薄拉深，成形还包括胀形、缩口、翻边、起伏等，各工序的特点见表 1—1—2。

表 1—1—2　　变形工序

工序名称	工序图例	工序特点
弯曲		用冲模使坯料弯曲成一定形状

续表

工序名称	工序图例	工序特点
拉深		将坯料压制成空心制件，壁厚基本不变
胀形		使空心件（或管料）的一部分沿径向扩张，呈凸肚形
缩口		将空心件的口部缩小
翻边		将坯料或制件上有孔的边缘翻成竖立边缘
起伏		在坯料或制件上压出肋条、花纹或文字，厚度在起伏处变薄

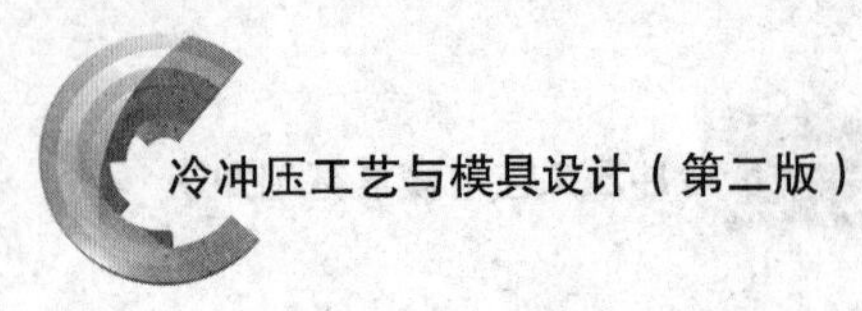

四、冲压技术发展前景

随着现代工业的发展，对冲压成形提出了越来越高的要求，因而也促进了冲压成形技术的迅速发展，主要表现在以下几个方面：

1. 工艺分析计算方面

冲压技术与工程数学、计算机技术相结合，对复杂的曲面零件进行计算机模拟和有限元分析，对某一工艺方案制件成形的可能性和成形过程中将会发生的问题进行预测，供设计人员进行修正和选择。这种设计方案将传统的经验设计提升为优化设计，缩短了冲模设计与制造的周期，节约了昂贵的试模费用。

2. 冲模 CAD/CAM/CAE 方面

冲模 CAD/CAM/CAE 是冲压工艺编制及冲模设计与制造走向全盘自动化的重大措施，采用 CAD/CAM/CAE 技术可极大地提高冲模设计与制造效率，并提高冲模的质量。

3. 冲压设备和生产自动化方面

目前，我国大量使用的冲压设备已经得到改进，在普通压力机的基础上，加上送料装置和检测装置，实现了半自动化或全自动化生产；通过改进冲压设备的结构，保证了必要的刚度和精度，提高了工艺性能，从而提高了冲压件的精度，延长了冲模的使用寿命。同时，积极发展高速压力机和多工位自动化压力机，开发了数控压力机和各种专用压力机，以满足大批量生产的需要。

4. 经济方面

大批量与多品种、小批量生产共存，开发了适用于小批量生产的各种简易冲模、经济冲模、标准化且容易变换的冲模系统等。

5. 冲模标准化和专业化生产方面

我国已经发布了《冲模术语》（GB/T 8845—2006）、《冲模技术条件》（GB/T 14662—2006）、《冲裁间隙》（GB/T 16743—2010）和冲模零部件的国家标准或行业标准（见附录一）。冲模的专业化生产也在积极组织和实施中。

6. 推广和发展冲压新工艺和新技术方面

推广和发展的冲压新工艺和新技术包括精密冲裁、液压拉深、电磁成形和超塑性成形等。

7. 制造技术方面

采用高速铣削、数控电火花铣削、慢走丝线切割、数控铣床、数控加工中心和坐标磨床，以实现冲模制造的现代化。

8. 模具材料和热处理方面

与材料科学相结合，不断改进材料性能，以提高冲压件的成形能力和使用效果。

第二节 冷冲压模具基础知识

冷冲压模具是通过加压将金属、非金属板料或型材分离、成形或接合而获得制件的工艺装备。

一、冷冲压模具的分类

冷冲压模具的分类方法很多，例如，可以根据工序组合程度、冲压工艺性质、板料厚度、冲模功能等进行分类。

1. 按工序组合程度分类

按工序组合程度不同，冷冲压模具可分为单工序模、复合模和级进模，它们的结构如图1—2—1所示，其中，单工序模只能完成一种冲压工序，而复合模和级进模能完成两种或两种以上的冲压工序，它们各自的特点和应用见表1—2—1。

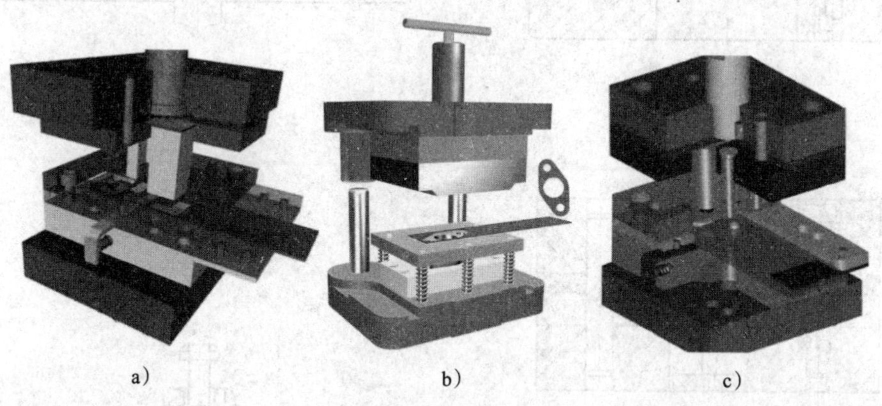

a) b) c)

图1—2—1 冷冲压模具按工序组合程度分类

a）单工序模 b）复合模 c）级进模

表1—2—1 冷冲压模具按工序组合程度分类

类型	特点	应用
单工序模	一般只有一对凸模和凹模，在压力机一次行程中只能完成一种冲压工序	生产批量不大、外形简单的制件
复合模	只有一个工位，在压力机的一次行程中能完成两种或两种以上的冲压工序	大批量生产形状复杂、精度和表面质量要求较高的制件
级进模	具有两个或两个以上工位，在压力机的一次行程中，在不同工位上完成两种或两种以上的冲压工序	高效生产具有一定精度的制件

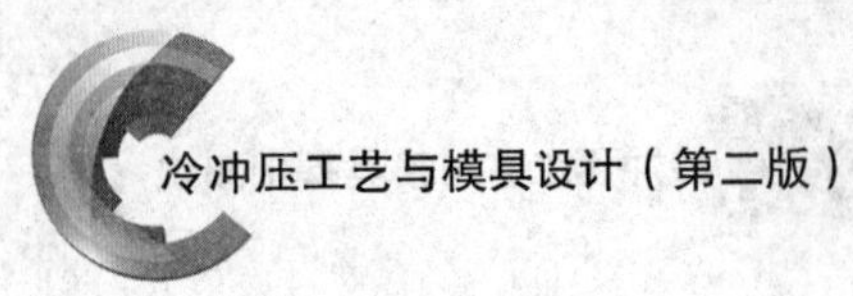

2. 按冲压工艺性质分类

按冲压工艺性质，冷冲压模具可分为冲裁模、弯曲模、拉深模、成形模等，其结构如图 1—2—2 所示。

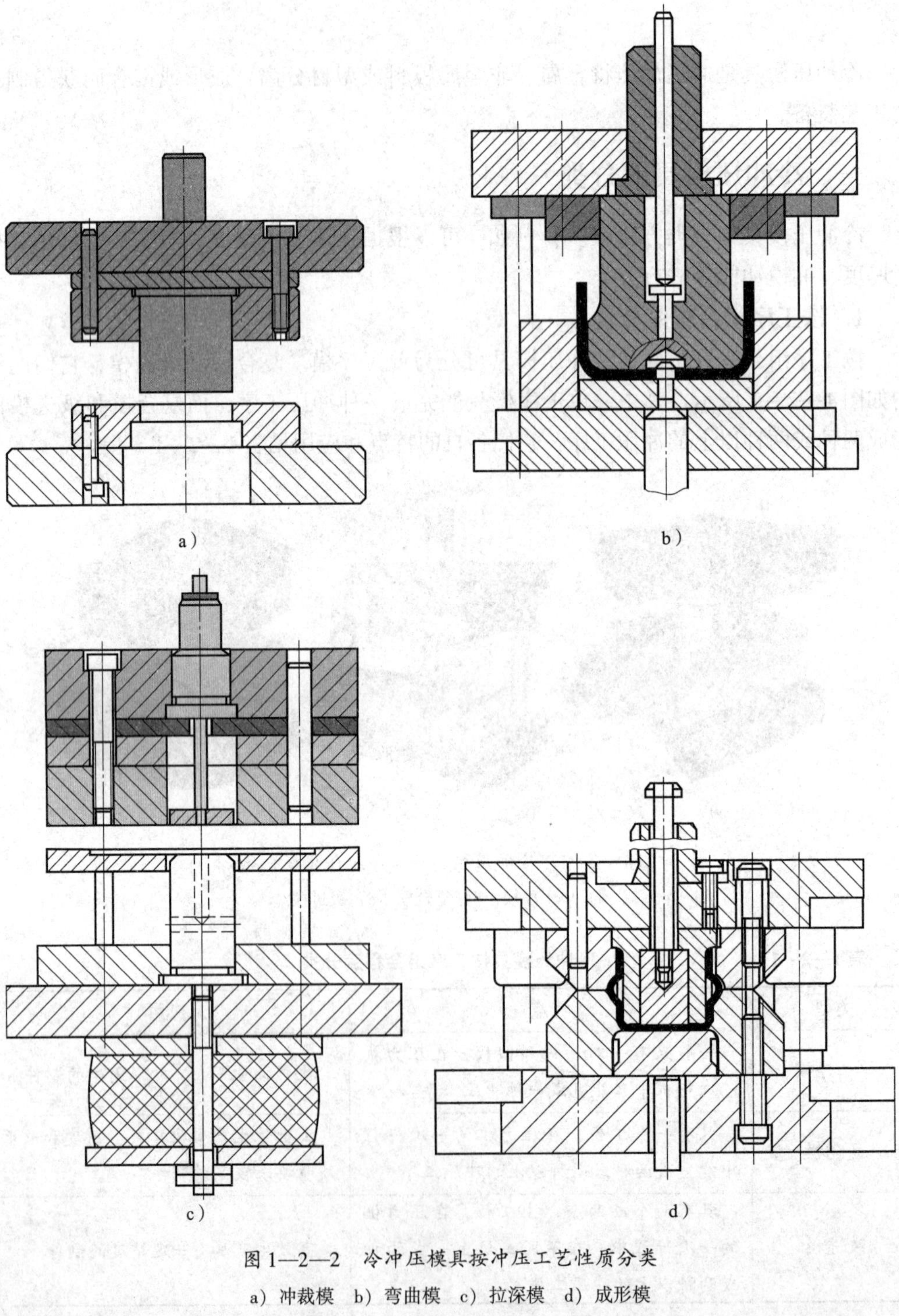

a）

b）

c）

d）

图 1—2—2　冷冲压模具按冲压工艺性质分类

a）冲裁模　b）弯曲模　c）拉深模　d）成形模

二、冷冲压模具的结构

尽管冷冲压模具种类众多，功能各异，组成零件多样，简单时可由几个零件组成，复杂时可由几十个甚至上百个零件组成。但无论它们的复杂程度如何，它们的基本结构大体相同。冷冲压模具的结构可概括为如图 1—2—3 所示的两大部分（上模和下模）、七种零件或构件。

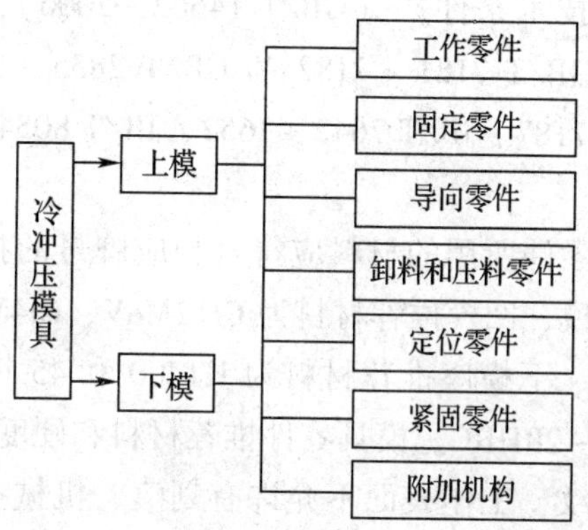

图 1—2—3 冷冲压模具的结构

七种冷冲压模具零件或构件的作用及具体零件说明见表 1—2—2。

表 1—2—2 冷冲压模具零件的作用及示例

名称	作用	零件示例
工作零件	直接对坯料进行冲压加工	凸模、凹模、凸凹模等
固定零件	将凸模、凹模等固定于上模、下模上，以及将上模、下模固定于压力机上	上模座、下模座、凸模固定板、凹模固定板、垫板、模柄等
导向零件	确定上模、下模的相对位置，保证运动导向精度	导柱、导套、导板等
卸料和压料零件	把制件或坯料从模具中脱出，以及确保冲压过程中制件的定位不被改变	卸料板、推板、推杆、打杆、顶件块、顶杆、压边圈等
定位零件	保证上料和冲压时材料的正确位置	定位销、定位板、挡料销、导正销、导料板、限位块等
紧固零件	保证零件间相互正确位置，把相关联的零件固定或连接起来	螺栓、销钉、键等
附加机构	传动及改变工作运动方向	斜楔、凸轮、滑块、铰链、分度机构等

在实际生产中，通常又将以上七种零件或构件划分为工艺零件和结构零件两类。其中，工艺零件包括工作零件、定位零件、卸料和压料零件等，这些零件直接参与工艺过程的完成并与坯料直接接触；作为结构零件，它们不直接参与完成工艺过程，也不与坯料直接接触，只对模具完成工艺过程起保证作用或对模具功能起完善作用。

三、冲模零件要求

根据国家标准《冲模技术条件》（GB/T 14662—2006），设计冲模宜选用 GB/T 2851～2852、JB/T 8049、JB/T 7181～7182 和 GB/T 2855～2856、GB/T 2861、JB/T 5825～5830、JB/T 7184～7187、JB/T 7642～7652、JB/T 8054、JB/T 8057 规定的标准模架和零件。

模具工作零件和一般零件所用的材料应符合相应牌号的技术标准，例如，对于大批量冲件用冲裁模，其凸模、凹模推荐材料为 Cr12MoV、Cr4W2MoV、YG15、YG20 和超细硬质合金等；对于上、下模座推荐材料为 HT200 和 45 钢，热处理后硬度要求分别为 170～220HBW 和 24～28HRC。模具零件推荐材料和硬度见教材附录二和附录三。

模具零件不允许有裂纹，工作表面不允许有划痕、机械损伤、锈蚀等缺陷；零件除刃口外所有棱边均应倒角或倒圆；经磁性吸力磨削后的模具零件应退磁。

模具零件中螺纹的基本尺寸应符合《普通螺纹　基本尺寸》（GB/T 196—2003）的规定，选用的公差与配合应符合《普通螺纹　公差》（GB/T 197—2003）中 6 级的规定；零件上销钉与孔的配合长度应大于等于销钉直径的 1.5 倍；螺纹孔的深度应大于等于螺纹直径的 1.5 倍；零件图中未注公差尺寸的极限偏差应符合《一般公差　未注公差的线性和角度尺寸的公差》（GB/T 1804—2000）中 m 级的规定；零件图中未注的形状和位置公差（几何公差）应符合《形状和位置公差　未注公差值》（GB/T 1184—1996）中 K 级的规定。

第三节　冲压设备的种类与选用

进行冲压加工离不开相应的冲压设备。冲压设备包括主用设备和辅助设备，如图 1—3—1 所示。冲压主用设备统称压力机，包括冲床、液压机、锻床；冲压辅助设备包括送料机、整平机、收料机。

随着冲压成形技术和生产的需要，还出现了如图 1—3—2 所示的数控冲模回转头压力机，它是由计算机控制，并带有模具库的数控冲切及步冲压力机，其优点是能自动、快速地更换模具，通用性强，生产率高，突破了冲压加工离不开专用模具的传统理念。

冲压设备属锻压机械，其种类很多，分类方法也很多。例如，按驱动滑块力的种类可分为机械式、液压式、气动式等；按滑块个数可分为单动、双动、三动等；按驱

图 1—3—1 冲压设备

a) 冲床 b) 液压机 c) 锻床 d) 送料机 e) 整平机 f) 收料机

图 1—3—2 数控冲模回转头压力机

动滑块的种类又可分为曲柄式、肘杆式、摩擦式等。冲压生产中常按驱动滑块力的种类把压力机分为机械压力机和液压压力机。

压力机在选用时应根据冲压工序的性质、生产批量的大小、模具的外形尺寸和现有设备等情况进行选择。

一、机械压力机

机械压力机可分为曲柄压力机、摩擦压力机和高速冲床，以曲柄压力机应用最为

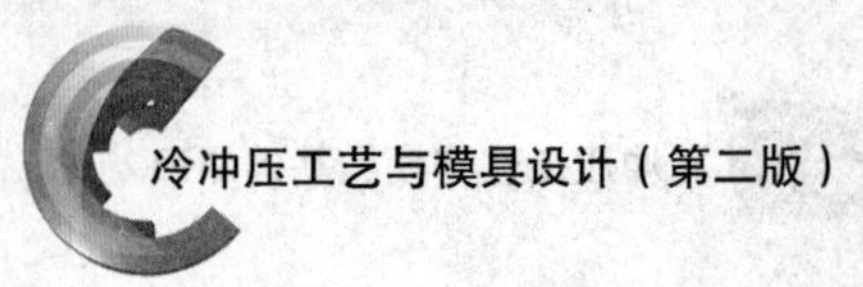

广泛。

1．曲柄压力机的型号

由于冲压设备属锻压机械，所以其型号是按照机械行业标准的类、列、组编制的。根据机械行业标准《锻压机械　型号编制方法》（JB/T 9965—1999）的规定，曲柄压力机的型号用汉语拼音字母、英文字母和数字表示，具体说明见表1—3—1。

表1—3—1　　曲柄压力机型号说明

内容	说明
型号示例	J　C　23-63　A A——第一次改进（产品的重大改进顺序号） 63——630kN（主参数） 23——开式双柱可倾压力机（组、型代号） C——第三种变型（同一型号产品的变型顺序号） J——机械压力机（类代号）
表示方法说明	第一个字母为类代号，用汉语拼音字母表示。在JB/T 9965—1999型谱的八类锻压设备中，与曲柄压力机有关的有5类，分别是机械压力机、线材成形自动机、锻机、剪切机和弯曲校正机。它们分别用“机”“自”“锻”“切”“弯”的汉语拼音第一个字母表示为J、Z、D、Q、W
	第二个字母代表同一型号产品的变型顺序号。凡主参数与基本型号相同，但其他某些基本参数与基本型号不同的，称为变型。用字母A、B、C等表示第一种、第二种、第三种等变型产品
	第三、第四个数字分别为组、型代号。前面一个数字代表“组”，后面一个数字代表“型”。在型谱表中，每类锻压设备分为10组，每组分为10型。例如，在“J”类中，第2组的第3型为“开式双柱可倾压力机”
	横线后面的数字代表主参数。一般将压力机的公称压力（吨位）作为主参数。将型号中代表主参数的数字乘以10，即为该型号压力机的公称压力，单位为kN
	最后一个字母代表产品的重大改进顺序号。凡型号已确定的锻压机械，若结构和性能上与原产品有显著不同，则称为改进，用字母A、B、C等代表第一次、第二次、第三次等改进

需要注意的是，有些锻压设备在紧接组、型代号的后面还有一个字母，代表设备的通用特性，例如，J21G—20中的G代表“高速”；又如，J92K—25中的K代表“数控”。

2．曲柄压力机的用途和分类

在冲压生产中，为了适应不同的工艺要求，可采用各种不同类型的曲柄压力机，这些压力机都具有自己独特的结构形式和作用。通常可以根据曲柄压力机的工艺用途、机身结构形式、运动滑块的个数、与滑块相连的曲柄连杆个数进行分类。

（1）按工艺用途分类

曲柄压力机按工艺用途不同可分为通用压力机和专用压力机两大类。

通用压力机适用于多种工艺用途，如冲裁、弯曲、成形、浅拉深等。

专用压力机用途较单一，如拉深压力机、板料折弯机、剪切机、挤压机、冷镦自动机、高速压力机、板冲多工位自动机、精压机、热模锻压力机等，都属于专用压力机。

（2）按机身结构形式分类

按机身的结构形式不同，曲柄压力机可分为开式压力机和闭式压力机，相关说明见表 1—3—2。

表 1—3—2　　开式压力机和闭式压力机

机身结构形式	图例	相关说明
开式压力机		机身形状似英文字母 C，机身前面及左右三向敞开，操作空间大，但机身刚度低，压力机在工作负荷的作用下会产生角变形，影响精度。所以，这类压力机的吨位都比较小，一般在 2 000 kN 以下
闭式压力机		机身左右两侧是封闭的，只能从前后方向接近模具，且装模距离远，操作不太方便。但因为机身形状对称，刚度高，压力机精度高。所以，压力超过 2 500 kN 的大、中型压力机几乎都采用此种形式，某些精度要求较高的小型压力机也采用此种形式

需要说明的是，开式压力机又可分为单柱压力机和双柱压力机两种。单柱压力机的机身也是前面及左右三向敞开的，但后壁无开口；双柱压力机的机身后壁有开口，形成两个立柱，故称双柱压力机，这种压力机便于向后方排料。此外，开式压力机按照工作台的结构特点不同，还可分为可倾台式压力机（见图 1—3—3a）、固定台式压力机（见图 1—3—3b）和升降台式压力机。

（3）按运动滑块的个数分类

按运动滑块的个数不同，曲柄压力机可分为单动压力机、双动压力机和三动压力机，其结构如图 1—3—4 所示。目前使用最多的是单动压力机，双动和三动压力机则主要用于拉深工艺。

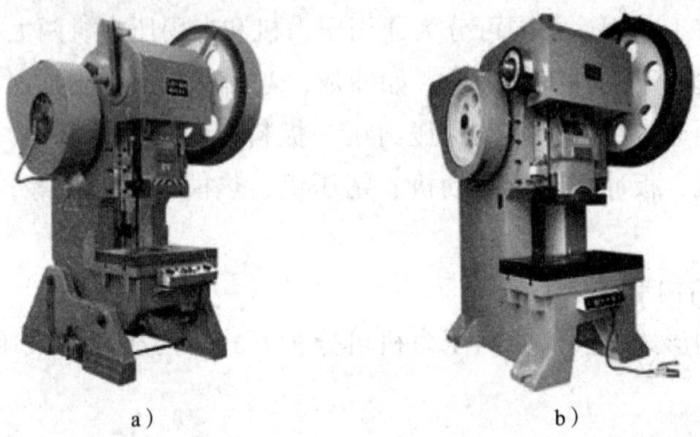

a）　　b）

图 1—3—3　开式压力机

a）可倾台式　b）固定台式

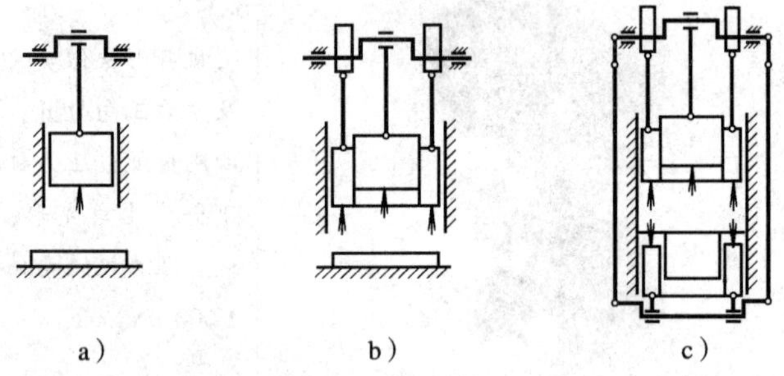

a）　　b）　　c）

图 1—3—4　不同滑块个数曲柄压力机的结构

a）单动压力机　b）双动压力机　c）三动压力机

（4）按与滑块相连的曲柄连杆个数分类

按与滑块相连的曲柄连杆个数不同，曲柄压力机可分为单点压力机、双点压力机和四点压力机，它们的结构如图 1—3—5 所示。曲柄连杆数的设置主要根据滑块面积的大小和使用目的而定。点数越多，滑块承受偏心负荷的能力越大。

另外，按传动机构的位置不同，可将曲柄压力机分为上传动式和下传动式两类。其中，下传动式压力机的传动机构设于工作台的下面，其重心低，稳定性好，但要建造相当大的地坑，且维修较困难。

3. 曲柄压力机的工作原理和结构

（1）曲柄压力机的工作原理

曲柄压力机的外形及其工作原理如图 1—3—6 所示。工作时，电动机通过传动带、齿轮带动曲轴旋转，曲轴通过连杆带动滑块沿导轨做上下往复运动，带动模具实施冲压，模具（图中未画）安装在滑块和工作台之间。由于工艺及操作需要，滑块有时运动，有时停止，因此装有离合器和制动器。另外，压力机在整个工作周期内进行冲压的时间很短，大部分时间为无负荷的空程运动，为了使电动机的负荷较均匀，有效地利用能量，因而装有飞轮，在该压力机上，大带轮和大齿轮起着飞轮的作用。

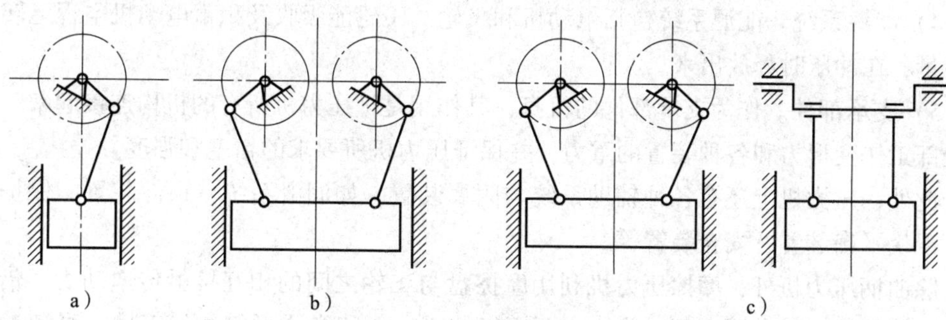

图 1—3—5　与滑块相连不同曲柄连杆个数压力机的结构

a）单点压力机　b）双点压力机　c）四点压力机

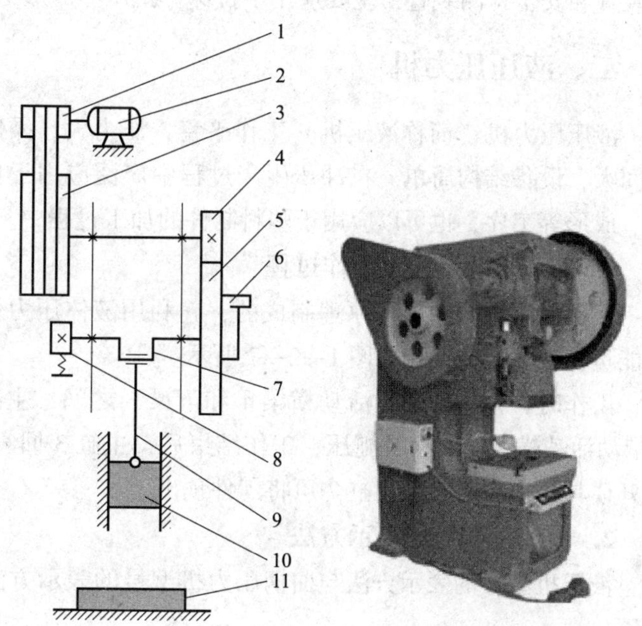

图 1—3—6　曲柄压力机的外形及其工作原理

1—小带轮　2—电动机　3—大带轮　4—小齿轮　5—大齿轮

6—离合器　7—曲轴　8—制动器　9—连杆　10—滑块　11—工作台

（2）曲柄压力机的结构

从上述工作原理可以看出，曲柄压力机一般由以下几个基本部分组成。

1）工作机构。一般为曲柄滑块机构，由曲柄、连杆、滑块、导轨等零件组成。其作用是将传动系统的旋转运动变成滑块的往复直线运动，承受和传递工作压力，并在滑块上安装模具。

2）传动系统。包括带传动和齿轮传动等机构。其作用是将电动机的能量和运动传递给工作机构，并对电动机的转速进行减速，使滑块获得所需的行程次数。

3）操纵系统。操纵系统包括离合器、制动器及其控制装置。其作用是控制压力机安全、准确地运转。

4）能源系统。能源系统包括电动机和飞轮。飞轮能吸收及积蓄电动机空程运转时的能量，在冲压时释放出来。

5）支承部件。作为支承部件的机身，其作用是把压力机所有的机构连接起来，承受全部工作变形力和各种装置的重力，并保证压力机所要求的精度和强度。

此外，压力机上还有各种辅助系统与附属装置，如润滑系统、顶件装置、保护装置、滑块平衡装置、安全装置等。

除曲柄压力机外，摩擦压力机利用摩擦盘与飞轮之间的相互接触传递动力，借助螺杆与螺母相对运动原理而工作，主要用于校正、压印和成形等冲压工序。高速冲床的工作原理与曲柄压力机相同，但其加工精度、行程次数都较高，一般都配有自动送料装置和安全检测装置，主要应用于拉深、挤压等成形工序。

二、液压压力机

液压压力机（简称液压机）工作平稳，压力大，操作空间大，设备结构简单。在冲压生产过程中广泛应用于拉深、成形等工序，也可以应用于塑料制件的加工过程中。

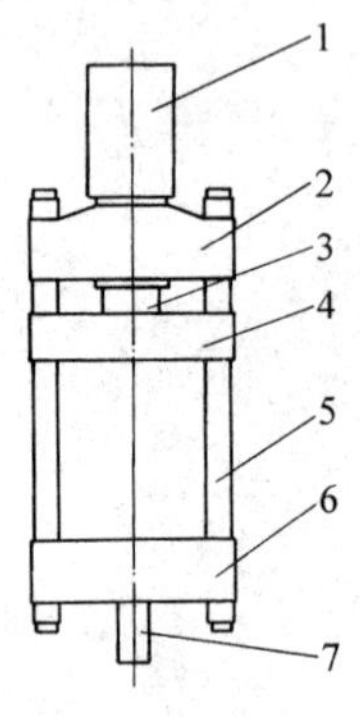

图 1—3—7　液压机的结构
1—充液罐　2—上梁
3—主缸　4—活动横梁
5—立柱　6—下梁　7—顶出缸

1. 液压机的结构及工作过程

液压机是根据帕斯卡原理制成的，它利用液体压力传递能量，液压机的结构如图 1—3—7 所示。

工作时，模具安装在活动横梁 4 和下梁 6 之间，主缸 3 带动活动横梁 4 对模具施压；工作结束后，主缸 3 回复，打开模具，需要时，顶出缸 7 可将工件顶出。

2. 液压机型号的表示方法

液压机型号的表示方法与曲柄压力机型号的表示方法相类似，其具体的表示方法如下：

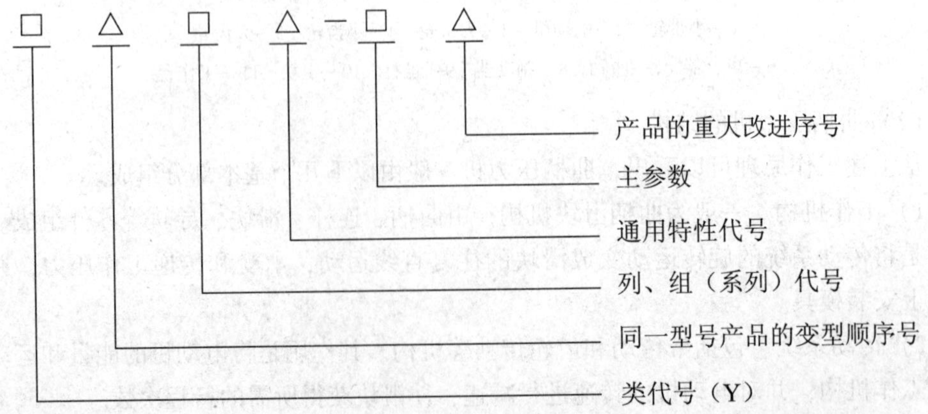

其中通用特性代号见表1—3—3。

表1—3—3　　通用特性代号

通用特性	自动	半自动	数控	液压	缠绕结构	高度	精密	长行程或长杆	冷挤压	温热挤压
字母代号	Z	B	K	Y	R	G	M	C	L	W

例如，型号YA32—315的含义如下：

第一个字母为类代号，“Y”表示液压机。

第二个字母表示同一型号产品的变型顺序号。

横线前面的数值为列、组代号，“32”表示四柱压力机。

横线后的数字表示主参数，“315”表示公称压力为3 150 kN。

三、冲压设备的参数与选用

1. 冲压设备的主要技术参数

下面以在生产中应用最为广泛的曲柄压力机为例介绍压力机的主要技术参数。

(1) 公称压力

曲柄压力机滑块的压力在全行程中不是一个固定值，而是随曲柄转角的变化而不断变化的，如图1—3—8所示。公称压力是指压力机在下死点前某一位置（曲柄离下死点20°~30°处）时滑块的压力。

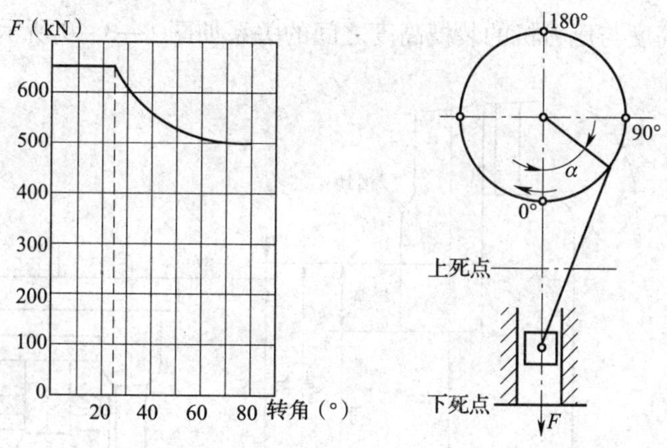

图1—3—8　630 kN曲柄压力机滑块许用负荷与曲柄转角关系的曲线

(2) 滑块行程长度

滑块行程长度是指曲柄旋转一周滑块所移动的距离，其值为曲柄半径的两倍。选择压力机时，滑块行程长度应保证毛坯能顺利地放入模具且冲压件能顺利地从模具中取出。特别是成形拉深件和弯曲件时应使滑块行程长度大于制件高度

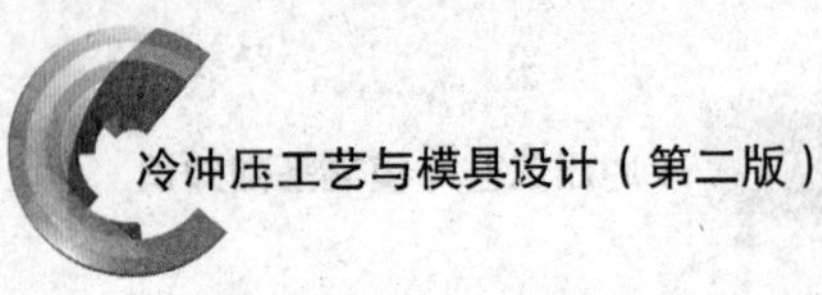

3.0 倍。

（3）滑块每分钟行程次数

滑块由上死点经下死点又回到上死点，往复一次称为一次行程。滑块空载时，每分钟的行程次数就称为滑块每分钟行程次数。对自动送料的冲床，滑块每分钟行程次数代表冲床的生产率。在行程一定时，滑块的每分钟行程次数决定了滑块的运动速度。滑块的运动速度是选择冲床的主要参数。

（4）工作台面尺寸

工作台面长、宽尺寸应大于模具下模座尺寸，并每边留出 60 ~ 100 mm，以便于安装固定模具用的螺栓、垫铁和压板。当制件或废料需下落时，工作台面孔的尺寸必须大于下落件的尺寸。对有弹顶装置的模具，工作台面孔的尺寸还应大于下弹顶装置的外形尺寸。

（5）滑块模柄孔尺寸

模柄孔直径要与模柄直径相符，模柄孔的深度应大于模柄的长度。

（6）闭合高度

压力机闭合高度是指滑块在下死点时，滑块底面到压力机工作台上表面的距离，又称冲床封闭高度。当连杆调至最短时的闭合高度称为压力机最大闭合高度；反之，当连杆调至最长时的闭合高度称为压力机最小闭合高度。

压力机装模高度是指压力机的闭合高度减去垫板厚度的差值。没有垫板的压力机，其装模高度等于压力机的闭合高度。

模具的闭合高度是指冲模在最低工作位置时，上模座上平面至下模座下平面之间的距离。

模具的闭合高度与压力机的装模高度之间的关系如图 1—3—9 所示。

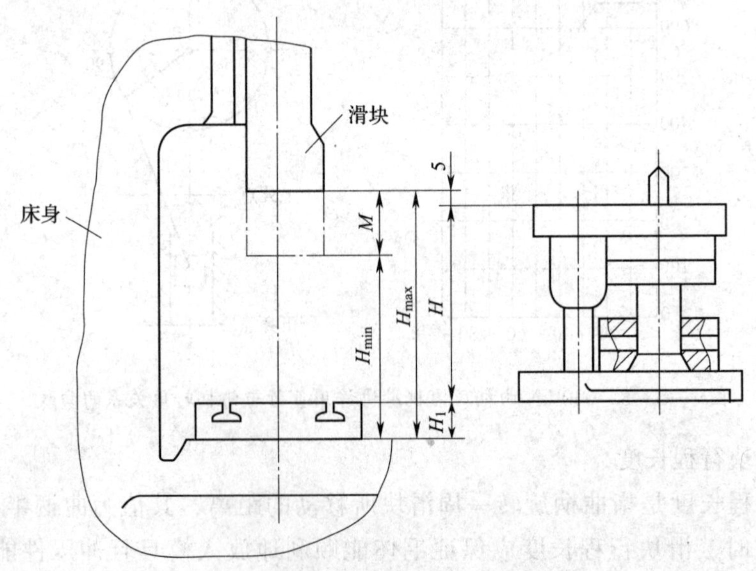

图 1—3—9　冷冲模闭合高度和压力机装模高度的关系

冷冲模闭合高度和压力机闭合高度应满足以下关系：

$$H_{min} - H_1 \leqslant H \leqslant H_{max} - H_1 \tag{1—3—1}$$

式中 H——模具闭合高度，mm；

H_{min}——压力机最小闭合高度，mm；

H_{max}——压力机最大闭合高度，mm；

H_1——垫板厚度，mm。

图1—3—9中的 M 为连杆调节量。

在实际使用中，由于缩短连杆对其刚度有利，同时，在修模后模具的闭合高度可能要缩小。通常一般模具的闭合高度接近于压力机的最大装模高度，它们之间的关系用下式表示：

$$H_{min} - H_1 + 10 \leqslant H \leqslant H_{max} - H_1 - 5 \tag{1—3—2}$$

（7）电动机功率的选择

压力机的电动机功率必须大于冲压时所需要的功率。

曲柄压力机的主要技术参数见教材附录四，供选用时参考。

2. 参数选择注意事项

（1）压力机公称压力必须大于冲压力。进行弯曲或拉深时许用负载曲线在曲柄全部转角内高于冲压变形力曲线。

（2）模具闭合高度应在压力机最大和最小闭合高度之间。多副模具安装在同一台压力机上时应有同一闭合高度。

（3）压力机滑块行程需满足制件成形要求。拉深时便于放料和取料，其行程须大于拉深高度的3.0倍。

（4）压力机工作台面尺寸应大于模具下模座尺寸，一般每边大50~70 mm。台面上的孔应能保证制件或废料落下。

（5）一般情况下可不必改变功率，即保证冲压力的情况下，功率是足够的。但在有些情况下（如斜刃冲裁），将会发生压力足够而功率超载的现象，这时必须使电动机的功率大于冲压时所需的功率。

3. 冲压设备的选用

要根据所要完成冲压工作的工序性质、生产批量的大小、冲压件的几何尺寸和精度要求等来选择冲压设备的类型。

（1）对于中小型冲裁件、弯曲件和浅拉深件的冲压，常采用开式曲柄压力机。虽然C形床身的开式压力机刚度不够高，冲压力过大会引起机床身变形，导致冲模间隙分布不均匀，但是它具有三面敞开的空间，操作方便且容易安装机械化的附属装置，而且成本低廉。目前仍是中小型冲压件生产的主要设备。

（2）对于大中型和精度要求较高的冲压件，多采用闭式曲柄压力机。这类压力机两侧封闭，刚度高，精度要求较高，但是操作不如开式压力机方便。

（3）对于大型或较复杂的拉深件，常采用上传动的闭式双动拉深压力机。对于中小型拉深件（尤其是搪瓷、铝的拉深件），常采用下传动的双动拉深压力机。闭式双动拉深压力机有两个滑块，即压边用的外滑块和拉深用的内滑块。压边力可靠、易调，模具结构简单，适用于大批量的生产。

(4) 对于大批量生产或形状复杂、批量很大的中小型冲压件，应优先选用自动高速冲床。

(5) 对于批量小、材料厚的冲压件，常采用液压机。液压机的合模行程可调，尤其是施力行程较大的冲压加工，与机械压力机相比具有明显的优点，而且不会因为板料厚度超差而过载，但其生产速度慢，效率较低。液压机可以用于弯曲、拉深、成形、校平等工序。

(6) 对于精冲零件，最好选择专用的精冲压力机；否则，要利用精度和刚度较高的普通曲柄压力机或液压机，添置压边系统和反压系统后进行精冲。

四、冲压作业安全

1. 冲压作业的危险因素

冲压作业一般分为送料、定料、操作设备、出件、清理废料、工作点布置等工序。这些工序因多由人工操作，例如，用手或脚去启动设备，用手直接伸进模具内进行上料、下料、定料作业，所以极易因错误动作而造成伤害事故。其主要危险来自于加工区，因冲压作业操作单调、频繁，容易引起精神疲劳，出现操作失误而导致伤害事故。多发事故常常表现为以下几种形式：

(1) 手工送料或取件时，操作者体力消耗大，极易造成精神和身体疲劳，特别是采用脚踏开关时，更易导致出现错误动作而切伤手。

(2) 由于冲压机械本身故障，尤其是安全防护装置失灵，例如，离合器失灵发生连冲，调整模具时滑块突然自动下滑，传动系统防护罩意外脱落等故障，从而造成意外事故。

(3) 对于多人操作的大型冲压机械，因为相互配合不好，动作不协调，易引发伤人事故。

(4) 在模具的起重、安装、拆卸时易造成砸伤、挤伤事故。

(5) 液压元件超负荷作业，压力超过允许值，导致高压液体喷出伤人。

(6) 齿轮或传动机构将人员绞伤。

2. 安全防护装置

因为冲压机械有较大的危险性，为了最大限度地保护操作人员的人身安全，冲压机械使用了大量的安全防护装置，主要有以下几类：

(1) 安全电钮

为了避免伤害操作人员的手，在压力机滑块到达下死点前 100 ~ 200 mm 处（可以根据加工件的特征选择），操作人员必须按一次安全电钮，滑块才会继续下行，否则会自动停止。因为增加了一个操作动作，从而提醒和保护了操作人员。

（2）双手操作式安全控制装置

操作人员必须双手同时操作两个按钮或开关，冲压机滑块才会向下运动，如果放开任一按钮，滑块立即停止运动，从而保证冲压机向下运动时，操作人员的双手不在危险区内。主要有双手按钮式装置和双手柄式安全装置两种。

（3）手柄与脚踏板联锁接合装置

压力机开始工作时，只有先用手把手柄按下，使插在启动杆上的销子拔出，脚踏板才能踩下，这时启动装置才能接合，使压力机工作。这样就使操作人员的手在压力机滑块下降前自然离开危险区，避免手在危险区时脚做出错误动作而造成的伤害事故。

（4）防护罩和栅栏

用防护罩和栅栏把危险区隔离保护起来，使操作人员身体的各部位无法进入危险区，从而避免事故的发生。

（5）拉手式安全装置

操作人员手腕上戴上用尼龙等材料制成的手腕扣，手腕扣通过拉手绳索和连杆机构与压力机滑块联动，当滑块下行时，能把操作人员的手从危险区拉出来，从而避免伤手事故。

（6）摆杆式拨手装置

在滑块下行时，一个与滑块联动的橡皮杆会把操作人员的手强制性拨出危险区。

（7）推手式安全装置

在模具工作区前方安装推手板，操作时推手板往复摆动，可自动将人手推出模具工作区，保证操作人员的安全。

（8）光电式或红外线安全装置

在危险区安装光电或红外线发射和接收装置，当人手进入危险区时，会把光线挡住，安全装置立即制动，滑块停止下行，保证手的安全。

（9）其他安全防护装置

包括电容式、感应式、气幕式、感触式和急停安全装置等，所有这些安全装置的原理都是在压力机滑块下行时，若操作人员的手在危险区内，会立即停止滑块的运动，从而保护手的安全。

3. 冲压机械安全操作要点

（1）加强冲压机械的定期检修，严禁带故障或问题运转。开始操作前，必须认真检查防护装置是否完好，离合器制动装置是否灵活和安全可靠；应把工作台上一切不必要的物品清理干净，以防工作时落到脚踏开关上，造成冲床突然启动而发生事故。

（2）冲小件时，不得用手送料，应采用专用工具，最好安装自动送料装置。

（3）操作者对脚踏开关的控制必须小心谨慎，装卸工件时，脚应离开开关。严禁其他人员在脚踏开关的周围停留。

（4）如果工件卡在模具里，应用专用工具取出，不准用手拿，并应先把脚从脚踏开关上移开。

（5）注意模具的安装、调整与拆卸中的安全。

1）安装前应仔细检查模具是否完整，必要的防护装置及其他附件是否齐全。

2）检查压力机和模具的闭合高度，保证所用模具的闭合高度介于压力机的最大与最小闭合高度之间。

3）使用压力机的卸料装置时，应将其暂时调到最高位置，以免调整压力机闭合高度时被折弯。

4）安装及调整模具时，对小型压力机（公称压力在150 t以下）要求用手扳动飞轮，带动滑块做上下运动进行操作；而对大型压力机则用动力操纵，通过按微动按钮点动，不许使用脚踏开关操纵。

5）安装模具时一般先装上模，后装下模。

6）模具安装完毕，应进行空转或试冲，检验上模、下模位置的正确性以及卸料、打料和顶料装置是否灵活、可靠，并装上全部安全防护装置，直至全部符合要求方可投入生产。

7）拆卸模具时，应切断电源，用手或撬杠转动压力机飞轮（大型压力机则按微动按钮开启电动机），使滑块降至下死点，上模、下模处于闭合状态。然后，先拆上模，拆完后将滑块升至上死点，使其与上模完全脱开，最后拆去下模，并将拆下的模具运到指定地点，再仔细擦去表面油污，涂上防锈油，稳妥存放，以备再用。

五、冲压设备发展方向

随着科技的发展，冲压设备也越来越先进，不仅朝着大型和高速的方向发展，同时也向着自动化、精密化、人性化的方向发展。

大型压力机主要用于生产汽车大梁等大型冲压件，例如，采用6 000 t的闭式双点压力机可冲裁1 830 mm×8 890 mm的钢板，冲裁件尺寸精度可达±0.254 mm。

所谓“高速”压力机，根据现代的技术水平，对于100 t以下的小型压力机，一般以滑块每分钟行程500次以上为高速，如每分钟行程2 000次的高速压力机。

所谓自动化，即冲压生产不仅朝着单机自动化和半自动化生产线方向发展，而且朝着全自动生产的方向发展，并能实现计算机分级管理及控制自动化冲压车间。如日本的冲压中心采用计算机控制，通过人机对话，只需5 min便能完成自动换模、换料及调整工艺参数的工作。

在精密冲压方面，目前采用精冲设备和模具可以代替铣削、滚齿、钻孔和铰孔等工序，最大板厚为25 mm，尺寸精度相当于IT7 ~ IT6级。

在人性化方面，冲压设备朝着易控、易调、易修、安全及噪声低、振动小、造型和谐、色彩宜人等方向发展。国际标准化组织（ISO）推荐的噪声标准要求工作者所感受到的噪声不超过85 dB。冲压设备产生的噪声有望达到这个标准。

第四节 冷冲压加工的常用材料及冷冲模材料

一、冷冲压加工的常用材料

1. 冷冲压加工常用材料的基本要求

（1）冷冲压材料的性能要求

冷冲压材料一般应具有一定的强度、刚度、冲击韧性等力学性能。此外，有的冷冲压材料还有一些特殊的要求，如传热性、耐热性等。

（2）冷冲压工艺要求

冷冲压用材料通常具有良好的冲压工艺性能要求。一般断后伸长率大，屈服强度较小，弹性模量大，硬化指数高，有利于各种冲压成形工序。其次，材料的化学成分对冲压工艺性能的影响也较大，如果钢中的碳、硅、硫、磷等元素的含量过高，就会使材料的塑性降低，脆性增加，导致材料的冲压工艺性能变差。此外，良好的表面质量、均匀的金相组织和较小的材料厚度对冲压成形都有好处。

（3）对材料厚度公差的要求

材料的厚度公差应符合国家标准规定。因为一定的模具间隙适用于一定厚度的材料，若材料厚度公差太大，不仅直接影响制件的质量，还可能导致模具和冲床的损坏。

（4）对表面质量的要求

材料的表面应光洁、平整，无分层和机械性质的损伤，无锈斑、氧化皮及其他附着物。表面质量好的材料，冲压时不易破裂，不易擦伤模具，制件表面质量好。

2. 冷冲压加工常用材料

就冲压加工而言，成形的产品类型无外乎外观件和内置件两种，如图 1—4—1 所示，无论是成形外观件，还是成形内置件，冲压产品常用材料包括金属材料和非金属材料。其中，金属材料是冲压最常用的材料，根据需要，有时也采用非金属材料，如纸、胶木、塑料、橡胶和云母等。

常用的黑色金属材料包括：普通碳素结构钢，如 Q195、Q235 等；优质碳素结构钢，如 08、08F、10、20 等；低合金高强度结构钢，如 Q345（16Mn）、Q295（09Mn2）等；电工硅钢，如 DR510—50、DR225—35 等；不锈钢，如 1Cr18Ni9Ti、1Cr13 等。

对厚度在 4 mm 以下的轧制薄钢板，按国家标准《冷轧钢板和钢带的尺寸、外形、重量及允许偏差》（GB/T 708—2006）规定，钢板的厚度精度可分为 A 级（高级精度）、B 级（较高精度）、C 级（普通精度）。

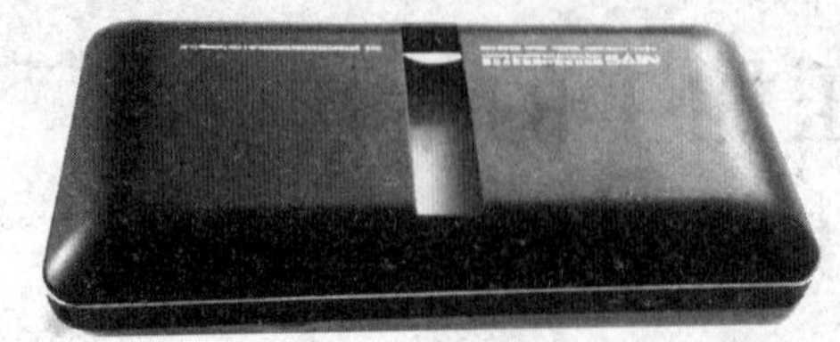

a）

b）

图 1—4—1 冲压制件类型

a）外观件 b）内置件

常用的有色金属材料包括：铜及铜合金，常用牌号有 T1、T2、H62、H68 等，其塑性、导电性与导热性均很好；铝及铝合金，常用牌号有 1060、1050A、3A21、2A12 等，有较好的塑性，变形抗力小且密度低。

非金属材料主要有纸板、胶木板、塑料板、纤维板和云母等。

3. 冷冲压材料的应用形式

冷冲压材料最常用的是板料，规格如 710 mm×1 420 mm 和 1 000 mm×2 000 mm，大量生产可采用带料（卷板）。

板料供应状态可分为 M（退火状态）、C（淬火状态）、Y2（半硬态）等。板料有冷轧和热轧两种轧制状态。

4. 常用金属板料的力学性能

常用金属板料的力学性能见表 1—4—1。

表 1—4—1 常用金属板料的力学性能

材料名称	牌号	材料状态	抗剪强度 τ（MPa）	抗拉强度 R_m（MPa）	断后伸长率 $A_{11.3}$（%）	屈服强度 R_{eL}（MPa）
电工用纯铁	DT1、DT2、DT3	已退火	180	230	26	—
普通碳素结构钢	Q195	未退火	260～320	320～400	28～33	200
	Q235		310～380	380～470	21～25	240
	Q275		400～500	500～620	15～19	280
优质碳素结构钢	08F	已退火	220～310	280～390	32	180
	08		260～360	330～450	32	200
	10		260～340	300～440	29	210

续表

材料名称	牌号	材料状态	抗剪强度 τ（MPa）	抗拉强度 R_m（MPa）	断后伸长率 $A_{11.3}$（%）	屈服强度 R_{eL}（MPa）
优质碳素结构钢	20		280～400	360～510	25	250
	45		440～560	550～700	16	360
	65Mn	已退火	600	750	16	360
不锈钢	1Cr13	已退火	320～380	400～470	21	—
	1Cr18Ni9Ti	热处理退火	430～550	540～700	40	200
纯铝	1060、1050A	已退火	80	75～110	25	50～80
	1200	冷作硬化	100	120～150	4	—
防锈铝	3A12	已退火	70～110	110～145	19	50
硬铝	2A12	已退火	105～150	150～215	12	—
		淬硬后冷作硬化	280～320	400～600	10	340
纯铜	T1、T2、T3	软态	160	200	30	7
		硬态	240	300	3	—
黄铜	H62	软态	260	300	35	—
		半硬态	300	380	20	200
	H68	软态	240	300	40	100
		半硬态	280	350	25	—

二、冷冲模常用材料及热处理

1. 冷冲压对模具材料的要求

模具类型不同，对模具材料的要求也不同。表1—4—2所列为常见冷冲模工作零件材料性能要求。

表1—4—2　　冷冲模工作零件材料性能要求

模具名称	性能要求	模具工作零件材料的性能要求
冲裁模	主要用于各种板料的冲切成形，其刃口在工作过程中受到强烈的摩擦和冲击	具有高的耐磨性、冲击韧性以及耐疲劳断裂性能
弯曲模	主要用于板料的弯曲成形，工作负荷不大，但有一定的摩擦	具有高的耐磨性和断裂抗力
拉深模	主要用于板料的拉深成形，工作应力不大，但凹模入口处承受强烈的摩擦	具有高的硬度及耐磨性，凹模工作表面的表面粗糙度值比较低

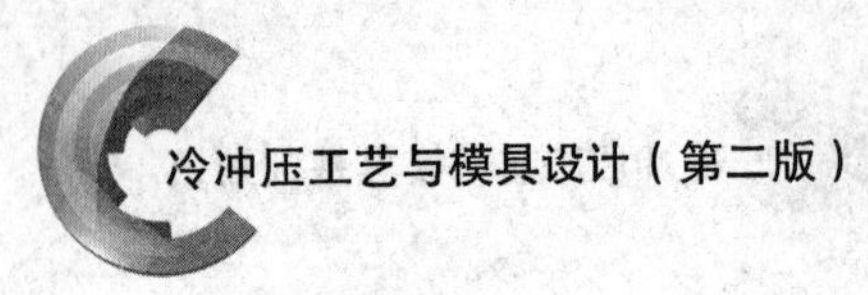

2. 冷冲模常用材料及热处理要求

模具材料的种类很多，应用也极为广泛。冲压模具所用材料主要有碳钢、合金钢、铸铁、铸钢、硬质合金、钢基硬质合金、锌基合金、低熔点合金、环氧树脂等。冲压模具中凸模、凹模等工作零件所用的材料主要是模具钢，常用的模具钢包括碳素工具钢、合金工具钢、轴承钢、高速工具钢、基体钢、硬质合金和钢基硬质合金等。

常用模具钢的性能见表1—4—3。

表1—4—3　　常用模具钢的性能

类别	牌号	耐磨性	耐冲击性	淬火不变形性	淬硬层深度	热硬性	脱碳敏感性	切削加工性
碳素工具钢	T7、T8	差	较好	较差	浅	差	大	好
	T9～T13	较差	中等	较差	浅	差	较小	较差
合金工具钢	Cr12	好	差	好	深	较好	较小	较差
	Cr12MoV	好	差	好	深	较好	较小	较差
	9Mn2V	中等	中等	好	浅	差	较大	较好
	Cr6WV	较好	较差	中等	深	中等	中等	中等
	CrWMn	中等	中等	中等	浅	较差	较大	中等
	9CrWMn	中等	中等	中等	浅	较差	较大	中等
	Cr4W2MoV	较好	较差	中等	深	中等	中等	中等
	5CrMnMo	中等	中等	中等	中	较差	较大	较好
	5CrNiMo	中等	较好	中等	中	较差	较大	较好
高速工具钢	W18Cr4V	较好	较差	中等	深	好	小	较差
	W6Mo5Cr4V2	较好	中等	中等	深	好	中等	较差

模具材料的热处理非常关键，直接决定着制件的质量和模具的使用寿命。模具工作零件的常用材料及热处理要求见附录二。模具一般零件的常用材料及热处理要求见附录三。

凸模和凹模加工过程中热处理工序安排见表1—4—4。

表1—4—4　　凸模和凹模热处理工序安排

模具性质	工艺路线安排
一般冲模	锻造→退火→机械粗加工→精加工（成形磨削或电加工）→钳工修正、装配
采用成形磨削或电加工工艺制造的冲模	锻造→退火→机械粗加工→调质→机械加工成形→淬火、回火→精加工（成形磨削或电加工）→钳工修正、装配
复杂冲模	锻造→退火→机械粗加工→调质→机械加工成形→淬火、回火→成形磨削或电加工→钳工修正、装配

第五节 冲压成形工艺规程编制

工艺规程是指导制件生产过程的技术文件，是生产准备的基础，也是生产过程的重要依据。好的工艺规程能指导人们以合理、经济的方式生产出所需制件。

冲压件的生产过程通常包括备料（原材料的准备）、各种冲压工序和必要的辅助工序。当然，有时还需要配合一些非冲压工序。在编制冲压工艺规程时，通常是根据冲压件的特点、生产批量、现有设备和生产能力等，拟订出几种可能的工艺方案。在对各种方案进行周密的综合分析与比较后，再选定一种较为先进、经济、合理的工艺方案。

冲压成形工艺规程编制的主要内容和步骤如图 1—5—1 所示。

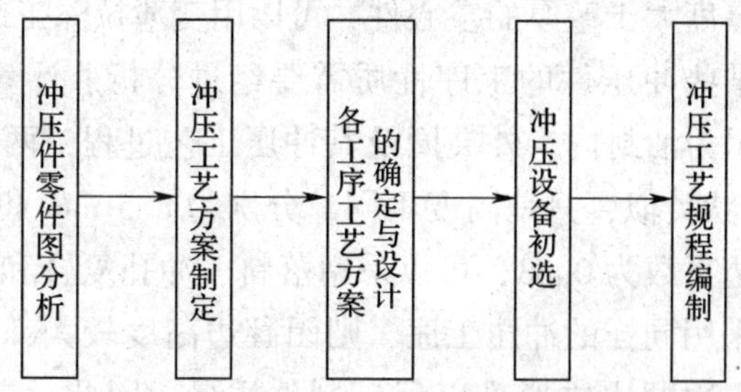

图 1—5—1 冲压成形工艺规程编制的主要内容和步骤

一、冲压件零件图分析

冲压件零件图分析包括两方面内容：一是技术方面，二是经济方面。

1. 技术方面

就技术方面而言，就是进行工艺性分析，即根据冲压件零件图样，主要分析冲压件的形状特点、尺寸大小、精度要求和材料性能等是否符合冲压工艺的要求。

2. 经济方面

就经济方面而言，就是进行经济性分析，即根据冲压件的生产纲领，分析产品成本，阐明采用冲压生产可以取得的经济效益。

综上所述，冲压件零件图分析，主要判别在保证制件功能的前提下，能否以最简单、最经济的方法将其冲制出来。对于造成冲压加工困难或不宜冲压的因素，做出适合冲压工艺的修改。

二、冲压工艺方案制定

所谓冲压工艺方案的制定，就是在工艺分析的基础上，根据冲压要求制定几种不同的冲压工艺方案，并从产品质量、生产效率、设备专用情况、模具制造难易程度等多方面进行综合分析和比较，确定出适合于企业具体生产条件的最经济合理的工艺方案。

确定冲压件的工艺方案时，需要考虑的主要问题有冲压工序的性质、工序数量、工序顺序、工序组合方式以及其他辅助工序的安排。

1. 工序性质的确定

冲压工序性质是指加工成形该冲压件所需的冲压工序种类，如分离工序中的冲孔、落料、切边等，变形工序中的弯曲、拉深等。工序性质的确定主要取决于冲压件的结构、形状、尺寸精度、各工序的变形性质、应用范围，同时还需考虑具体的生产条件。

一般情况下，可以从产品图样上直观地反映或确定出所需冲压工序的性质。例如，平板状制件的冲压加工通常采用冲孔、落料等冲裁工序；弯曲件的冲压加工常采用落料和弯曲工序；拉深件的冲压加工常采用落料、拉深、切边等工序。另外，各类空心件多采用一次或多次拉深工序；深度较大的翻边件可采用拉深、冲孔、翻边相结合的复合工序；对于底部厚度大于壁厚的空心件，可以用变薄拉深工序等。

需要注意的是，某些冲压件的工序性质需要经过分析、计算并比较后才能确定。例如，图 1—5—2 所示为油封内、外夹圈及其冲压工艺过程，两冲压件材料为 08 钢，厚度为 0. 8 mm，且形状类似，只是高度不同，分别为 8. 5 mm 和 13. 5 mm。经分析计算，油封内夹圈的翻边系数为 0. 83，可以采用落料、冲孔复合和翻边两道冲压工序完成。若油封外夹圈也采用同样的冲压工序，则因翻边高度较大，翻边系数将超出圆孔翻边系数的允许值，一次翻边成形难以保证制件质量。因此，考虑改用落料、拉深、冲孔和翻边四道工序，利用拉深工序弥补一部分翻边高度的不足。

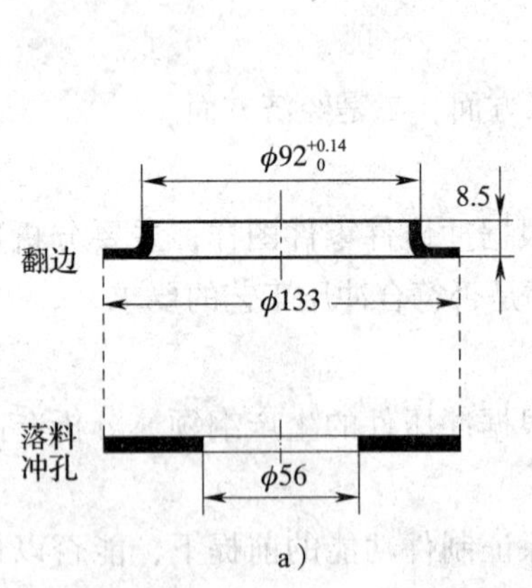

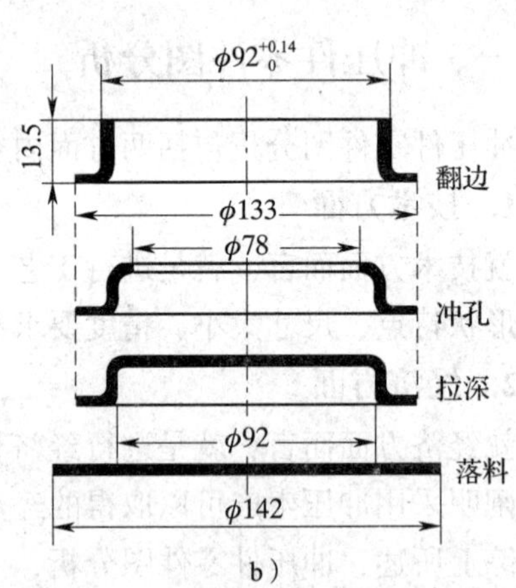

图 1—5—2　油封内、外夹圈及其冲压工艺过程

a）油封内夹圈　b）油封外夹圈

又如，图 1—5—3 所示为两个形状相似的制件，图 1—5—3a 所示制件的冲压工艺过程为落料、拉深、冲孔；而图 1—5—3b 所示的制件如果也采用同样的工艺过程，则

经计算拉深前的坯料直径应为 76 mm，其拉深系数为 33/76≈0.43，小于极限拉深系数，同时，制件根部的圆角半径较小（2 mm），形成了对拉深变形很不利的条件，所以，在这个冲压工艺方案中若用一道拉深工序成形，制件可能出现破裂现象。为此，实际生产中采用图 1—5—3b 所示的工艺过程，即经过落料和冲孔复合、拉深、冲底孔与切边、冲六个孔共四道工序冲压成形。预先冲出 ϕ10.8 mm 的工艺孔，其作用是使拉深时的变形区发生转移，即促使坯料内部（33 mm 的部分）金属向外扩展，减少外部（大于 33 mm 的部分）金属向内收缩，从而一次拉深即可满足直径为 33 mm、高度为 9 mm 的尺寸要求。

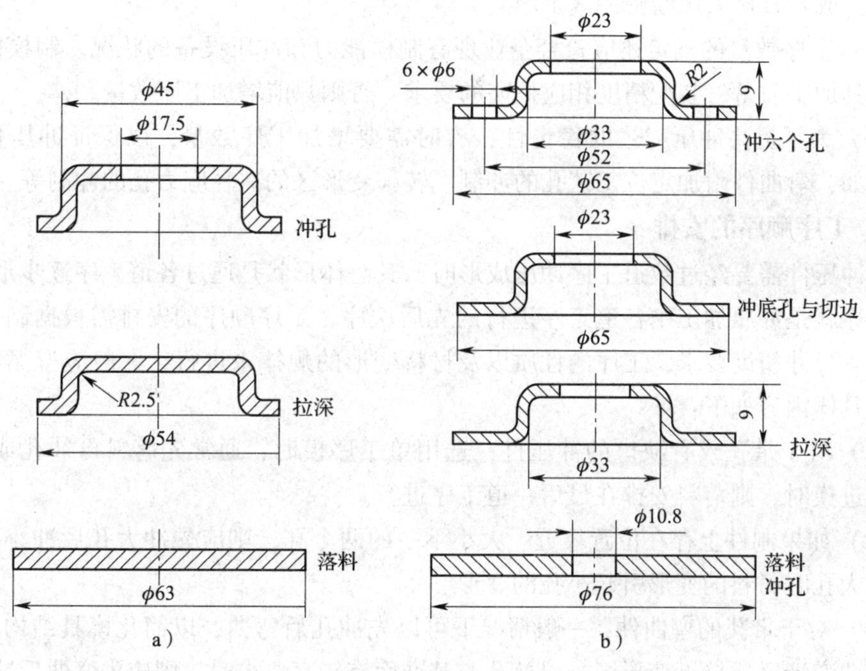

图 1—5—3 两种冲压制件冲压工艺的比较

a）方案一 b）方案二

2. 工序数量的确定

工序数量是指冲压件加工的整个过程中所需工序数（包括辅助工序）的总和。工序数量的确定主要取决于制件几何形状的复杂程度、尺寸精度要求和材料的力学性能。当然，还应考虑制件生产批量、制造模具能力、冲压设备条件、冲压工艺稳定性等。在保证冲压件质量的前提下，为提高经济效益和生产效率，工序数量应尽可能少些。工序数量的确定原则如下：

（1）冲裁形状简单的制件时，一般只用单工序（模具）来完成；冲裁形状复杂的制件时，由于受到模具结构或强度的限制，其内、外轮廓应分成几个部分，采用多道冲压工序来完成，其工序数量可由孔与孔之间的距离、孔的位置、孔的数量多少来决定；对于平面度精度要求较高的制件，可在冲裁工序后再增加一道校平工序。

（2）弯曲件的工序数量主要取决于其结构和形状的复杂程度。可根据弯曲角的多少、弯曲角的相对位置和弯曲方向而定。当弯曲件的弯曲半径小于允许值时，则在弯曲后增加一道整形工序。

（3）拉深件的工序数量与材料性质、拉深阶梯数目、拉深高度与直径的比值、材料厚度等有关，对于盒形件，还与角部的圆角半径有关。一般要经过拉深工艺计算（如拉深系数的计算）才能确定。当拉深件的圆角半径较小或尺寸精度要求较高时，则需在拉深后增加一道整形工序。

（4）当制件的断面质量和尺寸精度要求较高时，可以考虑在冲裁工序后再增加修整工序，或者直接采用精密冲裁工序。

（5）工序数量的确定还应符合企业现有制模能力和冲压设备的状况。制模能力应保证模具加工质量、装配精度相应提高的要求，否则只能增加工序数量。

（6）为了提高冲压工艺的稳定性，有时需要增加工序数量，以保证冲压件的质量。例如，弯曲件附加定位工艺孔的冲制，转移变形区的减轻应力孔的冲制等。

3. 工序顺序的安排

当冲压件需要经过数道工序冲压成形时，其总体形状是通过各道工序逐步形成的，工序顺序就是冲压加工中各道工序进行的先后次序。工序顺序的安排需根据制件的形状特征、尺寸精度要求、工序的性质以及材料变形的规律来进行，一般应遵循相应的原则，具体内容如下：

（1）对于带孔或有缺口的冲压件，选用单工序模时，通常先落料再冲孔或缺口。选用级进模时，则落料安排在最后一道工序进行。

（2）如果制件上存在位置靠近、大小不一的两个孔，则应先冲大孔后冲小孔，以免冲制大孔时材料的变形引起小孔的变形。

（3）对于带孔的弯曲件，一般情况下可以先冲孔后弯曲，以简化模具结构。当孔位于弯曲变形区或接近变形区，以及孔与基准面有较高要求时，则应先弯曲后冲孔。

（4）对于带孔的拉深件，一般先拉深后冲孔。当孔的位置在制件底部，且孔的尺寸精度要求不高时，可以先冲孔再拉深。

（5）多角弯曲件应根据材料变形的影响和弯曲时材料的偏移趋势安排弯曲顺序，一般应先弯外角后弯内角。

（6）对于复杂的旋转体拉深件，一般先拉深大尺寸的外形，后拉深小尺寸的内形。对于复杂的非旋转体拉深件，则应先拉深小尺寸的内形，后拉深大尺寸的外形。

（7）整形工序、校平工序和切边工序应安排在基本成形工序以后。

图 1—5—4 所示为调温器外壳的冲压工艺过程，其特点分析如下：

在第一道拉深工序成形的直径为 60 mm 的筒壁和锥形部分是制件的最终形状和尺寸，后续工序被该部分划分为内、外两部分。冲孔和翻边均在内部进行，成形时，$\phi 20.5 \sim 34$ mm 的环形部分为弱区，变形产生于此；锥形部分及与其相连接的直径为 34 mm 的圆环部分为强区，不产生变形。$R5$ mm 整形到 $R0.5$ mm 是在已成形部分的外部进行的，此时直径为 68 mm 的凸缘是弱区，会产生少量直径收缩变形；而直径为 60 mm 的圆筒形是强区，不产生变形。在整个工艺过程中，冲孔工序安排在拉深工序以后，说明安排工序顺序时应注意的一个重要问题是冲孔对变形区的转移作用。拉深时，传力区应为强区，如果先冲孔，而且孔较大，势必造成变形区转移到应为强区的内部（即成为翻边变形），或内、外都是变形区，这样就使变形达不到预期的效果。

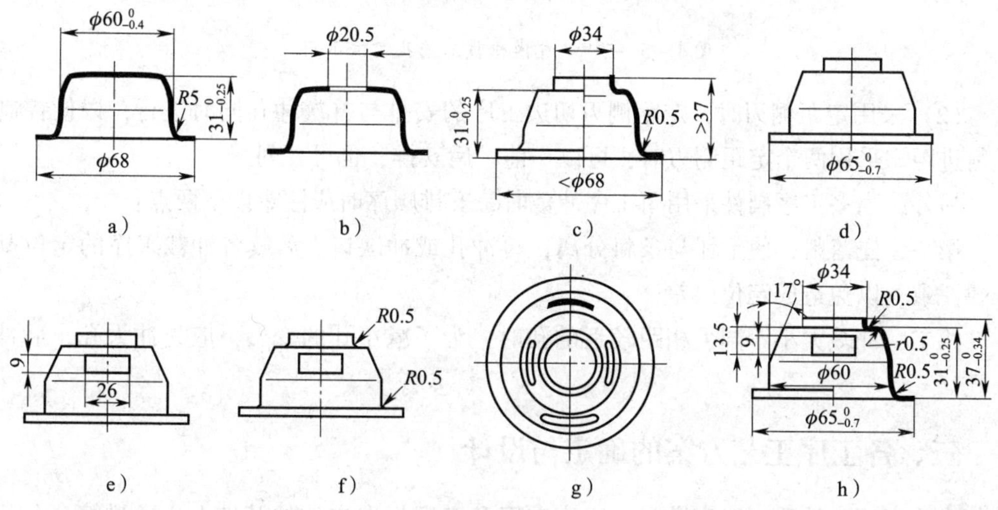

图 1—5—4　调温器外壳的冲压工艺过程

a）拉深　b）冲孔　c）翻边与整形　d）切边　e）冲侧孔

f）整形　g）冲顶部两孔　h）制件图

4. 工序的组合方式

一个冲压件往往需要经过多道冲压工序才能成形。因此，编制工艺方案时必须考虑是采用单工序模分散冲压，还是将工序组合起来，选用复合模或级进模冲压。一般来说，这主要取决于冲压件的生产批量、尺寸大小和精度等因素。生产批量大，冲压工序应尽可能地组合在一起，采用复合模或级进模冲压；生产批量小，常采用单工序模冲压。但对于尺寸过小的冲压件，考虑到单工序模供料不方便和生产率低，也常采用复合模或级进模冲压。当选用的几副单工序模制造费用比复合模还高，且生产批量又不大时，也可以考虑将工序组合起来，选用复合模冲压。对于有精度要求的制件，为了避免多次冲压造成的定位误差，也应采用复合模冲压。

总之，工序组合方式可以采用复合模或级进模。通常，复合模的冲压精度比级进模高，但是级进模的生产率较高，操作比较安全，安装自动送料装置后，广泛用于冲裁和塑性成形工序组合的中、小件的自动冲压。选用级进模冲压应注意的有关事项如下：

（1）安排工序时，先冲孔、切口或弯曲等，最后才落料或切断，将制件与条料分离。先冲出的孔可起到为后续工序定位的作用。在定位要求较高时，则要冲出专供定位用的工艺孔（一般为两个，其示例见图 1—5—5）。

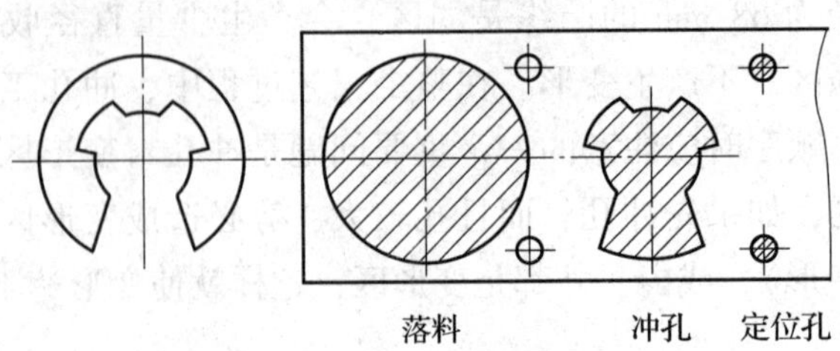

图 1—5—5 级进模冲裁工艺孔定位示例

（2）采用定距侧刃时，定距侧刃切边工序的安排与首次冲孔同时进行，以便控制送料进距。采用两个定距侧刃时，可以一前一后安排，也可并列。

另外，当多工序制件采用单工序冲裁时，安排顺序时应注意以下两点：

第一，先落料，使毛坯与条料分离，再冲孔或冲缺口。后续各冲裁工序的定位基准要一致，以免造成定位误差。

第二，冲裁大小不同、相距较近的孔时，为了减小孔的变形，应先冲大孔，后冲小孔。

三、各工序工艺方案的确定与设计

在确定工序性质、工序数量、工序顺序和工序组合方式的基础上，通过综合分析和比较，便可得出冲压件的最佳冲压工艺方案。依据此方案，即可确定并设计各道冲压工序的工艺方案。

1. 各工序工艺方案内容

确定及设计各工序工艺方案涉及的主要内容包括：确定各工序的主要工艺参数，进行各工序必要的成形工艺计算，确定各工序的成形力，计算并确定各工序间半成品的形状和尺寸，绘制各工序图，并根据采用的模具种类（如单工序模、复合模、级进模或级进复合模等）确定模具的具体结构形式，绘制出模具工作部分的工作原理图，估算出模具的制造费用等。

2. 冲压工序间半成品形状与尺寸的确定

正确确定冲压工序间半成品的形状与尺寸，可以提高冲压件的质量和精度。确定半成品的形状与尺寸时应注意以下几点：

（1）对某些工序的半成品尺寸，应根据该道工序的极限变形参数计算求得。如多次拉深时各道工序的半成品直径、拉深件底部翻边前预冲孔的直径等，都应根据各自的极限拉深系数或极限翻边系数计算确定。图 1—5—6 所示为气阀罩盖的冲压过程。该冲压件需六道工序完成，第一道工序为落料拉深，该道工序拉深后，半成品的直径 22 mm 是根据极限拉深系数计算出来的结果。

（2）确定半成品尺寸时，应保证已成形的部分在以后各道工序中不再产生任何变动，而待成形部分必须留有恰当的材料余量，以保证以后各道工序中形成制件相应部分的需要。例如，图 1—5—6 中，第二道工序为再次拉深，拉深直径为 16.5 mm，该成形部分的形状、尺寸与制件相应部分相同，所以在以后各道工序中必须保持不变。假如第二道工序中拉深底部为平底，而第三道工序中成形凹坑的直径为 5.8 mm，则拉深系数（$m=5.8/16.5\approx0.35$）过小，而周边材料不能对成形部分进行补充，将导致第二道工序无法正常成形，因此，只有按面积相等的计算原则储存必需的待成形材料，把半成品工件的底部拉深成球形，才能保证第三道工序凹坑成形的顺利进行。

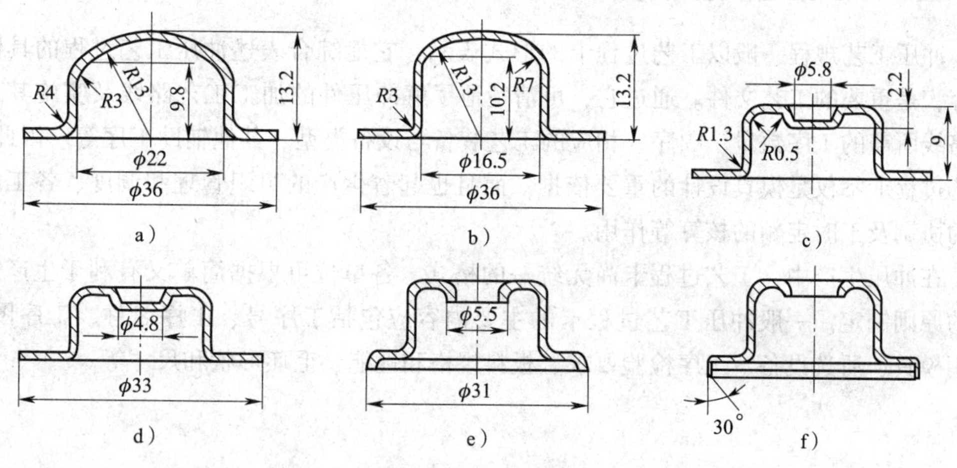

图 1—5—6 气阀罩盖的冲压过程

a）落料拉深 b）再次拉深 c）成形 d）冲孔修边 e）外缘翻边、翻内孔 f）折边

（3）半成品的过渡形状应具有较强的抗失稳能力。如图 1—5—7 所示，第一道工序拉深后半成品形状的底部不是一般的平底形状，而做成外凸的曲面，在第二道工序反拉深时，当半成品的曲面与凸模曲面逐渐贴合时，半成品底部所形成的曲面形状具有较强的抗失稳能力，从而有利于第二道拉深工序的进行。

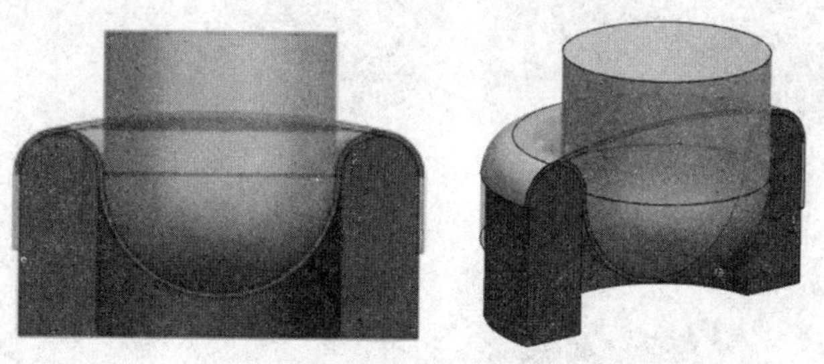

图 1—5—7 第一道工序拉深后的半成品形状

（4）确定半成品的过渡形状与尺寸时，应考虑其对制件质量的影响，例如，多次拉深工序中凸模的圆角半径，或宽凸缘边制件多次拉深时的凸模与凹模圆角半径都不宜过小；否则，会在成形后的制件表面留下经圆角部位弯曲变薄的痕迹，使制件的表面质量下降。

四、冲压设备初选

冲压设备的初选包括两个方面：一是依据所要完成的冲压性质、生产批量、冲压件的尺寸和精度要求等选择冲压设备的类型；二是依据冲压件尺寸、变形力大小和模具尺寸等选择冲压设备的技术参数。

五、冲压工艺规程编制

冲压工艺规程一般以工艺过程卡的形式表示，它能综合表述冲压工艺过程的具体内容，是重要的工艺文件。通过它，可清楚地了解冲压件的加工工艺路线及实施其工艺路线所需的工序数量、顺序、相应的工艺装备与设备类型、其他辅助工序等。因此，工艺过程卡不仅是模具设计的重要依据，而且也起着生产的组织管理和调度、各工序间的协调及工时定额的核算等作用。

在冲压生产中，工艺过程卡尚无统一的格式，各单位可根据简单又有利于生产管理的原则制定。一般冲压工艺过程卡的主要内容应包括工序号、工序名称、工序图、所用模具、所选设备、工序检验要求、板料规格和性能、毛坯形状和尺寸等。

冲裁工艺与冲裁模设计

第一节　冲裁工艺设计

一、冲裁概述

冲裁是指利用冲裁模在冲床上使板料沿一定的封闭曲线进行分离的工序。根据材料分离形式的不同，冲裁可分为普通冲裁和精密冲裁。本章主要介绍普通冲裁。

普通冲裁时，材料在凸模、凹模刃口之间以撕裂形式实现分离，故工件断面比较粗糙，且不垂直于板料平面，一般适用于中等精度零件的冲制；精密冲裁时，材料以变形形式实现分离，工件断面光洁，且与板料平面垂直，适用于精度较高零件的冲制。

冲裁后，板料分为两部分，即冲落部分（封闭曲线以内部分）和带孔部分（封闭曲线以外部分），如图 2—1—1 所示。

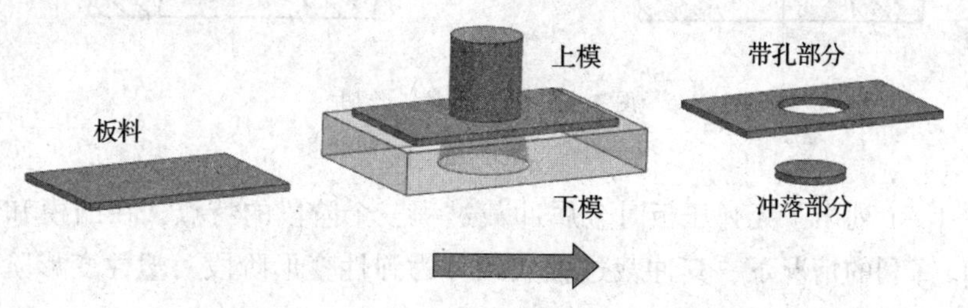

图 2—1—1　冲裁示意

实际生产中，根据冲裁需要，将冲裁分为冲孔和落料两种工序，如图 2—1—2 所示。冲裁后，若冲落部分作为制件时称为落料；反之，若带孔部分作为制件时（冲落部分作为废料）称为冲孔。因此，落料是沿封闭曲线从板料上分离出制件的工序，其制件称为落料件；冲孔是沿封闭曲线从板料上分离出废料的工序，其制件称为冲孔件。

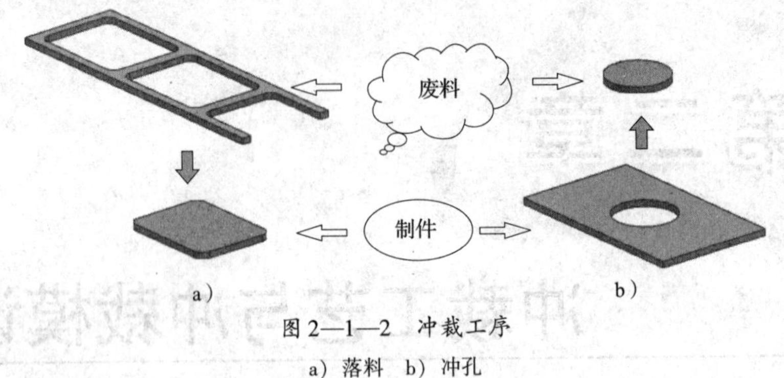

图 2—1—2　冲裁工序

a）落料　b）冲孔

二、冲裁变形过程分析

冲裁过程是在瞬间完成的，为了控制冲裁件的质量，研究冲裁件的变形机理，就需要分析冲裁时板料分离的实际过程。

1. 冲裁变形过程

图 2—1—3 所示为冲裁工作图，凸模 1 与凹模 3 具有与冲件轮廓相同的锋利刃口，且相互之间保持均匀、合适的间隙。冲裁时，板料 2 置于凹模上方，当凸模随压力机滑块向下运动时，便迅速冲穿板料进入凹模，使冲件与板料分离而完成冲裁工作。

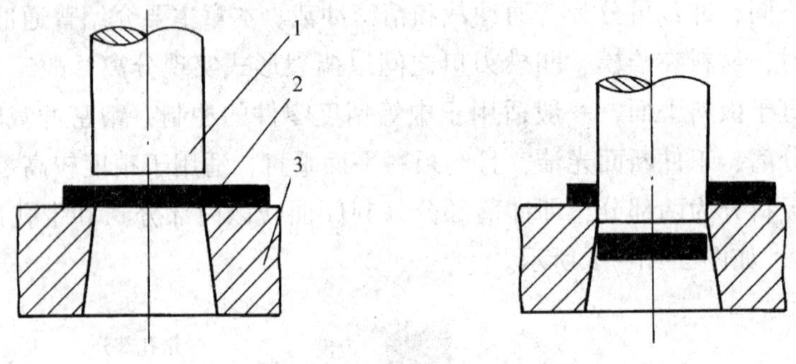

图 2—1—3　冲裁工作图

1—凸模　2—板料　3—凹模

表 2—1—1 列出了无弹压板时金属冲裁过程三个阶段的特点，在凸模和凹模间隙正常、刃口锋利的情况下，其冲裁过程大致分为弹性变形阶段、塑性变形阶段、断裂分离阶段三个阶段。

表 2—1—1　冲裁过程三个阶段的特点

阶段	特点	断面特征	
第一阶段（弹性变形阶段）	板料在凸模压力作用下，首先产生弹性压缩、拉伸等变形，此时凸模略微挤入板料内，板料的另一面也略微挤入凹模刃口内，凸模端部下面的		初始塌角

续表

阶段	特点	断面特征	
第一阶段（弹性变形阶段）	材料略有弯曲，凹模刃口上面的材料开始上翘，间隙越大，弯曲和上翘越严重，板料在凸模、凹模刃口处形成初始塌角，这时材料内部应力尚未超过弹性极限，当外力去掉后材料能恢复原状。此阶段称为弹性变形阶段	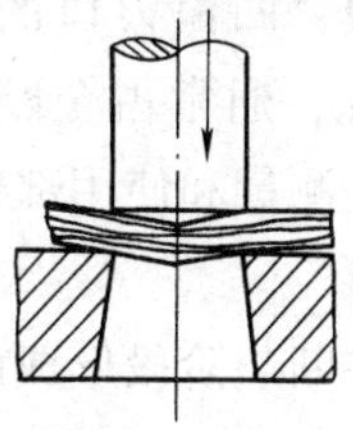	初始塌角
第二阶段（塑性变形阶段）	当凸模继续压入时，压力增大，材料内部的应力也随之加大，当材料内的应力达到屈服强度时便开始进入塑性变形阶段。在这一阶段中随着凸模挤入材料的深度逐渐增加，材料的塑性变形程度也逐渐增大。由于刃口处存在间隙，材料内部的拉应力及弯矩也都增大，使变形区材料硬化加剧，直到刃口附近的材料由于拉应力及应力集中的作用开始出现微裂纹，此时，冲裁变形力也达到最大值。微裂纹的出现说明材料开始破坏，塑性变形阶段也告结束	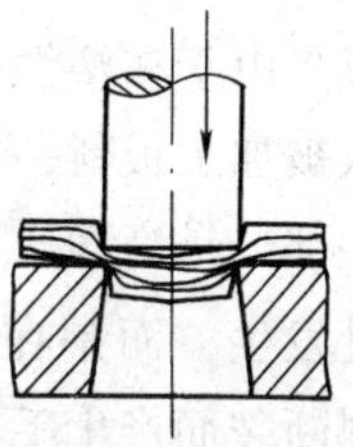	产生与板料垂直的光亮带及初始毛刺
第三阶段（断裂分离阶段）	凸模继续下降，已产生的上、下微裂纹不断扩大并向材料内部延伸，当上、下裂纹相遇重合时，开始分离产生粗糙的断裂带，凸模再往下降，将冲落部分挤出凹模洞口，至此，凸模回升完成整个冲裁过程	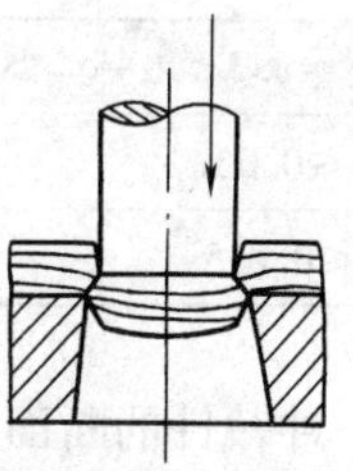	产生粗糙而带有锥度的断裂带，毛刺被拉长

由上述冲裁变形过程的分析可知，冲裁过程的变形是很复杂的。冲裁变形区为凸模、凹模刃口连线的周围材料部分，其变形性质是以塑性剪切变形为主，还伴随有拉伸、弯曲与横向挤压等变形。所以冲裁件及废料的平面常有翘曲现象。

2. 冲裁断面特征

在正常的冲裁条件下，由凸模刃口出发的剪裂缝与凹模刃口出发的剪裂缝是重合的。对一般的冲裁零件断面进行分析，可以发现这样的规律：零件的端面与零件平面并非完全垂直，而是带有一定的锥度。所有普通冲裁零件的断面都有明显相同的特征，不同的只是断面各个部分的大小比例。因此，冲裁件的断面明显地分成四个特征区，即圆角带、光亮带、断裂带与毛刺区，如图2—1—4所示。

（1）圆角带

圆角带的形成是当凸模刃口压入材料时，刃口附近的材料产生弯曲和伸长变形，材料被拉入间隙的结果。

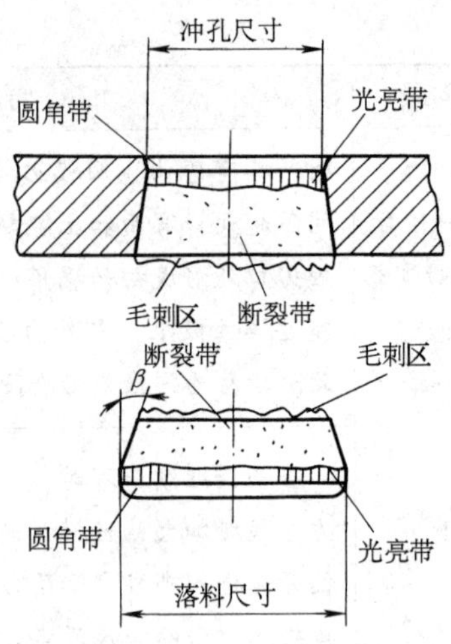

图 2—1—4　冲裁件断面特征

（2）光亮带

光亮带发生在塑性变形阶段，当刃口切入材料后，材料与凸模、凹模刃口的侧表面挤压而形成光亮、垂直的断面，通常占全断面的 1/3 ~ 1/2。该区域质量最好，是测量和使用部位。

（3）断裂带

断裂带是在断裂阶段形成的，是由刃口附近的微裂纹在拉应力作用下不断扩展而形成的撕裂面，其断面粗糙，具有金属本色，且略带斜度。

（4）毛刺区

毛刺的形成是由于在塑性变形阶段后期，凸模和凹模的刃口切入被加工板料一定深度时，刃口正面材料被压缩，刃尖部分是高静压应力状态，使裂纹的起点不会在刃尖处发生，而是在模具侧面距刃尖不远的地方发生，在拉应力的作用下，裂纹加长，材料断裂而产生毛刺，裂纹的产生点和刃尖的距离称为毛刺的高度。在普通冲裁中毛刺是不可避免的，普通冲裁允许的毛刺高度见表 2—1—2。

表 2—1—2　　普通冲裁允许的毛刺高度　　mm

料厚	≈0.3	>0.3 ~ 0.5	>0.5 ~ 1.0	>1.0 ~ 1.5	>1.5 ~ 2
生产时	≤0.05	≤0.08	≤0.10	≤0.13	≤0.15
试模时	≤0.015	≤0.02	≤0.03	≤0.04	≤0.05

由此可见，冲裁件的断面并不整齐，在四个特征区中，仅短短的一段光亮带是柱体，光亮带越宽，断面质量越好。若不计弹性变形的影响，则板料孔的光亮柱体部分尺寸近似等于凸模尺寸；落料的光亮柱体部分近似等于凹模尺寸。对于板料孔，决定与轴类零件配合性质的是它的最小尺寸，即其光亮柱体部分尺寸；对于落料件，决定与孔类零件配合性质的是它的最大尺寸，也是它的光亮柱体部分尺寸。

3. 冲裁件质量的影响因素

冲裁件质量是指断面状况、尺寸精度和形状误差。断面状况应尽可能垂直、光洁、毛刺小。尺寸精度应该保证在图样规定的公差范围内。零件外形应该满足图样要求；表面尽可能平直，即拱弯小。影响零件质量的因素有材料性能、间隙大小及均匀性、刃口锋利程度、模具精度及模具结构形式等。

（1）材料性能的影响

材料塑性好，冲裁时裂纹出现得较迟，材料被剪切的深度较大，所得断面光亮带所占的比例就大，圆角也大；而塑性差的材料容易被拉断，材料被剪切不久就出现裂纹，使断面光亮带所占的比例小，圆角小，大部分是粗糙的断裂面。

（2）模具间隙的影响

冲裁时，断裂面上、下裂纹是否重合，与凸模、凹模间隙值的大小有关。当凸模、凹模间隙合适时，凸模、凹模刃口附近沿最大切应力方向产生的裂纹在冲裁过程中能会合，此时尽管断面与材料表面不垂直，但还是比较平直、光滑的，毛刺较小，制件的断面质量较好，如图 2—1—5b 所示。

当间隙减小时，变形区内弯矩小，压应力成分高。由凹模刃口附近产生的裂纹进入凸模下面的压应力区而停止发展；由凸模刃口附近产生的裂纹进入凹模上表面的压应力区也停止发展。上、下裂纹不重合。在两条裂纹之间的材料将被第二次剪切。当上裂纹压入凹模时，受到凹模壁的挤压，产生第二光亮带，同时部分材料被挤出，在表面形成薄而高的毛刺，如图 2—1—5a 所示。

当间隙过小时，虽然塌角小，拱弯小，但断面质量也有缺陷。如断面中部出现夹层，两头呈光亮带，在端面有挤长的毛刺。

当间隙增大时，材料内的拉应力增大，发生拉伸断裂，于是断裂带变宽，光亮带变窄，弯曲变形增大，因而塌角和拱弯也增大。

当间隙过大时，因为弯矩大，拉应力成分高，材料在凸模、凹模刃口附近产生的裂纹也不重合。分离后产生的断裂层斜度增大，制件的断面出现两个斜角 α_1 和 α_2，断面质量也不理想。而且由于塌角大，拱弯大，光亮带小，毛刺又高又厚，冲裁件质量下降，如图 2—1—5c 所示。

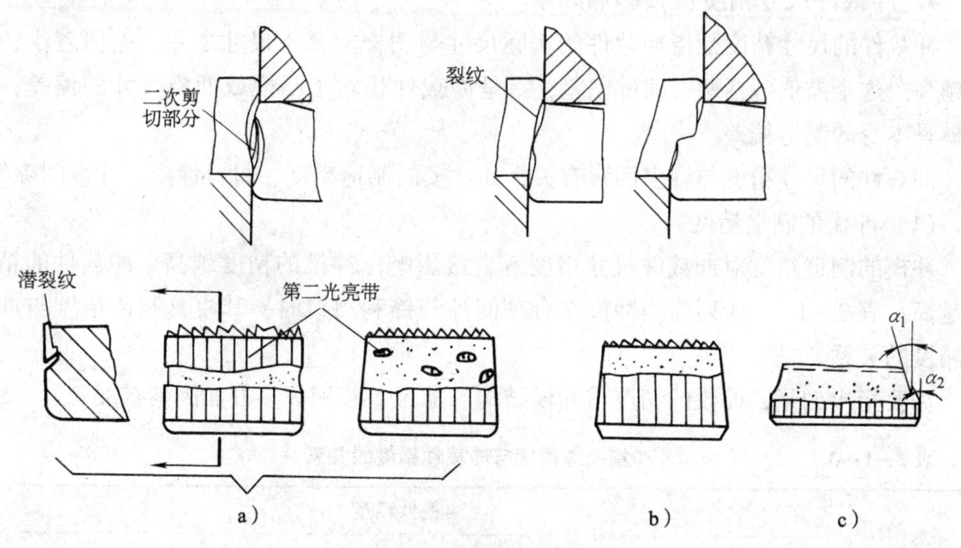

图 2—1—5 模具间隙对剪切裂纹与断面质量的影响

a）间隙过小 b）间隙合理 c）间隙过大

因此，模具间隙应保持在一个合理的范围内。另外，当模具装配间隙调整得不均匀时，模具会出现部分间隙过大和过小的质量问题。因此，模具设计、制造与安装时必须保证间隙均匀。

（3）模具刃口状态的影响

模具刃口状态对冲裁过程中的应力状态及制件的断面质量有较大影响。当刃口磨损成圆角时，挤压作用增大，所以制件塌角带和光亮带增大。同时，材料中减少了应力集中现象，变形区域增大，产生的裂纹偏离刃口，凸模、凹模间金属在剪裂前有很大的拉伸，这就使冲裁断面上产生明显的毛刺。当凸模、凹模刃口磨钝后，即使间隙合理也会在制件上产生毛刺，如图2—1—6所示。当凹模刃口磨钝时，则会在冲孔件的孔口下端产生毛刺（见图2—1—6a）；当凸模刃口磨钝时，则会在落料件的上端产生毛刺（见图2—1—6b）；当凸模和凹模刃口同时磨钝时，则冲裁件上、下端都会产生毛刺（见图2—1—6c）。

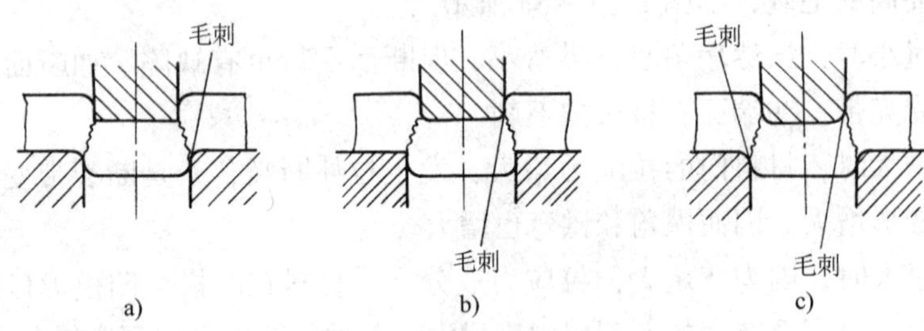

图2—1—6　凸模和凹模刃口磨钝时毛刺的形成情况

a）凹模磨钝　b）凸模磨钝　c）凸模和凹模均磨钝

4. 冲裁件尺寸精度及其影响因素

冲裁件的尺寸精度是指冲裁件的实际尺寸与图样上基本尺寸之差。差值越小，精度越高。这个差值包括两方面的偏差，一是冲裁件相对于凸模或凹模尺寸的偏差；二是模具本身的制造偏差。

冲裁件的尺寸精度与许多因素有关，如冲模的制造精度、材料性质、冲裁间隙等。

（1）冲模的制造精度

冲模的制造精度对冲裁件尺寸精度有直接影响。冲模的精度越高，冲裁件的精度也越高。表2—1—3所列为当冲模有合理间隙与锋利刃口时，其模具制造精度与冲裁件精度的关系。

需要指出的是，冲模的精度与冲模结构、加工、装配等多方面因素有关。

表2—1—3　　冲模制造精度与冲裁件精度的关系

冲模制造精度	冲裁件精度											
	材料厚度 t（mm）											
	0.5	0.8	1.0	1.5	2	3	4	5	6	8	10	12
IT7～IT6	IT8	IT8	IT9	IT10	IT10	—	—	—	—	—	—	—
IT8～IT7	—	IT9	IT10	IT10	IT12	IT12	IT12	—	—	—	—	—
IT9	—	—	—	IT12	IT12	IT12	IT12	IT12	IT12	IT14	IT14	IT14

（2）材料性质

材料的性质对该材料在冲裁过程中的弹性变形量有很大的影响。对于比较软的材料，弹性变形量较小，冲裁后的回弹值也小，因而零件精度高；而硬的材料情况正好与此相反。

（3）冲裁间隙

当间隙适当时，在冲裁过程中，板料的变形区在剪切作用下被分离，使落料件的尺寸等于凹模尺寸，冲孔件的尺寸等于凸模尺寸。

当间隙过大时，板料在冲裁过程中除受剪切外还产生较大的拉伸与弯曲变形，冲裁后因材料弹性恢复，将使冲裁件尺寸向实际方向收缩。对于落料件，其尺寸将会小于凹模尺寸；对于冲孔件，其尺寸将会大于凸模尺寸。但因拱弯的弹性恢复方向与以上相反，故偏差值是两者的综合结果。

当间隙过小时，则板料在冲裁过程中除剪切外还会受到较大的挤压作用，冲裁后，材料的弹性恢复使冲裁件尺寸向实体的反方向胀大。对于落料件，其尺寸将会大于凹模尺寸；对于冲孔件，其尺寸将会小于凸模尺寸。

5．冲裁件形状误差及其影响因素

冲裁件的形状误差是指翘曲、扭曲、变形等缺陷。冲裁件呈曲面不平的现象称为翘曲。它是由于间隙过大、弯矩增大、变形拉伸和弯曲成分增多而造成的，另外，材料的各向异性和卷料未矫正也会产生翘曲。冲裁件扭歪的现象称为扭曲。它是由于材料的不平、间隙不均匀、凹模后角对材料摩擦不均匀等造成的。冲裁件的变形是由于在坯料的边缘冲孔或孔距太小，因胀形而产生。

综上所述，用普通冲裁方法所能得到的冲裁件，其尺寸精度与断面质量都不太高。金属冲裁件所能达到的经济精度为 IT14 ~ IT10 级，要求高的可达到 IT10 ~ IT8 级。厚料与薄料相比，不易达到上述要求。若要进一步提高冲裁件质量，则可在冲裁后增加整修工序或采用精密冲裁模。

三、冲裁件的工艺性

冲裁件的工艺性是指冲裁件对冲裁工艺的适应性，即冲裁加工的难易程度。良好的冲裁工艺性，是指在满足冲裁件使用要求的前提下，能以最简单、最经济的冲裁方式加工出来。因此，在编制冲压工艺规程和设计模具之前，应从工艺角度分析冲裁件设计得是否合理，是否符合冲裁的工艺要求。

冲裁件的工艺性主要包括冲裁件的结构与尺寸、精度与断面粗糙度和毛刺、材料等几个方面。

1．冲裁件的结构与尺寸

（1）冲裁件的形状应力求简单、规则，有利于材料的合理利用，以便节约材料，减少工序数目，延长模具使用寿命，降低冲裁成本。

（2）冲裁件的内、外形转角处要尽量避免尖角，应以圆弧过渡（见图 2—1—7），以便于模具加工，减少热处理开裂，减少冲裁时尖角处的崩刃和过快磨损。冲裁件的最小圆角半径可参照表 2—1—4 选取。

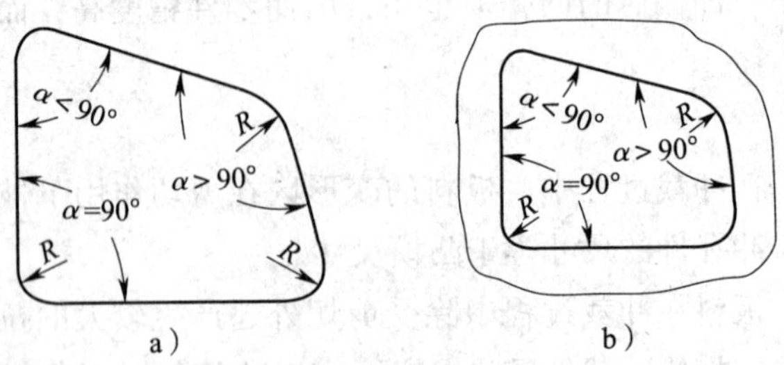

图 2—1—7　产品零件图

a）落料件外形圆角　b）冲孔件孔形圆角

表 2—1—4　冲裁件的最小圆角半径　mm

冲裁件种类		最小圆角半径			
		黄铜、铝	合金钢	软钢	备注
落料	交角≥90°	0. 18 t	0. 35 t	0. 25 t	≥0. 25
	交角 <90°	0. 35 t	0. 70 t	0. 50 t	≥0. 50
冲孔	交角≥90°	0. 20 t	0. 45 t	0. 30 t	≥0. 30
	交角 <90°	0. 40 t	0. 90 t	0. 60 t	≥0. 60

注：t 为材料厚度。

（3）尽量避免冲裁件上过于窄长的凸出悬臂和凹槽，否则会缩短模具使用寿命，降低冲裁件质量。如图 2—1—8 所示，一般情况下，悬臂和凹槽的宽度 $b\geqslant1.5t$（t 为料厚，当料厚 $t<1$ mm 时，按 $t=1$ mm 计算）；当冲裁件材料为黄铜、铝、软钢时，$b\geqslant1.3t$；当冲裁件材料为高碳钢时，$b\geqslant2t$。悬臂和凹槽的长度 $l\leqslant5b$。

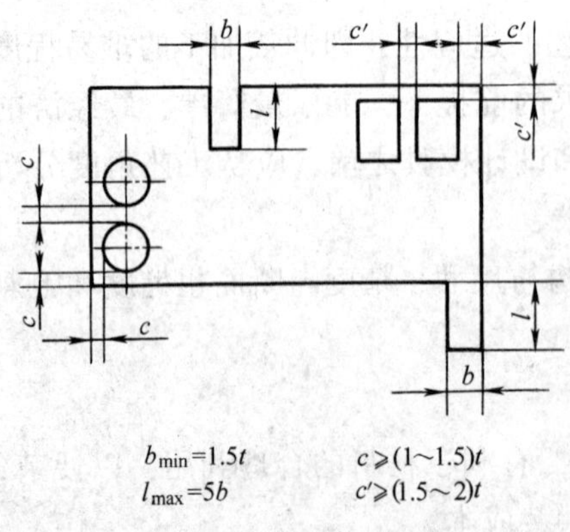

注：t——材料厚度；
c——圆形孔搭边值；
c'——方形孔搭边值；
b——悬臂和凹槽的宽度；
l——悬臂和凹槽的长度、深度。

图 2—1—8　冲裁件上悬臂和凹槽的宽度、长度、深度

(4) 冲孔时，因受凸模强度的限制，孔的尺寸不应太小。冲孔的最小尺寸取决于孔的形状、材料的力学性能、凸模强度和模具结构等因素。用无导向凸模和带护套凸模所能冲制的孔的最小尺寸可参考表 2—1—5、表 2—1—6。

表 2—1—5 无导向凸模冲孔的最小尺寸 mm

冲裁件材料	圆形孔（直径 d）	方形孔（孔宽 b）	矩形孔（孔宽 b）	长圆形孔（孔宽 b）
钢 $\tau > 700$ MPa	$1.5t$	$1.35t$	$1.2t$	$1.1t$
钢 $\tau = 400 \sim 700$ MPa	$1.0t$	$0.9t$	$0.8t$	$0.7t$
黄铜、铜	$0.9t$	$0.8t$	$0.7t$	$0.6t$
铝、锌	$0.8t$	$0.7t$	$0.6t$	$0.5t$

表 2—1—6 带护套凸模冲孔的最小尺寸 mm

冲裁件材料	圆形孔（直径 d）	矩形孔（孔宽 b）
硬钢	$0.5t$	$0.4t$
软钢及黄铜	$0.35t$	$0.3t$
铝、锌	$0.3t$	$0.28t$

注：d 一般不小于 0.3 mm，t 为材料厚度。

(5) 冲裁件的孔与孔之间、孔与边缘之间的距离受模具强度和冲裁件质量的制约，其值不应过小，一般要求 $c \geqslant (1 \sim 1.5)\ t$，$c' \geqslant (1.5 \sim 2)\ t$，如图 2—1—8 所示。

(6) 孔壁的要求。在弯曲件或拉深件上冲孔时，其孔壁与工件直壁的最小距离应不小于 $R + 0.5t$（R 为弯曲件或拉深件冲孔处的圆角，t 为料厚），如图 2—1—9 所示。若距离过小，孔边进入工件底部的圆角部分，冲孔时会使凸模受水平推力而折断，影响冲孔质量和模具使用寿命。拉深工件底部的孔可在拉深过程结束时冲出，也可用单独的工序冲出，但凸缘上的孔只能在拉深后单独冲出。

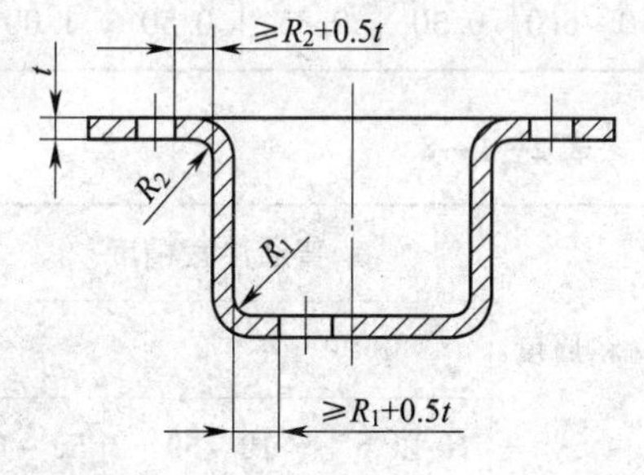

图 2—1—9 弯曲件或拉深件上冲孔孔壁与工件直壁的最小距离

2. 冲裁件的精度、断面粗糙度和毛刺

(1) 冲裁件的精度

冲裁件的精度一般可分为精密级与经济级两类。精密级是冲压工艺技术上所允许

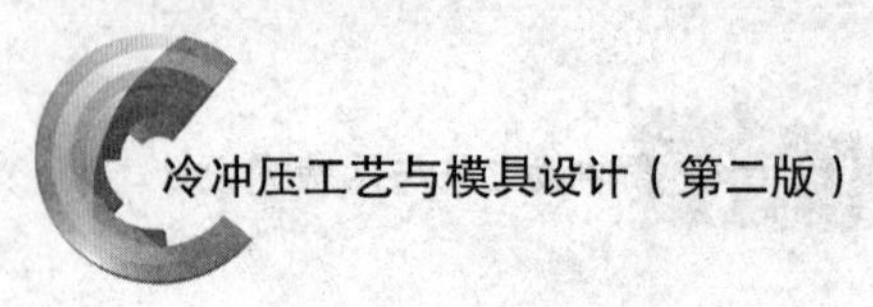

的精度，而经济级是可以用较经济手段达到的精度。

冲裁件各种尺寸的公差和极限偏差见表2—1—7至表2—1—16。表中所提供的冲裁件尺寸精度是在合理间隙情况下，对铝、铜、软钢等常用材料冲裁加工的数据。精度要求特别高的工件，需要增加整修等精密冲裁工序。表2—1—7所列为冲裁件外径公差，表2—1—8所列为冲裁件内径公差，表2—1—9所列为冲压件孔距公差，表2—1—10所列为冲压件孔中心与外缘距离的公差，表2—1—11所列为冲压件孔中心距及孔组间距 a_1 的极限偏差，表2—1—12所列为冲压件上各孔组间距的极限偏差，表2—1—13所列为冲压件未注明公差的长度和直径尺寸的极限偏差，表2—1—14所列为冲压件未注明圆角半径 R 的极限偏差，表2—1—15所列为冲裁件角度（含未注明直角和等边多边形角度）的极限偏差，表2—1—16所列为在带料、扁钢、角钢等型材上冲孔的孔边距极限偏差。

表2—1—7　　冲裁件外径公差　　mm

材料厚度	普通冲裁精度				精密冲裁精度				整修精度		
	工件外径										
	10以下	10~50	50~150	150~300	10以下	10~50	50~150	150~300	10以下	10~50	50~100
0.2~0.5	0.08	0.10	0.14	0.20	0.025	0.03	0.05	0.08			
0.5~1.0	0.12	0.16	0.22	0.30	0.03	0.04	0.06	0.10	0.012	0.015	0.025
1.0~2.0	0.18	0.22	0.30	0.50	0.04	0.06	0.08	0.12	0.015	0.02	0.03
2.0~4.0	0.24	0.28	0.40	0.70	0.06	0.08	0.10	0.15	0.025	0.03	0.04
4.0~6.0	0.30	0.35	0.50	1.00	0.20	0.12	0.15	0.20	0.04	0.05	0.06

表2—1—8　　冲裁件内径公差　　mm

材料厚度	普通冲裁精度			精密冲裁精度			整修精度	
	工件内径							
	10以下	10~50	50~150	10以下	10~50	50~150	10以下	10~50
0.2~1	0.05	0.08	0.12	0.02	0.04	0.08	0.01	0.015
1~2	0.06	0.10	0.16	0.03	0.06	0.10	0.015	0.02
2~4	0.08	0.12	0.20	0.04	0.08	0.12	0.025	0.03
4~6	0.10	0.15	0.25	0.06	0.10	0.15	0.04	0.05

表 2—1—9　冲压件孔距公差　mm

精度等级	孔距尺寸	材料厚度			
		<1	1 ~ 2	2 ~ 4	4 ~ 6
普通冲裁	<50	±0.10	±0.12	±0.15	±0.20
	50 ~ 150	±0.15	±0.20	±0.25	±0.30
	150 ~ 300	±0.20	±0.30	±0.35	±0.40
精密冲裁	<50	±0.01	±0.02	±0.03	±0.04
	50 ~ 150	±0.02	±0.03	±0.04	±0.05
	150 ~ 300	±0.04	±0.05	±0.06	±0.08

表 2—1—10　冲压件孔中心与边缘距离的公差　mm

材料厚度 t	孔中心与边缘距离尺寸				材料厚度 t	孔中心与边缘距离尺寸			
	≤50	50 ~ 120	120 ~ 220	220 ~ 360		≤50	50 ~ 120	120 ~ 220	220 ~ 360
≤2	±0.5	±0.6	±0.7	±0.8	>4	±0.7	±0.8	±1.0	±1.2
2 ~ 4	±0.6	±0.7	±0.8	±1.0					

注：本表适用于先落料再冲孔的情况。

表 2—1—11　冲压件孔中心距及孔组间距 a_1 的极限偏差　mm

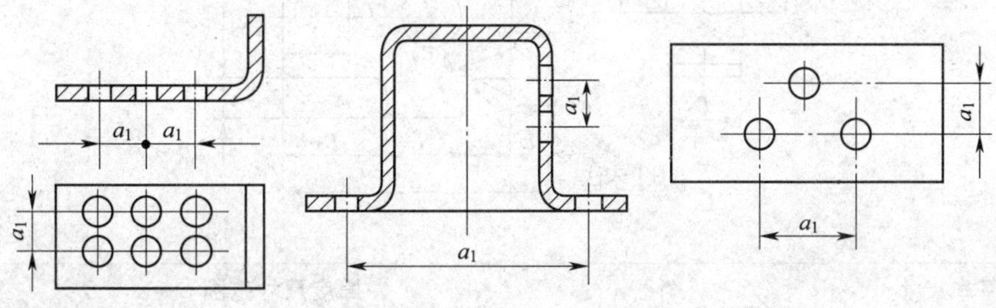

孔中心距及孔组间距 a_1	精度等级			
	A	B	C	D
≤18	±0.15	±0.20	±0.30	±0.40
>18 ~ 120	±0.20	±0.25	±0.40	±0.50
>120 ~ 260	±0.25	±0.30	±0.50	±0.60
>260 ~ 500	±0.30	±0.50	±0.60	±0.70
>500	±0.50	±0.60	±0.70	±0.80

表 2—1—12　冲压件上各孔组间距的极限偏差　mm

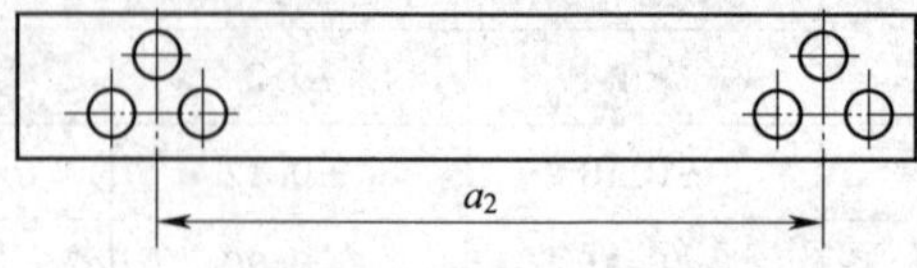

孔组间距 a_2	精度等级			
	A	B	C	D
≤120	±0.4	±0.6	±0.8	±1.0
>120～260	±0.7	±0.8	±1.0	±1.2
>260～500	±1.0	±1.2	±1.4	±1.6
>500～1 200	±1.3	±1.6	±1.8	±2.0
>1 200	±1.6	±2.0	±2.2	±2.5

表 2—1—13　冲压件未注明公差的长度（*L*）和直径（*D*、*d*）尺寸的极限偏差　mm

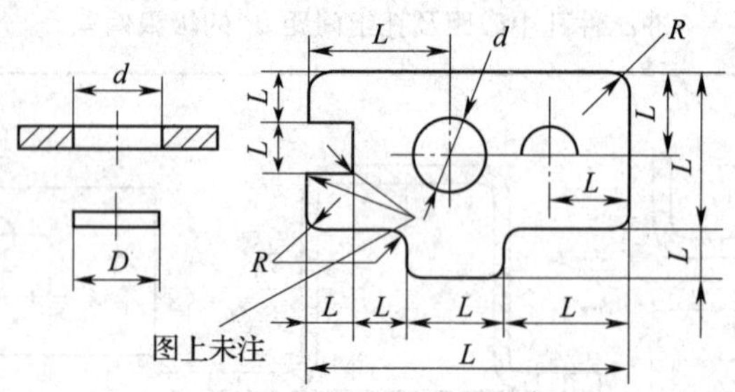

基本尺寸		精度等级	厚度尺寸范围				
大于	至		>0.1～1	>1～3	>3～6	>6～10	>10
1	6	A	±0.05	±0.10	±0.15	—	—
		B	±0.10	±0.15	±0.20	—	—
		C	±0.20	±0.25	±0.30	—	—
		D	±0.40	±0.50	±0.60	—	—
6	18	A	±0.10	±0.13	±0.15	±0.20	—
		B	±0.20	±0.25	±0.25	±0.30	—
		C	±0.30	±0.40	±0.50	±0.60	—
		D	±0.60	±0.80	±1.00	±1.20	—

续表

基本尺寸		精度等级	厚度尺寸范围				
大于	至		>0.1~1	>1~3	>3~6	>6~10	>10
18	50	A	±0.12	±0.15	±0.20	±0.25	±0.35
		B	±0.25	±0.30	±0.35	±0.40	±0.50
		C	±0.50	±0.60	±0.70	±0.80	±1.00
		D	±1.00	±1.20	±1.40	±1.60	±2.00
50	180	A	±0.15	±0.20	±0.25	±0.30	±0.40
		B	±0.30	±0.35	±0.45	±0.55	±0.65
		C	±0.60	±0.70	±0.90	±1.10	±1.30
		D	±1.20	±1.40	±1.80	±2.20	±2.60
180	400	A	±0.20	±0.25	±0.30	±0.40	±0.50
		B	±0.40	±0.50	±0.60	±0.80	±1.00
		C	±0.80	±1.00	±1.20	±1.60	±2.00
		D	±1.40	±1.60	±2.00	±2.60	±3.20
400	1 000	A	±0.35	±0.40	±0.45	±0.50	±0.70
		B	±0.70	±0.80	±0.90	±1.00	±1.40
		C	±1.40	±1.60	±1.80	±2.00	±2.80
		D	±2.40	±2.60	±2.80	±3.20	±3.60
1 000	3 150	A	±0.60	±0.70	±0.80	±0.85	±0.90
		B	±1.20	±1.40	±1.60	±1.70	±1.80
		C	±2.40	±2.80	±3.00	±3.20	±3.60
		D	±3.20	±3.40	±3.60	±3.80	±4.00

表2—1—14 冲压件未注明圆角半径 *R*（见表2—1—13中图）的极限偏差 mm

基本尺寸		精度等级	厚度尺寸范围				
大于	至		>0.1~1	>1~3	>3~6	>6~10	>10
1	6	A、B	±0.20	±0.30	±0.40	—	—
		C、D	±0.40	±0.50	±0.60	—	—
6	18	A、B	±0.40	±0.50	±0.50	±0.60	—
		C、D	±0.60	±0.80	±1.00	±1.20	—
18	50	A、B	±0.50	±0.60	±0.70	±0.80	±1.00
		C、D	±1.00	±1.20	±1.40	±1.60	±2.00

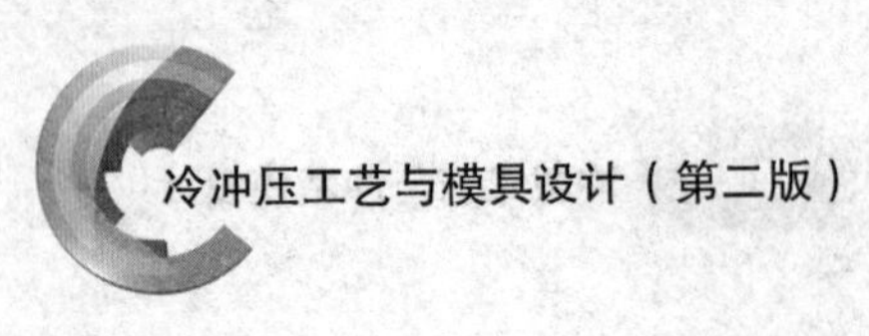

续表

基本尺寸		精度等级	厚度尺寸范围				
大于	至		>0.1~1	>1~3	>3~6	>6~10	>10
50	180	A、B	±0.60	±0.70	±0.90	±1.10	±1.30
		C、D	±1.20	±1.40	±1.80	±2.20	±2.60
180	400	A、B	±0.80	±1.00	±1.20	±1.60	±2.00
		C、D	±1.60	±2.00	±2.40	±3.20	±4.00
400	1 000	A、B	±1.40	±1.60	±1.80	±2.00	±2.80
		C、D	±2.80	±3.20	±3.60	±4.00	±5.00

表 2—1—15　冲裁件角度（含未注明直角和等边多边形角度）的极限偏差

精度等级	短边长度范围（mm）						
	≤6	>6~18	>18~50	>50~180	>180~400	>400~1 000	>1 000~3 150
A	±1°00′	±0°50′	±0°30′	±0°20′	±0°10′	±0°05′	±0°05′
B	±0°30′	±1°00′	±0°50′	±0°25′	±0°15′	±0°10′	±0°10′
C、D	±3°00′	±2°30′	±2°00′	±1°00′	±0°30′	±0°20′	±0°20′

表 2—1—16　在带料、扁钢、角钢等型材上冲孔的孔边距极限偏差　mm

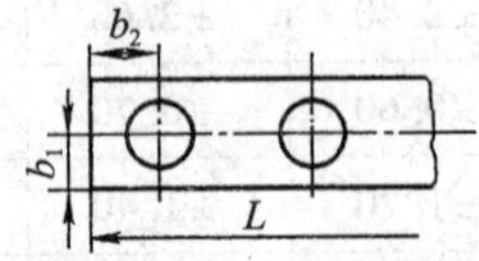

基本尺寸 b_1、b_2	零件最大长度 L		
	≤300	>300~600	>600
≤50	±0.5	±0.8	±1.2
>50	±0.8	±1.2	±2.0

（2）冲裁件的断面粗糙度和毛刺

1）冲裁件的断面粗糙度数值一般在 Ra12.5 μm 以下，具体数值可参考表 2—1—17。冲裁件的断面光亮带宽度视被冲材料的厚度、力学性能及模具间隙和刃口锋利程度而定，它占料厚的百分比可参考表 2—1—18。

表 2—1—17　一般冲裁件剪切面的近似表面粗糙度

材料厚度 t（mm）	≤1	>1~2	>2~3	>3~4	>4~5
表面粗糙度 Ra（μm）	3.2	6.3	12.5	25	50

表 2—1—18 冲裁件剪切面光亮带占料厚的百分比

材料	占料厚的百分比（%）		材料	占料厚的百分比（%）	
	退火	硬化		退火	硬化
$w_C=0.1\%$的钢板	50	38	硅钢	30	—
$w_C=0.2\%$的钢板	40	28	青铜板	25	17
$w_C=0.3\%$的钢板	33	22	黄铜	50	20
$w_C=0.4\%$的钢板	27	17	纯铜	55	30
$w_C=0.6\%$的钢板	20	9	硬铝	50	30
$w_C=0.8\%$的钢板	15	5	铝	50	30
$w_C=1.0\%$的钢板	10	2			

2）冲裁件允许的毛刺高度见表 2—1—19。

表 2—1—19 冲裁件允许的毛刺高度 mm

冲裁件材料厚度 t（mm）	材料抗拉强度 R_m（MPa）											
	<250			250～400			400～630			>630 和硅钢		
	Ⅰ	Ⅱ	Ⅲ	Ⅰ	Ⅱ	Ⅲ	Ⅰ	Ⅱ	Ⅲ	Ⅰ	Ⅱ	Ⅲ
≤0.35	100	70	50	70	50	40	50	40	30	30	20	20
0.4～0.6	150	110	80	100	70	50	70	50	40	40	30	20
0.65～0.95	230	170	120	170	130	90	100	70	50	50	40	30
1～1.5	340	250	170	240	180	120	150	110	70	80	60	40
1.6～2.4	500	370	250	350	260	180	220	160	110	120	90	60
2.5～3.8	720	540	360	500	370	250	400	300	200	180	130	90
4～6	1 200	900	600	730	540	360	450	330	220	260	190	130
6.5～10	1 900	1 420	950	1 000	750	500	650	480	320	350	260	170

注：Ⅰ—正常的毛刺；Ⅱ—用于较高要求的冲裁件；Ⅲ—用于特高要求的冲裁件。

3. 冲裁件的材料

冲压所用的材料不仅要满足使用要求，还应满足冲压工艺要求和后续加工要求。冲压工艺对材料的基本要求如下：

（1）对冲压成形性能的要求

对于成形工序，为了有利于冲压变形和制件质量的提高，材料应具有良好的冲压成形性能，即应有良好的抗破裂性、贴模性和定形性。对于分离工序，则要求材料具有一定的塑性。

（2）对表面质量的要求

材料的表面应光洁、平整，无缺陷损伤。表面质量好的材料，冲压时不易破裂，不易擦伤模具，制件的表面质量也好。

（3）对材料厚度公差的要求

材料的厚度公差应符合国家标准。因为一定的模具间隙适用于一定厚度的材料，材料厚度公差太大，不仅直接影响制件的质量，还会导致废品的出现。在校正、弯曲、整形等工序中，有可能因厚度方向的正偏差过大而引起模具或压力机的损坏。

例 2—1—1　如图 2—1—10 所示的冲裁零件材料为 10 钢，厚度为 1.5 mm，该零件年产量 30 万件，冲压设备初选为 250 kN 开式压力机，要求制定冲压工艺方案。

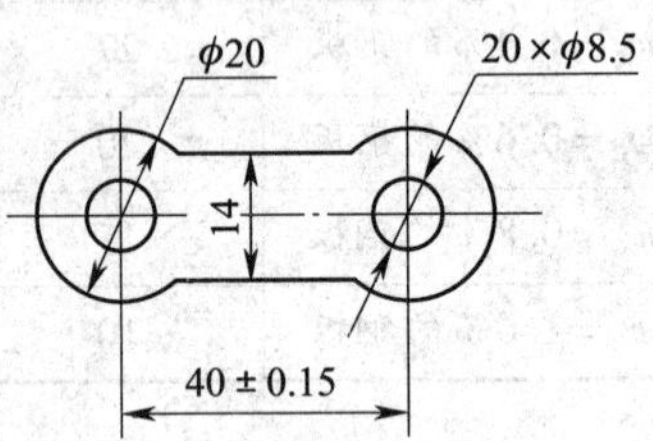

图 2—1—10　冲裁零件

解：（1）分析零件的冲压工艺性

1）材料：10 钢属于优质碳素结构钢，具有良好的冲压性能。

2）工件结构：该零件形状简单。孔边距远大于凸模和凹模允许的最小壁厚，故可以考虑采用复合冲压工序。

3）尺寸精度：零件图上孔心距（40 ± 0.15）mm 属于 IT12 级精度，其余尺寸未注公差，属自由尺寸，按 IT14 级确定工件的公差，一般冲压均能满足其尺寸精度要求。查公差表得各尺寸公差为 $\phi 8.5^{+0.36}_{0}$ mm、$14^{0}_{-0.43}$ mm。

4）结论：可以冲裁。

（2）确定冲压工艺方案

1）该零件包括落料、冲孔两道工序，有下列三种工艺方案可供选择：

方案一：先落料，后冲孔。模具采用单工序模。

方案二：落料—冲孔复合冲压，模具采用复合模。

方案三：冲孔—落料连续冲压，模具采用级进模。

2）通过比较三种工艺方案，选择适合于本零件的一种最佳方案。

方案一模具结构简单，但需两道工序、两副模具，生产率较低，难以满足该零件的年产量要求。

方案二只需一副模具，冲压件的几何精度和尺寸精度容易保证，且生产率也高。尽管模具结构比方案一复杂，但由于零件的几何形状简单、对称，模具制造并不困难。

方案三也只需要一副模具，生产率也很高，但零件的冲压精度稍差。欲保证冲压件的几何精度，需要在模具上设置导正销导正，故模具制造、安装比复合模复杂。

通过对上述三种方案的分析和比较，该零件的冲压生产采用方案二为佳。

四、冲裁排样设计

冲裁件在板料（条料或带料）上的布置方法称为冲裁工作的排样法，简称排样。

排样设计的工作内容包括选择排样方法，确定搭边的数值，计算条料宽度与送料步距，画出排样图，核算材料利用率。合理地排样是提高材料利用率，降低成本，保证冲件质量和模具使用寿命的有效措施。排样方案是模具结构设计的依据之一。

1. 排样

（1）排样原则

1）材料的合理利用。材料利用率是指冲裁件的实际面积与所用板料面积的百分比，它是衡量合理利用材料的经济性指标。

一个步距内的材料利用率 η（见图 2—1—11）用下式表示：

$$\eta = \frac{nA}{BS} \times 100\% \quad (2—1—1)$$

式中 η——一个步距内的材料利用率；

n——一个步距内冲裁件的数量；

A——一个步距内冲裁件的实际面积；

B——条料或板料宽度；

S——步距。

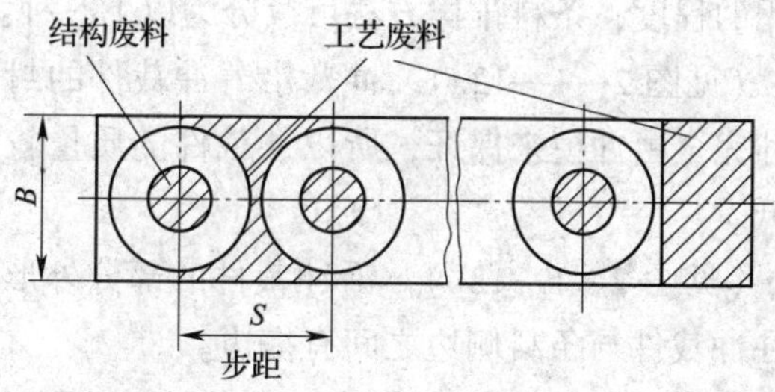

图 2—1—11 结构废料与工艺废料

若考虑到料头、料尾和边余料的材料消耗，则一张板料（带料、条料）上总的材料利用率 $\eta_{总}$ 为：

$$\eta_{总} = \frac{n_{总} A_1}{LB} \times 100\% \quad (2—1—2)$$

式中 $\eta_{总}$——一张板料（带料、条料）的材料利用率；

$n_{总}$——一张板料（带料、条料）上冲裁件的总数目；

A_1——一个冲裁件的实际面积；

L——板料长度；

B——条料或板料宽度。

η 值越大，说明废料越少，材料利用率越高。

2）使工人操作方便、安全，减轻工人的劳动强度。条料在冲裁过程中翻动要少，在材料利用率相同或相近时，应尽可能选条料宽、进距小的排样方法。这样还可以减

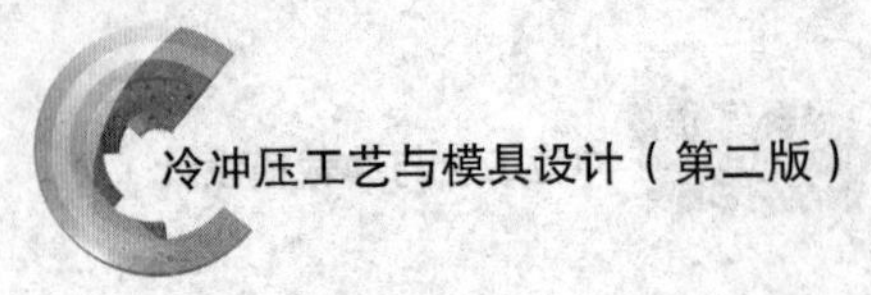

少板料裁切次数，节省剪裁备料时间。

3）使模具结构简单、模具使用寿命较长。

4）排样应保证冲裁件的质量。对于弯曲件的落料，在排样时还应考虑板料的纤维方向。

（2）提高材料利用率的方法

冲裁产生的废料有两种（见图2—1—11）：一种是由于冲裁件有内孔而产生的废料，称为结构废料；另一种是由于冲裁件之间、冲裁件与条料侧边之间有搭边存在以及不可避免的料头和料尾而产生的废料，称为工艺废料。

要提高材料利用率，主要应从减少工艺废料着手。减少工艺废料的有力措施是设计合理的排样方案，选择合适的板料规格和合理的裁板法（减少料头、料尾和边余料），或利用废料制作小零件等。

对一定形状的冲裁件，结构废料是不可避免的，但充分利用结构废料是可能的。当两个不同冲裁件的材料和厚度相同时，在尺寸允许的情况下，较小尺寸的冲裁件可在较大尺寸冲裁件的废料中冲制出来。例如，电机转子硅钢片就是在定子硅钢片的废料中冲制出的，这样就使结构废料得到了充分的利用。

（3）排样方法

根据材料经济利用的程度，条料排样方法可以分为以下三种：

1）有废料排样法（见图2—1—12a）。冲裁沿着冲裁件的封闭轮廓进行，冲裁件周边都有余料，其尺寸完全由冲模来保证，所以冲裁件的质量较高，模具使用寿命较长，但材料利用率较低。

2）少废料排样法（见图2—1—12b）。沿冲裁件的部分外形轮廓切断或冲裁，只在冲裁件之间或者只在冲裁件与条料侧边之间有搭边。

3）无废料排样法（见图2—1—12c、d）。在冲裁件与冲裁件之间以及冲裁件与条料侧边之间均无搭边存在。这种排样方法的冲裁件实际上是直接由切断条料获得的，所以材料利用率可达85%～95%。图2—1—12c、d所示是步距为两倍工件宽度的一模两件的无废料排样。采用少废料、无废料排样法时，材料利用率高，不但有利于一模获得多个冲裁件，而且可以简化模具结构，降低冲裁力。

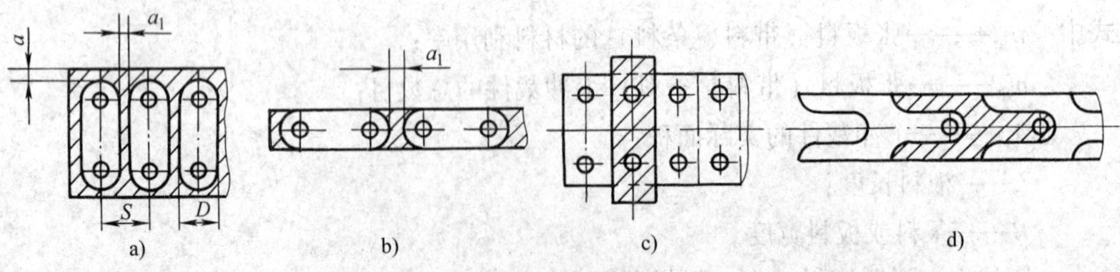

图2—1—12　排样方法

a）有废料排样法　b）少废料排样法　c）、d）无废料排样法

(4) 排样形式

无论是采用有废料排样法还是少废料、无废料排样法，根据冲裁件在条料上的不同布置方法，有直排、斜排、对排（直对排、斜对排）、混合排、多行排等多种排样形式，见表2—1—20。

表2—1—20　　排样形式

排样形式	有废料排样	少废料、无废料排样
直排	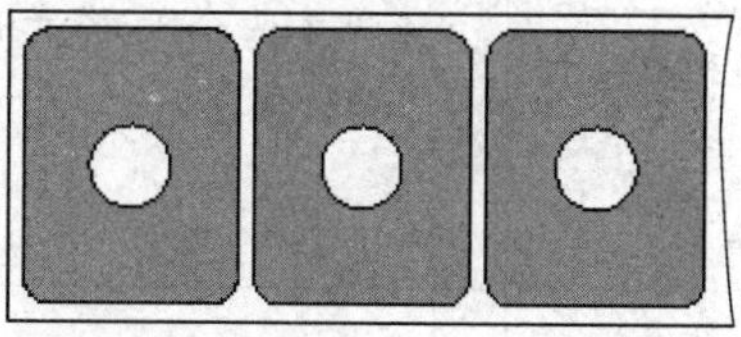 适用于几何形状简单的制件，如方形、矩形、圆形制件	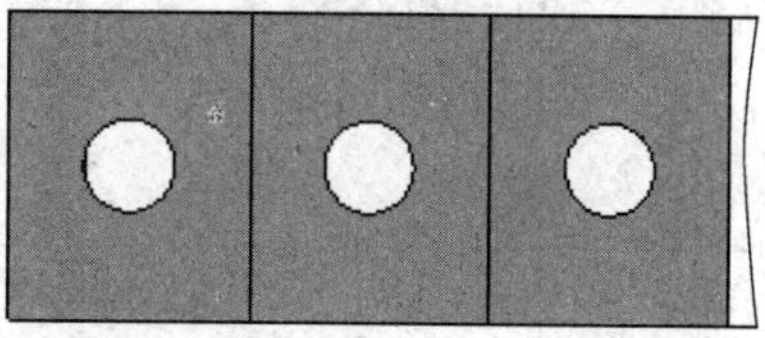 适用于矩形或方形制件
斜排	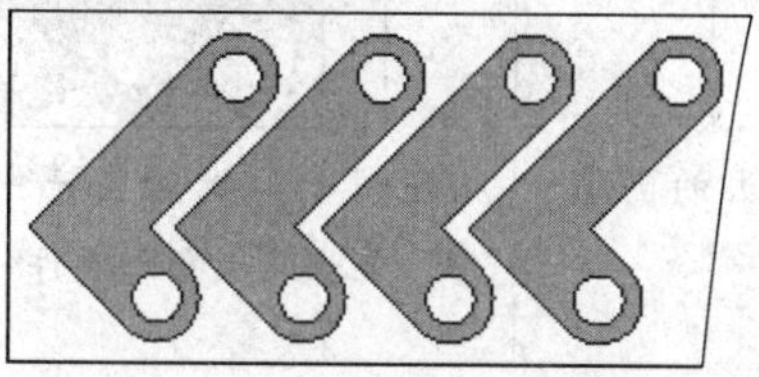 适用于T形、L形、S形、十字形、椭圆形制件	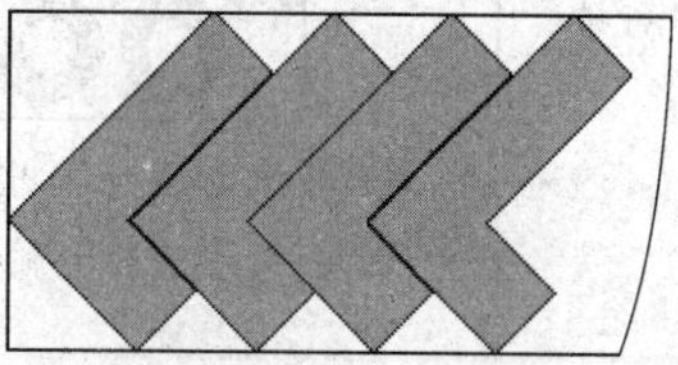 适用于L形或其他形状的制件，在外形上允许有不大的缺陷
直对排	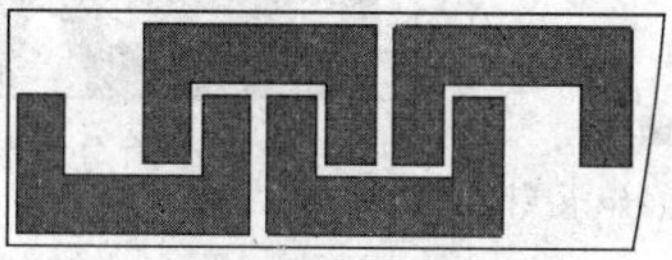 适用于T形、梯形、山形、三角形、半圆形、Π形制件	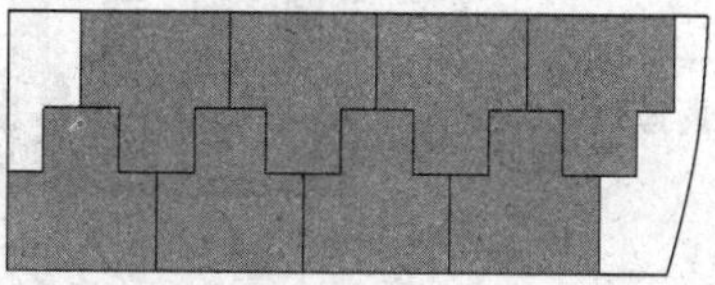 适用于T形、梯形、山形、三角形、半圆形、Π形制件，在外形上允许有不大的缺陷
斜对排	 适用于材料利用率比直对排高的情况	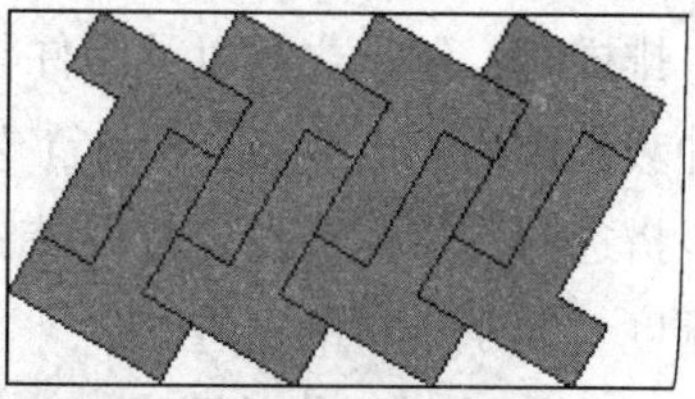 多用于T形制件

续表

排样形式	有废料排样	少废料、无废料排样
混合排	适用于材料及厚度都相同的两种或两种以上的制件	适用于两个外形互相嵌入的不同制件，如铰链等
多行排	适用于大批量生产中尺寸不大的圆形、六角形、方形、矩形制件	适用于大批量生产中尺寸不大的方形、矩形及六角形制件
裁搭边	适用于大批量生产小的窄形件（如表针及类似制件）或带料的连续拉深	适用于宽度均匀的材料冲制长形件

2．搭边

排样时，制件之间以及制件与条料侧边之间留下的工艺余料称为搭边。虽然搭边在冲裁工作后形成废料，但在工艺上却有很大作用。

搭边的作用是补偿定位误差，保证冲出合格的制件。搭边还可以保持条料有一定的刚度，便于条料的送进。

（1）影响搭边值的因素

1）材料的力学性能。硬材料的搭边值可以小一些，软材料、脆性材料的搭边值要大一些。

2）零件的形状与尺寸。制件尺寸大或有尖突的复杂形状，搭边值要取大些。

3）材料厚度。厚材料的搭边值应取大些。

4）送料方式及挡料方式。手工送料有侧压板导向的，搭边值可以小一些。

5）卸料方式。弹性卸料比刚性卸料的搭边值小一些。

（2）搭边值的确定

搭边值的大小是由模具的定位元件决定的，搭边值需合理。搭边值过大，则材料利用率低；搭边值过小，在冲裁中会将材料拉断，使制件产生毛刺，有时还会将拉断的材料挤入凹模和凸模中间，损坏模具刃口，缩短模具使用寿命。

总之，搭边值由经验确定，最小的工艺搭边值见表 2—1—21。

表 2—1—21　　最小的工艺搭边值　　mm

料厚 t	圆形件及 $r>2t$ 的圆角		矩形件边长 $l\leqslant 50$		矩形件边长 $l>50$ 或圆角 $r\leqslant 2t$	
	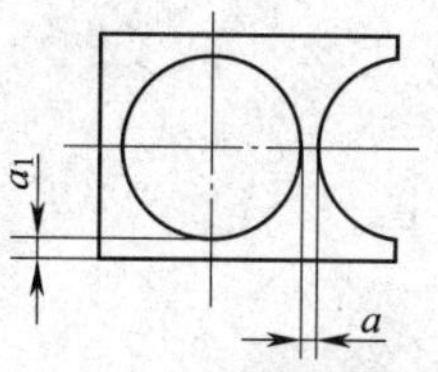		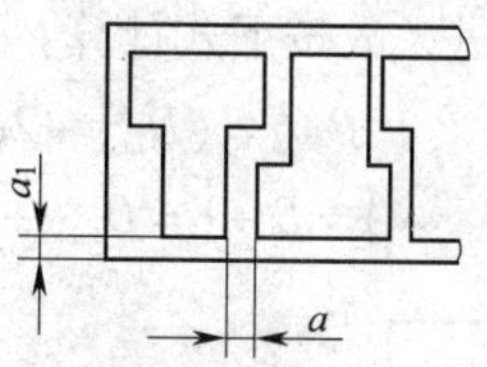		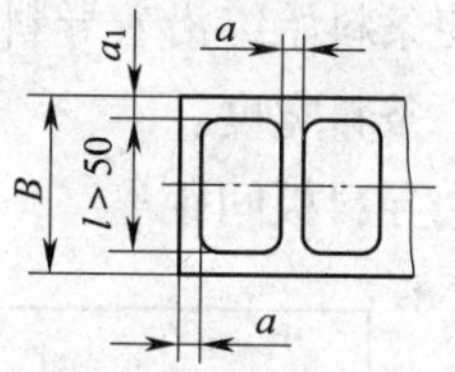	
	工件间 a	侧边 a_1	工件间 a	侧边 a_1	工件间 a	侧边 a_1
<0. 25	1. 8	2. 0	2. 2	2. 5	2. 8	3. 0
0. 25 ~ 0. 5	1. 2	1. 5	1. 8	2. 0	2. 2	2. 5
0. 5 ~ 0. 8	1. 0	1. 2	1. 5	1. 8	1. 8	2. 0
0. 8 ~ 1. 2	0. 8	1. 0	1. 2	1. 5	1. 5	1. 8
1. 2 ~ 1. 6	1. 0	1. 2	1. 5	1. 8	1. 8	2. 0
1. 6 ~ 2. 0	1. 2	1. 5	1. 8	2. 5	2. 0	2. 2
2. 0 ~ 2. 5	1. 5	1. 8	2. 0	2. 2	2. 2	2. 5
2. 5 ~ 3. 0	1. 8	2. 2	2. 2	2. 5	2. 5	2. 8
3. 0 ~ 3. 5	2. 2	2. 5	2. 5	2. 8	2. 8	3. 2
3. 5 ~ 4. 0	2. 5	2. 8	2. 5	3. 2	3. 2	3. 5
4. 0 ~ 5. 0	3. 0	3. 5	3. 5	4. 0	4. 0	4. 5
5. 0 ~ 12	0. 6t	0. 7t	0. 7t	0. 8t	0. 8t	0. 9t

注：表列搭边值适用于低碳钢，对于其他材料，应将表中数字乘以下列系数：中等硬度钢，0. 9；软黄铜、纯铜，1. 2；硬钢，0. 8；铝，1. 3 ~ 1. 4；硬黄铜，1. 3 ~ 1. 4；非金属，1. 5 ~ 2；硬铝，1 ~ 1. 2。

3. 送料步距、条料宽度与导料板间距离的计算

选定排样方案与确定搭边值后，接下来就要计算送料步距，确定条料宽度，进而

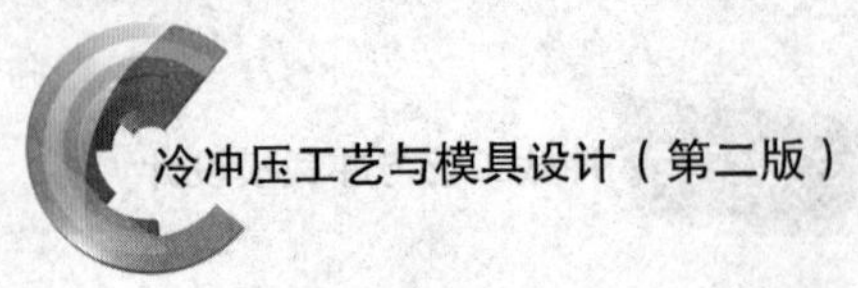

确定导料板间的距离，这样才能画出排样图。

（1）送料步距

条料在模具上每次送进的距离称为送料步距（简称步距或进距）。每个步距可以冲出一个零件，也可以冲出几个零件。送料步距的大小应为条料上两个对应冲裁件的对应点之间的距离，如图 2—1—12a 所示，每次只冲一个零件的步距 S 的计算公式为：

$$S = D + a_1 \quad (2—1—3)$$

式中　D——平行于送料方向的冲裁件宽度，mm；

a_1——冲裁件之间的搭边值，mm。

图 2—1—12c 所示为无废料一模出两件，其送料步距是工件宽度的两倍。

（2）条料宽度与导料板间距离

由于表 2—1—21 所列侧面搭边值 a_1 已经考虑了剪料公差所引起的减小值，在计算条料宽度时一般采用下列简化公式。

1）有侧压装置时条料宽度与导料板间距离（见图 2—1—13）。有侧压装置的模具能使条料始终沿着导料板送进，故按下式计算：

条料宽度：$$B_{-\Delta}^{\ 0} = (D_{max} + 2a)_{-\Delta}^{\ 0} \quad (2—1—4)$$

导料板间距离：$$A = B + c = D_{max} + 2a + c \quad (2—1—5)$$

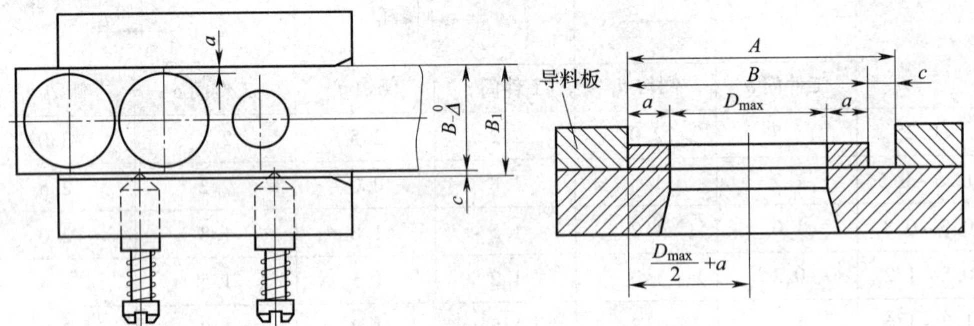

图 2—1—13　有侧压装置

2）无侧压装置时条料宽度与导料板间距离（见图 2—1—14）。对于无侧压装置的模具，应考虑在送料过程中因条料的摆动而使侧面搭边减少。为了补偿侧面搭边的减少，条料宽度应增加一个条料可能的摆动量，故按下式计算：

条料宽度：$$B_{-\Delta}^{\ 0} = (D_{max} + 2a + c)_{-\Delta}^{\ 0} \quad (2—1—6)$$

导料板间距离：$$A = B + c = D_{max} + 2a + 2c \quad (2—1—7)$$

式（2—1—4）至式（2—1—7）中

D_{max}——条料宽度方向冲裁件的最大尺寸，mm；

a——侧搭边值，mm，可参考表 2—1—21；

Δ——条料宽度的单向（负向）偏差，mm，见表 2—1—22、表 2—1—23；

c——导料板与最宽条料之间的间隙，mm，其最小值见表 2—1—24。

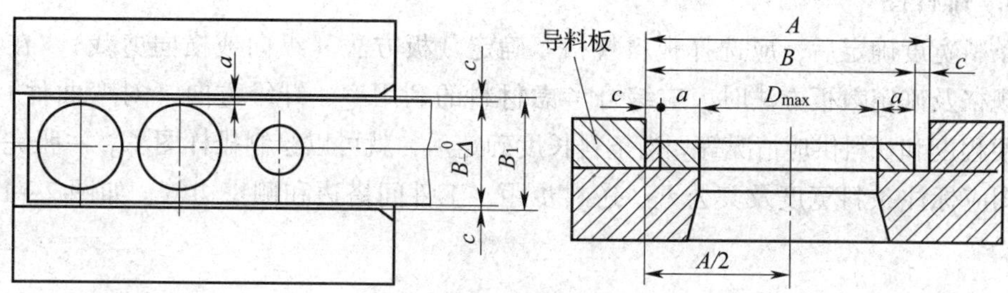

图 2—1—14 无侧压装置

表 2—1—22 条料宽度偏差 Δ（一） mm

条料宽度 B	材料厚度 t		
	≤0.5	>0.5～1	>1～2
≤20	0.05	0.08	0.10
>20～30	0.08	0.10	0.15
>30～50	0.10	0.15	0.20

表 2—1—23 条料宽度偏差 Δ（二） mm

条料宽度 B	材料厚度 t			
	<1	1～2	2～3	3～5
<50	0.4	0.5	0.7	0.9
50～100	0.5	0.6	0.8	1.0
100～150	0.6	0.7	0.9	1.1
150～220	0.7	0.8	1.0	1.2
220～300	0.8	0.9	1.1	1.3

表 2—1—24 导料板与条料之间的最小间隙 c_{min} mm

材料厚度 t	无侧压装置			有侧压装置	
	条料宽度 B			条料宽度 B	
	100 以下	100～200	200～300	100 以下	100 以上
<0.5	0.5	0.5	1	5	8
0.5～1	0.5	0.5	1	5	8
1～2	0.5	1	1	5	8
2～3	0.5	1	1	5	8
3～4	0.5	1	1	5	8
4～5	0.5	1	1	5	8

4. 排样图

条料宽度确定后，应选择板料规格，确定裁板方法（纵向或横向剪裁）。在选择板料规格及确定裁板方法时，应综合考虑材料的利用率、纤维方向（对弯曲件）、操作方便程度和材料供应情况等。当条料长度确定后，就可以绘制排样图了。一张完整的排样图应标注条料宽度及其公差、送料步距、工件间搭边和侧搭边等，如图 2—1—15 所示。

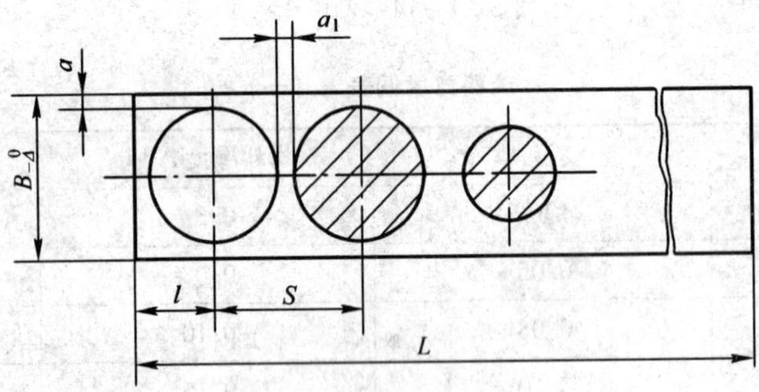

图 2—1—15　排样图

例 2—1—2　图 2—1—16 所示为某零件简图，大批量生产，材料为 10 钢，材料厚度为 3 mm，试对该零件进行排样设计。

解：（1）排样方案

为了提高材料的利用率，采用直对排有废料的排样方案。

（2）送料步距

查表 2—1—21 得：搭边 $a=2.2$ mm，$a_1=2.5$ mm，为保证零件质量，这里搭边值统一取 3 mm。

$$S = D + a_1 = 45 + 3 = 48 \text{ mm}$$

（3）条料宽度

$$B = 120 + 3 \times 3 + 44 = 173 \text{ mm}$$

（4）冲裁件毛坯面积

$$A = 44 \times 45 + 66 \times 20 + \frac{1}{2}\pi \times 10^2 \approx 3\ 457 \text{ mm}^2$$

（5）一个步距内的材料利用率

$$\eta = \frac{nA}{BS} \times 100\% = \frac{2 \times 3\ 457}{173 \times 48} \times 100\% \approx 83\%$$

（6）绘制排样图

根据以上分析和计算结果，绘制排样图，如图 2—1—17 所示。

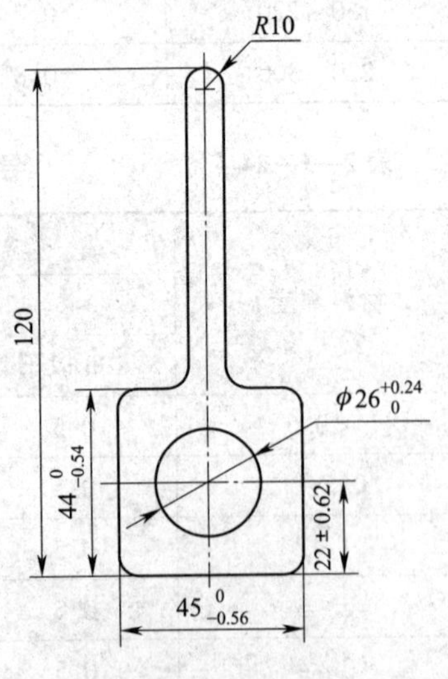

图 2—1—16　零件简图

五、冲压工艺力的计算

1. 冲压力的计算

在冲裁过程中，冲压力是指冲裁力、卸料力、推件力和顶件力的总称。冲压力是选择压力机、设计冲裁模及校核模具强度的重要依据。

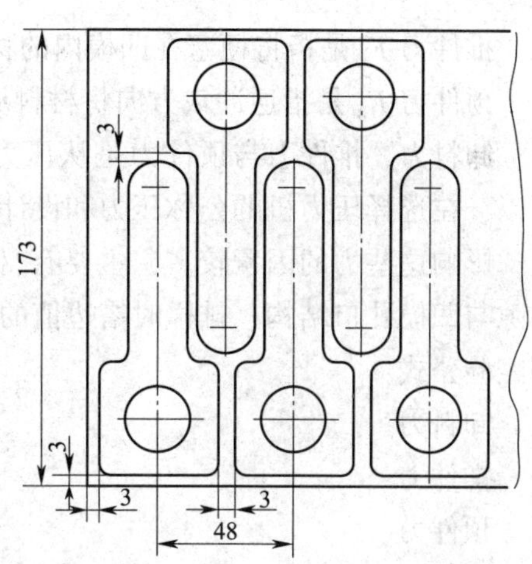

图 2—1—17 排样图

(1) 冲裁力的计算

冲裁力是冲裁过程中凸模对板料施加的压力。在冲裁过程中，冲裁力是随凸模进入板料的深度（凸模行程）而变化的。

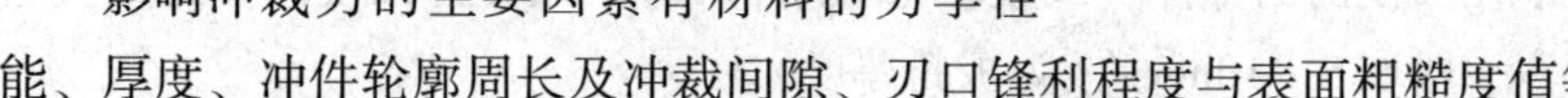

影响冲裁力的主要因素有材料的力学性能、厚度、冲件轮廓周长及冲裁间隙、刃口锋利程度与表面粗糙度值等。

对于普通平刃口的冲裁，其冲裁力 F 可按下式计算：

$$F = KLt\tau \tag{2—1—8}$$

式中 F——冲裁力，N；

K——考虑到刃口钝化、间隙不均匀、材料力学性能与厚度波动等因素而增加的安全系数，一般取 $K=1.3$；

L——冲裁周边长度，mm；

t——材料厚度，mm；

τ——材料抗剪强度，MPa。

为计算方便，也可使用材料的抗拉强度进行计算。

$$F = LtR_m \tag{2—1—9}$$

式中 R_m——材料的抗拉强度，MPa。

对于同一种材料，抗拉强度与抗剪强度的关系为：

$$R_m \approx 1.3\tau$$

(2) 卸料力、推件力、顶件力的计算

当冲裁结束时，由于材料的弹性回复及摩擦的存在，从板料上冲裁下的部分会梗塞在凹模孔口内，而冲裁剩下的材料则会紧箍在凸模上。为使冲裁工作继续进行，必须将箍在凸模上和卡在凹模内的材料（冲件或废料）卸下或推出，如图 2—1—18 所示。

卸料力 F_x 是指从凸模上卸下箍着的材料所需要的力。

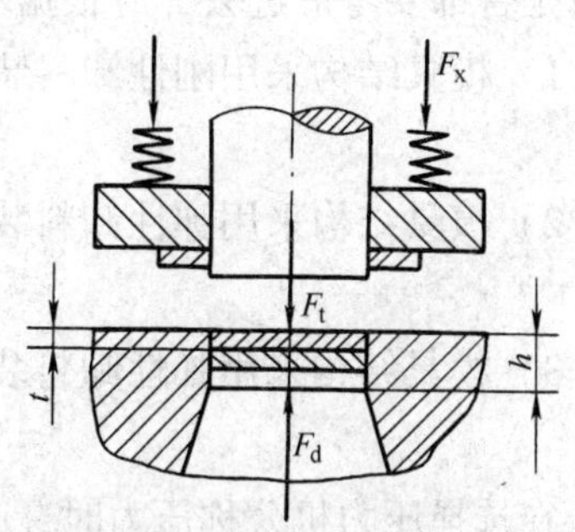

图 2—1—18 卸料力、推件力、顶件力

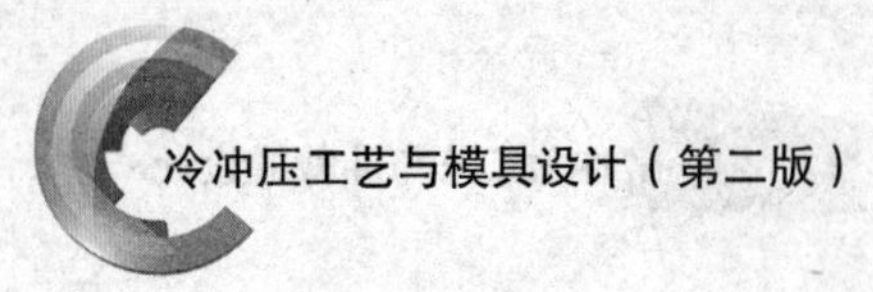

推件力 F_t 是指将梗塞在凹模内的材料顺冲裁方向推出所需要的力。

顶件力 F_d 是指逆冲裁方向将材料从凹模内顶出所需要的力。

卸料力、推件力与顶件力是从压力机和模具的卸料、推件和顶件装置中获得的，所以，在选择压力机的公称压力和设计冲模时应分别予以计算。

影响这些力的因素较多，主要有材料的力学性能与厚度、冲件形状与尺寸、冲裁间隙与凹模孔口结构、排样时搭边值的大小及润滑情况等。在实际计算时，常采用下列经验公式：

卸料力 $$F_x = K_x F \quad (2—1—10)$$

推件力 $$F_t = nK_t F \quad (2—1—11)$$

顶件力 $$F_d = K_d F \quad (2—1—12)$$

式中 K_x、K_t、K_d——卸料力、推件力、顶件力系数，见表 2—1—25；

n——同时卡在凹模内的冲件（或废料）数量；$n = h/t$（h 为凹模洞口的直刃壁高度，一般取 5 ~ 10mm；t 为板料厚度）。

表 2—1—25　　卸料力、推件力和顶件力系数

材料	板料厚度（mm）	K_x	K_t	K_d
钢	$t \leq 0.1$	0.06 ~ 0.09	0.10	0.14
	$t > 0.1 \sim 0.5$	0.04 ~ 0.07	0.065	0.08
	$t > 0.5 \sim 2.5$	0.025 ~ 0.06	0.05	0.06
	$t > 2.5 \sim 6.5$	0.02 ~ 0.05	0.045	0.05
	$t > 6.5$	0.015 ~ 0.04	0.025	0.03
铝、铝合金		0.03 ~ 0.08	0.03 ~ 0.07	
纯铜、黄铜		0.02 ~ 0.06	0.03 ~ 0.09	

注：卸料力系数在冲多孔、大搭边和轮廓复杂时取上限值。

（3）总冲压力的计算

冲裁时，所需总冲压力为冲裁力、卸料力和推件力之和，这些力在选择压力机吨位时是否都要考虑进去，应根据不同的模具结构区别对待。

1）模具结构采用刚性卸料装置和下出料方式时，其总冲压力为：

$$F_{\Sigma} = F + F_t \quad (2—1—13)$$

2）模具结构采用弹性卸料装置和下出料方式时，其总冲压力为：

$$F_{\Sigma} = F + F_x + F_t \quad (2—1—14)$$

3）模具结构采用弹性卸料装置和上出料方式时，其总冲压力为：

$$F_{\Sigma} = F + F_x + F_d \quad (2—1—15)$$

在选择压力机公称压力时，必须使其大于或等于计算所得的总冲压力。

例 2—1—3　试计算图 2—1—19 所示模具的总冲压力。已知：材料是 08 钢，厚度是 1.5 mm，凹模直壁高度是 6 mm。

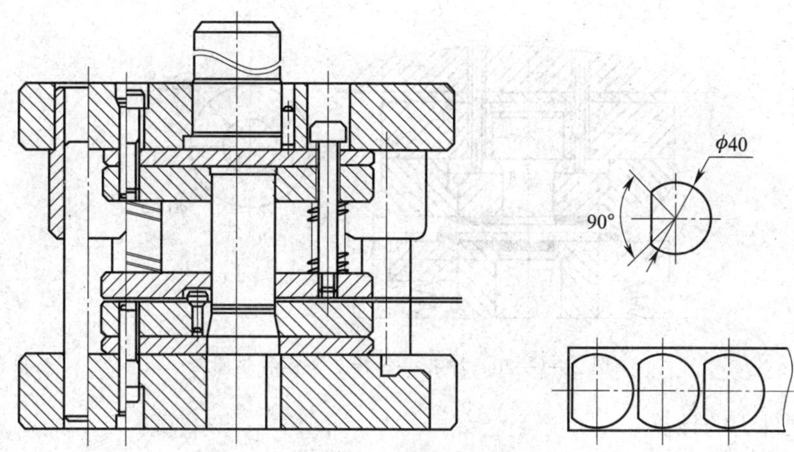

图 2—1—19 模具的结构

分析：这副模具采用弹性卸料装置和下出料方式，所以：

$$F_{\Sigma}=F+F_{x}+F_{t}$$

解：（1）冲裁力

$$L=\frac{3}{4}\ (2\times 20\times \pi)+2\left(\frac{\sqrt{2}}{2}\times 20\right)\approx 122.48\ \text{mm}$$

查设计手册取 $R_m=450$ MPa

$$F=LtR_m=122.48\times 1.5\times 450=82\ 674\ \text{N}$$

（2）卸料力

查表 2—1—25，取 $K_x=0.05$

$$F_x=K_xF=0.05\times 82\ 674=4\ 133.7\ \text{N}$$

（3）推件力

查表 2—1—25，取 $K_t=0.05$，且 $n=h/t=6/1.5=4$，将数据代入公式：

$$F_t=nK_tF=4\times 0.05\times 82\ 674=16\ 534.8\ \text{N}$$

（4）总冲压力

$$F_{\Sigma}=F+F_x+F_t=82\ 674+4\ 133.7+16\ 534.8\approx 103\ \text{kN}$$

例 2—1—4 采用冲孔—落料复合模冲压垫圈（见图 2—1—20），材料为 Q235 钢，料厚 $t=3$ mm。试计算总冲压力。

解：由设计手册查出剪切应力 $\tau=304\sim 373$ MPa，取 $\tau=350$ MPa。

（1）冲裁力的计算

冲孔力 $F_{孔}=KLt\tau=1.3\pi d_{孔}t\tau\approx 1.3\times 3.14\times 12.5\times 3\times 350\approx 53\ 576$ N

落料力 $F_{落}=KLt\tau=1.3\pi d_{落}t\tau\approx 1.3\times 3.14\times 35\times 3\times 350\approx 150\ 014$ N

（2）卸料力的计算

由表 2—1—25 查出 $K_x=0.03$，则：

$$F_x=K_xF_{落}=0.03\times 150\ 014=4\ 500.42\ \text{N}$$

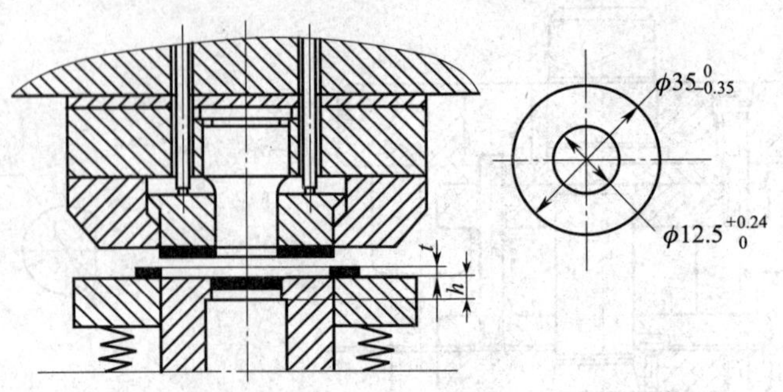

图 2—1—20　冲孔—落料复合模和垫圈

（3）推件力的计算

由表 2—1—25 查出 $K_t=0.045$，凹模型口直壁高度取 $h=6$ mm，则 $n=h/t=6/3=2$

$$F_t=nK_tF_{孔}=2\times0.045\times53\ 576=4\ 821.84\ \text{N}$$

（4）总冲裁力的计算

$$F_{总}=F_{落}+F_{孔}+F_x+F_t=212\ 912.26\ \text{N}$$

2. 压力中心的计算

（1）计算压力中心的目的

模具的压力中心是指冲压力合力的作用点。计算压力中心的目的如下：

1）使冲裁压力中心与冲床滑块中心相重合，以免产生偏弯矩，减少模具导向机构的不均匀磨损。

2）保持冲裁工作间隙的稳定性，防止刃口局部迅速变钝，提高冲裁件的质量，延长模具的使用寿命。

一副冲模的压力中心就是指这副冲模各个冲压部分冲压力的合力作用点。冲模的压力中心应尽可能通过模具中心并与压力机滑块中心重合，以免产生偏心载荷而使模具歪斜，间隙不均匀，从而加速压力机和模具导向部分及凸模、凹模刃口的磨损。

3）合理布置凹模型孔位置。

（2）简单几何图形压力中心的位置

1）冲裁形状对称的冲件时，其压力中心位于冲件轮廓图形的几何中心。

2）冲裁直线段时，其压力中心位于直线段的中点。

3）冲裁圆弧线段时，其压力中心的位置（见图 2—1—21）按下式计算：

$$x_0=R\frac{180°\sin\alpha}{\pi\alpha} \qquad (2—1—16)$$

或

$$x_0=R\frac{b}{l} \qquad (2—1—17)$$

式中　l——弧长，mm；

R——圆弧半径，mm；

b——圆弧两端点的直线距离，mm。

（3）确定复杂形状冲裁件压力中心的方法

确定复杂形状冲裁件的压力中心和多凸模模具的压力中心时常用下面几种方法：

1）解析法

①多凸模冲裁时的压力中心。图 2—1—22 所示为冲裁多个型孔的凸模位置分布情况。

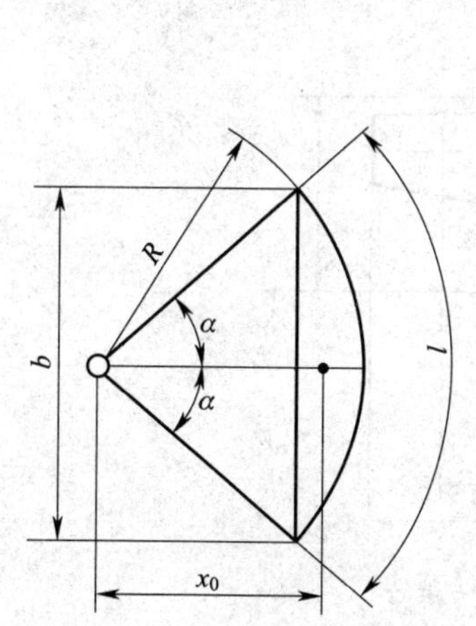

图 2—1—21 圆弧线段的压力中心

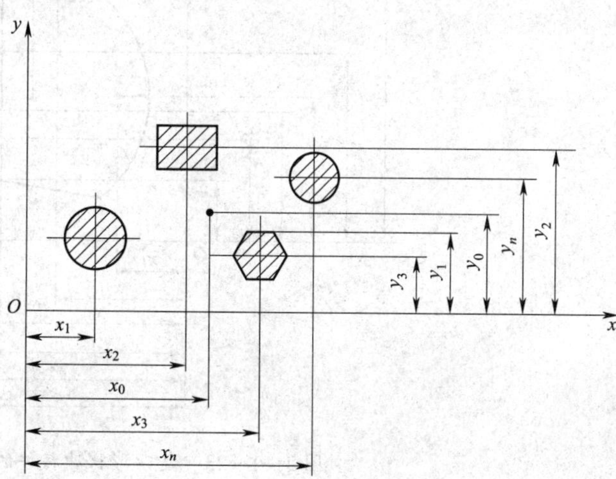

图 2—1—22 多凸模冲裁时的压力中心

冲各孔所需的冲裁力分别为：

$$F_1 = KL_1 t\tau$$
$$F_2 = KL_2 t\tau$$
$$\vdots$$
$$F_n = KL_n t\tau$$

对于平行力系，冲裁力的合力等于上述各力的代数和。即：

$$F = F_1 + F_2 + \cdots + F_n$$

根据理论力学可知，合力对某轴的力矩等于各分力对同轴力矩之和。由此可求出压力中心坐标（x_0，y_0）。

$$F_1x_1 + F_2x_2 + \cdots + F_nx_n = (F_1 + F_2 + \cdots + F_n)\ x_0$$
$$F_1y_1 + F_2y_2 + \cdots + F_ny_n = (F_1 + F_2 + \cdots + F_n)\ y_0$$

得：

$$x_0 = \frac{F_1x_1 + F_2x_2 + \cdots + F_nx_n}{F_1 + F_2 + \cdots + F_n}$$

$$y_0 = \frac{F_1y_1 + F_2y_2 + \cdots + F_ny_n}{F_1 + F_2 + \cdots + F_n}$$

将 F_1、F_2、…、F_n 的值代入以上两式，则压力中心坐标公式变为：

$$x_0 = \frac{L_1x_1 + L_2x_2 + \cdots + L_nx_n}{L_1 + L_2 + \cdots + L_n} \qquad (2—1—18)$$

$$y_0 = \frac{L_1y_1 + L_2y_2 + \cdots + L_ny_n}{L_1 + L_2 + \cdots + L_n} \qquad (2—1—19)$$

②冲裁复杂形状零件时的压力中心。冲裁复杂形状零件时，其压力中心的计算公式与多凸模冲裁压力中心的求解公式相同。具体求法按下面步骤进行（见图 2—1—23）。

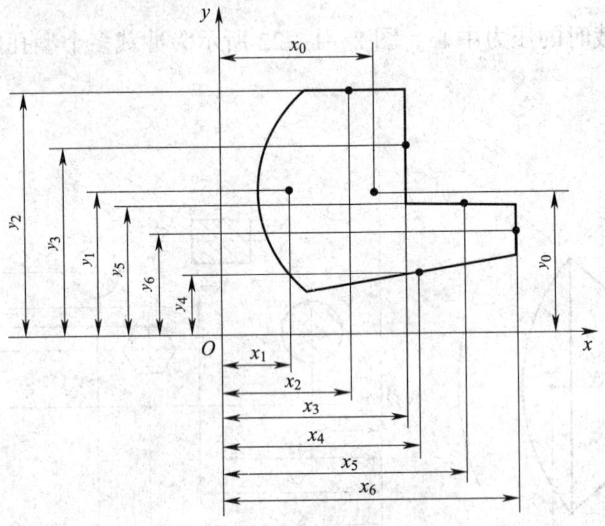

图 2—1—23　复杂形状冲裁件的压力中心

a. 选定坐标轴 x 和 y。

b. 将组成图形的轮廓线划分为若干简单的线段，求出各线段长度和各线段的重心位置。

c. 按上面公式算出压力中心坐标（x_0，y_0）。

2）作图法。作图法与解析法一样，既可求多凸模冲裁的压力中心，又可求复杂形状零件冲裁的压力中心。下面以多凸模冲裁压力中心的求解为例，作图的步骤如下（见图 2—1—24）。

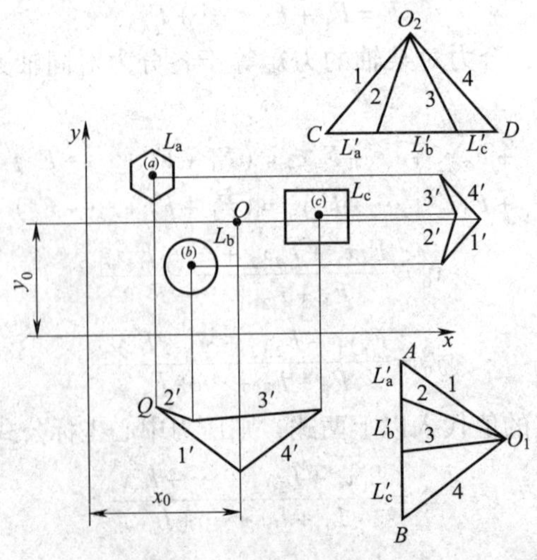

图 2—1—24　作图法求压力中心

①按比例画出需冲裁的轮廓图形，选定坐标轴 x 和 y。

②算出或量出各轮廓图形周长 L_a、L_b、L_c，确定重心位置。

③作出压力中心的横坐标 x_0，作图方法如下：

a. 在坐标系旁作一条平行于 y 轴的直线 AB，从 A 点开始，依次截取 L'_a、L'_b、L'_c，其顺序按图形至 y 轴由近到远的顺序，其长度按比例等于对应轮廓线的长度 L_a、L_b、L_c。

b. 在 AB 线旁任取一点 O_1。从 O_1 点作射线 1、2、3、4，分别与代表冲裁力的各线段（L'_a、L'_b、L'_c）首尾相连。

c. 由各图形的重心位置出发，作 y 轴的平行线至图形外，然后以距 y 轴最近的一条平行线上任意点 Q 为起点，作射线 1 的平行线 1′，由该起点 Q 再作射线 2 的平行线 2′，过下一交点依次作射线 3、4 的平行线 3′、4′。1′线与 4′线的交点即为压力中心的横坐标 x_0。

d. 用相同方法作出压力中心的纵坐标 y_0（注意截取线段与作图都要按距 x 轴从近到远的顺序）。

e. 纵、横坐标交点 O（x_0，y_0）即为压力中心。

例 2—1—5 确定手柄零件（见图 2—1—25）的压力中心。采用级进模生产。

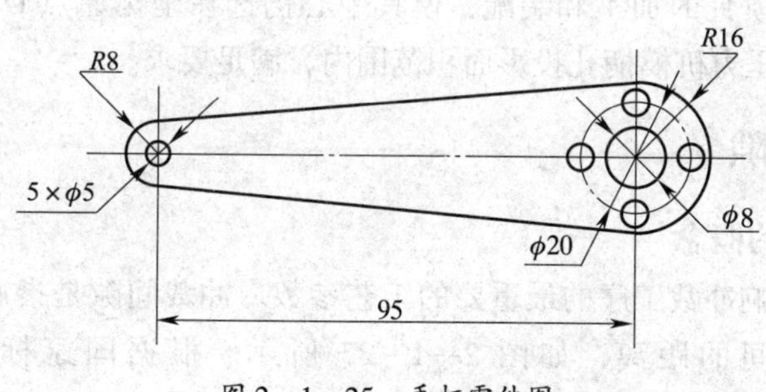

图 2—1—25 手柄零件图

解：计算该手柄的压力中心时，首先画出凹模型口图，如图 2—1—26 所示。在图中将 xoy 坐标系建立在图示的对称中心线上，将冲裁轮廓线按几何图形分解成 l_1、l_2、…、l_6 共六组基本线段。

求出各段长度及各段的重心位置（可以借助于 AutoCAD 软件求点的坐标）得：

$$l_1 = 25.132\ \text{mm},\ x_1 = -52.592\ \text{mm},\ y_1 = 26.5\ \text{mm}$$

$$l_2 = 95.34\ \text{mm},\ x_2 = 0\ \text{mm},\ y_2 = 38.5\ \text{mm}$$

$$l_3 = 95.34\ \text{mm},\ x_3 = 0\ \text{mm},\ y_3 = 14.5\ \text{mm}$$

$$l_4 = 50.265\ \text{mm},\ x_4 = 57.856\ \text{mm},\ y_4 = 26.5\ \text{mm}$$

$$l_5 = 15.708\ \text{mm},\ x_5 = -47.5\ \text{mm},\ y_5 = -26.5\ \text{mm}$$

$$l_6 = 87.965\ \text{mm},\ x_6 = 47.5\ \text{mm},\ y_6 = -26.5\ \text{mm}$$

代入公式得：

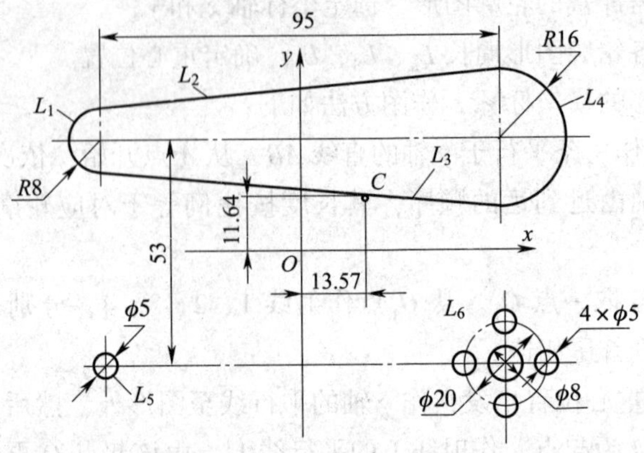

图 2—1—26　凹模型口图

$$x_0=\frac{l_1x_1+l_2x_2+\cdots+l_6x_6}{l_1+l_2+\cdots+l_6}\approx 13.57\ \text{mm}$$

$$y_0=\frac{l_1y_1+l_2y_2+\cdots+l_6y_6}{l_1+l_2+\cdots+l_6}\approx 11.64\ \text{mm}$$

由以上计算结果可以看出，因冲裁力（已计算）不大，压力中心 C 偏移坐标原点 O 较小，为了便于模具的加工和装配，模具中心仍选在坐标原点 O。若选用 J23—25 型冲床，C 点仍在压力机模柄孔投影面积范围内，满足要求。

六、冲裁间隙

1. 冲裁间隙的概念

冲裁间隙是影响冲裁工序的最重要的工艺参数。冲裁间隙是指冲裁模具中凹模与凸模刃口侧壁之间的距离，如图 2—1—27 所示。根据国家标准《冲裁间隙》(GB/T 16743—2010)，冲裁间隙为单边间隙，用符号 c 表示。

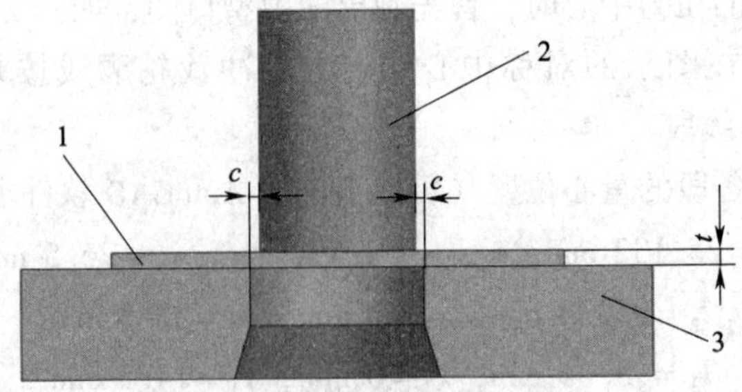

图 2—1—27　冲裁间隙

1—板料　2—凸模　3—凹模

2. 冲裁间隙的确定

因为冲裁过程中可变因素很多，所以无法确定一个同时满足所有理想要求的间隙值。生产中通常是选择一个适当的范围作为合理间隙，只要模具间隙在这个范围内就可以冲出合格制件。这个范围的最小值称为最小合理间隙 c_{min}，最大值称为最大合理间隙 c_{max}。确定模具间隙应当遵循以下两个原则：

（1）确定的模具间隙满足：$c_{min} \leqslant c \leqslant c_{max}$。

（2）考虑到模具刃口在使用过程中的逐步磨损，模具初始间隙尽量采用 c_{min}。

冲裁间隙可以通过理论计算的方法获得，但是过程非常复杂。对于尺寸精度、断面质量要求高的冲裁件应选用较小间隙值（见表 2—1—26），这时冲裁力与模具使用寿命作为次要因素考虑。对于尺寸精度和断面质量要求不高的冲裁件，在满足冲裁件要求的前提下，应以降低冲裁力、延长模具使用寿命为主。对于非金属板料冲裁，国家标准同样给出了初始间隙值，其取值可参考《冲裁间隙》（GB/T 16743—2010）。

表 2—1—26　金属板料冲裁间隙值　mm

材料	抗剪强度 τ（MPa）	初始间隙（单边间隙）（%t）				
		Ⅰ类	Ⅱ类	Ⅲ类	Ⅳ类	Ⅴ类
低碳钢 08F、10F、10、20、Q235A	≥210～400	1.0～2.0	3.0～7.0	7.0～10.0	10.0～12.5	21.0
不锈钢 1Cr18Ni9Ti、中碳钢 45、Cr13、膨胀合金 4J29	≥420～560	1.0～2.0	3.5～8.0	8.0～11.0	11.0～15.0	23.0
高碳钢 T8A、T10A、65Mn	≥590～930	2.5～5.0	8.0～12.0	12.0～15.0	15.0～18.0	25.0
纯铝 1060、1050A、1035、1200，铝合金（软态）3A21，黄铜（软态）H62，纯铜（软态）T1、T2、T3	≥65～255	0.5～1.0	2.0～4.0	4.5～6.0	6.5～9.0	17.0
黄铜（硬态）H62，铅黄铜 HPb59－1，纯铜（硬态）T1、T2、T3	≥290～420	0.5～2.0	3.0～5.0	5.0～8.0	8.5～11.0	25.0
铝合金（硬态）2A12、锡磷青铜 QSn4－4－2.5、铝青铜 QAl7、铍青铜 QBe2	≥225～550	0.5～1.0	3.5～6.0	7.0～10.0	11.0～13.5	20.0
镁合金 MB1、MB8	≥120～180	0.5～1.0	1.5～2.5	3.5～4.5	5.0～7.0	16.0
电工硅钢	190	—	2.5～5.0	5.0～9.0	—	—

另外，国家标准《冲裁间隙》（GB/T 16743—2010）对冲裁间隙的适用场合、选用原则与方法也做了相应规定。

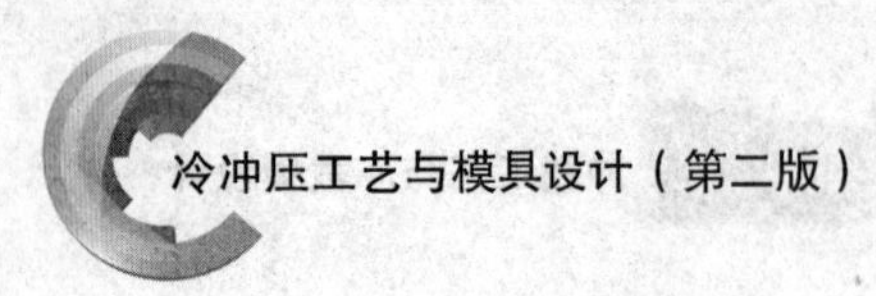

第二节　冲裁模典型结构

冲裁模是冲压生产所用的主要工艺设备，冷冲压主要是利用模具完成各种形式的加工，良好的模具结构是实现工艺方案的可靠保证。冲压制件质量的好坏和精度的高低主要取决于冲裁模的质量和精度。冲裁模结构是否合理、优化，又直接影响到生产效率、冲裁模本身的使用寿命以及操作的安全性、方便性和经济性等。

由于冲裁件形状、尺寸、精度、生产批量和生产条件的不同，冲裁模的结构类型也不相同，下面介绍几种在生产实践中常用的典型结构。

一、单工序冲裁模的典型结构

单工序冲裁模是指压力机在一次行程中只完成一道工序的冲裁模，下面分别叙述各类单工序模的结构、工作原理、特点及应用场合。

1. 单工序无导向敞开式冲裁模

图 2—2—1 所示为无导向的敞开式冲裁模，是一副圆片落料模。

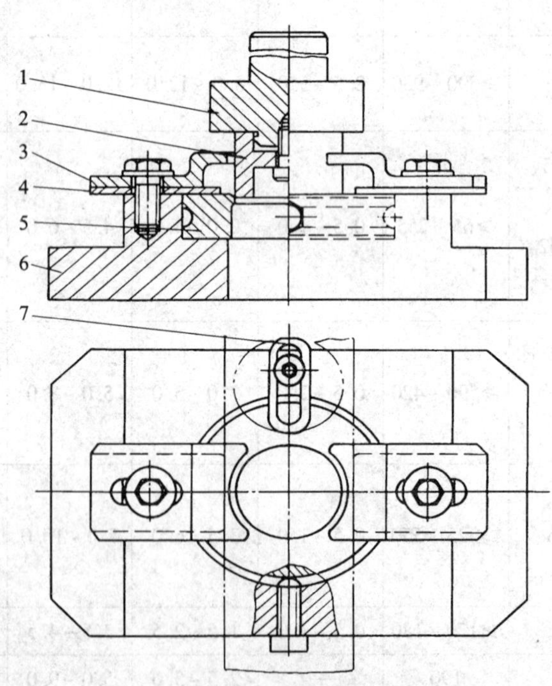

图 2—2—1　圆片落料模

1—上模座　2—凸模　3—卸料板　4—导料板
5—凹模　6—下模座　7—挡料块

模具的上模部分由上模座1和凸模2组成，通过模柄安装在压力机的滑块上做往复运动。模具的下模部分由刚性卸料板3、导料板4、凹模5、下模座6和挡料块7组成。模具的下模部分通过下模座用螺钉、压板固定在压力机工作台上。导料板4左、右各一块，以控制条料的送料方向。挡料块7控制条料的送料步距。由图2—2—1可知，挡料块通过挡住条料的搭边来达到控制送料步距的目的。每次送料时，要将条料抬起，超过挡料块的高度，才能向前送进。冲裁件直接由凹模孔中落下。卡在凸模上的条料则在上模回程时由卸料板3（左、右各一块）将其卸下。模具的上模和下模之间无直接导向关系，依靠压力机滑块的导轨导向。由图2—2—1可知，模具的导料板、挡料块和卸料板在一定的范围内均可调节，凸模和凹模的装拆也较方便，因此，这副模具只需更换凸模和凹模就可以冲裁尺寸相近、不同规格的圆片。

这种模具的特点是结构简单，质量较轻，尺寸较小，成本低，但仅依靠冲床导轨导向，不易保证模具间隙均匀，因此，制件精度不高而且模具安装麻烦，模具使用寿命短，生产效率低，模具刃口易磨损，工作时不够安全。

无导向的简单模主要适用于精度要求不高、形状简单、批量小或试制用的冲裁件。

2. 导板式单工序落料模

图2—2—2所示为带固定挡料销的导板式单工序落料模。

模具的上模部分由模柄1、上模座3、垫板6、凸模固定板7和凸模5组成。模柄压入上模座中。上模座、垫板、凸模固定板用螺钉和销钉紧固在一起。凸模和凸模固定板紧配，凸模尾部铆接在凸模固定板上，然后一起磨平，使其在轴向位置得到可靠的固定。垫板用淬火钢板制作，用以承受凸模的压力，避免上模座被压出凹坑面而使凸模上下松动。模具的下模部分由导板9、一对导料板10、固定挡料销16、凹模13、下模座15和承料板11组成，它们用螺钉与销钉紧固在一起。导板对上模的运动起导向作用，保证在冲裁过程中凸模和凹模间隙均匀分布。导板与凸模为间隙配合，其配合间隙必须小于凸模和凹模间隙，以保证准确导向。对于薄料（$t<0.8$ mm），导板与凸模的配合为H6/h5；对于厚料（$t>3$ mm），其配合为H8/h7。冲裁时，要保证凸模始终不脱离导板。导板9还起卸料作用。承料板的顶面与凹模顶面在同一平面上，它的作用是在冲裁时增大条料的支承面。固定挡料销16控制送料步距。挡料销20采用图示钩形结构，可以使安装挡料销的孔离凹模孔远一些，减少对凹模孔口强度的影响。为了保证条料的顺利送进，导料板10的高度必须大于固定挡料销的高度与板料厚度之和。采用这种挡料销结构简单，但是送料时必须把条料往上抬一下才能推进，使用不太方便。

这种模具精度较高，使用寿命较长，安装容易，安全性好。但导板孔需要与凸模配作，制造比较困难，工作时凸模不脱离导板。因此，采用这类导板式冲模时要选用行程较小的压力机（一般不大于20 mm）或选用行程能调节的偏心压力机。这类模具适用于冲裁小制件或形状不复杂的制件。

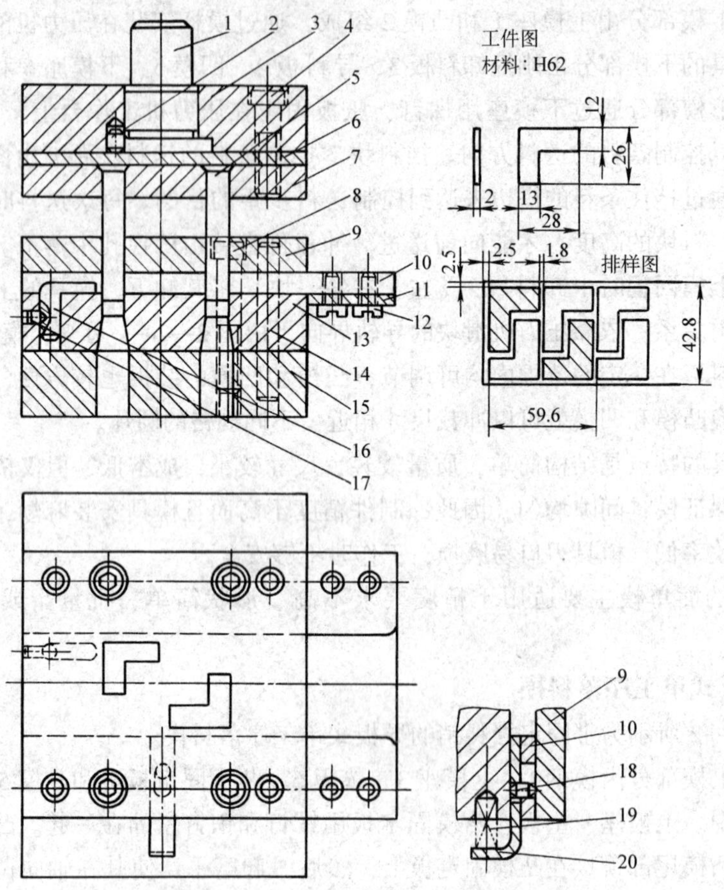

图 2—2—2　导板式单工序落料模

1—模柄　2—止动销　3—上模座　4、8—内六角螺钉　5—凸模　6—垫板　7—凸模固定板　9—导板　10—导料板　11—承料板　12—螺钉　13—凹模　14—圆柱销　15—下模座　16—固定挡料销　17—止动销　18—限位销　19—弹簧　20—始用挡料销

3. 导柱式单工序冲裁模

图 2—2—3 所示为导柱式单工序落料模，它具有两个导柱、导套。导套 13 压入上模座孔内，导柱 14 的下端压入下模座孔内，导柱与导套之间为间隙配合，常采用 H6/h5 或 H7/h6 配合，并布置在模具的后侧，便于工人操作。

这副模具采用了由卸料板 15、卸料弹簧 4 与卸料螺钉 10 组成的弹性卸料装置。在冲压过程中对条料有良好的压平作用，所以冲出的制件表面比较平整，质量较高，适合于厚度较薄、材质较软的冲裁件。为了不妨碍弹性卸料装置的压平作用，在卸料板上对应于落料凹模面上安装固定挡料销 3 和导料螺钉的相应位置上开有沉孔。

对于精度要求较高、生产批量较大的冲裁件，多采用有导柱的冲裁模。工作时，上模和下模之间由导柱、导套进行导向，其导向比一般导板模导向准确、可靠，能保证凸模和凹模之间的间隙值，安装时方便，不用重新调整凸模和凹模的间隙。导柱模使用寿命长，制件精度高，但制造成本较高。

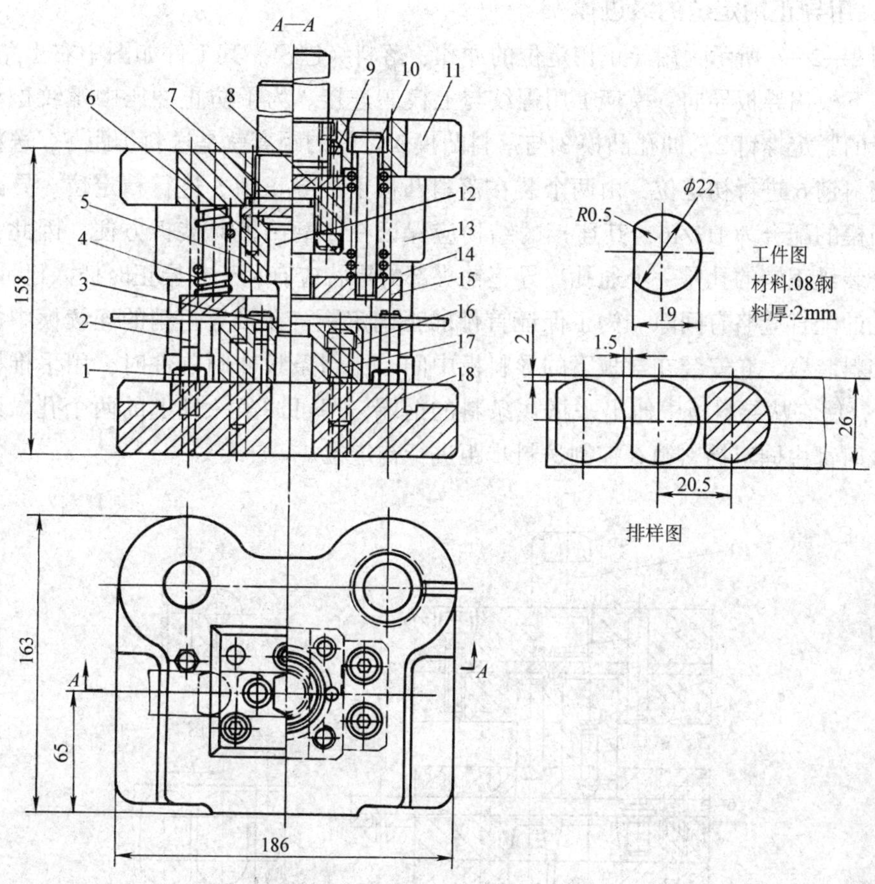

图 2—2—3　导柱式单工序落料模

1—螺母　2—导料螺钉　3—固定挡料销　4—卸料弹簧　5—凸模固定板　6—销钉　7—模柄　8—垫板　9—止动销　10—卸料螺钉　11—上模座　12—凸模　13—导套　14—导柱　15—卸料板　16—凹模　17—内六角螺钉　18—下模座

二、级进冲裁模的典型结构

级进冲裁模是在冲床一次行程中，按一定的顺序，在模具的不同位置上完成两种或两种以上的冲裁工序。由于用级进模冲压时，冲裁件是依次在几个不同位置上逐步成形的，因此，要控制冲裁件的孔与外形的相对位置精度，条料的定位是关键问题，这就必须严格控制送料步距。为此，级进模有用导正销定位的级进模和用侧刃定距的级进模两种基本类型。

级进冲裁模的优点是生产率高，适用于大批量生产，制件精度高，便于实现自动化，而且使用条料、带料冲裁，操作方便，工作安全。

缺点是结构尺寸大，制造复杂，成本高，在冲裁较厚的制件时有拱弯现象。用侧刃定距的连续冲裁模还对带料、板料宽度的尺寸精度有一定要求，材料有额外的浪费。

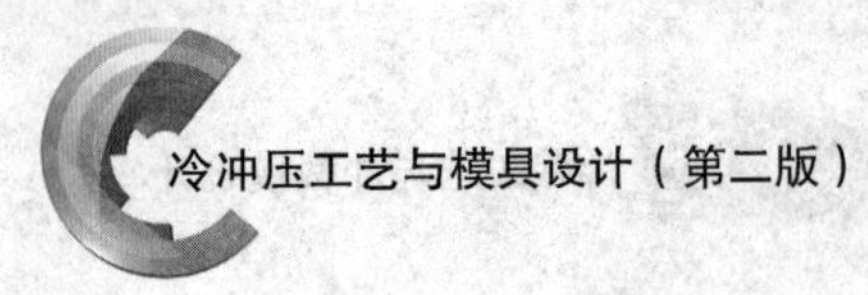

1. 用导正销定位的级进模

图 2—2—4 所示为用导正销定位的冲孔、落料级进模。其工件如图中右上角所示。上模和下模用导板导向。模柄 1 用螺纹与上模座连接。为了防止冲压中螺纹松动，采用骑缝的紧定螺钉 2。冲孔凸模 3 与落料凸模 4 之间的距离就是送料步距 S。送料时由固定挡料销 6 进行初定位，由两个装在落料凸模上的导正销 5 进行精定位。导正销与落料凸模的配合为 H7/r6，其连接的结构应保证在修磨凸模时装拆方便，因此，落料凸模安装导正销的孔是一个通孔。导正销头部的形状应有利于在导正时插入已冲的孔，它与孔的配合应略有间隙。为了保证首件的正确定距，在带导正销的连续模中常采用始用挡料装置。它安装在导板下的导料板中间。在用条料冲制首件时，用手推始用挡料销 7，使它从导料板中伸出来抵住条料的前端，即可冲第一件上的两个孔。以后各次冲裁时都由固定挡料销 6 控制送料步距进行初定位。

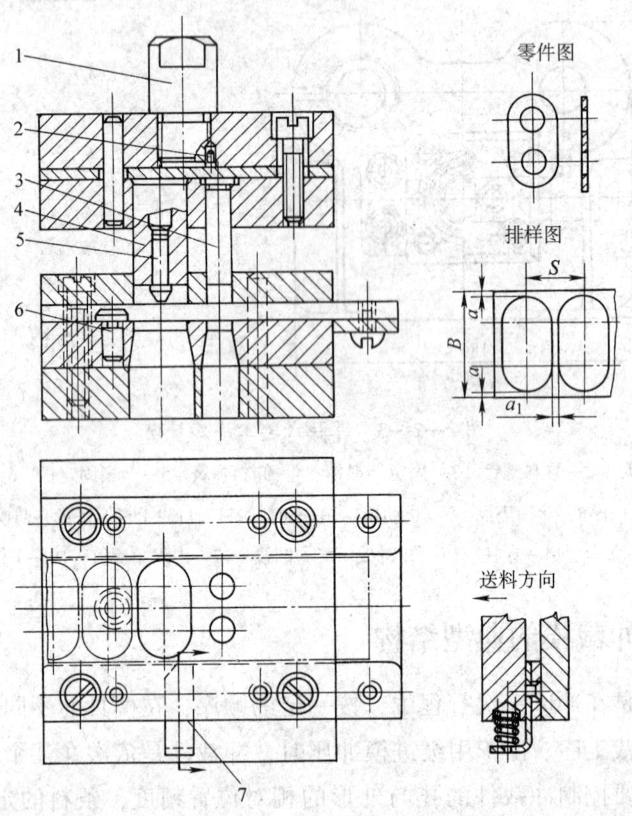

图 2—2—4　导正销定位的级进模

1—模柄　2—紧定螺钉　3—冲孔凸模　4—落料凸模　5—导正销　6—固定挡料销　7—始用挡料销

用导正销定位结构简单。当两定位孔间距较大时，定位也较精确。但是它的使用受到一定的限制。当板料太薄（一般为 $t<0.3$ mm）时，特别是对于较软的材料，很容易将孔边冲弯，因而不能用；当冲裁件的孔与外形间的距离较小时，落料凸模中设置了装导正销的孔后，强度很低，也不能用；当所冲的孔很小时，由于导正销本身强

度很低，容易折断，也不能用；当冲裁件上既无圆孔又无法在条料上设置工艺孔时，也不能用。由于导正销在使用时的这些限制，因此级进模还需要采用其他的定位方法。

2. 用侧刃定距的级进模

用侧刃定距级进模的工作原理如图 2—2—5 所示。在凸模固定板上，除装有一般的冲孔、落料凸模外，还装有特殊的凸模——侧刃。侧刃断面的长度等于送料步距。在压力机的每次行程中，侧刃在条料的边缘冲下一块长度等于步距的料边。由于侧刃前、后导料板之间的宽度不同，前宽后窄，所以，只有在侧刃切去一个长度等于步距的料边而使其宽度减小后，条料才能再向前进一个步距，从而保证孔与外形相对位置的正确。

侧刃的定位可以采用单侧刃。这时当条料冲到最后一件的孔时，条料的狭边被冲完，于是在条料上不再存在凸肩，在落料时无法再定位，所以末件是废品。如果级进模在 n 个步距内工作，则将有（$n-1$）个成品失去定位。若采用错开排列的双侧刃（见图 2—2—5），一个侧刃排在第一个工作位置或其前面；另一个侧刃排在最后一个工作位置或其后面，则可避免条料末端的浪费。图 2—2—5 中的第二个侧刃安排在落料工位后是考虑凹模的强度问题。在使用双侧刃的级进模中，有时也有将左、右两侧刃并排布置，它的目的是使送料时条料不致歪斜，以提高送料精度。

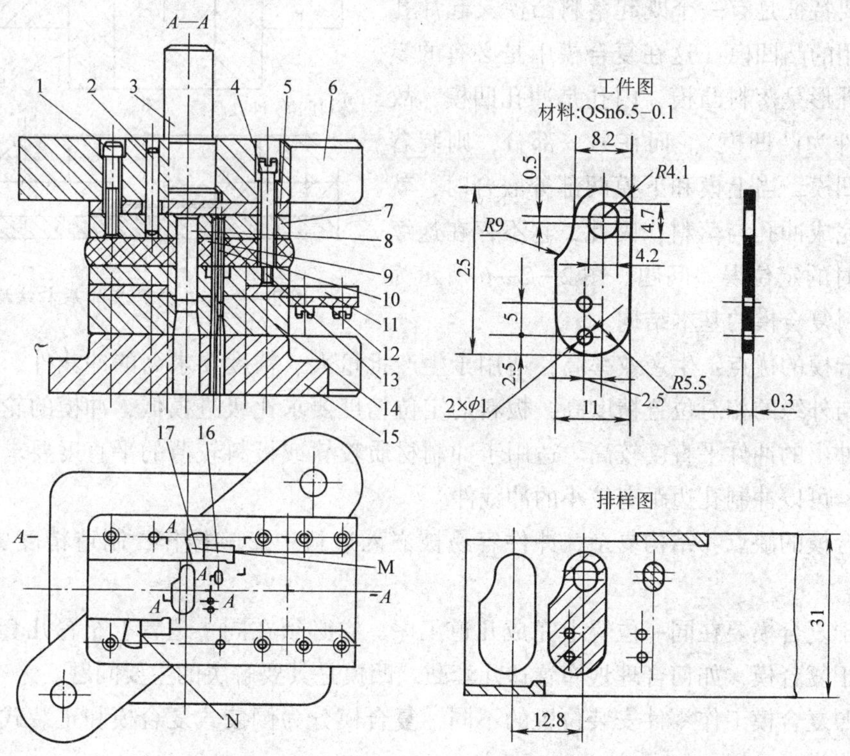

图 2—2—5　双侧刃定距的冲孔落料级进模

1—内六角螺钉　2—销钉　3—模柄　4—卸料螺钉　5—垫板
6—上模座　7—凸模固定板　8、9、10—凸模　11—导料板
12—承料板　13—卸料板　14—凹模　15—下模座　16—侧刃　17—侧刃挡块

一般情况下，侧刃定距的定距精度比用导正销定位的精度低，所以，有些级进模将侧刃与导正销联合使用。这时用侧刃进行粗定位，以导正销进行精定位。侧刃断面的长度应略大于送料步距，使导正销有导正的余地。

图 2—2—5 所示为带双侧刃的冲孔落料级进模。这副模具所冲零件如图中右上角所示。根据零件的形状与尺寸，采用了单排的排样方式。其上模的凸模固定板中共安装了三个冲孔凸模 9、10，一个落料凸模 8 以及两个侧刃 16。双侧刃采用前后错开排列。冲压过程如下：第一次冲裁时，条料抵在右侧侧刃挡块处（朝着送料方向看），冲出三个孔及右边一狭条。第二次冲裁时，落一个已冲过孔的料，同时又冲出三个孔。第三次冲裁时，落第二个料，并在左边冲去一个狭条。以后每次冲裁时都同时冲孔、落料，并在左、右各冲去一狭条来定距。与导料板 11 一起安装在凹模 14 上的侧刃挡块 17 对于送料步距的控制起着至关重要的作用。为了提高耐磨性，对镶嵌的侧刃挡块 17 进行淬火。

三、复合冲裁模的典型结构

复合冲裁模是多工序模的一种。它在结构上的主要特征是有一个既起落料凸模又起冲孔凹模作用的凸凹模（这在复合模中是必有的零件，其外形是落料凸模，内孔是冲孔凹模，故称此零件为凸凹模）。而在另一部分，则装着凸模和凹模，当上模和下模两部分嵌合时，就能同时完成冲孔与落料，因此，它不存在连续模冲压时的定位误差问题。图 2—2—6 所示为冲孔落料复合模的基本结构。

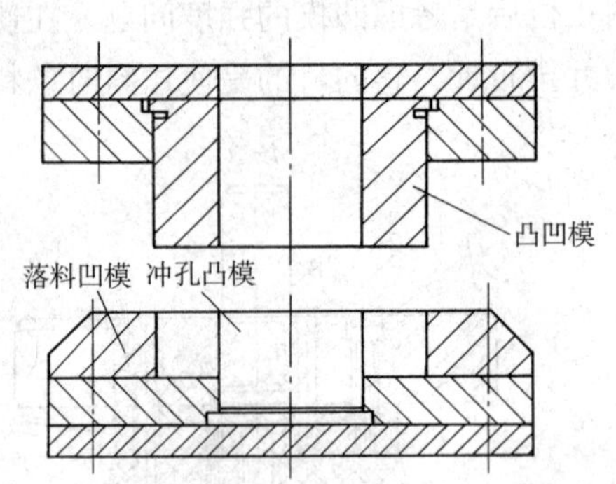

图 2—2—6　复合模的基本结构

复合模的优点：生产效率高，适用于生产批量大、精度要求高的冲裁件，冲裁件的内孔与外缘的相对位置精度高，板料的定位精度要求比级进模低，冲模的轮廓尺寸较小，冲出的冲件平直度较高。适用于冲制材质较软或板料较薄的平直度要求较高的冲裁件，可以冲制孔边距离较小的冲裁件。

复合模的缺点：结构复杂，冲件容易被嵌入边料中影响操作，制造精度要求高，成本高。

由于复合模要在同一位置上完成几道工序，它必须在同一位置上布置几套凸、凹模。对于复合模，如何合理地布置这几套凸、凹模是其要解决的主要问题。

按照复合模工作零件安装位置的不同，复合模分为倒装式复合模和正装式复合模两种。

1. 倒装式复合模

将落料凹模装在上模上，称为倒装式复合模。其结构特点是有两套除料、除件装置。优点是结构简单。缺点是不宜冲制孔边距离较小的冲裁件。

图 2—2—7 所示为一副冲孔落料倒装复合冲裁模的典型结构。冲裁件如图中右上角所示。其外形为带圆角的垫片，中间有一个 $\phi 25$ mm 的孔，靠近两端有两个 $\phi 10$ mm 的孔。装在上模部分的有落料凹模 17 与冲孔凸模 14、16，通过冲孔凸模固定板 8、垫板 15 用螺钉和定位销与上模座 7 固定在一起。装在下模部分的凸凹模 18 通过凸凹模固定板 19 与下模座 1 固定在一起。

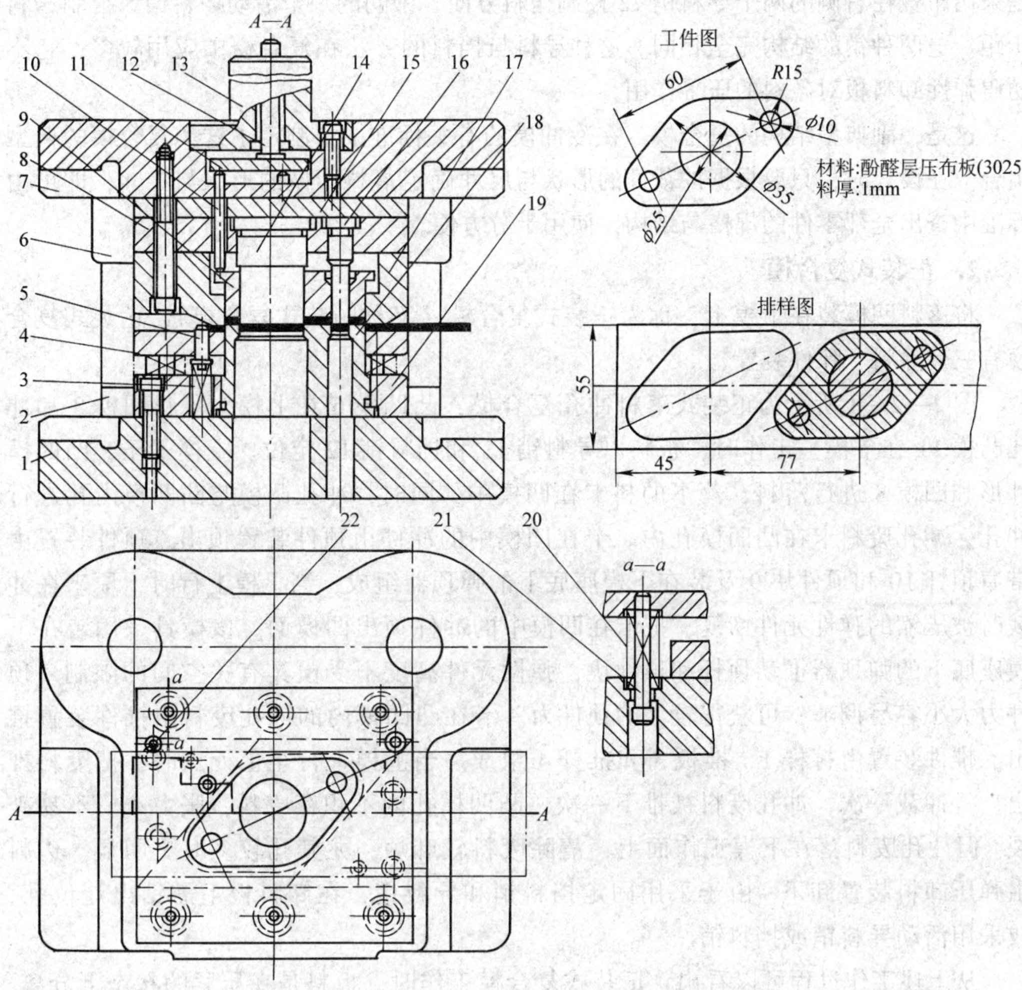

图 2—2—7 冲孔落料倒装复合冲裁模的典型结构

1—下模座 2—导柱 3、20—弹簧 4—卸料板 5—活动挡料销 6—导套 7—上模座 8—凸模固定板 9—推件块 10—连接推杆 11—推板 12—打杆 13—模柄 14、16—冲孔凸模 15—垫板 17—落料凹模 18—凸凹模 19—凸凹模固定板 21—卸料螺钉 22—导料销

上模与下模采用导柱和导套导向，导柱布置在模座的后侧。在冲裁后，为了完成推件与卸料，在上模部分还装有打杆 12 与推板 11 组成的刚性推件系统，而在下模部分则装有卸料板 4、卸料螺钉 21 与弹簧组成的弹性卸料系统。

冲裁时，弹性卸料板先压住条料起校平作用。继续下行时，落料凹模将弹性卸料板压下，套入落料凸模中，冲孔凸模也进入冲孔凹模孔中，于是同时完成冲孔与落料。当上模回程时，弹性卸料板在弹簧的作用下将条料从凸凹模上卸下，而打杆12受到压力机横杆的推动，通过推板11、连接推杆10与推件块9将冲件从落料凹模中自上而下推出，冲孔废料则直接由凸凹模孔中滑到压力机台面下。冲裁时，条料在模具上定位是采用布置在右侧的两个导料销22控制送料方向，中间的一个活动挡料销5控制送料步距。这两种销的结构完全相同。这种导料与挡料的方法在复合模中应用较多，它不妨碍弹性卸料板对条料的压平作用。

这是一副典型结构的复合模，在冷冲模的有关标准中，制定了这类复合模的典型组合。在设计时，只要根据冲裁件的形状与尺寸确定落料凹模的形状与尺寸，即可由标准中查出全部零件的规格与结构，使用十分方便。

2. 正装式复合模

将落料凹模装在下模上，称为正装式复合模（又称顺装式复合模），正装式复合模有三套除料、除件装置。

图2—2—8所示为正装式落料冲孔复合模，凸凹模6在上模，落料凹模8和冲孔凸模11在下模。工作时，板料以导料销13和挡料销12定位。上模下压，凸凹模外形和凹模8进行落料，落下的料卡在凹模中，同时，冲孔凸模与凸凹模内孔进行冲孔，冲孔废料卡在凸凹模孔内。卡在凹模中的冲件由顶件装置顶出。顶件装置由带肩顶杆10和顶件块9及装在下模座底下的弹顶器组成，当上模上行时，原来在冲裁时被压缩的弹性元件恢复，把卡在凹模中的冲件顶出凹模面。该模具采用装在下模座底下的弹顶器推动顶杆和顶件块，弹性元件高度不受模具有关空间的限制，顶件力大小容易调节，可获得较大的顶件力。卡在凸凹模内的冲孔废料由推件装置推出。推件装置由打杆1、推板3和推杆4组成。当上模上行至上死点时，把废料推出。每冲裁一次，冲孔废料被推下一次，凸凹模孔内不积存废料，胀力小，不易破裂。但冲孔废料落在下模工作面上，清除废料较麻烦，尤其孔较多时更明显。边料由弹压卸料装置卸下。由于采用固定挡料销和导料销，在卸料板上需钻出让位孔，或采用活动导料销或挡料销。

从上述工作过程可以看出，正装式复合模工作时，板料是在压紧的状态下分离，冲出的冲件平直度较高。但由于弹顶器和弹压卸料装置的作用，分离后的冲件容易被嵌入边料中影响操作，从而影响生产率。

这副模具在落料凹模下安装了空心垫板。采用这种结构，使落料凹模的型孔成为柱形通孔，便于加工，还可使凹模减薄，节约模具钢。在标准中也制定了这类复合模的典型组合。

从正装式和倒装式复合模的结构分析中可以看出，两者各有优缺点。

倒装式复合模的优点是结构简单，又可以直接利用压力机的打杆装置进行推件，废料能从压力机工作台面落下，而冲裁件从上模推下，比较容易引出去，卸件可靠，

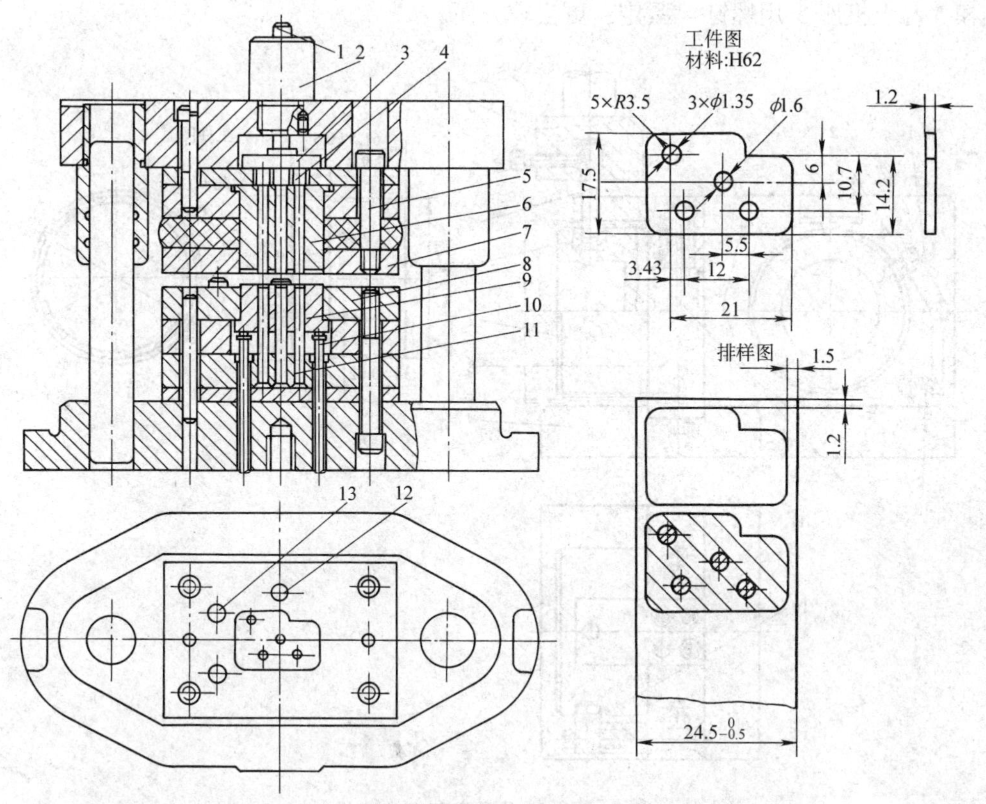

图 2—2—8 正装式落料冲孔复合模

1—打杆 2—模柄 3—推板 4—推杆 5—卸料螺钉 6—凸凹模 7—卸料板

8—落料凹模 9—顶件块 10—带肩顶杆 11—冲孔凸模 12—挡料销 13—导料销

操作方便、安全，生产效率高，并为机械化出件提供了有利条件，所以倒装式复合模应用比较广泛。但不宜冲制孔边距离较小的冲裁件。

正装式复合模的优点是顶件板、卸料板都是弹性的，条料和冲裁件同时受到压平作用，适用于冲制材质较软或板料较薄、平直度要求较高的冲裁件，冲裁件的精度高，还可以冲制孔边距离较小的冲裁件。

总之，复合模生产率较高，冲裁件的内孔与外缘的相对位置精度高，板料的定位精度要求比级进模低，冲模的轮廓尺寸较小。但复合模结构复杂，制造精度要求高，成本高。复合模主要用于生产批量大、精度要求高的冲裁件。

四、其他类型模具结构——冲侧孔模

1. 导板式侧面冲孔模

图 2—2—9 所示为导板式侧面冲孔模，该模具的最大特征是凹模 6 嵌入悬壁式的凹模体 7 上，凸模 5 靠导板 11 导向，以保证与凹模的正确配合。凹模体固定在支架 8

上，并以销钉 12 固定以防止转动。支架 8 与底座 9 以 H7/h6 配合，并以螺钉紧固。凸模 5 与上模座 3 用螺钉 4 紧定，更换较方便。

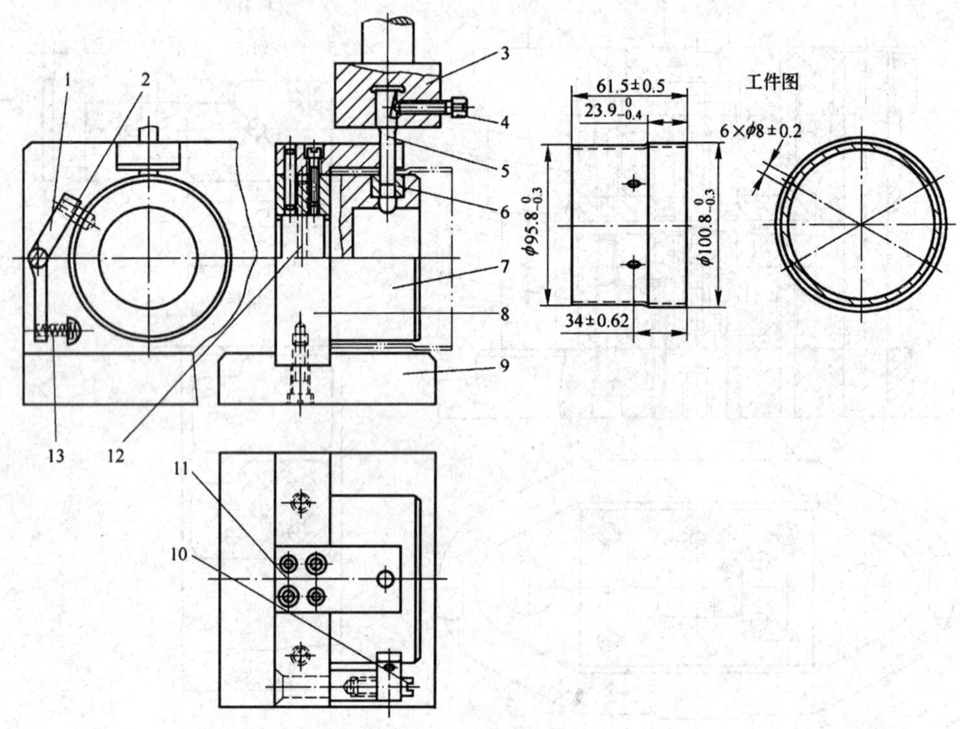

图 2—2—9　导板式侧面冲孔模

1—摇臂　2—定位销　3—上模座　4、10—螺钉　5—凸模　6—凹模　7—凹模体　8—支架　9—底座　11—导板　12—销钉　13—压缩弹簧

工序件的定位方法如下：径向和轴向以悬臂凹模体与支架定位；孔距的定位由定位销 2、摇臂 1 和压缩弹簧 13 组成的定位器来完成，以保证冲出的 6 个孔沿圆周均匀分布。

冲压开始前，拨开定位器摇臂，将工序件套在凹模体上，然后放开摇臂，凸模下冲，即冲出第一个孔。随后转动工序件，使定位销落入已冲好的第一个孔内，接着冲第二个孔。用同样的方法冲出其他孔。

这种模具结构紧凑，质量轻，但在压力机一次行程内只冲一个孔，生产率低，如果孔较多，孔距累积误差较大。因此，这种冲孔模主要用于生产批量不大、孔距要求不高的小型空心件的侧面冲孔或冲槽。

2. 斜楔式水平冲孔模

图 2—2—10 所示为斜楔式水平冲孔模，该模具的最大特征是依靠斜楔 1 把压力机滑块的垂直运动变为滑块 4 的水平运动，从而带动凸模 5 在水平方向上进行冲孔。凸模 5 与凹模 6 的对准依靠滑块在导滑槽内滑动来保证。斜楔的工作角度 α 以 40° ~ 50° 为宜，一般取 40°；需要较大冲裁力时，α 角也可以用 30°，以增大水平推力。如果为

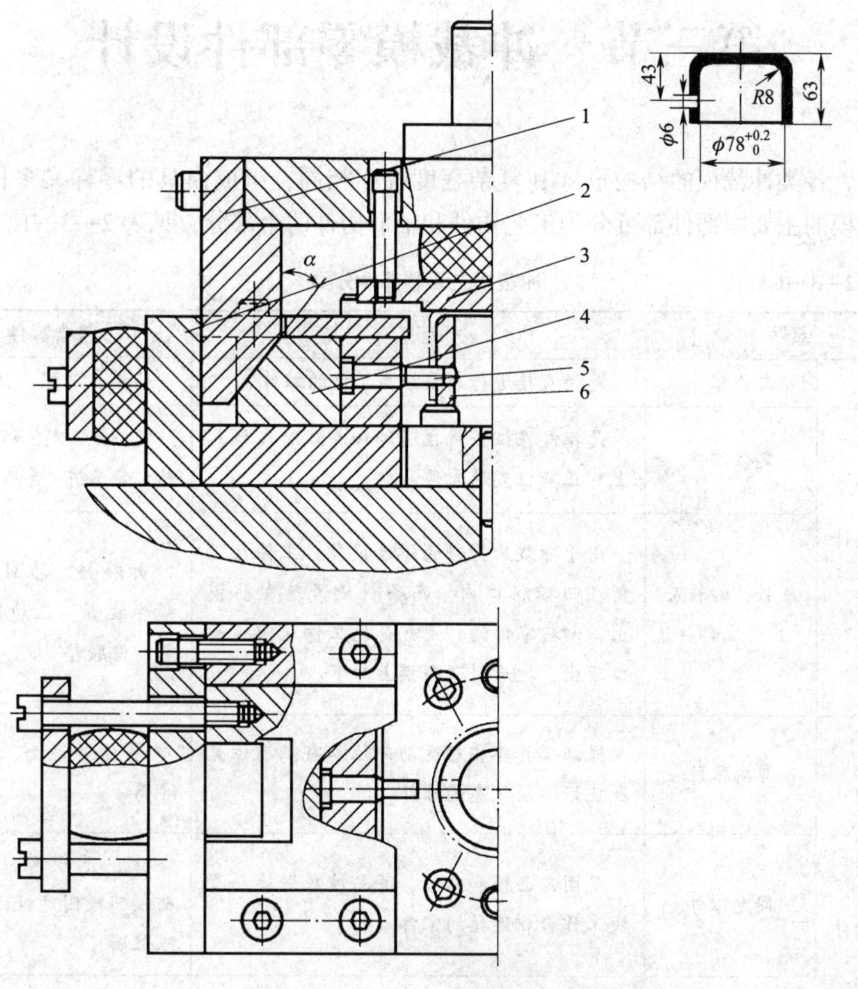

图 2—2—10 斜楔式水平冲孔模

1—斜楔 2—挡板 3—弹压板 4—滑块 5—凸模 6—凹模

了获得较大的工作行程，α 角可加大到 60°。为了排出冲孔废料，应该注意开设漏料孔并与下模座的漏料孔相通。滑块的复位依靠橡胶来完成，也可以靠弹簧或斜模本身的另一工作角度来完成。

工序件以内形定位，为了保证冲孔位置的准确，弹压板 3 在冲孔之前就把工序件压紧。该模具在压力机一次行程中冲一个孔。类似这种模具，如果安装多个斜模滑块机构，可以同时冲多个孔，孔的相对位置由模具精度来保证。其生产率高，但模具结构复杂，轮廓尺寸较大。这种冲模主要用于冲空心件或弯曲件等成形零件的侧孔、侧槽、侧切口等。

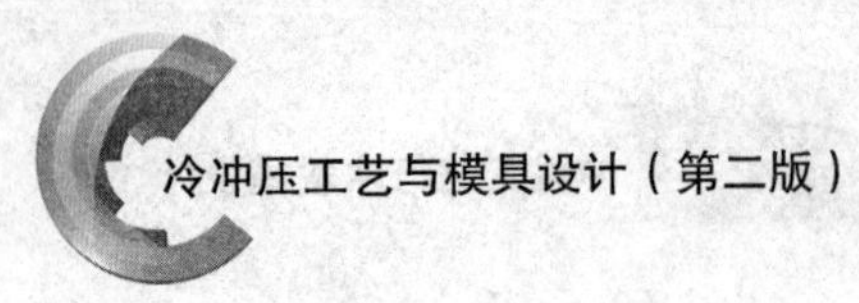

第三节　冲裁模零部件设计

尽管各类冲裁模的结构形式和复杂程度各不相同，组成模具的零件又多种多样，但冲裁模的主要零部件都可分为工艺构件和辅助构件两个部分，见表 2—3—1。

表 2—3—1　冲裁模主要零部件分类

<table>
<tr><th colspan="2">部件</th><th>定义</th><th>包含零件</th></tr>
<tr><td rowspan="3">工艺构件</td><td>工作零件</td><td>是指直接进行冲裁分离工件的零件</td><td>凸模、凹模、凸凹模</td></tr>
<tr><td>定位零件</td><td>是指能保证条料在送进和冲裁时在模具上有正确位置的零件</td><td>定位板、定位销、挡料销、导正销、导尺、侧刃</td></tr>
<tr><td>压料、卸料及出件零部件</td><td>用于冲裁后材料的弹性恢复，工件往往留在凹模洞口内，而条料又紧箍在凸模上，卸料零件的作用就是把工件从凹模洞口顶出，把废料从凸模上卸下</td><td>卸料板、推件装置、顶件装置、压边圈、弹簧、橡胶垫</td></tr>
<tr><td rowspan="3">辅助构件</td><td>导向零件</td><td>保证模具各相对运动部位具有正确位置及良好运动状态的零件</td><td>导柱、导套、导板、导筒</td></tr>
<tr><td>固定零件</td><td>是固定凸模和凹模，并与冲床滑块和滑块工作台相连接的零件</td><td>上、下模座，模柄，凸、凹模固定板，垫板，限位器</td></tr>
<tr><td>紧固及其他零件</td><td>是在装配模具时，为了保证零件间相互位置正确，把相关联的零件固定或连接起来的零件</td><td>螺钉、销钉、键、其他零件</td></tr>
</table>

一般冲裁模均由表 2—3—1 所列的 6 种零部件组成，但并不是所有的冲裁模都必须具备这 6 种零部件。冲裁模的结构多种多样，有些模具比较复杂，有些模具结构却十分简单，这取决于冲裁工件的要求、生产批量的大小、制模条件等因素。

一、工作零件

1. 凸模

(1) 凸模的结构形式

凸模是用于冲压加工制件内孔或内表面的工作零件，根据需要，其可能采用不同的结构形式。

凸模常用结构形式如图 2—3—1 所示，其选用可参见表 2—3—2。

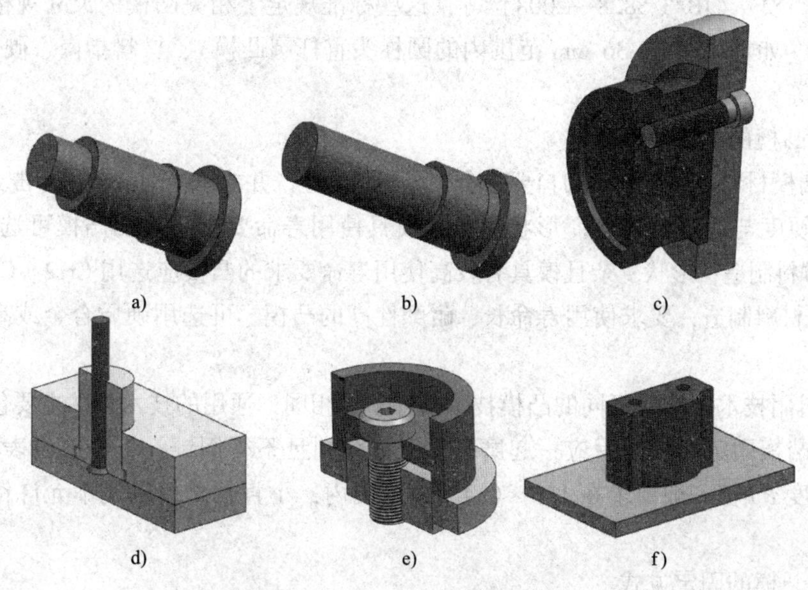

图 2—3—1 凸模常用结构形式

a）小圆孔凸模 b）中型圆孔凸模 c）大型圆孔或落料凸模

d）带护套凸模 e）镶块式凸模 f）阶梯式非圆形凸模

表 2—3—2 凸模常用结构形式的选用说明

结构形式	选用说明
小圆孔凸模	适用于冲裁 ϕ1～15 mm 的小圆孔，为了增强凸模的强度与刚度，避免应力集中，将凸模非工作部分做成逐渐增大的圆滑过渡的阶梯形式
中型圆孔凸模	适用于冲裁 ϕ8～30 mm 的中型圆孔，因直径较大，可不在中部增加过渡阶梯
大型圆孔或落料凸模	采用止口定位，通过螺钉紧固，为减小精加工面积，凸模外圆非工作表面直径可略小一些，端面要设计成凹坑形状
带护套凸模	用于冲制孔径与料厚相近的小孔，将凸模装在护套里，再将护套固定在凸模固定板上。采用该结构既可以提高凸模的抗弯曲能力，又能节省模具钢
镶块式凸模	工作部分采用工具钢制造并进行热处理，非工作部分采用一般的结构钢材料
阶梯式非圆形凸模	为便于加工，该结构形式凸模的安装部分通常做成简单的圆形或方形，用台肩或铆接方式固定在固定板上，当安装部分为圆形时，应在固定端接缝处打入防转销

对于圆凸模，我国制定了机械行业标准，例如《冲模 圆柱头直杆圆凸模》（JB/T 5825—2008）、《冲模 圆柱头缩杆圆凸模》（GB/T 5826—2008）、《冲模 60°锥头缩杆圆凸模》（JB/T 5828—2008）等，这些标准规定了相关凸模的尺寸规格、适用直径范围（如直径在 1 ~ 36 mm 范围内的圆柱头直杆圆凸模）、材料指南、硬度要求、凸模标记等。

（2）凸模的主要技术要求

1）凸模材料。由于模具刃口要求有较高的耐磨性，并能承受冲裁时的冲击力，因此应有高的硬度与适当的韧性。形状简单且模具使用寿命要求不高的凸模可选用 T8A、T10A 等材料制造；形状复杂且模具有较高使用寿命要求的凸模应选用 Cr12、Cr12MoV、CrWMn 等材料制造；要求使用寿命长、耐磨性高的凸模，可选用硬质合金或高速钢制造。

2）通用技术要求。不同的凸模技术条件不尽相同，通用的技术条件主要包括：凸模顶面与凸模固定板装配后应一起磨平，刃口锋利且不得倒钝，工作部位表面光滑，表面粗造度 Ra 值一般要求在 1.6 ~ 0.4 μm 范围内，小直径凸模轴端不允许钻中心孔等。

（3）凸模的固定方式

凸模常见的固定方式有台阶固定、铆接固定、螺钉和销钉固定、浇注黏结固定四种，它们的各自特点及应用见表 2—3—3。

表 2—3—3　　凸模常见固定方法的特点及应用

固定方法	图例	特点	应用
台阶固定		依靠其柱面和台阶压紧在凸模固定板中。凸模安装部分设有大于安装尺寸的台阶，以防凸模从固定板中脱落。凸模与固定板多采用 H7/m6 配合，装配稳定性好	应用广泛
铆接固定		凸模装入固定板后，将凸模上端铆出（1.5 ~ 2.5）mm × 45°的斜面，以防凸模脱落。凸模一般做成直通式	多用于断面形状不规则的小凸模的安装

续表

固定方法	图例	特点	应用
螺钉和销钉固定		用螺钉和销钉将凸模直接固定在凸模固定板或模座上，安装与拆卸简便，稳定性好	多用于大中型凸模的安装
浇注黏结固定		采用低熔点合金、环氧树脂、无机黏结剂等将凸模黏结固定在凸模固定板上。可简化模具的加工和装配	冲裁件厚度小于 2 mm 的冲裁模

此外，对于大型冲模中冲小孔的易损凸模，可以考虑采用图 2—3—2 所示的快换式凸模的固定方法，以便于修理与更换。

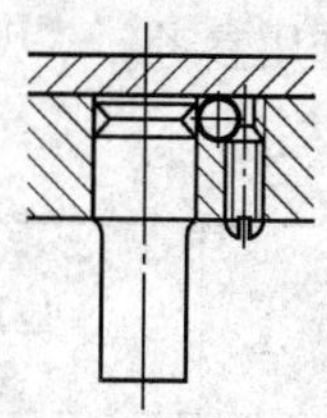
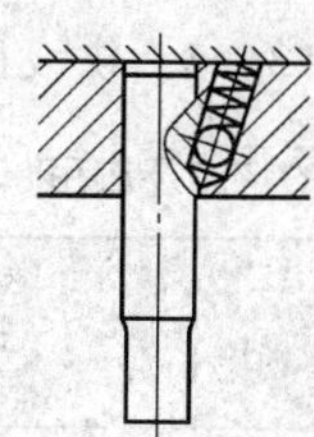
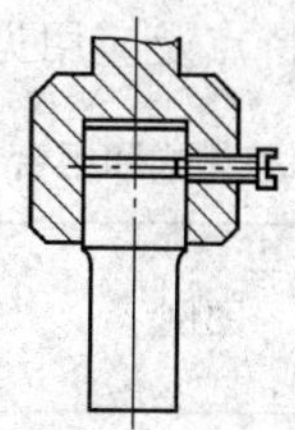
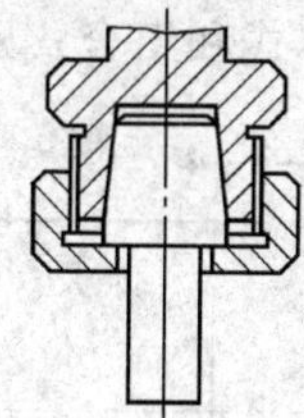

图 2—3—2　快换式凸模的固定方法

（4）凸模长度的计算

如图 2—3—3 所示，当采用固定卸料板和导料板时，凸模长度按下式计算：

$$L = h_1 + h_2 + h_3 + h \quad (2—3—1)$$

当采用弹压卸料板时，凸模长度按下式计算：

$$L = h_1 + h_2 + t + h \quad (2—3—2)$$

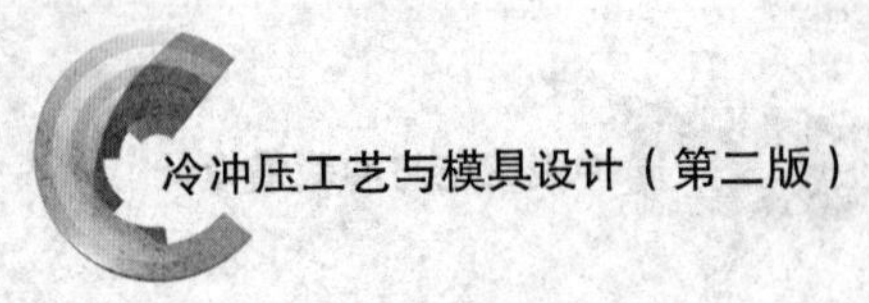

式中 L——凸模长度，mm；

h_1——凸模固定板厚度，mm；

h_2——卸料板厚度，mm；

h_3——导料板厚度，mm；

h——附加长度，mm，包括凸模的修磨量、凸模进入凹模的深度、凸模固定板与卸料板之间的安全距离等，一般 $h = 10 \sim 15$ mm；

t——材料厚度，mm。

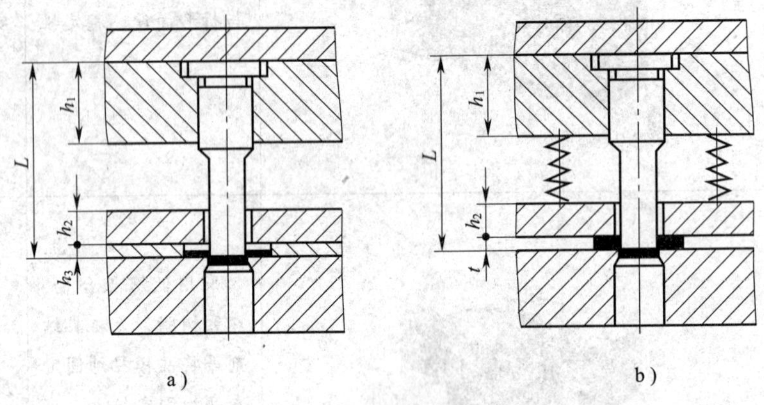

图 2—3—3　凸模长度

a）采用固定卸料板和导料板　b）采用弹压卸料板

2. 凹模

(1) 凹模的结构形式

凹模是用于冲压加工制件外形或外表面的工作零件，凹模的结构形式也较多。按结构不同可分为整体式凹模和组合式（镶拼式）凹模，按外观形状不同可分为标准圆凹模和板状凹模，按刃口形式不同可分为平刃凹模和斜刃凹模。

整体式和组合式凹模的特点及应用见表 2—3—4，供设计时选用参考。

表 2—3—4　　整体式和组合式凹模的特点及应用

结构形式	图例	特点	应用
整体式		模具结构简单，强度高，但制造成本高，刃口局部磨损、损坏后必须整体更换	冲裁中、小型冲压件的模具及尺寸精度要求比较高的模具

续表

结构形式	图例	特点	应用
组合式		其结构由各种镶块拼接而成，比整体式凹模便于加工，热处理变形小，并能节省贵重钢材。个别损坏的镶块可以更换，以免整个凹模报废	冲裁形状复杂并带有凸出部分或尖角的大中型精度要求不高的冲压件模具

另外，从孔口形式看，有图 2—3—4 所示的柱形孔口（直筒式）、锥形孔口凹模之分。其中，图 2—3—4a、b、c 所示为柱形孔口凹模，其特点是制造方便，刃口强度高，刃磨后工作部分尺寸不变，故广泛用于冲裁精度要求较高、形状复杂的精密制件。但因料片的聚集而增大了推件力和凹模的胀裂力，给凸模、凹模的强度都带来了不利影响，一般复合模和上出件的冲裁模采用图 2—3—4a、c 所示的结构，而下出件的冲裁模采用图 2—3—4a、b 所示的结构。图 2—3—4d、e 所示为锥形孔口凹模，该孔口形式的凹模内不聚集料片，侧壁磨损小，但刃口强度低，刃磨后刃口径向尺寸略有增大，故适用于冲裁形状简单、尺寸精度要求不高、板料厚度较薄、生产批量不大的制件。

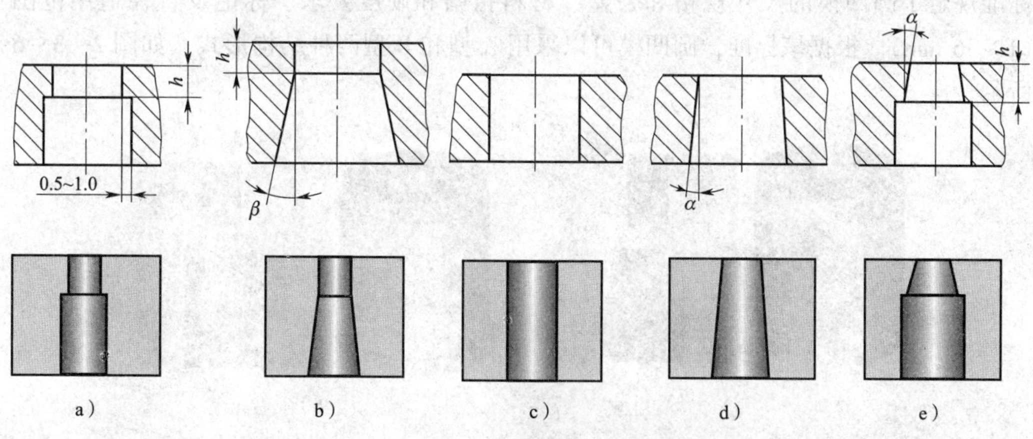

图 2—3—4　凹模孔口形式

a）、b）、c）柱形孔口　d）、e）锥形孔口

冲裁厚度 0.5 mm 以下软而薄的金属或非金属材料制件时，还可以采用图 2—3—5 所示结构形式的低硬度（一般为 40HRC 左右）凹模，其特点是可用锤子敲击刃口外侧斜面，以达到调整凸模、凹模间隙的目的。

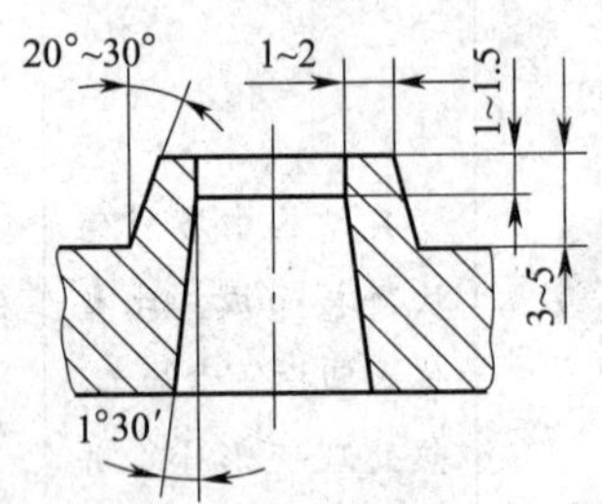

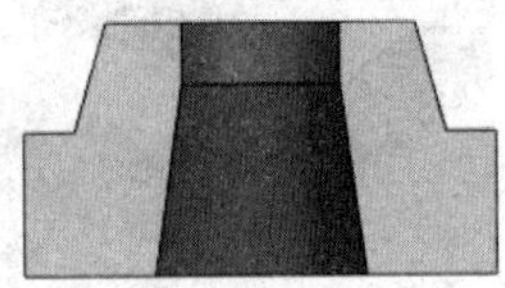

图 2—3—5　低硬度凹模的结构

凹模的有关参数，如凹模锥角 α、后角 β 和直刃口高度 h，均随制件材料厚度的增加而增大，具体选择时可参照表 2—3—5。

表 2—3—5　　**凹模的有关参数**

制件厚度 t（mm）	凹模直刃口高度 h（mm）	凹模锥角 α	后角 β
≤0.5	≥5 ~ 7	15′	1°30′
>0.5 ~ 1.5	≥6 ~ 9	15′	2°
>1.5 ~ 3	≥8 ~ 12	20′	2°
>3 ~ 6	≥10 ~ 16	20′	3°
>6	>12	30′	3°

对于圆凹模，我国制定了机械行业标准《冲模 圆凹模》（JB/T 5830—2008），该标准规定了圆凹模的尺寸规格和公差、材料指南和硬度要求、标记及直径适用范围（1 ~ 36 mm）。根据该标准，圆凹模可以采用 A 型和 B 型两种结构形式，如图 2—3—6 所示。

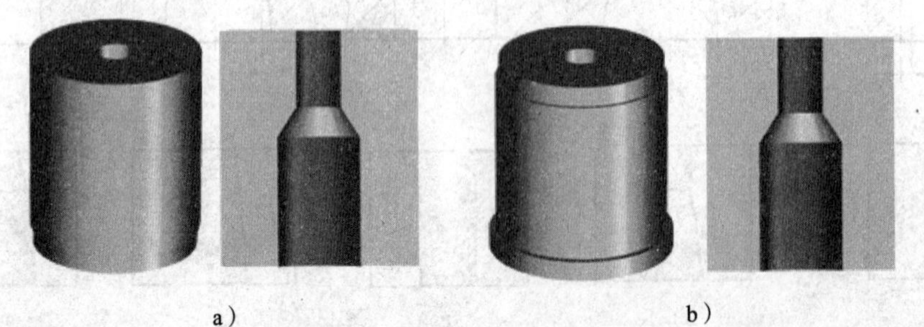

a)　　　　b)

图 2—3—6　圆凹模结构形式

a) A 型　b) B 型

（2）凹模的主要技术要求

1）凹模材料。凹模与凸模选择同种材料制造，但热处理后的硬度应略高于凸模，通常为60 ~ 64HRC。这是因为凹模比凸模制造困难，在两模刃口相撞时应保护凹模。

2）通用技术要求。凹模一般用 M8 ~ M12 的螺钉和 ϕ6 ~ 10 mm 的销钉与模座连接及定位。凹模孔轴线应与凹模端面保持垂直，上、下平面应保持平行。型孔的表面粗糙度 Ra 值为 0.8 ~ 0.4 μm。

（3）凹模的固定方式

凹模多采用机械法固定，常见方式有台阶固定、过盈配合固定、螺钉和销钉固定，其特点见表 2—3—6。

表 2—3—6　　凹模常见固定方法的特点

固定方法	图例	特点
台阶固定		依靠其柱面和台阶压紧在凹模固定板中。凹模安装部分设有大于安装尺寸的台阶，以防凹模从固定板中脱落。凹模与固定板多采用 H7/m6 配合，装配稳定性好，应用广泛
过盈配合固定		将凹模压入凹模固定板或模座内固定
螺钉和销钉固定		用螺钉和销钉将凹模直接固定在模座上，安装与拆卸简便，稳定性好，适用于大、中型凹模的安装

（4）凹模外形尺寸的确定

凹模外形尺寸包括凹模厚度尺寸和凹模周界尺寸。冲裁时，凹模要承受冲裁力和侧向力的作用，由于凹模结构形式不一，受力状态比较复杂，生产中通常不采用理论计算法确定凹模尺寸，而采用经验公式概略地计算凹模尺寸。

凹模外形尺寸是选择标准模架的依据。现以整体式凹模为例加以说明，如图2—3—7所示，计算公式如下：

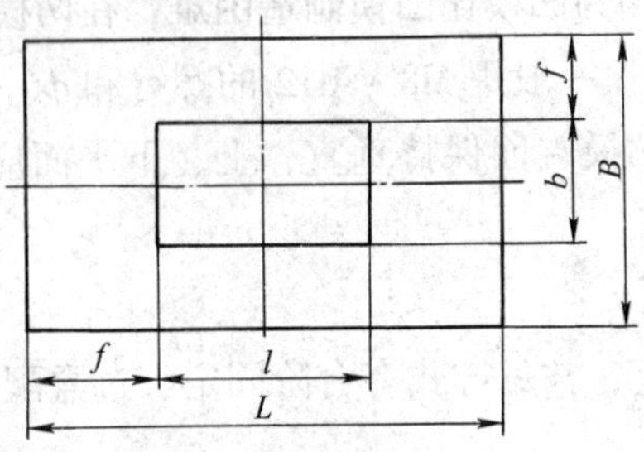

图2—3—7　整体式凹模

$$L = l + 2f;\ B = b + 2f;\ H = kb\ (\geqslant 15\ \text{mm}) \qquad (2—3—3)$$

式中　L——凹模长度，mm；

l——沿凹模长度方向刃口型孔的最大距离，mm；

f——凹模壁厚，mm；

B——凹模宽度，mm；

b——沿凹模宽度方向刃口型孔的最大距离，mm；

H——凹模厚度，mm；

k——凹模厚度修正系数，见表2—3—7。

表2—3—7　凹模厚度修正系数 k

料厚 t（mm） 孔口尺寸 b（mm）	0.5	1.0	2.0	3.0	>3.0
≤50	0.30	0.35	0.42	0.50	0.60
>50～100	0.20	0.22	0.28	0.35	0.42
>100～200	0.15	0.18	0.20	0.24	0.30
>200	0.10	0.12	0.15	0.18	0.22

3. 凸凹模

凸凹模是同时具有凸模和凹模作用的工作零件，在冲裁复合模中，凸凹模既是落料凸模，又是冲孔凹模。凸凹模的内、外缘均为刃口，内、外缘之间的壁厚取决于冲裁件的尺寸。

从强度方面考虑，其壁厚应受最小值限制。凸凹模的最小壁厚与模具结构有关：当模具为正装结构时，内孔不积存冲裁废料，胀力小，最小壁厚可以小些；当模具为倒装结构时，若内孔为柱形孔口形式，且采用下出料方式，则内孔积存废料，胀力大，故最小壁厚应大些。

凸凹模的最小壁厚值一般按经验数据确定，倒装复合模的凸凹模最小壁厚见表2—3—8。正装复合模的凸凹模最小壁厚值可适当小些。

表2—3—8　倒装复合模的凸凹模最小壁厚　mm

制件料厚	0.4	0.6	0.8	1.0	1.2	1.4	1.6	1.8	2.0	2.2	2.5
最小壁厚	1.4	1.8	2.3	2.7	3.2	3.6	4.0	4.4	4.9	5.2	5.8
制件料厚	2.8	3.0	3.2	3.5	3.8	4.0	4.2	4.4	4.6	4.8	5.0
最小壁厚	6.4	6.7	7.1	7.6	8.1	8.5	8.8	9.1	9.4	9.7	10.0

4. 凸模和凹模刃口尺寸的计算

冲裁制件的尺寸精度主要取决于模具刃口的尺寸精度，模具的合理间隙值也要靠模具刃口尺寸及制造精度来体现。因此，正确确定模具工作部分刃口尺寸和公差对保证冲裁制件的尺寸精度与模具使用寿命至关重要，是冲裁模模具设计的一项重要工作。

（1）生产实践中发现的规律

1）冲裁件断面都带有锥度。由冲裁件断面特征可知：光亮带是测量和使用部位，落料件的光亮带处于大端尺寸，冲孔件的光亮带处于小端尺寸；且落料件的大端（光面）尺寸等于凹模尺寸，冲孔件的小端（光面）尺寸等于凸模尺寸。

2）凸模轮廓越磨越小，凹模轮廓越磨越大，结果使间隙越用越大。

（2）凸模和凹模刃口尺寸计算的原则

根据生产实践中发现的上述两个规律，在确定凸模和凹模刃口尺寸时应区分落料与冲孔，并遵循以下原则：

1）落料时，由于落料件的外径尺寸等于凹模的内径尺寸，所以，在设计落料模时应先确定凹模刃口尺寸，以凹模为基准，间隙取在凸模上，即冲裁间隙通过减小凸模刃口尺寸来取得；冲孔时，冲孔件的内径尺寸等于凸模的外径尺寸，所以，在设计冲孔模时应先确定凸模刃口尺寸，以凸模为基准，间隙取在凹模上，冲裁间隙通过增大凹模刃口尺寸来取得。

2）根据凸模和凹模刃口在使用过程中的磨损规律，设计落料模时，凹模基本尺寸应取接近或等于工件的最小极限尺寸；设计冲孔模时，凸模基本尺寸则取接近或等于工件孔的最大极限尺寸。这样，凸模和凹模在磨损到一定程度时仍能保证冲出合格的零件。

3）凸模和凹模之间应保证合理的间隙值。由于间隙在模具磨损后会增大，所以在设计凸模和凹模时均取最小合理间隙（$c_{\min}$）。

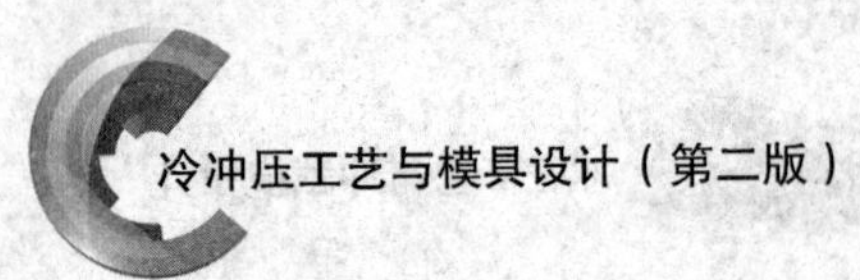

4）在选择模具刃口制造公差时，要考虑工件精度与模具精度的关系，既要保证工件的精度要求，又要保证有合理的间隙值。一般冲模的精度比工件的精度高 2 ~ 3 级。

①对于形状简单的圆形、方形刃口，其制造偏差值可按 IT7 ~ IT6 级（或查表 2—3—9）选取。

②对于形状复杂的刃口，制造偏差可按工件相应部位公差值的 1/4 选取。

③对于刃口尺寸磨损后无变化的，制造偏差值可取工件相应部位公差值的 1/8 并冠以“±”号。

5）工件尺寸公差与冲模刃口尺寸的制造偏差原则上都应按“入体”原则标注单向公差。但对于磨损后无变化的尺寸，一般标注双向偏差。所谓“入体”原则，是指在标注工件尺寸公差时应向材料的实体方向进行单向标注（凸模刃口越磨越小，往负差标；凹模刃口越磨越大，往正差标）。

(3）凸模和凹模刃口尺寸的计算方法

模具刃口尺寸及公差的计算与加工方法有关，基本上可以分为两类，一种是分开加工，另一种是配合加工。

1）分开加工

①分开加工就是分别规定凸模和凹模的尺寸与公差，分别进行制造。用凸模与凹模的尺寸和制造公差来保证间隙要求。这种加工方法必须把模具的制造公差控制在间隙的变动范围内，使模具制造难度加大，主要用于冲裁件形状简单、间隙较大、精度较低的模具。随着电火花、线切割等设备的应用和加工精度的不断提高，分开加工也越来越多地用于形状复杂、间隙较小、精度较高的复合模和级进模等模具。采用分开加工的凸模和凹模具有互换性，制造周期短，便于成批制造。采用分开加工为了保证初始间隙不超过 c_{max}，必须满足下列条件：

$$\delta_A + \delta_T \leqslant c_{max} - c_{min} \tag{2—3—4}$$

式中 δ_T、δ_A——凸模和凹模的制造公差，mm。凸模公差取下偏差（相当于基准轴的公差带位置），凹模公差取上偏差（相当于基准孔的公差带位置），其值见表 2—3—9。

c_{max}——最大冲裁间隙，mm；

c_{min}——最小冲裁间隙，mm。

表 2—3—9　简单形状冲裁件（圆形、方形件）冲裁时的 δ_T、δ_A 值　mm

基本尺寸	凸模公差 δ_T	凹模公差 δ_A	基本尺寸	凸模公差 δ_T	凹模公差 δ_A
≤18	0. 020	0. 020	>180 ~ 260	0. 030	0. 045
>18 ~ 30	0. 020	0. 025	>260 ~ 360	0. 035	0. 050
>30 ~ 80	0. 020	0. 030	>360 ~ 500	0. 040	0. 060
>80 ~ 120	0. 025	0. 035	>500	0. 050	0. 070
>120 ~ 180	0. 030	0. 040			

②分开加工凸模和凹模刃口尺寸的计算。根据尺寸计算原则，对冲裁件凸模和凹模刃口尺寸确定如下：

a. 落料件。根据计算原则，落料时以凹模为设计基准，首先确定凹模尺寸，使凹模的基本尺寸接近或等于工件轮廓的最小极限尺寸。

$$D_A = (D_{max} - x\Delta)^{+\delta_A}_{0} \quad (2—3—5)$$

$$D_T = (D_A - c_{min})^{0}_{-\delta_T} = (D_{max} - x\Delta - c_{min})^{0}_{-\delta_T} \quad (2—3—6)$$

b. 冲孔件。根据计算原则，冲孔时以凸模为设计基准，首先确定凸模尺寸，使凸模的基本尺寸接近或等于工件孔的最大极限尺寸。

$$d_T = (d_{min} + x\Delta)^{0}_{-\delta_T} \quad (2—3—7)$$

$$d_A = (d_T + c_{min})^{+\delta_A}_{0} = (d_{min} + x\Delta + c_{min})^{+\delta_A}_{0} \quad (2—3—8)$$

c. 孔心距。孔心距属于磨损后基本不变的尺寸，在同一工步中，在工件上冲出孔距为 $L \pm \frac{\Delta}{2}$ 的两个孔时，其凹模型孔中心距 L_d 可按下式计算：

$$L_d = L \pm \frac{1}{8}\Delta \quad (2—3—9)$$

式（2—3—5）至式（2—3—9）中

D_T、D_A——落料凸模、凹模刃口的基本尺寸，mm；

d_T、d_A——冲孔凸模、凹模刃口的基本尺寸，mm；

δ_T、δ_A——凸模、凹模制造公差；可查表 2—3—9 或取 $\delta_T \leqslant 0.4(c_{max} - c_{min})$，$\delta_A \leqslant 0.6(c_{max} - c_{min})$；

D_{max}——落料件的最大极限尺寸，mm；

d_{min}——冲孔件的最小极限尺寸，mm；

Δ——冲裁件公差，mm；

x——磨损系数，其值可查表 2—3—10，也可按冲裁件的公差等级选取。当冲裁件公差在 IT10 级以上时，$x = 1$；当冲裁件公差为 IT13 ~ IT11 级时，$x = 0.75$；当冲裁件公差在 IT14 级以下时，$x = 0.5$。

表 2—3—10　　磨损系数 x

材料厚度 t (mm)	非圆形 x 值			圆形 x 值	
	1	0.75	0.5	0.75	0.5
	制件公差 Δ（mm）				
≤1	<0.16	0.17 ~ 0.35	≥0.36	<0.16	≥0.16
>1 ~ 2	<0.20	0.21 ~ 0.41	≥0.42	<0.20	≥0.20
>2 ~ 4	<0.24	0.25 ~ 0.49	≥0.50	<0.24	≥0.24
>4	<0.30	0.31 ~ 0.59	≥0.60	<0.30	≥0.30

例 2—3—1 如图 2—3—8 所示冲孔、落料零件的材料为 Q235 钢，料厚 $t=1$ mm。试计算冲裁凸模、凹模刃口尺寸及公差。

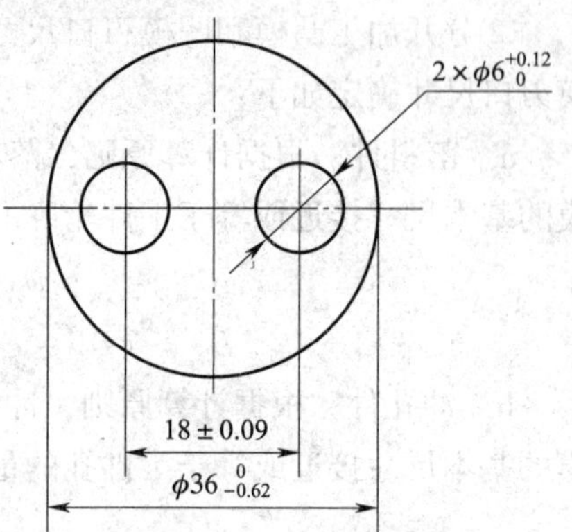

图 2—3—8 冲孔、落料零件

解：由图 2—3—8 可知，该零件属于无特殊要求的一般冲孔、落料件。

外形 $\phi36^{\ 0}_{-0.62}$ mm 由落料获得，两个 $\phi6^{+0.12}_{0}$ mm 孔和 (18 ± 0.09) mm 由冲孔同时获得。

查表 2—1—26 得：$c_{max}=0.07$ mm，$c_{min}=0.03$ mm

则 $c_{max}-c_{min}=0.07-0.03=0.04$ mm

查表 2—3—10 得：

两个 $\phi6^{+0.12}_{0}$ mm 孔：$x=0.75$ $\phi36^{\ 0}_{-0.62}$ mm：$x=0.5$

查表 2—3—9 得：

两个 $\phi6^{+0.12}_{0}$ mm 孔：$\delta_A=0.02$ mm，$\delta_T=0.02$ mm

$\phi36^{\ 0}_{-0.62}$ mm：$\delta_A=0.03$ mm，$\delta_T=0.02$ mm

冲孔：$d_T=(d_{min}+x\Delta)^{\ 0}_{-\delta_T}=(6+0.75\times0.12)^{\ 0}_{-0.02}=6.09^{\ 0}_{-0.02}$ mm

$d_A=(d_T+c_{min})^{+\delta_A}_{0}=(6.09+0.03)^{+0.02}_{0}=6.12^{+0.02}_{0}$ mm

校核：$\delta_A+\delta_T\leqslant c_{max}-c_{min}$

$0.02+0.02=0.07-0.03$（满足间隙公差条件）

所以：$d_T=(d_{min}+x\Delta)^{\ 0}_{-\delta_T}=6.09^{\ 0}_{-0.02}$ mm

$d_A=(d_T+c_{min})^{+\delta_A}_{0}=6.12^{+0.02}_{0}$ mm

落料：$D_A=(D_{max}-x\Delta)^{+\delta_A}_{0}=(36-0.5\times0.62)^{+0.03}_{0}$ mm $=35.69^{+0.03}_{0}$ mm

$D_T=(D_A-c_{min})^{\ 0}_{-\delta_T}=(35.69-0.03)^{\ 0}_{-0.02}$ mm $=35.66^{\ 0}_{-0.02}$ mm

校核：$0.02+0.03=0.05>0.04$（不能满足间隙公差条件）

因此，只有缩小公差，提高制造精度，才能保证间隙在合理范围内，可取：

$$\delta_T\leqslant0.4(c_{max}-c_{min})=0.4\times0.04=0.016\text{ mm}$$

$$\delta_A\leqslant0.6(c_{max}-c_{min})=0.6\times0.04=0.024\text{ mm}$$

这样：$\delta_A+\delta_T=c_{max}-c_{min}$（满足间隙公差条件）

$$D_A=35.69^{+0.024}_{0}\text{ mm}$$

$$D_T=35.66^{\ 0}_{-0.016}\text{ mm}$$

凹模型孔距：

$$L_d=L\pm\frac{1}{8}\Delta=18\pm\frac{1}{8}\times0.18\approx18\pm0.023\text{ mm}$$

2）配合加工。配合加工就是先按设计尺寸制造出一个基准件（凸模或凹模），再根据基准件的实际尺寸按最小合理间隙配作另一件。这种方法的特点是模具的间隙是由配作来保证的，工艺比较简单，不必校核 $\delta_A+\delta_T\leqslant c_{max}-c_{min}$ 的条件，并且还可以放大基准件的制造公差，降低加工难度。因此，对于冲制薄材料或冲制复杂形状制件的冲模，常采用此加工方法。

设计时，基准件的刃口尺寸及公差应详细标注，而配作件只需标注基本尺寸，不需标注公差，但是图样上应注明：“凸（凹）模刃口按凹（凸）模的实际刃口配作，保证最小合理的双面间隙值”。

采用配合加工法，首先根据凸模或凹模刃口轮廓磨损后的变化情况来正确判断凸（凹）模刃口各尺寸在磨损过程中是变大、变小还是不变三种情况，然后根据刃口计算原则分别按相对应的公式进行计算。

①落料件凹模刃口尺寸计算如图2—3—9所示。

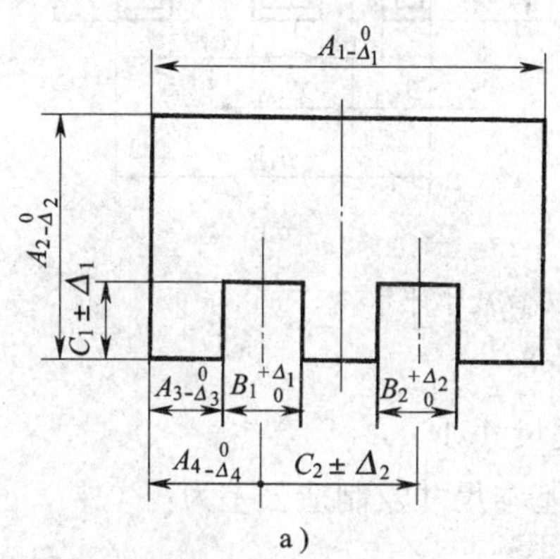

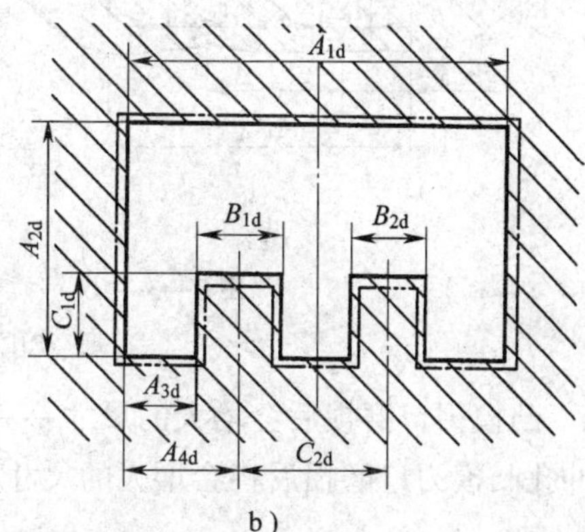

图2—3—9 落料件凹模刃口尺寸计算

a）落料件 b）凹模尺寸

a. 凹模刃口磨损后会增大的尺寸——第一类尺寸 A

落料凹模刃口磨损后将会增大的尺寸，它的基本尺寸及制造公差为：

$$A = (A_{max} - x\Delta)^{+\frac{1}{4}\Delta}_{\ 0} \tag{2—3—10}$$

b. 凹模刃口磨损后会减小的尺寸——第二类尺寸 B

落料凹模刃口磨损后将会减小的尺寸，它的基本尺寸及制造公差为：

$$B = (B_{min} + x\Delta)^{\ 0}_{-\frac{1}{4}\Delta} \tag{2—3—11}$$

c. 凹模刃口磨损后基本不变的尺寸——第三类尺寸 C

凹模刃口磨损后基本不变的尺寸，不必考虑磨损的影响，它的基本尺寸及制造公差为：

当尺寸标注为 $C^{+\Delta}_{\ 0}$ 时： $$C = \left(C_{min} + \frac{1}{2}\Delta\right) \pm \frac{1}{8}\Delta \tag{2—3—12}$$

当尺寸标注为 $C^{\ 0}_{-\Delta}$ 时： $$C = \left(C_{max} - \frac{1}{2}\Delta\right) \pm \frac{1}{8}\Delta \tag{2—3—13}$$

当尺寸标注为 $C \pm \Delta$ 时： $$C = C \pm \frac{1}{8}\Delta \tag{2—3—14}$$

式（2—3—10）至式（2—3—14）中

A、B、C——基准件尺寸，mm；

A_{max}、B_{min}、C_{max}、C_{min}——工件极限尺寸，mm；

Δ——工件公差，mm。

②冲孔件凸模刃口尺寸计算如图 2—3—10 所示。

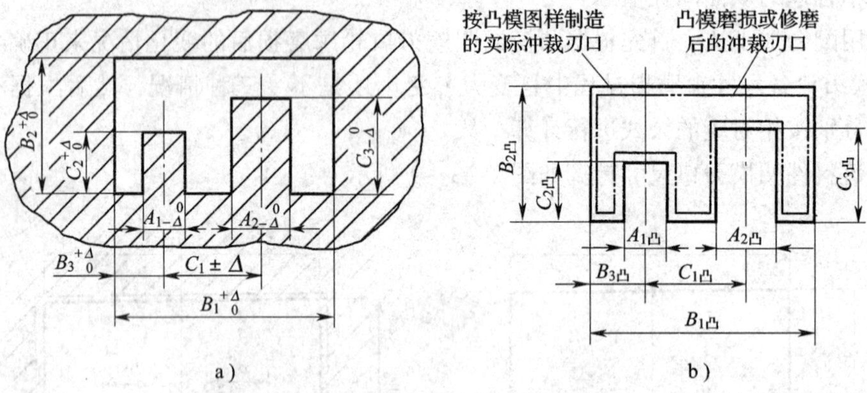

图 2—3—10　冲孔件凸模刃口尺寸计算

a）冲孔件　b）凸模

a．凸模刃口磨损后会增大的尺寸——第一类尺寸 A

冲孔凸模刃口磨损后将会增大的尺寸，它的基本尺寸及制造公差为：

$$A = (A_{max} - x\Delta)_{0}^{+\frac{1}{4}\Delta} \tag{2—3—15}$$

b．凸模刃口磨损后会减小的尺寸——第二类尺寸 B

冲孔凸模刃口磨损后将会减小的尺寸，它的基本尺寸及制造公差为：

$$B = (B_{min} + x\Delta)_{-\frac{1}{4}\Delta}^{0} \tag{2—3—16}$$

c．凸模刃口磨损后基本不变的尺寸——第三类尺寸 C

冲孔凸模刃口磨损后基本不变的尺寸，不必考虑磨损的影响，它的基本尺寸及制造公差为：

当尺寸标注为 $C_{0}^{+\Delta}$ 时：　$C = \left(C_{min} + \frac{1}{2}\Delta\right) \pm \frac{1}{8}\Delta$　(2—3—17)

当尺寸标注为 $C_{-\Delta}^{0}$ 时：　$C = \left(C_{max} - \frac{1}{2}\Delta\right) \pm \frac{1}{8}\Delta$　(2—3—18)

当尺寸标注为 $C \pm \Delta$ 时：　$C = C \pm \frac{1}{8}\Delta$　(2—3—19)

例 2—3—2　冲制如图 2—3—11a 所示的零件，料厚 $t = 2$ mm，材料为 Q235 钢。试计算冲裁件的凸模、凹模刃口尺寸及制造公差。

解：考虑到工件形状比较复杂，故采用配合加工法。根据刃口计算原则，落料件以凹模为基准，凹模磨损后其尺寸变化有三种情况，如图 2—3—11b 所示。

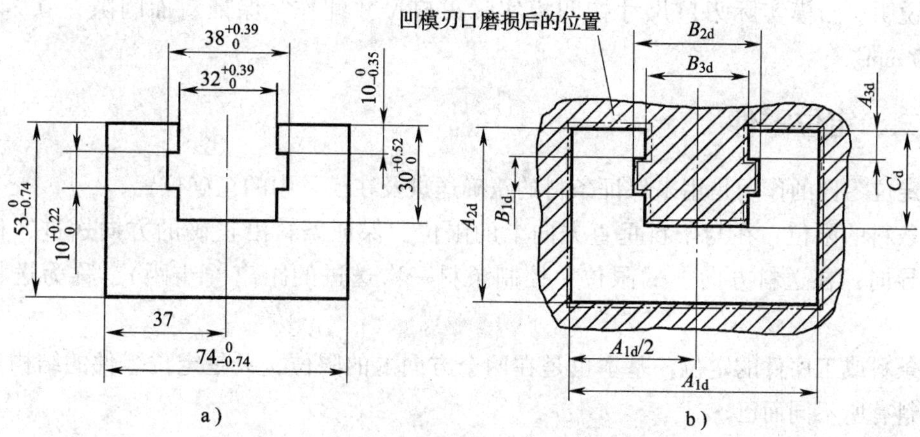

图 2—3—11 零件图和凹模磨损情况

a）零件图 b）凹模刃口轮廓

（1）凹模磨损后变大的尺寸有 A_1、A_2、A_3。

刃口尺寸计算公式：

$$A = (A_{max} - x\Delta)^{+\frac{1}{4}\Delta}_{0}$$

查表 2—3—10 得：

$$x_1、x_2 = 0.5，x_3 = 0.75$$

$$A_1 = (A_{max1} - x_1\Delta)^{+\frac{1}{4}\Delta}_{0} = (74 - 0.5 \times 0.74)^{+\frac{0.74}{4}}_{0} \approx 73.63^{+0.19}_{0}\ \text{mm}$$

$$A_2 = (A_{max2} - x_2\Delta)^{+\frac{1}{4}\Delta}_{0} = (53 - 0.5 \times 0.74)^{+\frac{0.74}{4}}_{0} \approx 52.63^{+0.19}_{0}\ \text{mm}$$

$$A_3 = (A_{max3} - x_3\Delta)^{+\frac{1}{4}\Delta}_{0} = (10 - 0.75 \times 0.35)^{+\frac{0.35}{4}}_{0} \approx 9.74^{+0.09}_{0}\ \text{mm}$$

（2）凹模磨损后变小的尺寸有 B_1、B_2、B_3。

刃口尺寸计算公式：

$$B = (B_{min} + x\Delta)^{0}_{-\frac{1}{4}\Delta}$$

查表 2—3—10 得：

$$x_1、x_2、x_3 = 0.75$$

$$B_1 = (B_{min1} + x_1\Delta)^{0}_{-\frac{1}{4}\Delta} = (10 + 0.75 \times 0.22)^{0}_{-\frac{0.22}{4}} \approx 10.17^{0}_{-0.06}\ \text{mm}$$

$$B_2 = (B_{min2} + x_2\Delta)^{0}_{-\frac{1}{4}\Delta} = (38 + 0.75 \times 0.39)^{0}_{-\frac{0.39}{4}} \approx 38.29^{0}_{-0.10}\ \text{mm}$$

$$B_3 = (B_{min3} + x_3\Delta)^{0}_{-\frac{1}{4}\Delta} = (32 + 0.75 \times 0.39)^{0}_{-\frac{0.39}{4}} \approx 32.29^{0}_{-0.10}\ \text{mm}$$

（3）凹模磨损后不变的尺寸有 C_d。

刃口尺寸计算公式：

$$C = \left(C_{min} + \frac{1}{2}\Delta\right) \pm \frac{1}{8}\Delta = \left(30 + \frac{1}{2} \times 0.52\right) \pm \frac{1}{8} \times 0.52 \approx 30.26 \pm 0.07\ \text{mm}$$

查表 2—1—26 得：$c_{max} = 0.360\ \text{mm}, c_{min} = 0.246\ \text{mm}$

落料凸模刃口的基本尺寸与凹模刃口的基本尺寸相同，不必标公差，但在技术条件中说明，凸模实际刃口尺寸按凹模实际刃口尺寸配作，保证双面间隙在 0.246 ~ 0.360 mm。

二、定位零件

定位零件的作用是用来保证条料的正确送进及在模具中的正确位置。

条料的限位：在与条料垂直方向上的限位，保证条料沿正确的方向送进，称为送进导向；在送料方向上的限位，控制条料一次送进的距离（步距），称为送料定距。

条料或工序件的定位：基本也是在两个方向上的限位，只是定位零件的结构形式与条料有所不同而已。

属于送进导向的定位零件有导料销、导料板、侧压板等。

属于送料定距的定位零件有挡料销、导正销、侧刃等。

属于条料或工序件的定位零件有定位销、定位板等。

1. 导料销、导料板

（1）导料销

两个导料销位于条料的同侧，从右向左送料时，导料销装在右侧；从前向后送料时，导料销装在左侧。导料销的结构形式有固定式、活动式两种，如图 2—3—12 所示。

（2）导料板

导料板设在条料两侧，有两种结构形式：一种是标准结构，它与卸料板（或导板）分开制造；一种是与卸料板制成整体的结构，如图 2—3—13 所示。

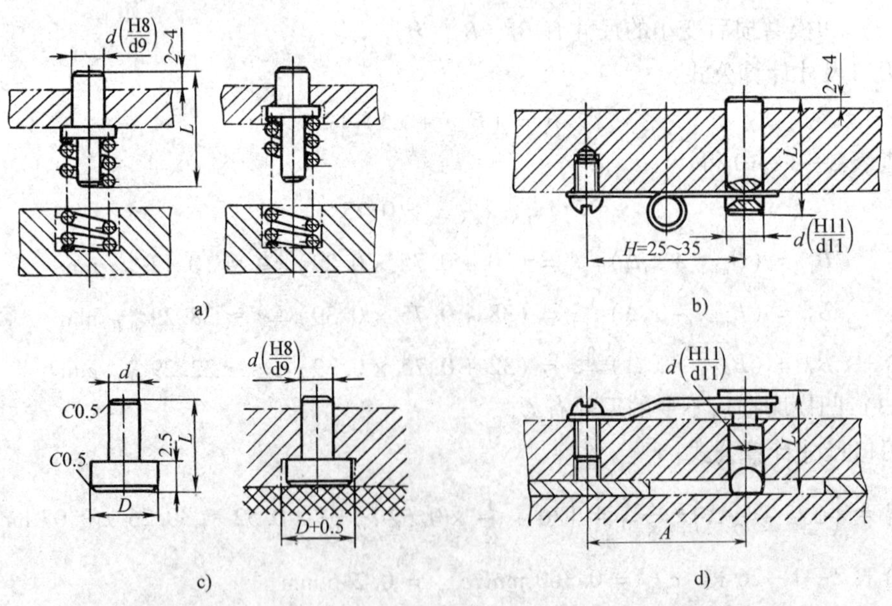

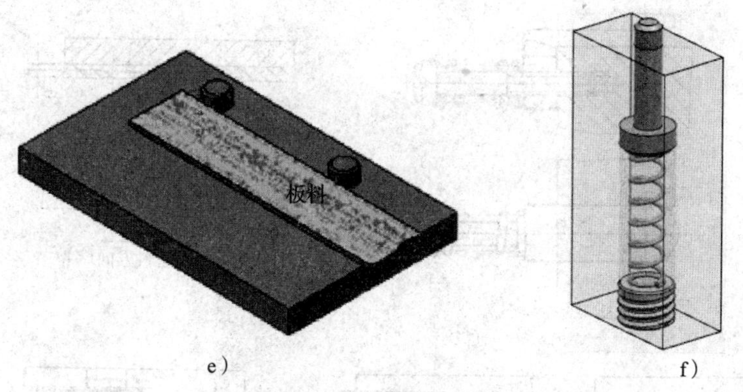

图 2—3—12 导料销

a）弹簧弹顶挡料装置 b）扭簧弹顶挡料装置 c）橡胶弹顶挡料装置

d）回带式挡料装置 e）固定式导料销 f）活动式导料销

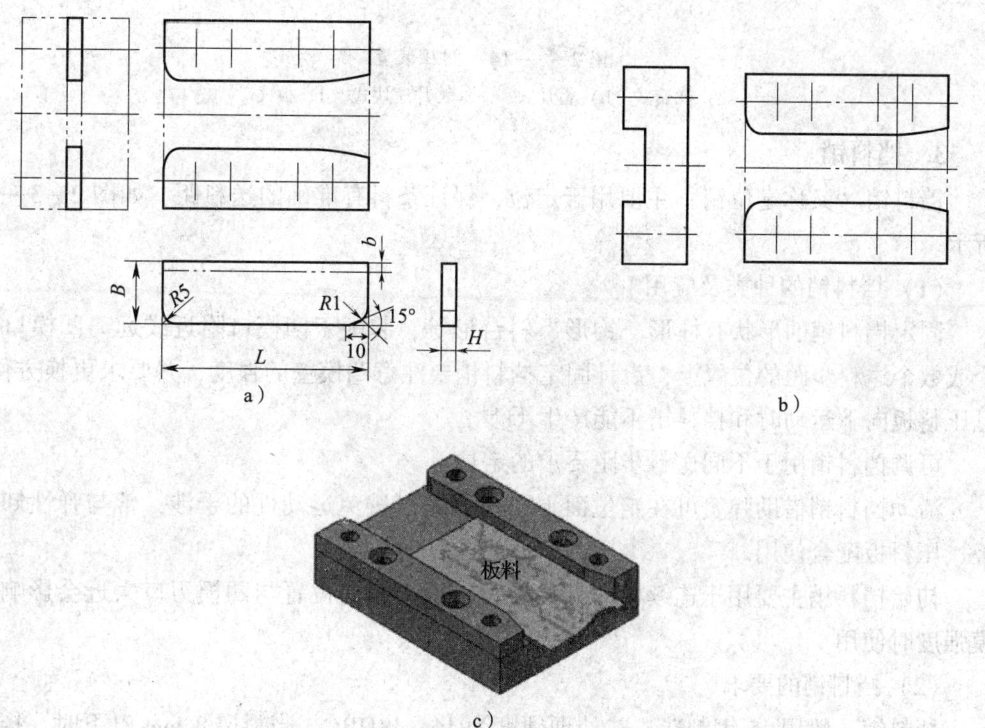

图 2—3—13 导料板

a）标准结构 b）整体结构 c）导料板立体图

2. 侧压装置

侧压装置设置的目的是在条料公差较大时，避免条料在导料板中偏摆，使最小搭边得到保证，如图 2—3—14 所示。

不宜设置侧压装置的场合：板料厚度在 0.3 mm 以下的薄板；辊轴自动送料装置的模具。

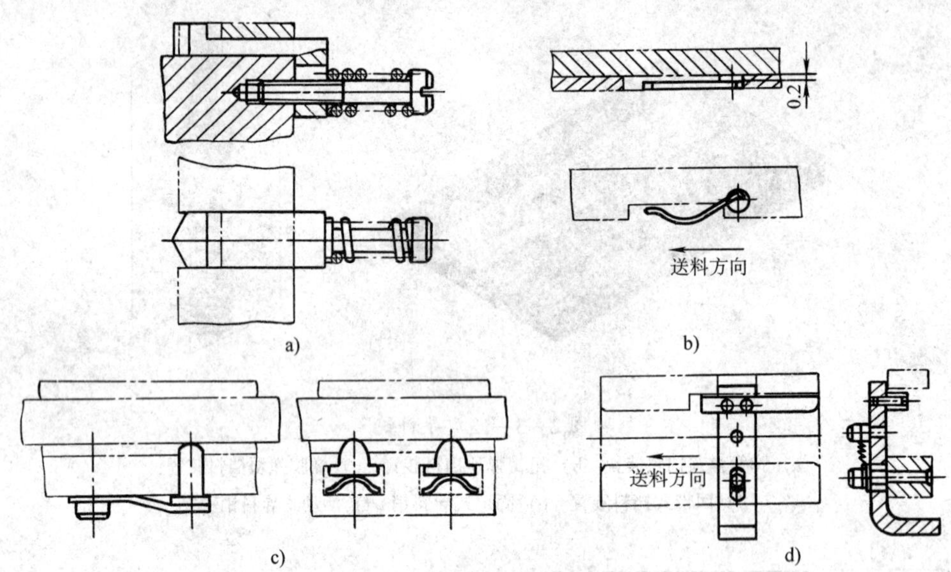

图 2—3—14　侧压装置

a）弹簧式　b）簧片式　c）簧片压块式　d）板式

3. 挡料销

挡料销（又称定位销）主要用于定位，保证条料有准确的送料距，如图 2—3—15 所示。

（1）挡料销的种类及应用

固定挡料销的形状有柱形、钩形、斜台形等，装配于凹模口附近或远离凹模口一个或数个送料步距的位置上，设计固定挡料销要注意凹模壁的强度，并要求更换方便，且压料板向下运动时和挡料销不能产生干涉。

可调挡料销用于不同送料步距要求的定位。

活动挡料销借助弹簧可在定位面上自由伸缩以避免运动件的干涉，常与弹性卸料板、压料板配合使用。

初始挡料销主要用于连续模的初始定位，或当挡料位置与凹模刃口太近会影响凹模强度时使用。

（2）挡料销的要求

挡料销一般用 45 钢制造；热处理硬度为 44 ~ 48HRC。当料厚 3 mm 以下时，挡料销的高度可高于料厚 1 mm 左右；当料厚 5 mm 以上时，挡料销的高度可低于料厚 1 ~ 2 mm。

4. 侧刃

在薄料冲裁用级进模中，为了限定条料送进距离，往往采用侧刃作为定位零件。侧刃实质上是一个裁切边料的凸模，只是用其中两侧刃口切去条料边缘的部分材料，形成一台阶。条料切去部分边料后，宽度变窄才能继续向前送料，送进的距离为切去的长度（送料步距），其工作示意如图 2—3—16 所示。

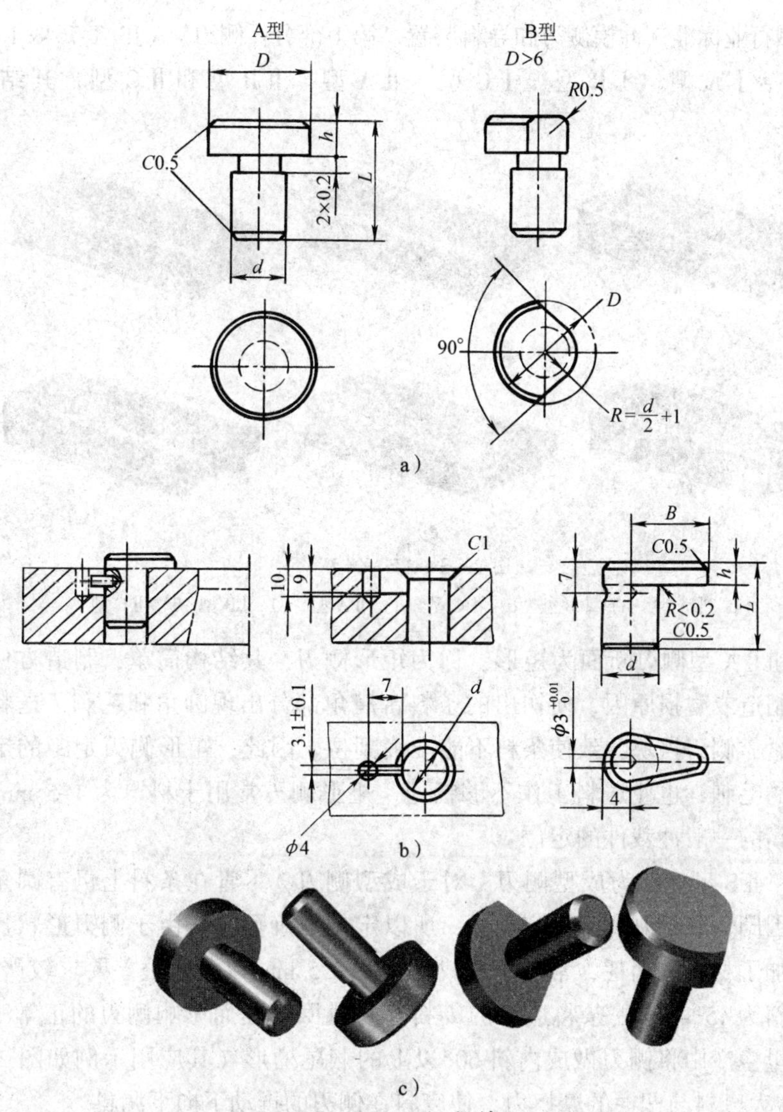

图 2—3—15 挡料销

a）标准结构 b）钩形挡料销 c）立体图

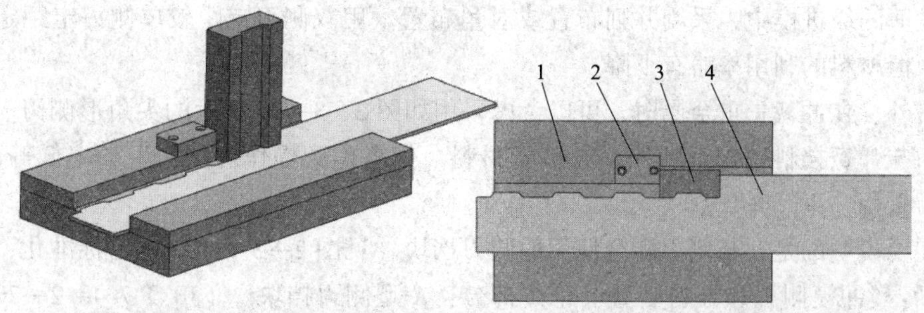

图 2—3—16 侧刃工作示意

1—导料板 2—侧刃挡块 3—侧刃 4—条料

根据机械行业标准《冲模侧刃和导料装置　第1部分：侧刃》（JB/T 7648.1—2008），标准侧刃包括ⅠA型、ⅠB型、ⅠC型、ⅡA型、ⅡB型和ⅡC型，其结构如图2—3—17所示。

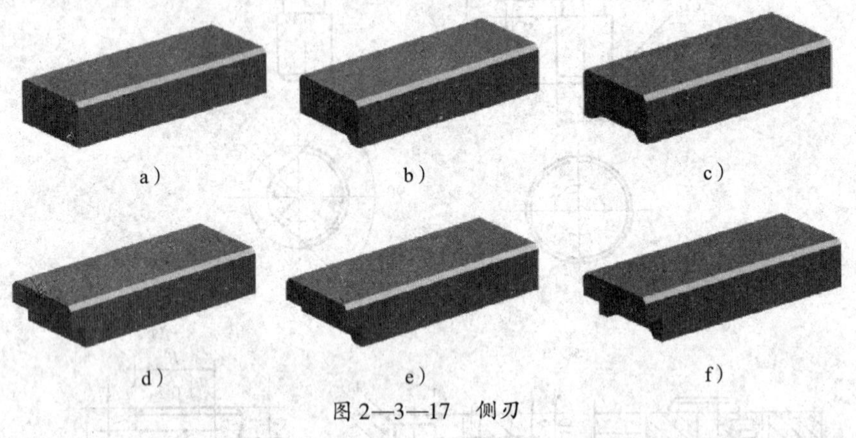

图2—3—17　侧刃

a) ⅠA型　b) ⅠB型　c) ⅠC型　d) ⅡA型　e) ⅡB型　f) ⅡC型

ⅠA型和ⅡA型侧刃断面为矩形，称为矩形侧刃，其结构简单，制造方便，但由于刃角部分制造或磨损原因，使切出的条料台肩角部分出现圆角和毛刺，送料时不能使台肩直边紧靠侧刃挡块，致使条料不能准确到位。因此，矩形侧刃定距的定位误差较大。出现的毛刺，也使送料工作不够畅通。矩形侧刃常用于料厚为1.5 mm以下且精度要求不高的一般冲裁件的定位。

ⅠB型和ⅡB型侧刃为成型侧刃。对于成型侧刃，尽管在条料上仍有圆角或毛刺产生，但是因圆角和毛刺离开了定位面，所以定位准确可靠。由于侧刃形状比前者复杂，而且增加了材料的消耗，常用于冲裁厚度在0.5 mm以下或公差要求较严的制件。成型侧刃外斜为45°，冲去条料边缘的废料容易跳回模面而影响侧刃的正常工作，所以常在大批量生产中将侧刃做成内斜60°以上的燕尾槽形（其应用示例如图2—3—18所示），以增大废料与凹模的摩擦力，使废料在侧刃的推动下向下漏料。

在模具结构中，可根据制件的结构和材料的情况，采用单侧刃或双侧刃。单侧刃一般用于工步数少、材料较硬或厚度较大的级进模中；双侧刃一般用于工步数较多、材料较薄的级进模中，采用并列布置或对角布置。用双侧刃定距较单侧刃定距定位精度高，但材料的利用率略有下降。

另外，在冲裁贵重金属时，可以考虑采用如图2—3—19所示的尖角形侧刃。尖角形侧刃与弹簧挡料销配合使用，可节省材料。但考虑到操作麻烦，生产率低等因素，故不常采用。

需要说明的是，与侧刃配合使用的侧刃挡块（见图2—3—20）也已标准化，其标准包括：《冲模侧刃和导料装置　第2部分：A型侧刃挡块》（JB/T 7648.2—2008）、《冲模侧刃和导料装置　第3部分：B型侧刃挡块》（JB/T 7648.3—2008）、《冲模侧刃和导料装置　第4部分：C型侧刃挡块》（JB/T 7648.4—2008）。

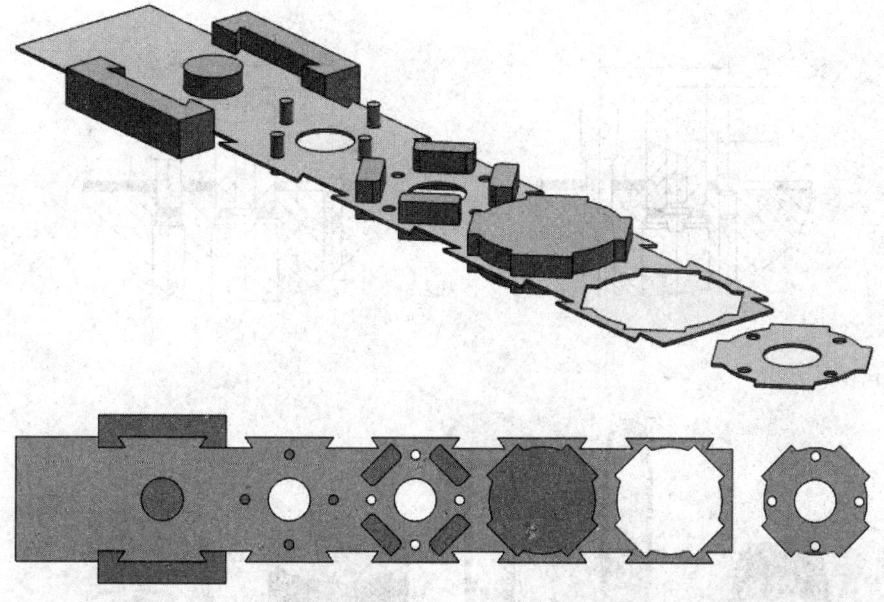

图 2—3—18　燕尾槽形侧刃的应用示例

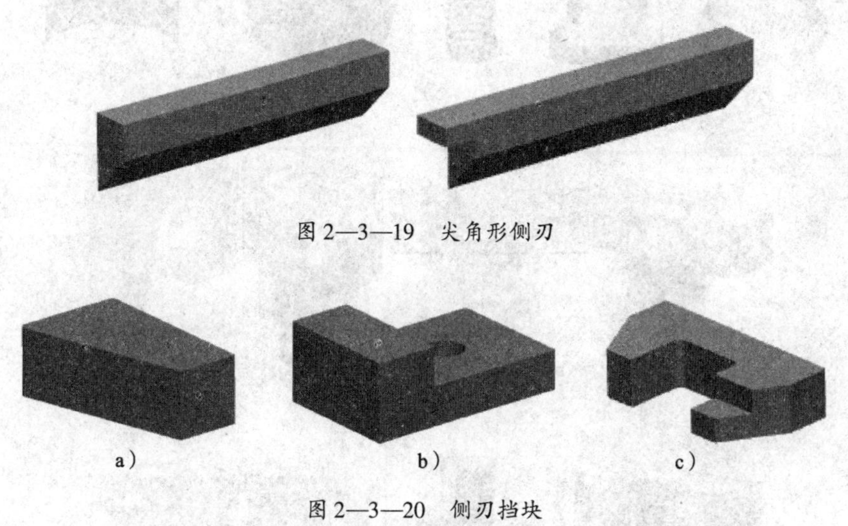

图 2—3—19　尖角形侧刃

a)　b)　c)

图 2—3—20　侧刃挡块

a）A 型　b）B 型　c）C 型

5. 导正销

使用导正销的目的是消除送进导向和送料定距或定位板等粗定位的误差，主要用于级进模。导正销与挡料销或与侧刃配合使用，后者粗定位，前者精定位，如图 2—3—21 所示。

导入部分，由圆锥形的头部导入，圆柱形的部分导正。

基本尺寸，在导正部分直径 D 与导正孔采取 H7/h6 或 H7/h7 配合，导正部分高度取 $h=(0.8\sim1.2)\ t$。

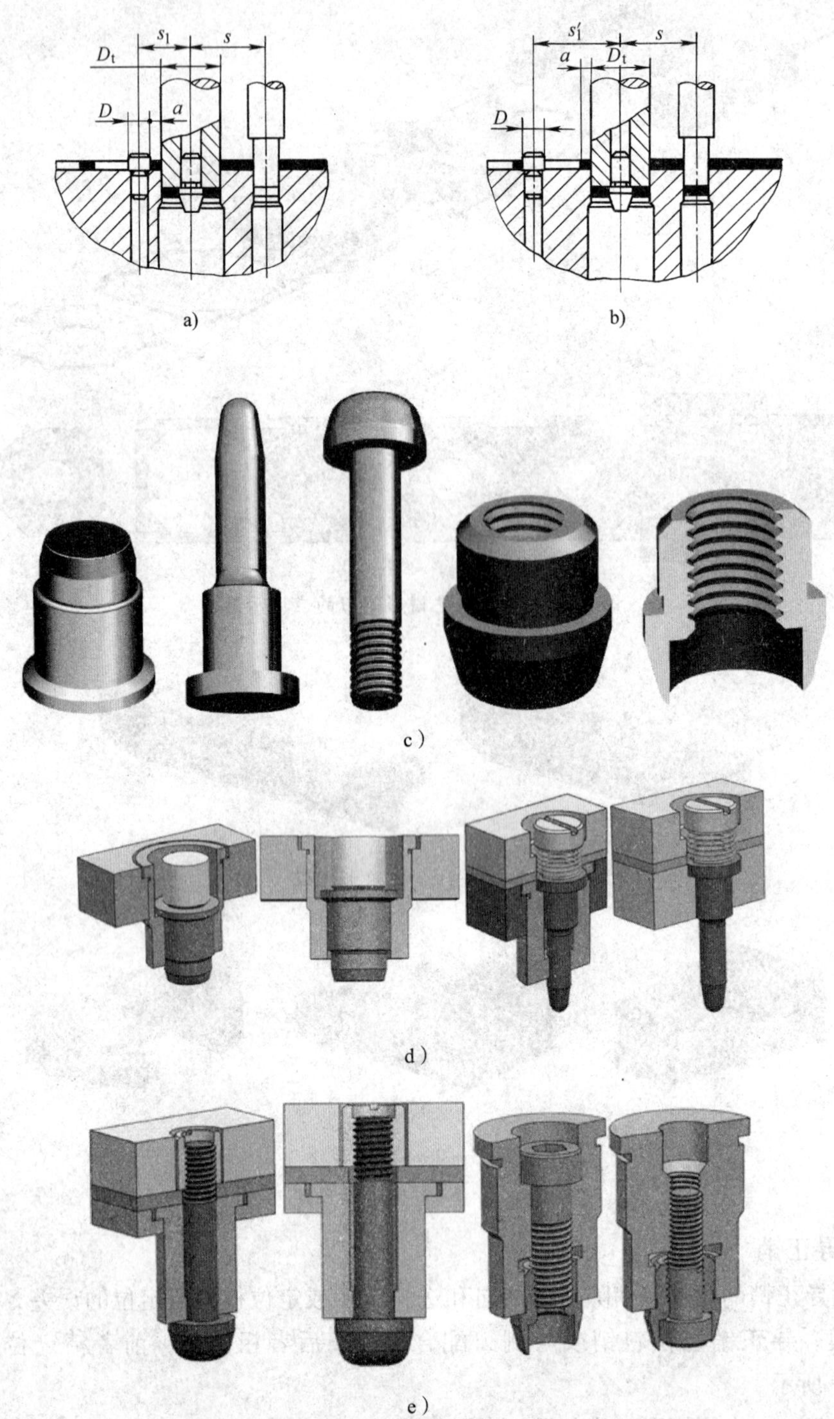

图 2—3—21　导正销及应用

a）定位方式一　b）定位方式二　c）导正销的形状　d）安装方式一　e）安装方式二

6. 定位板和定位销

定位板和定位销用作单个坯料或工序件的定位，如图 2—3—22 所示。

其中图 2—3—22a、b、c、d 是以坯料或工序件的外缘作为定位基准；图 2—3—22e、f、g、h 是以坯料或工序件的内缘作为定位基准。具体选择哪种定位方式，应根据坯料或工序件的形状尺寸大小和冲压工序性质等决定。定位板的厚度或定位销的定位高度应比坯料或工序件厚度大 1 ~2 mm。

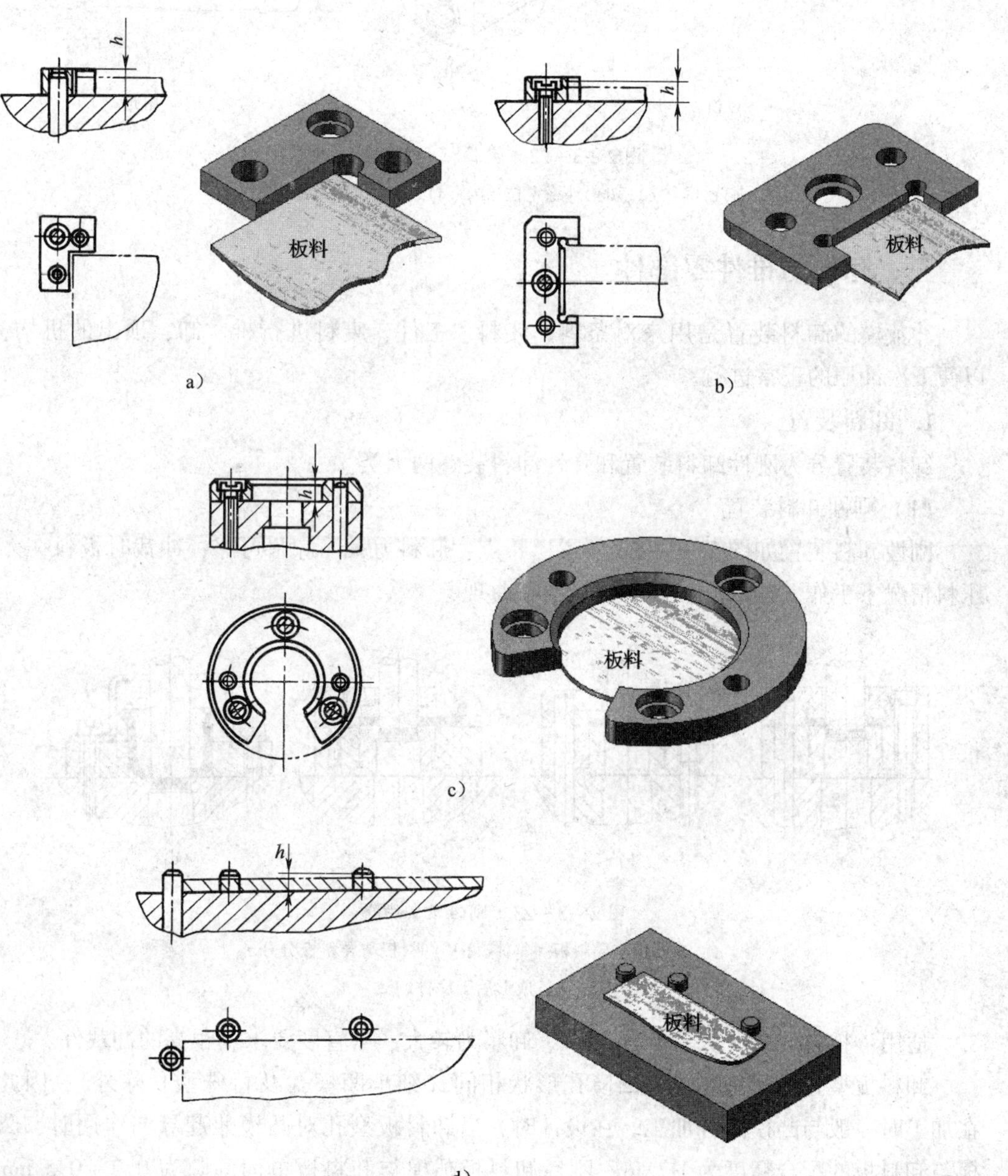

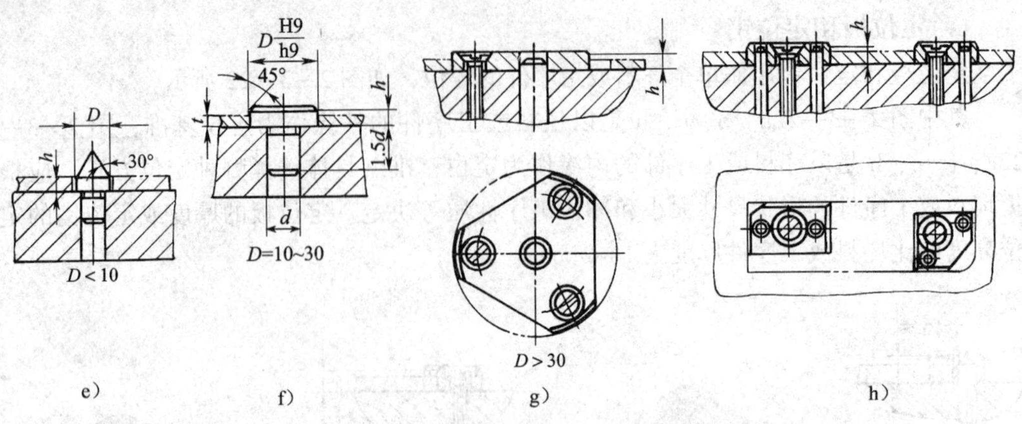

图 2—3—22　定位板和定位销

a）、b）、c）、d）外缘定位　e）、f）、g）、h）内缘定位

三、卸料与推件零部件

冲裁模的卸料装置是用来对条料、坯料、工件、废料进行推、卸、顶出的机构，以便下次冲压的正常进行。

1. 卸料装置

卸料装置分为刚性卸料装置和弹性卸料装置两大类。

（1）刚性卸料装置

刚性卸料装置如图 2—3—23 所示。特点：卸料力大，卸料可靠；冲裁时板料在无压料情况下工作，冲出的工件有明显的翘曲现象。

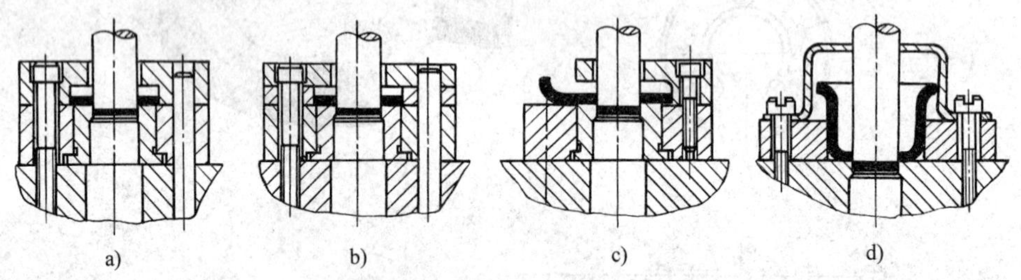

图 2—3—23　刚性卸料装置

a）卸料板与导料板一整体　b）卸料板与导料板分开

c）、d）成形后工序件冲裁

适用：板料较厚（大于 0.5 mm）、卸料力较大、平直度要求不很高的冲裁件。

卸料板型孔形状基本上与凹模孔形状相同（细小凹模孔及特殊型孔除外），因此在加工时一般与凸模配合加工。在设计时，当卸料板型孔对凸模兼起导向作用时，凸模与卸料板的配合精度为 H7/f6；刚性卸料板凸模与卸料板单面间隙为 0.2 ~ 0.5 mm（板料薄时取小值；板料厚时取大值），并保证在卸料力的作用下，不使工件或废料被拉进间隙内。当固定卸料板兼起导板作用时，凸模与导板之间一般按 H7/h6 配合，且应保证导板与凸模之间的间隙小于凸、凹模之间的冲裁间隙，以保证凸、凹模的正确配合。

卸料板一般选用45钢制造，不需要热处理。

固定卸料板的平面外形尺寸一般与凹模板相同，其厚度可取凹模厚度的0.8~1倍。

（2）弹性卸料装置

弹性卸料装置如图2—3—24所示。这种卸料装置靠弹簧或橡胶的弹性压力，推动卸料板动作而将材料卸下。工作时，卸料板先将材料压紧，冲裁完成模具回复时卸料。

特点：兼卸料及压料作用，冲件质量较好，工件平整，平直度较高。

适用：质量要求较高的，较薄、较软工件或薄板冲裁。

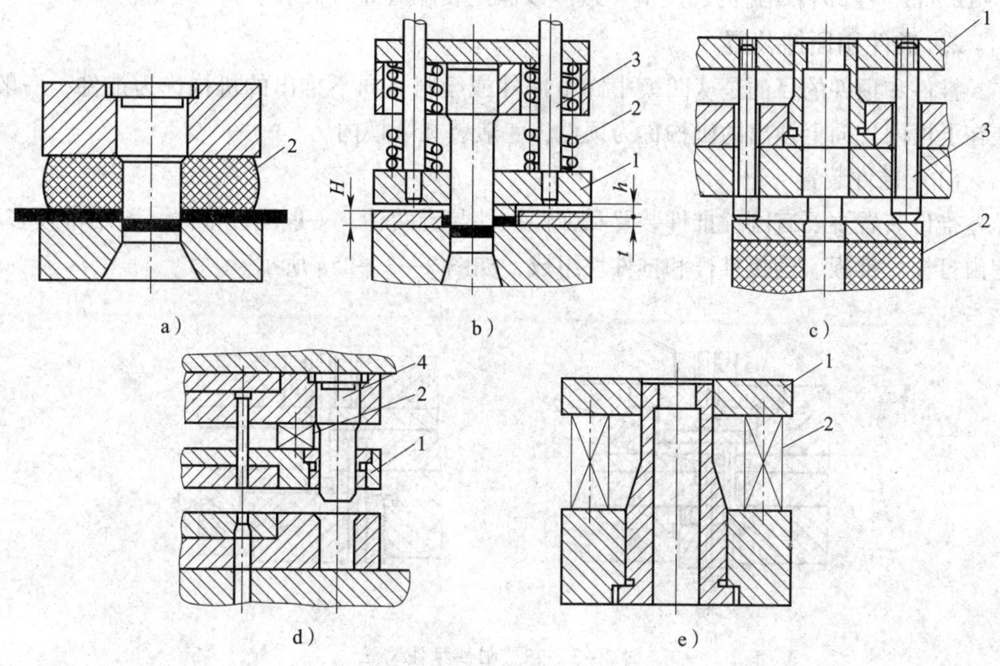

图2—3—24 弹性卸料装置

a）弹性橡胶卸料装置 b）导料板导向的冲模使用的弹性卸料装置

c）、d）倒装式冲模上使用的弹性卸料装置 e）带小导柱的弹性卸料装置

1—卸料板 2—弹性元件 3—卸料螺钉 4—凸模

弹性卸料装置由卸料板、卸料螺钉和弹性元件（弹簧或橡胶）组成。图2—3—24a直接用弹性橡胶卸料，用于简单冲裁模；图2—3—24b是用导料板导向的冲模使用的弹性卸料装置，卸料板凸台部分的高度 h 应比导料板厚度 H 小（0.1~0.3）t（t 为坯料厚度），即 $h=H-(0.1\sim0.3)\ t$；图2—3—24c和图2—3—24d是倒装式冲模上用的弹性卸料装置，其中图2—3—24c是利用安装在下模下方的弹顶器作弹性元件，卸料力大小容易调节；图2—3—24e所示为带小导柱的弹性卸料装置，卸料

板由小导柱导向，可防止卸料板产生水平摆动，从而保护小凸模不被折断，多用于小孔冲裁模。

弹性卸料板的平面外形尺寸等于或稍大于凹模板尺寸，厚度取凹模厚度的0.6～0.8倍，卸料板与凸模的双边间隙根据冲件料厚确定，一般取0.1～0.3 mm（料厚时取大值，料薄时取小值）。在级进模中，特别小的冲孔凸模与卸料板的双边间隙可取0.3～0.5 mm。当卸料板对凸模起导向作用时，卸料板与凸模间按H7/h6配合，但其间隙应比凸、凹模间隙小，此时凸模与固定板按H7/h6或H8/h7配合。此外，为便于可靠卸料，在模具开启状态时，卸料板工作平面应高出凸模刃口端面0.3～0.5 mm。

卸料螺钉一般采用标准的阶梯形螺钉，其数量按卸料板形状与大小确定，卸料板为圆形时常用3～4个，为矩形时一般用4～6个。卸料螺钉的直径根据模具大小可选8～12 mm，各卸料螺钉的长度应一致，以保证装配后卸料板水平和均匀卸料。

2. 推件和顶件装置

推件和顶件的目的是从凹模中卸下冲件或废料。向下推出的机构称为推件，一般装在上模内；向上顶出的机构称为顶件，一般装在下模内。

（1）推件装置

推件装置主要有刚性推件装置和弹性推件装置两种。一般刚性推件装置用得较多，它由打杆、推板、连接推杆和推件块组成，如图2—3—25a所示。

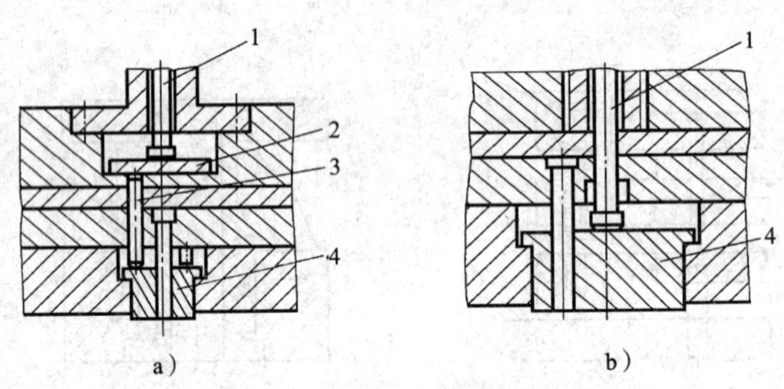

图2—3—25 刚性推件装置

a）有推板 b）无推板和连接推杆

1—打杆 2—推板 3—连接推杆 4—推件块

有的刚性推件装置不需要推板和连接推杆组成中间传递结构，而由打杆直接推动推件块，甚至直接由打杆推件，如图2—3—25b所示。其工作原理是在冲压结束后上模回程时，利用压力机滑块上的打料杆，撞击上模内的打杆与推件板（块），将凹模内的工件推出，其推件力大，工作可靠。连接推杆需要2 ～4根且分布均匀、长短一致。推板要有足够的刚度，其平面形状尺寸只要能够覆盖到连接推杆，不必设计得太大，以使安装推板的孔不至于太大。图2—3—26所示为标准推板的结构，设计时可根据实际需要选用。

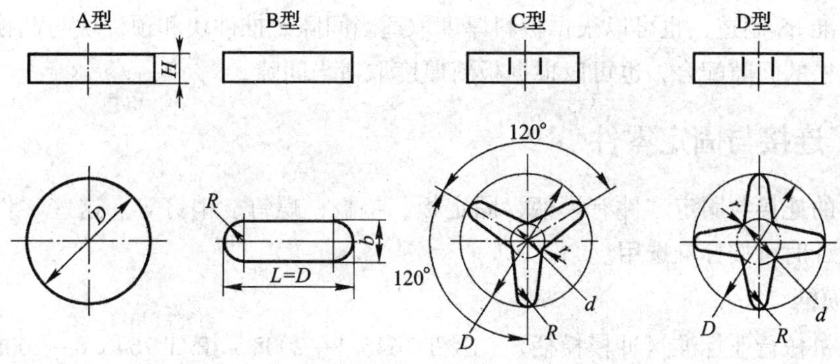

图 2—3—26 标准推板

弹性推件装置其弹力来源于弹性元件，它同时兼起压料和卸料作用，如图 2—3—27 所示。尽管出件力不大，但出件平稳无撞击，冲件质量较高，多用于冲压大型薄板以及工件精度要求较高的模具。

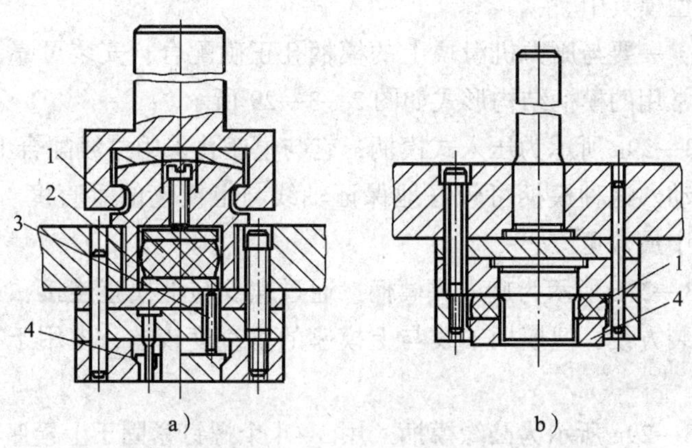

图 2—3—27 弹性推件装置

a）弹性元件在推板之上 b）弹性元件在推件块之上

1—橡胶 2—推板 3—连杆推杆 4—推件块

（2）顶件装置

顶件装置一般是弹性的。其基本组成有顶杆、顶件块和装在下模底下的弹顶器，弹顶器可以做成通用的，其弹性元件是弹簧或橡胶，如图 2—3—28 所示。这种结构的顶件力容易调节，工作可靠，冲件平直度较高。

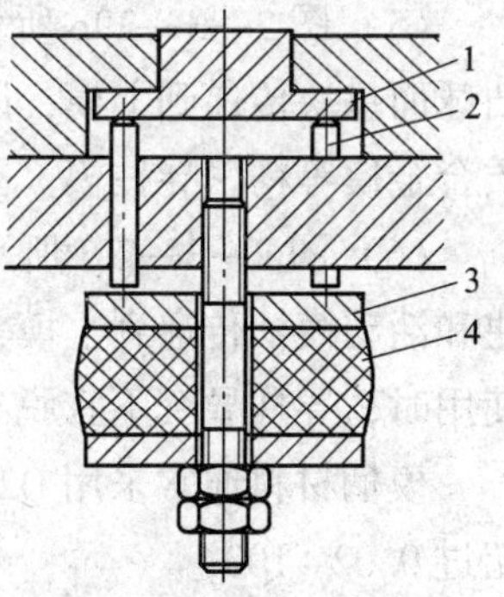

图 2—3—28 弹性顶件装置

1—顶件块 2—顶杆

3—托板 4—橡胶

推件块或顶件块在冲裁过程中在凹模中运动，对它有如下要求：模具处于闭合状态时，其背后有一定空间，以满足修磨和调整的需要；模具处于开启状态时，必须顺利复位，工作面高出凹模平面，以便继续冲裁；它与凹模和凸模的配合应保证顺利滑动，不发生干涉。为此，推件块和顶件块与凹模为间隙配合，其外形尺寸一般按公差与配

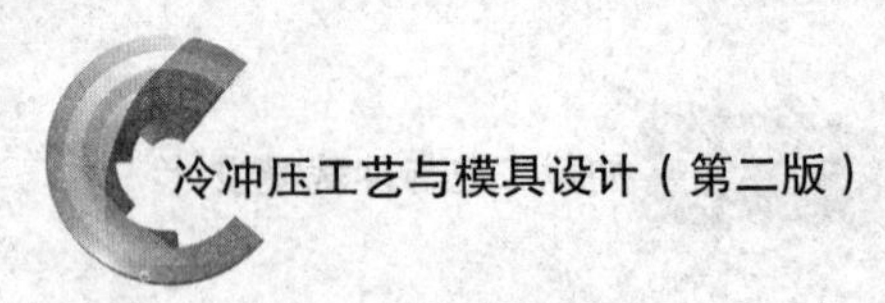

合国家标准 h8 制造，也可以根据板料厚度取适当间隙。推件块和顶件块与凸模的配合一般成较松的间隙配合，也可以根据板料厚度取适当间隙。

四、连接与固定零件

模具的连接与固定零件有模柄、固定板、垫板、螺钉、销钉等。这些零件大多有标准，设计时可按标准选用。

1. 模柄

我国机械行业标准《冲模模柄》（JB/T 7646.1—2008 ~ JB/T 7646.6—2008）推荐的冲模模柄有六种之多，分别是压入式模柄、旋入式模柄、凸缘模柄、槽形模柄、浮动模柄和推入式活动模柄，如图 2—3—29 所示。选用模柄时要考虑模具的结构特点和使用要求，模柄工作段直径应与所选用的压力机滑块孔的直径一致。

模柄的作用是将上模固定在压力机滑块上，是上模与压力机滑块的连接零件。一般应用于中、小型模具中。

基本要求是：一要与压力机滑块上的模柄孔正确配合，安装可靠；二要与上模正确而可靠连接。常用的模柄结构形式如图 2—3—29 所示。

（1）图 2—3—29a 所示为压入式模柄，它与模座孔采用过渡配合 H7/m6、H7/h6，并加销钉以防转动。这种模柄可较好地保证轴线与上模座的垂直度。适用于各种中、小型冲模，生产中最常见。

（2）图 2—3—29b 所示为旋入式模柄，通过螺纹与上模座连接，并加螺钉防止松动。这种模具拆装方便，但模柄轴线与上模座的垂直度较差，多用于有导柱的中、小型冲模。

（3）图 2—3—29c 所示为凸缘模柄，用 3 ~ 4 个螺钉紧固于上模座模柄的凸缘与上模座的窝孔内，采用 H7/js6 过渡配合。多用于较大型的模具。

（4）图 2—3—29d 所示为槽形模柄，均用于直接固定凸模，也可称为带模座的模柄，主要用于简单模中，更换凸模方便。

（5）图 2—3—29e 所示为浮动模柄，主要特点是压力机的压力通过凹球面模柄和凸球面垫块传递到上模，以消除压力机导向误差对模具导向精度的影响。主要用于硬质合金模等精密导柱模。

（6）图 2—3—29f 所示为推入式活动模柄，压力机压力通过模柄接头、凹球面垫块和活动模柄传递到上模，它也是一种浮动模柄。因模柄单面开通（呈 U 形），所以使用时，导柱导套不宜脱离。它主要用于精密模具。

模柄材料通常采用 Q235 或 Q275 钢，其支撑面应垂直于模柄的轴线（垂直度不应超过 0.02 : 100）。

在设计模柄时，其长度不得大于冲床滑块内模柄孔的深度，模柄直径应与压力机滑块上的模柄孔径一致。

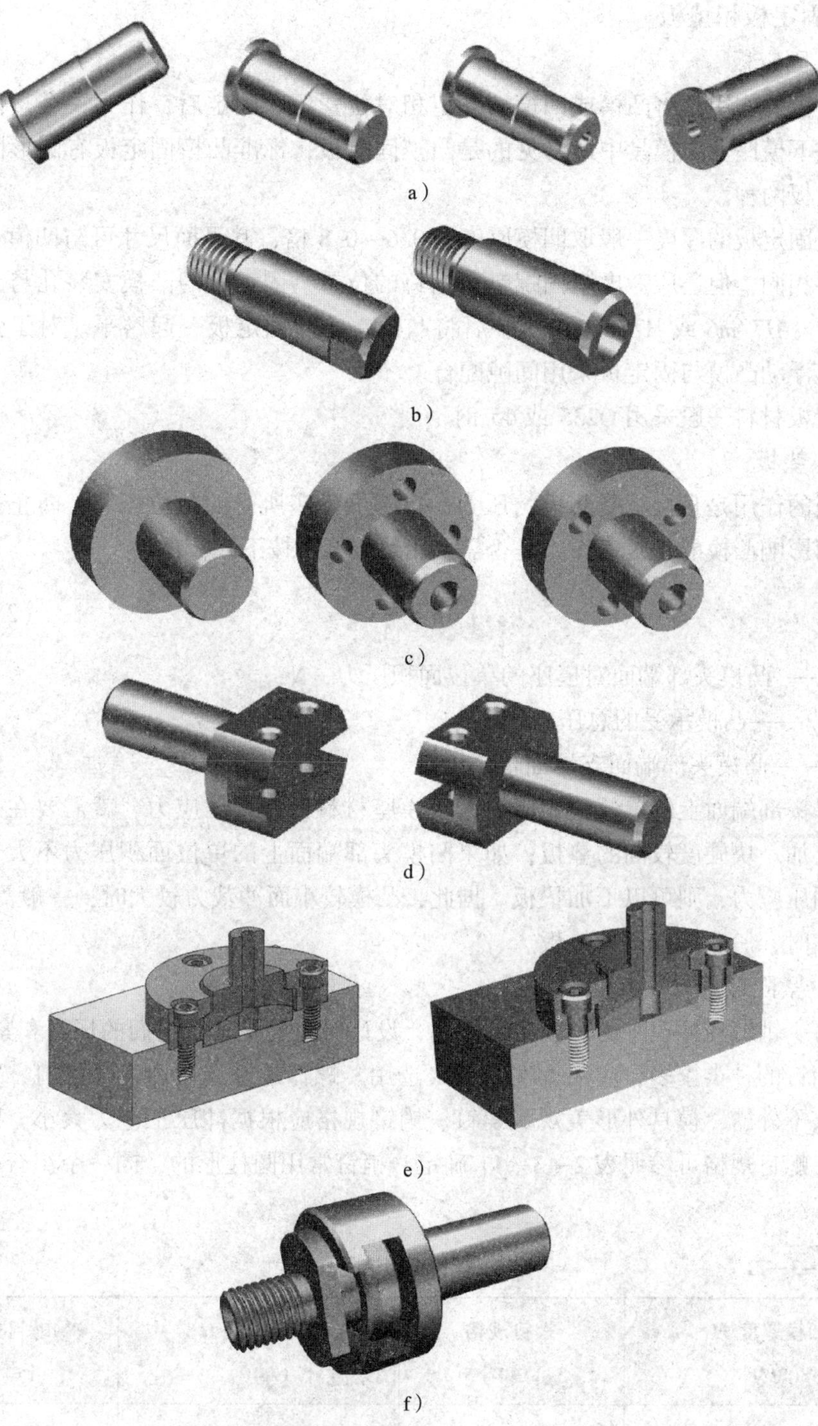

图 2—3—29 冷冲模模柄

a）压入式模柄 b）旋入式模柄 c）凸缘模柄 d）槽形模柄

e）浮动模柄 f）推入式活动模柄

2. 固定板和垫板

（1）固定板

固定板的作用是将凸模或凹模按一定相对位置压入固定后，作为一个整体安装在上模座或下模座上。模具中最常见的是凸模固定板，标准凸模固定板有圆形固定板和矩形固定板两种。

凸模固定板的厚度一般取凹模厚度的0.6~0.8倍，其平面尺寸可与凹模、卸料板外形尺寸相同，但还应考虑紧固螺钉及销钉的位置。固定板的凸模安装孔与凸模采用过渡配合（H7/m6或H7/n6），压装后将凸模端面与固定板一起磨平。对于弹压导板等模具，浮动凸模与固定板采用间隙配合。

固定板材料一般采用Q235或45钢。

（2）垫板

垫板的作用是直接承受凸模的压力，以降低模座所受的单位压力，防止模座被局部压陷而影响凸模的正常工作。是否需要用垫板，可按下式校核：

$$p=\frac{F'_Z}{A} \qquad (2—3—20)$$

式中 p——凸模头部端面对模座的单位面积压力，N；

F'_Z——凸模承受的总压力，N；

A——凸模头部端面支承面积。

如果头部端面上的单位面积压力大于模座材料的许用压应力，就需要在凸模头部支承面上加一块硬度较高的垫板；如果凸模头部端面上的单位面积压力不大于模座材料的许用压应力，则可以不加垫板。据此，凸模较小而冲裁力较大时，一般需加垫板；凸模较大时，一般可以不加垫板。

（3）紧固螺钉

螺钉、销钉在冲模中起紧固定位作用，设计时主要是确定它们的规格和紧定位置。螺钉、销钉的种类繁多，应根据实际需要选用。螺钉最好选用内六角螺钉，它紧固牢靠，钉头不外露，模具外形美观。螺钉、销钉规格应根据冲压工艺力大小、凹模厚度等确定。螺钉规格可参照表2—3—11确定。销钉常用圆柱形的，同一个组合一般不少于两个。

表2—3—11 螺钉规格选用

凹模厚度 H（mm）	螺钉规格（mm）	凹模厚度 H（mm）	螺钉规格（mm）
≤13	M4、M5	>25~32	M8、M10
>13~19	M5、M6	>35	M10、M12
>19~25	M6、M8		

螺钉拧入的深度不能太浅，否则紧固不牢靠；也不能太深，否则拆装工作量大。圆柱销钉配合深度一般不小于其直径的 2 倍，也不宜太深。

五、模架及选用

模架包括上模座、下模座、导柱和导套。冲压模具的全部零件都安装在模架上。为了缩短模具制造周期，降低成本，我国已制定出模架标准，并有商品模架出售。模架主要有两大类：一类是导柱模模架，由上模座、下模座、导柱、导套组成；另一类是导板模模架，由弹压导板、下模座、导柱、导套组成。模架及其组成零件已经标准化。国家和行业标准《冲模模架技术条件》（JB/T 8050—2008）、《冲模滑动导向模架》（GB/T 2851—2008）、《冲模滚动导向模架》（GB/T 2852—2008）等对标准模架的结构、尺寸规格与标记、技术要求等作了详细规定，给设计和选用带来了极大的方便。

1. 滑动导向模架

滑动导向模架由上模座、下模座、滑动导向导柱、滑动导向导套组成。滑动导向模架有五种结构类型：对角导柱模架、后侧导柱模架、中间导柱模架、中间导柱圆形模架和四导柱模架。

（1）对角导柱模架

对角导柱模架结构如图 2—3—30 所示，其上、下模座工作平面的横向尺寸 L 一般大于纵向尺寸 B，常用于横向送料的级进模、纵向送料的单工序模或复合模。对角导柱模架的尺寸规格可参见教材附录五。

（2）后侧导柱模架

后侧导柱模架结构如图 2—3—31 所示，其特点是导向装置在后侧，横向和纵向送料都比较方便，但如果有偏心载荷，压力机导向又不精确，就会造成上模歪斜，导向装置和凸、凹模都容易磨损，从而影响模具寿命。因此，该模架一般用于较小的冲模。

（3）中间导柱模架

中间导柱模架结构如图 2—3—32 所示，该模架只能采用纵向送料，一般用于单工序模或复合模。

（4）中间导柱圆形模架

中间导柱圆形模架结构如图 2—3—33 所示，该模架只能采用纵向送料，一般用于单工序模或复合模。

（5）四导柱模架

四导柱模架结构如图 2—3—34 所示，该模架常用于精度要求较高或尺寸较大冲件的生产及大批量生产用的自动模。

需要强调的是，除后侧导柱模架外，其他结构模架的共同特点是，导向装置都是安装在模具的对称线上，滑动平稳，导向准确可靠。因此，要求导向精确可靠的模架都可以考虑采用这些结构形式。

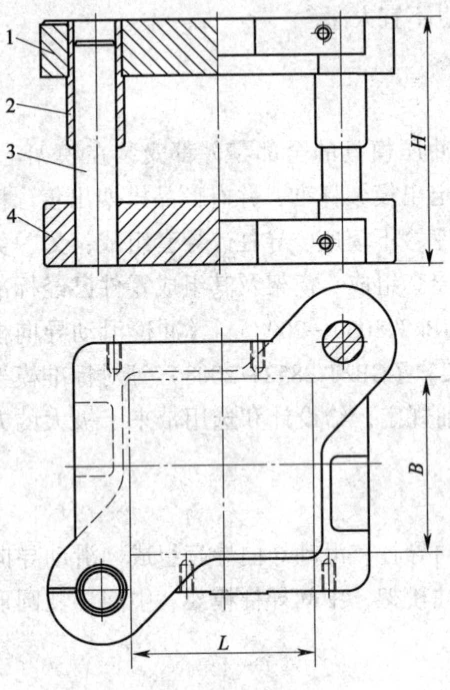

图 2—3—30　对角导柱模架

1—上模座　2—导套　3—导柱　4—下模座

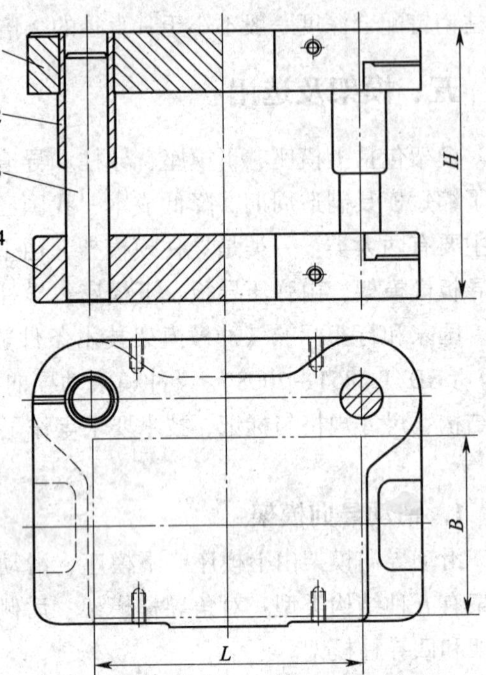

图 2—3—31　后侧导柱模架

1—上模座　2—导套　3—导柱　4—下模座

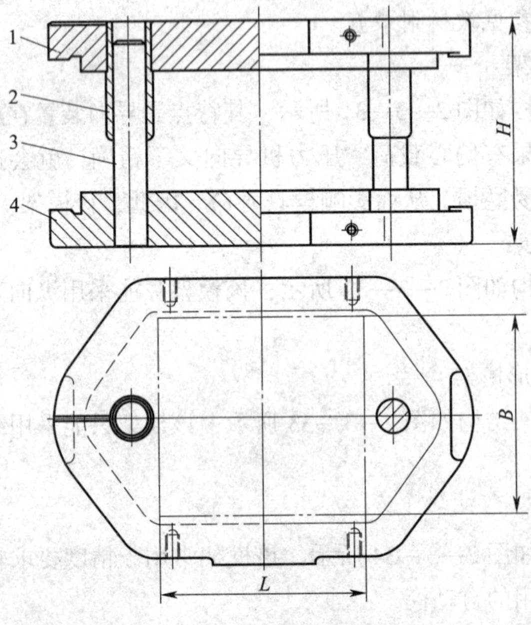

图 2—3—32　中间导柱模架

1—上模座　2—导套　3—导柱　4—下模座

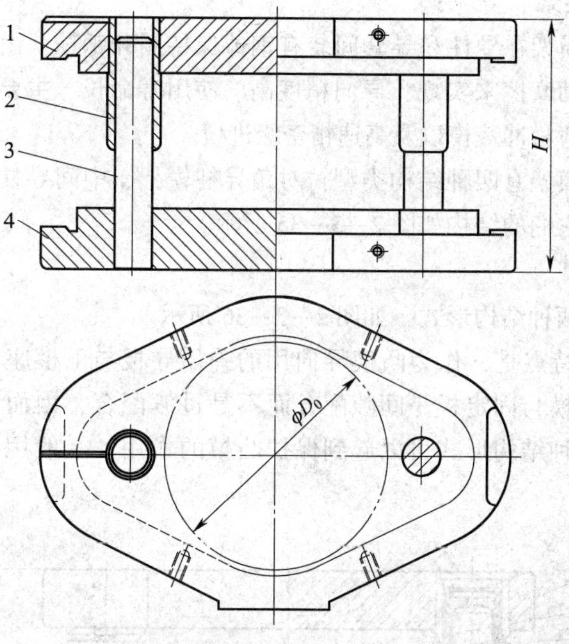

图 2—3—33　中间导柱圆形模架

1—上模座　2—导套　3—导柱　4—下模座

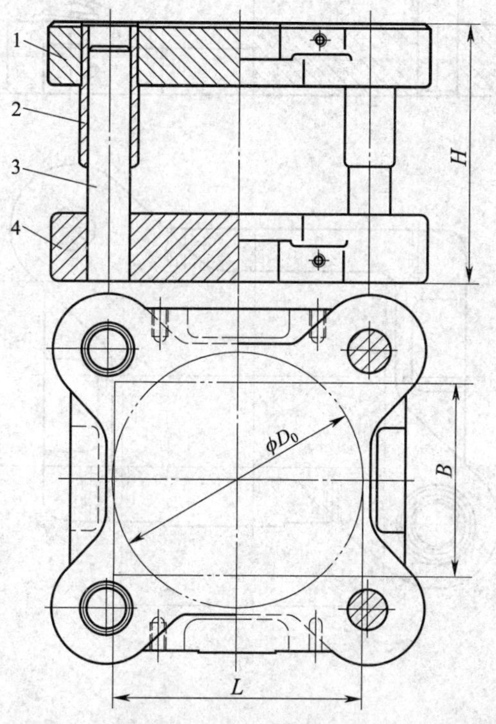

图 2—3—34　四导柱模架

1—上模座　2—导套　3—导柱　4—下模座

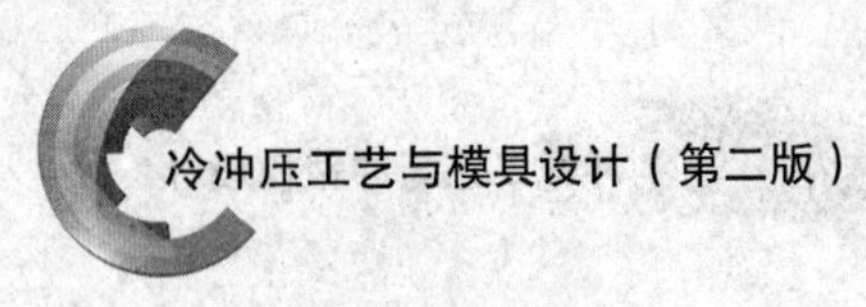

2. 滚动导向模架

冲模滚动导向模架在导柱和导套间装有钢球保持圈和钢球。由于导柱、导套间的导向通过钢球的滚动摩擦来实现，导向精度高、使用寿命长，主要用于高精度、高寿命的硬质合金模、薄材冲裁模以及高速精密级进模。

冲模滚动导向模架有四种结构类型：对角导柱模架、中间导柱模架、四导柱模架和后侧导柱模架。它们的结构如图 2—3—35 所示。

3. 导板模模架

导板模模架有两种结构形式，如图 2—3—36 所示。

导板模模架的特点是，作为凸模导向用的弹压导板与下模座以导柱导套为导向构成整体结构。凸模与固定板是间隙配合而不是过渡配合，因而凸模在固定板中有一定的浮动量。这种结构形式可以起到保护凸模的作用，一般用于带有细凸模的级进模。

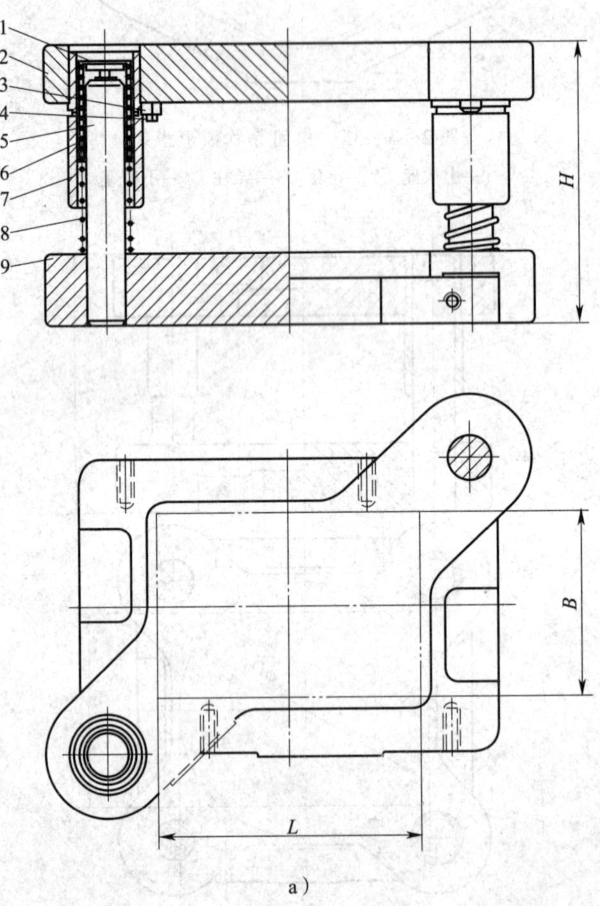

a）

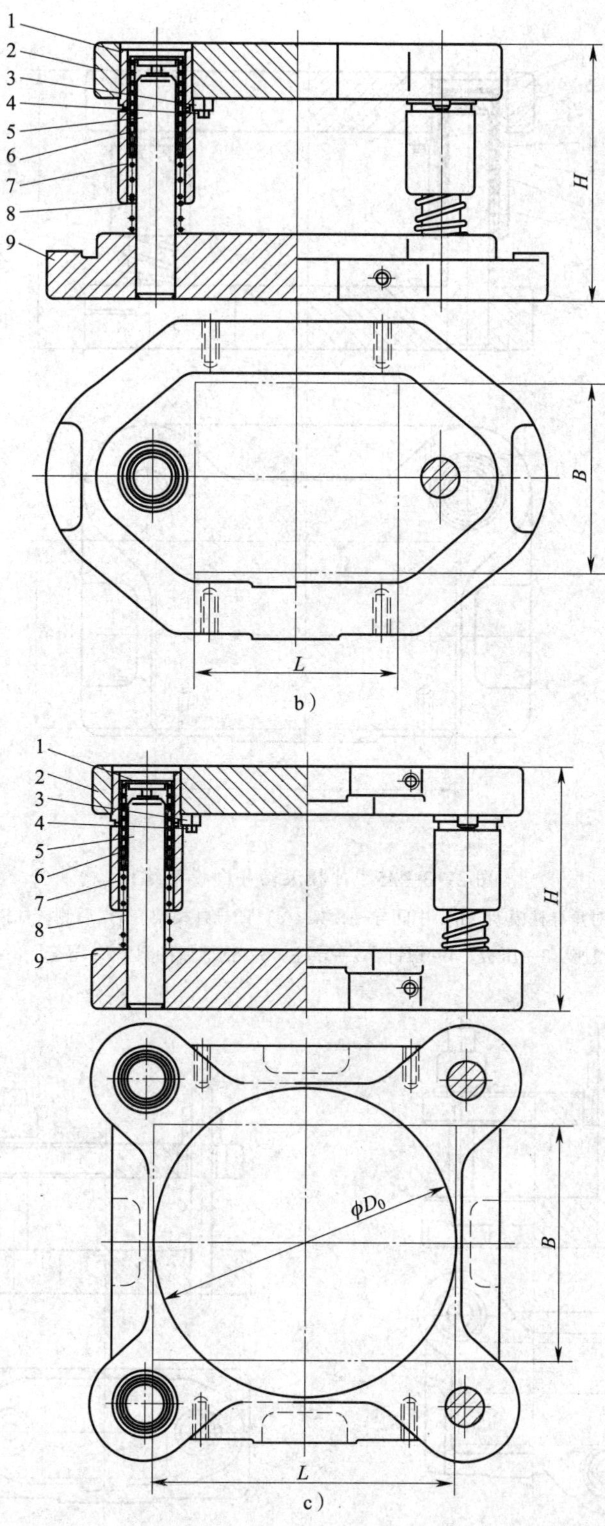
1
2
3
4
5
6
7
8
9
H
B
L
b）
1
2
3
4
5
6
7
8
9
H
ϕD_0
B
L
c）

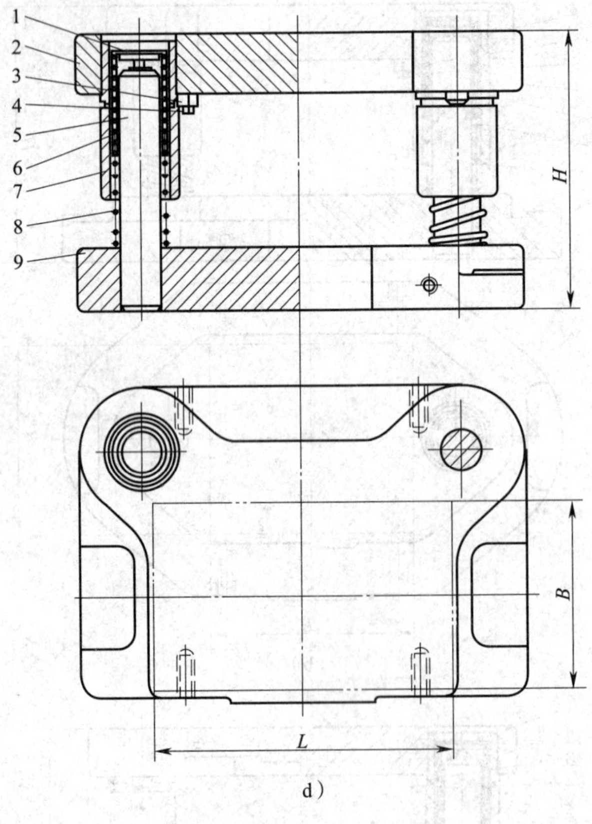

d）

图 2—3—35　冲模滚动导向模架结构

a）对角导柱模架　b）中间导柱模架　c）四导柱模架　d）后侧导柱模架

1—限程器　2—上模座　3—压板　4—螺钉　5—导柱　6—钢球保持圈　7—导套　8—弹簧　9—下模座

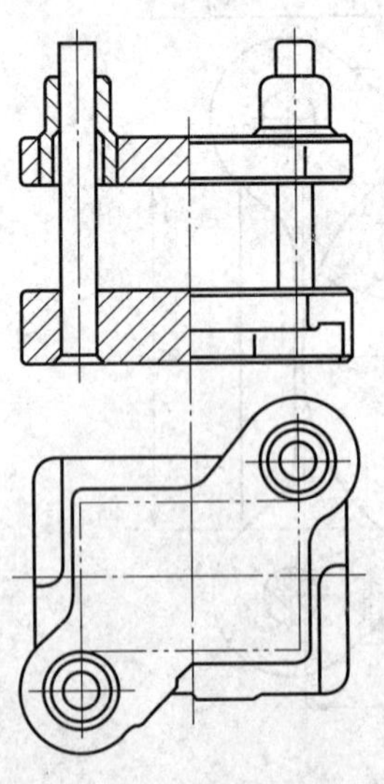

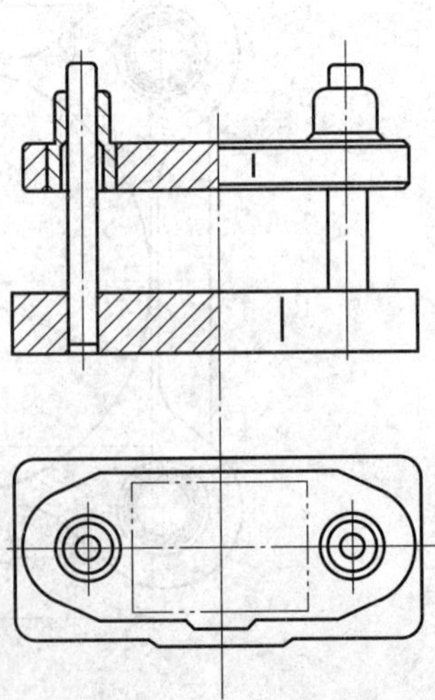

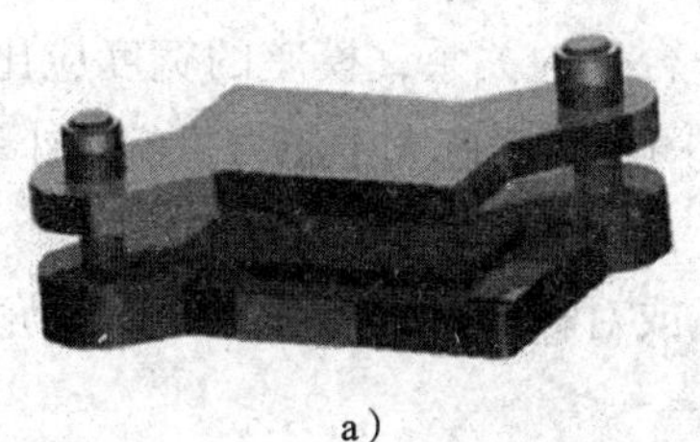

a）

b）

图 2—3—36 导板模模架

a）对角导柱弹压模架 b）中间导柱弹压模架

4. 模座

模座一般分为上、下模座，其形状基本相似。上、下模座的作用是直接或间接地安装冲模的所有零件，分别与压力机滑块和工作台连接，传递压力。因此，必须重视上、下模座的强度和刚度。模座因强度不足会产生破坏；如果刚度不足，工作时会产生较大的弹性变形，导致模具的工作零件和导向零件迅速磨损。

选用和设计模座时的注意事项：

（1）尽量选用标准模架，而标准模架的形式和规格就决定了上、下模座的形式和规格。如果需要自行设计模座，则矩形模座的长度应比凹模板长度大 40 ~ 70 mm，其宽度可以略大或等于凹模板的宽度，圆形模座的直径应比凹模板直径大 30 ~ 70 mm。模座的厚度可参照标准模座确定，一般为凹模板厚度的 1.0 ~ 1.5 倍，以保证有足够的强度和刚度。对于大型非标准模座，还必须根据实际需要，按铸件工艺性要求和铸件结构设计规范进行设计。

（2）所选用或设计的模座必须与所选压力机的工作台和滑块的有关尺寸相适应，并进行必要的校核。比如，下模座的最小轮廓尺寸，应比压力机工作台上漏料孔的尺寸每边至少要大 40 ~ 50 mm。

（3）模座材料一般选用 HT200、HT250，也可选用 Q235、Q255 结构钢，对于大型精密模具的模座选用铸钢 ZG35。

（4）模座的上、下表面的平行度应达到要求，平行度公差一般为 4 级。

（5）上、下模座的导套、导柱安装孔中心距必须一致，精度一般要求在 ±0.02 mm 以下；模座的导柱、导套安装孔的轴线应与模座的上、下平面垂直，安装滑动式导柱和导套时，垂直度公差一般为 4 级。

（6）模座的上、下表面粗糙度 *Ra* 值为 1.6 ~ 0.8 μm，在保证平行度的前提下，可允许 *Ra* 值为 3.2 ~ 1.6 μm 。

5. 模架的选用

选择模架结构时要根据工件的受力变形特点，制件定位、出件方式，材料送进方向，导柱受力状态，操作是否方便等方面进行综合考虑。

选择模架尺寸时要根据凹模的轮廓尺寸考虑，一般在长度上及宽度上都应比凹模

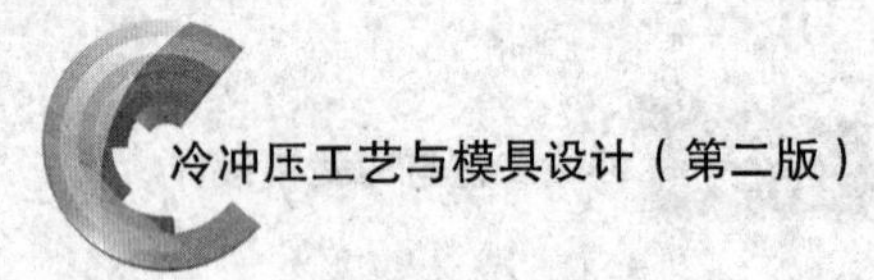

大 30 ~ 40 mm。模板厚度一般等于凹模厚度的 1 ~ 1.5 倍。选择模架时还要注意到模架与压力机的安装关系，例如模架与压力机工作台孔的关系，模座的宽度应比压力机工作台孔的孔径每边大 40 ~ 50 mm。冲压模具的闭合高度应大于压力机的最小装模高度，小于压力机的最大装模高度等。

通常中、小型冲模常采用后侧式、对角式或对称式的导柱型模架。四角导柱模架主要用于精度要求高的冲压件和大型冲压件。

6. 导柱与导套

导柱与导套是相互配合，保证运动导向和确定上、下模相对位置的圆柱形和圆筒形零件，是使用最为广泛的导向零件，其结构示意如图 2—3—37 所示，其中，滚动导柱、导套适用于高速冲模、薄料（$t < 0.5$ mm）、无间隙冲裁、精密冲裁、硬质合金模及其他精密冲模。

a）　　b）

图 2—3—37　导柱、导套结构

a）滑动导柱、导套　b）滚动导柱、导套

（1）滑动导柱、导套

图 2—3—38 所示为常用的滑动导柱、导套结构。根据国家标准《冲模导向装置　第 1 部分：滑动导向导柱》（GB/T 2861.1—2008）和《冲模导向装置　第 3 部分：滑动导向导套》（GB/T 2861.3—2008），导柱和导套均有 A 型和 B 型两种结构。

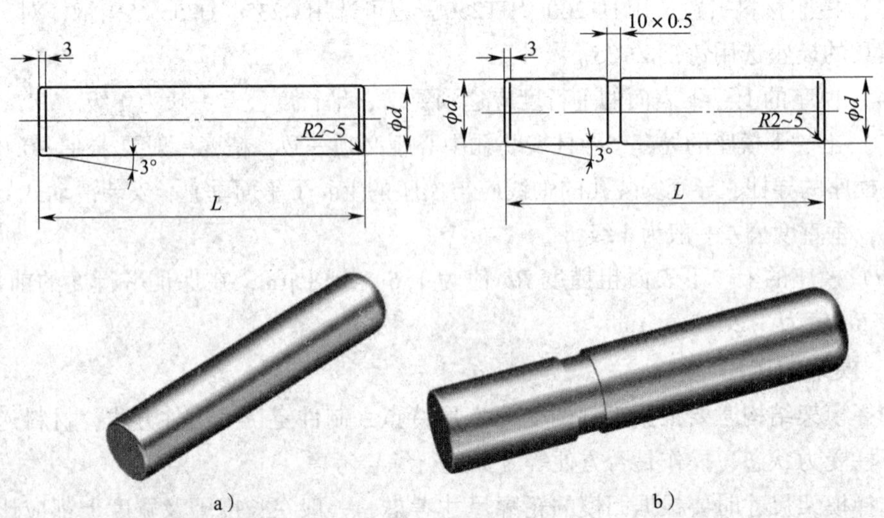

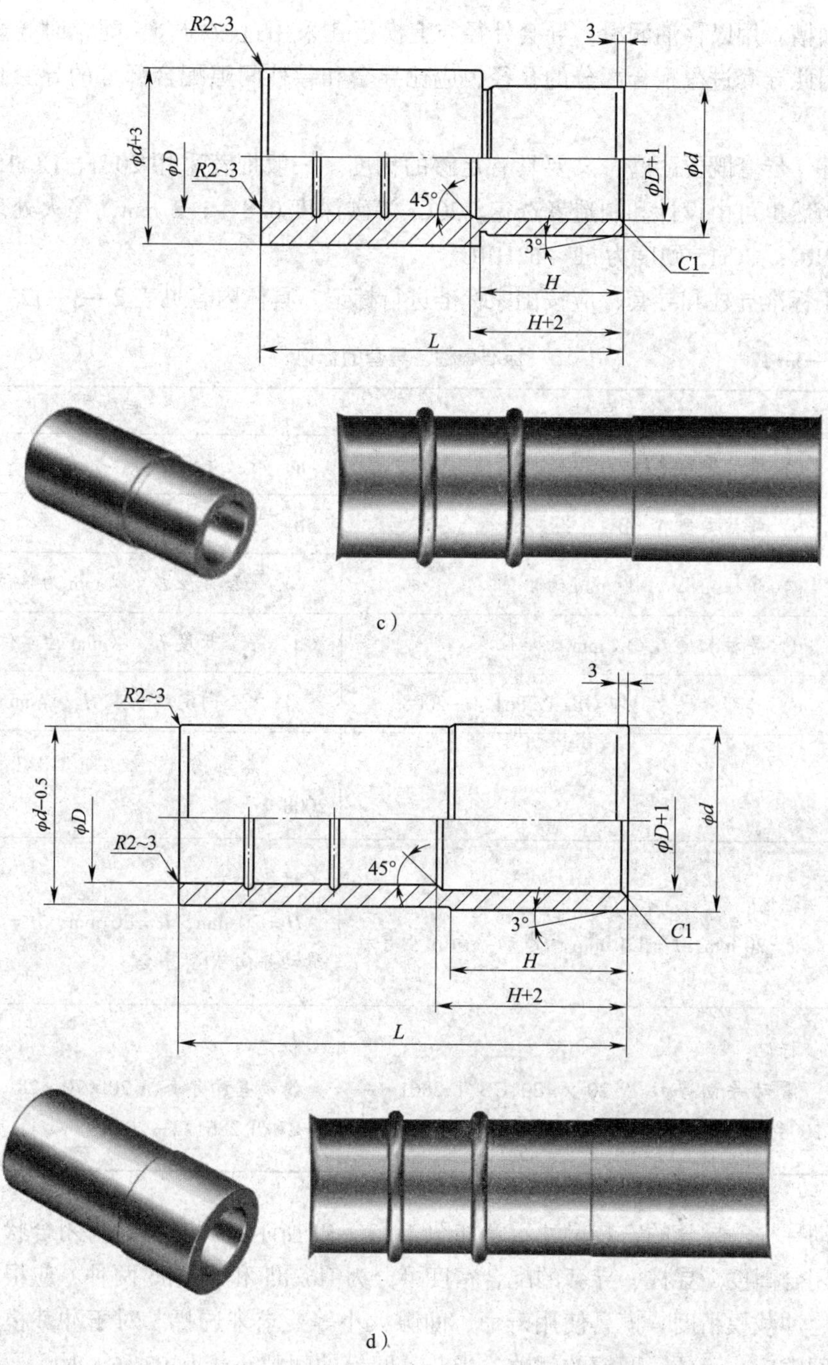

图 2—3—38 滑动导柱、导套结构

a）A 型导柱 b）B 型导柱 c）A 型导套 d）B 型导套

导柱的直径（d）一般为 16 ~ 60 mm，长度（L）一般为 90 ~ 320 mm，导柱下部与下模板导柱孔采用过盈配合，上部与导套孔采用间隙配合。导套的直径（D）一般为 16 ~ 60 mm，长度（L）一般为 60 ~ 170 mm（A 型）和 40 ~ 170 mm（B 型）。导套孔上有油槽，用以存油润滑，导套外径与上模板孔采用过盈配合，配合时导套孔径会收缩，因此导套过盈配合部分的孔径，应比导套和导柱间隙配合部分的导套孔径增大1 mm。

导柱、导套既要耐磨，又要具有足够的韧度。一般推荐采用20Cr、GCr15 材料来制造，当然也可由设计和制造者选定。20Cr 渗碳深度 0.8 ~ 1.2 mm，淬火处理硬度为58 ~ 62HRC；GCr15 硬度为 58 ~ 62HRC。

对于标准导柱和导套，应按国家标准进行标记，具体内容见表 2—3—12。

表 2—3—12　标准导柱、导套的标记

零件	导柱	导套
标记内容	a）滑动导向导柱	a）滑动导向导套
	b）导柱类型 A、B	b）导套类型 A、B
	c）导柱直径 d，以 mm 为单位	c）导套直径 D，以 mm 为单位
	d）导柱长度 L，以 mm 为单位	d）导套长度 L，以 mm 为单位
	e）本部分代号，即 GB/T 2861.1—2008	e）导套固定端长度 H，以 mm 为单位
		f）本部分代号，即 GB/T 2861.3—2008
示例	描述： d = 20 mm、L = 120 mm 的滑动导向 A 型导柱	描述： D = 20 mm、L = 70 mm、H = 28 mm 的滑动导向 A 型导套
	标记： 滑动导向导柱 A 20 × 120 GB/T 2861.1—2008	标记： 滑动导向导套 A 20 × 70 × 28 GB/T 2861.3—2008

滑动导柱、导套的安装尺寸示意如图 2—3—39 所示，此时模具为闭合状态，H 为模具的闭合高度。导柱、导套的配合精度可分为 H6/h5 和 H7/h6 两种，应根据冲压工序性质、冲裁模精度、模具使用寿命、间隙大小等要求来选择。对于冲裁模，导柱与导套的间隙应小于凸、凹模的间隙；当凸、凹模的间隙小于 0.03 mm 时，导柱与导套的配合取 H6/h5；当凸、凹模的间隙大于 0.03 mm 时，导柱与导套的配合取 H7/h6；对于硬质合金模或复杂的级进模，应取 H6/h5，一般模具取 H7/h6。导柱长度的选择，应考虑到模具闭合时，导柱上端面和上模座上平面应留 10 ~ 15 mm 的距离，导柱下端面与下模座下平面应留 2 ~ 5 mm 的距离。导套与上模座上平面应留不小于 3 mm 的距离，用以排气和出油。

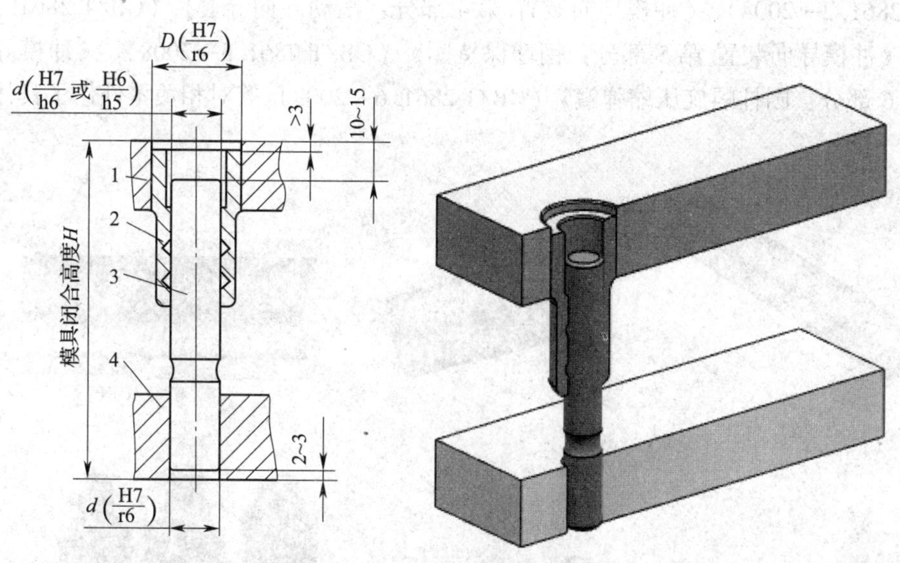

图 2—3—39　滑动导柱、导套安装尺寸示意

1—上模座　2—导套　3—导柱　4—下模座

需要指出的是，对于滑动导向可卸导柱组件（结构示意如图 2—3—40 所示）国家标准《冲模导向装置 第 7 部分：滑动导向可卸导柱》（GB/T 2861. 7—2008）、《冲模导向装置 第 9 部分：衬套》（GB/T 2861. 9—2008）、《冲模导向装置 第 10 部分：垫圈》（GB/T 2861. 10—2008）等作了相应规定。

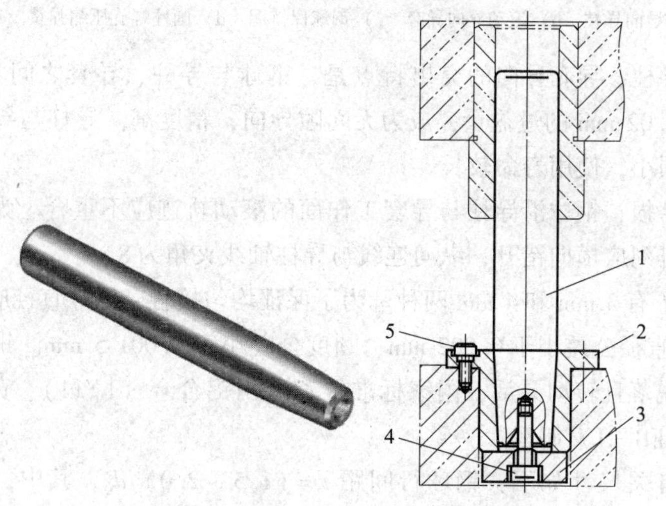

图 2—3—40　滑动导向可卸导柱及组件

1—导柱　2—衬套　3—垫圈　4、5—螺钉

（2）滚动导柱、导套

滚动导柱、导套是在滑动导柱、导套间加入多排钢球及钢球保持圈而构成，其结构示意如图 2—3—41 所示。国家标准《冲模导向装置 第 2 部分：滚动导向导柱》

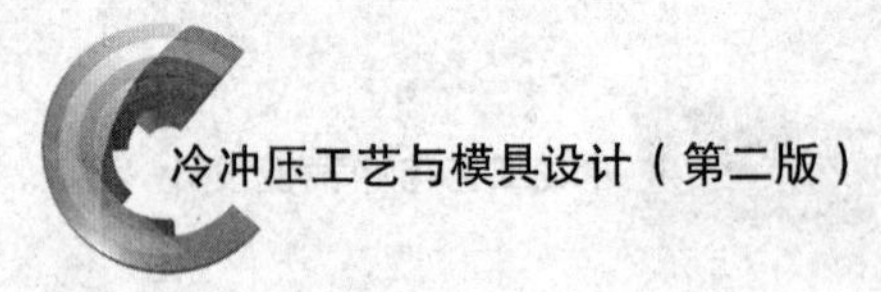

（GB/T 2861.2—2008）、《冲模导向装置 第4部分：滚动导向导套》（GB/T 2861.4—2008）、《冲模导向装置 第5部分：钢球保持圈》（GB/T 2861.5—2008）、《冲模导向装置 第6部分：圆柱螺旋压缩弹簧》（GB/T 2861.6—2008）等对相关零件作了具体规定。

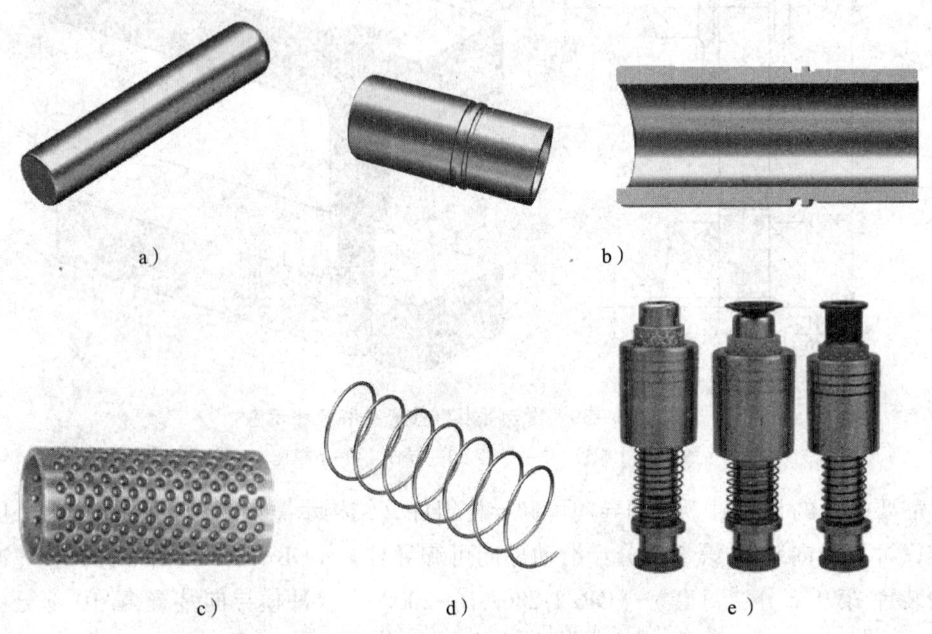

图2—3—41　滚动导柱、导套结构

a）滚动导向导柱　b）滚动导向导套　c）钢球保持圈　d）圆柱螺旋压缩弹簧　e）组件

采用滚动导柱、导套导向的突出特点是，钢球与导柱、导套之间不但没有间隙，而且有0.01～0.02 mm的过盈量，成为无间隙导向，精度高。导柱与导套之间采用滚动摩擦，其磨损小，使用寿命较长。

为了减少磨损，钢球沿导柱与导套工作面的滚动轨迹应不重合。为此，钢球在钢球保持圈内的排列应横向错开，纵向连线与导柱轴线夹角为8°。

钢球直径d_0有3 mm和4 mm两种。为了保证均匀接触，钢球直径应尽量一致，精度为IT01级，直径公差小于0.002 mm，圆度公差小于0.001 5 mm。钢球装入钢球保持圈以保证不脱落且转动灵活，国家标准推荐采用铝合金（LY11）、黄铜（H62）或聚四氟乙烯（SFB—1）制造。

设计时，有关尺寸如下：钢球行间距$t=(1.5\sim2.0)\ d_0$，其中，d_0为钢球直径（mm）；导套内径$D=d+2d_0-(0.01\sim0.02)$，其中，d为导柱直径（mm）。为了不损害导向精度，冲压过程中，不允许导柱与导套脱离。而且在压力机滑块处于上死点时，仍应保证有3～4圈钢球处于导柱与导套之间。为此，钢球保持圈应有足够的高度L，$L=H+(1.5\sim2)\ t$，其中，H为压力机行程（mm），t为钢球行间距（mm）。另外，为了防止钢球保持圈在工作时下沉、脱离导套而减少配合长度，可在导柱上加一个支承弹簧。

另外，对于滚动导向可卸导柱组件（结构示意见图 2—3—42），国家标准《冲模导向装置 第 8 部分：滚动导向可卸导柱》（GB/T 2861. 8—2008）、《冲模导向装置 第 9 部分：衬套》（GB/T 2861. 9—2008）、《冲模导向装置 第 10 部分：垫圈》（GB/T 2861. 10—2008）等作了相应规定。

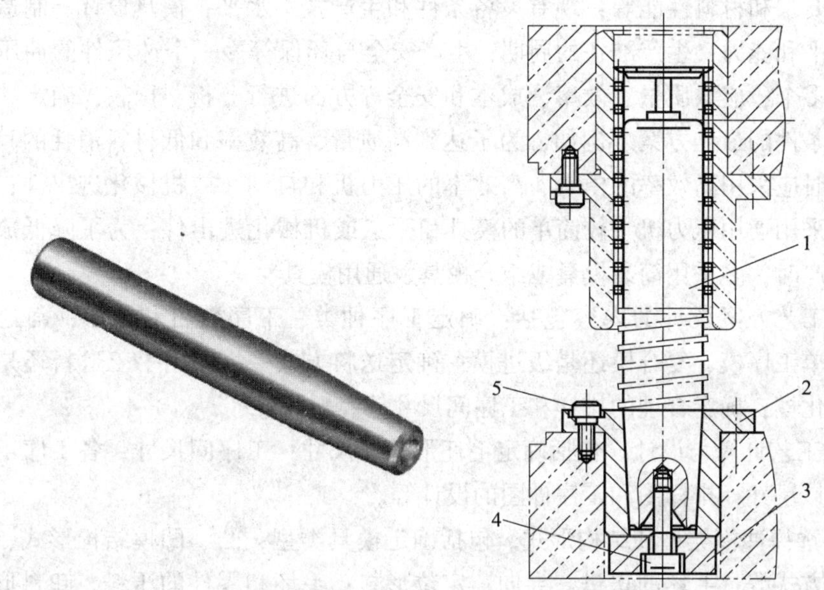

图 2—3—42 滚动导向可卸导柱及组件

1—导柱 2—衬套 3—垫圈 4、5—螺钉

第四节 典型零件冲裁模设计

一、冲模设计的主要工作

1. 冲模设计的资料准备

（1）冲压件的图样及技术要求。

（2）冲压件的生产工艺和生产批量。

（3）可供选用的压力机的技术参数，特别是与模具安装有关的技术参数。

（4）有关技术标准，例如所用冲压材料的标准、模具标准等。

（5）有关技术资料，例如冲模设计资料、手册和模具结构图册等。

2. 冲模设计的主要程序

（1）冲压件工艺性分析。根据所提供图样分析冲压件的形状特点、尺寸大小、精度要求及所用的材料是否符合冲压工艺的要求。冲压件良好的工艺性将会使工序数目、材料消耗减少，产品质量稳定，模具结构简单，操作安全方便。如果发现冲压件的工艺性很差，则应与设计人员协商，在保证产品使用要求的前提下进行必要、合理的修改。

（2）工艺方案设计。在设计工艺方案时，必须考虑生产纲领；冲压件形状、尺寸、精度要求和材料性能等；现有设备条件和生产技术水平；模具设计、制造和维修的技术水平和能力；生产准备的周期；生产安全与环保等。一个冲压件的冲压工艺方案可能有多个，应从质量、效率、成本和安全等方面进行分析、比较，确定一个适合所给生产条件的最佳方案。例如，为了达到高质量、高效率和低材料消耗的目的，大批量生产时应采用高效率的模具、高效率的压力机和自动化或机械化进出件；中小批量生产时采用通用压力机、较简单的模具和手工或机械化进出件；为了降低成本，在小批量生产时，多采用简易模具或组合模具、通用模具。

冲压工艺方案设计的内容包括：确定工序种类、工序数目和顺序；确定模具类型——用单工序模、复合模还是级进模；确定送料方式——采用手工送料还是用半自动或自动化模；确定合理的排样和工序间尺寸等。

（3）工艺计算与设计。包括确定毛坯形状、尺寸；工序间尺寸；各工序工艺力的计算；刃口尺寸；排样图和工序件图的设计等。

（4）选择冲模类型和结构形式。包括确定模具类型；凸、凹模结构形式、固定方式和镶拼方式等；毛坯的送进、导向、定位形式；毛坯和零件的压料、卸料形式；零件的取出和废料的排除方式；模架及导向形式；弹性元件的种类和形式；模具起重形式和模具安装的定位与紧固方式等。

（5）确定压力机型号和模具安装尺寸。

（6）绘制冲模装配图。

（7）冲模装配图评审。冲模装配图绘制完毕后应进行认真审核。对于较复杂的模具，必须组织有经验的设计和工艺人员、冲压工、模具和设备维修工等对模具进行评审，提出改进意见。

（8）根据评审意见修改并完成冲模装配图（包括标注技术条件等）。

（9）绘制冲模零件图（包括零件图尺寸、公差及技术条件的标注），进行必要的强度核算。

（10）完成其他技术文件，例如使用说明及要求等。

二、托板零件冲裁模设计实例

下面以图 2—4—1 所示托板零件为例介绍冲裁的冲压工艺分析、工艺方案拟订、工艺计算和模具设计。

1．冲裁件工艺分析

（1）材料：08F 钢板是优质碳素结构钢，具有良好的冲压性能。

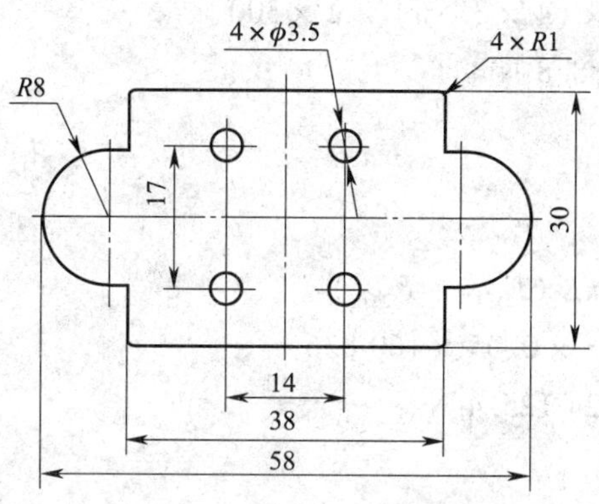

零件名称：托板
生产批量：大批量
材料：08F
料厚：2mm

图 2—4—1 托板零件图

（2）工件结构形状：冲裁件内、外形尽量避免有尖锐角，为提高模具寿命，建议将所有 90°清角改为 $R1$ 的圆角。

（3）尺寸精度：零件图上所有尺寸均未标注公差，属自由尺寸，可按 IT14 级确定工件尺寸的公差，中心距尺寸按 IT9 级确定尺寸的公差。经查公差表，各尺寸公差为：$58_{-0.74}^{\ 0}$、$38_{-0.62}^{\ 0}$、$30_{-0.52}^{\ 0}$、$R8_{-0.44}^{\ 0}$、$\phi 3.5_{\ 0}^{+0.3}$、14 ± 0.08、17 ± 0.08。

结论：可以冲裁。

2. 确定工艺方案及模具结构形式

经分析，工件尺寸不大，精度要求不高，形状不复杂，但工件产量较大，为保证孔位精度，冲模有较高的生产率，通过比较，决定实行工序集中的工艺方案，采取利用导正销进行定位、利用刚性卸料装置进行卸料、采用自然漏料方式的级进冲裁模结构形式。

3. 模具设计计算

（1）排样、计算条料宽度及确定步距

首先查表确定搭边值。根据零件形状，两工件间按矩形取搭边值 $a=2$，侧边按圆形取搭边值 $a_1=1.8$ mm，取 $a_1=2$ mm，如图 2—4—2 所示。

级进模送料步距：$S=D+a=32$ mm

条料宽度的计算：查表 $\Delta=0.6$

$$B_{-\Delta}^{\ 0}=(D_{max}+2a)_{-\Delta}^{\ 0}=(58+2\times2)_{-0.6}^{\ 0}=62_{-0.6}^{\ 0}\ \text{mm}$$

（2）计算总冲压力

由于冲模采用刚性卸料装置和自然漏料方式，故总的冲压力为：$F_{\Sigma}=F+F_{t}$。

冲裁力 F：查表 $\tau=300$ MPa

$$\begin{aligned}F &= KL_1t\tau \\ &= 1.3\times[2\times(58-16)+2\times(30-16)+16\pi]\times2\times300 \\ &= 126\ 547.2\ \text{N}\end{aligned}$$

$$
\begin{aligned}
F_{冲孔} &= KL_2 t\tau \\
&= 1.3 \times (4 \times 3.5\pi) \times 2 \times 300 \\
&= 34\ 288.8\ \text{N}
\end{aligned}
$$

推料力 F_t：

查表，$K_t = 0.05$，$n = \dfrac{h}{t} = \dfrac{6}{2} = 3$

$$
\begin{aligned}
F_t &= nK_t(F_{落料} + F_{冲孔}) \\
&= 3 \times 0.05 \times 160\ 836 \\
&= 24\ 125.4\ \text{N}
\end{aligned}
$$

总冲压力 F_Σ：

$$
\begin{aligned}
F_\Sigma &= F + F_t \\
&= 160\ 836 + 24\ 125.4 \\
&= 184\ 961.4\ \text{N}
\end{aligned}
$$

（3）确定压力中心

根据分析，因为工件图形对称，故落料时 $F_{落料}$ 的压力中心在 O_1 上；冲孔时 $F_{冲孔}$ 的压力中心在 O_2 上，如图 2—4—3 所示。

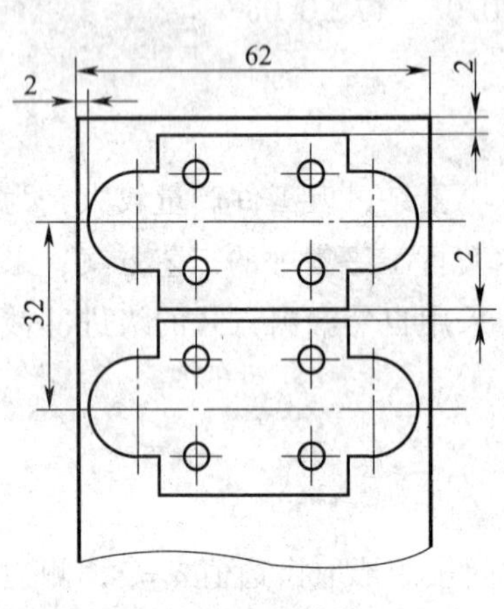

图 2—4—2　排样图

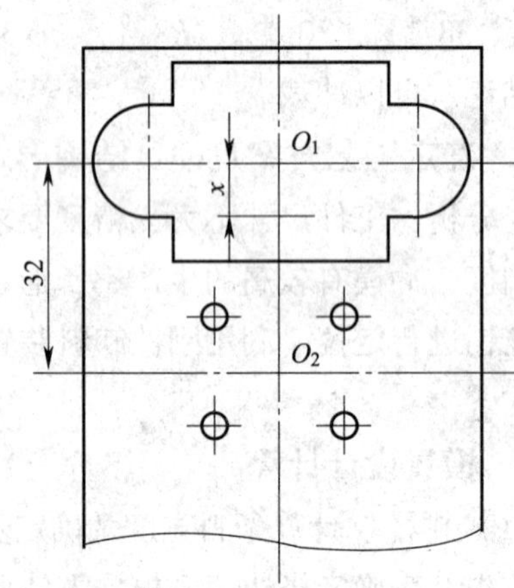

图 2—4—3　压力中心

设冲模压力中心离 O_1 点的距离为 x，根据力矩平衡原理得：

$$F_{落料}x = (32 - x)F_{冲孔}$$

由此算得 $x = 6.822\ \text{mm} \approx 7\ \text{mm}$。

（4）冲模刃口尺寸及公差的计算

根据零件的形状，确定采用配合加工法来计算冲模刃口尺寸。查表 2—1—26 得双面间隙为 0.246～0.36 mm。

1）在冲模刃尺寸计算时需要注意：在计算工件外形落料时，应以凹模为基准。

落料凹模磨损后尺寸变大的有：$A_1 = 58_{-0.74}^{\ 0}$、$A_2 = 38_{-0.62}^{\ 0}$、$A_3 = 30_{-0.52}^{\ 0}$、$A_4 = 16_{-0.44}^{\ 0}$，查表 2—3—10 得 $x_1 = x_2 = x_3 = x_4 = 0.5$。

所以：

$$A_1 = (A_{max} - x_1\Delta)^{+\frac{1}{4}\Delta}_{0} = (58 - 0.5 \times 0.74)^{+\frac{0.74}{4}}_{0} = 57.6^{+0.18}_{0}\ \text{mm}$$

$$A_2 = (A_{max} - x_2\Delta)^{+\frac{1}{4}\Delta}_{0} = (38 - 0.5 \times 0.62)^{+\frac{0.62}{4}}_{0} = 37.7^{+0.16}_{0}\ \text{mm}$$

$$A_3 = (A_{max} - x_3\Delta)^{+\frac{1}{4}\Delta}_{0} = (30 - 0.5 \times 0.52)^{+\frac{0.52}{4}}_{0} = 29.7^{+0.13}_{0}\ \text{mm}$$

$$A_4 = (A_{max} - x_4\Delta)^{+\frac{1}{4}\Delta}_{0} = (16 - 0.5 \times 0.44)^{+\frac{0.44}{4}}_{0} = 15.8^{+0.11}_{0}\ \text{mm}$$

凸模尺寸按相应的凹模实际尺寸配制，保证双面间隙为0.246～0.36 mm。为了保证$R8$与尺寸为16的轮廓线相切，$R8$的凹模尺寸取16的凹模尺寸的一半，公差也取一半。

2）在计算冲孔模刃口尺寸时，应以凸模为基准。

冲孔凸模磨损后尺寸变小的有：$\phi 3.5^{+0.3}_{0}$。查表2—3—10得$x=0.5$，所以：

$$B = (B_{min} + x\Delta)^{0}_{-\frac{1}{4}\Delta} = (3.5 + 0.5 \times 0.3)^{0}_{-\frac{0.3}{4}} = 3.65^{0}_{-0.08}\ \text{mm}$$

凹模尺寸按凸模实际尺寸配制，保证双面间隙为0.246～0.36 mm。

3）凹模刃口磨损后基本不变的尺寸。

冲孔凹模和凸模固定板孔中心距的制造尺寸为：

$$C_{凹1} = C_1 \pm \frac{1}{8}\Delta = 14 \pm \frac{0.16}{8} = 14 \pm 0.02\ \text{mm}$$

$$C_{凹2} = C_2 \pm \frac{1}{8}\Delta = 17 \pm \frac{0.16}{8} = 17 \pm 0.02\ \text{mm}$$

（5）确定各主要零件结构尺寸

1）凹模外形尺寸的确定。

凹模厚度H的确定：

$$H = \sqrt[3]{0.1F} = \sqrt[3]{0.1 \times 160\ 836} = 25\ \text{mm}$$

凹模长度L的确定：

$$L = s_1 + 2s_2 = 30 + 2 \times 36 = 102\ \text{mm，取整}\ 100\ \text{mm}$$

凹模宽度B的确定：

$$B = s + (2.5 \sim 4.0)H = 58 + 2.5 \times 25 = 120.5\ \text{mm，取整}\ 120\ \text{mm}$$

2）凸模长度L_1的确定。

凸模长度计算为：

$$L_1 = h_1 + h_2 + h_3 + h$$

其中，凸模固定板厚$h_1=18$ mm、卸料板厚$h_2=12$ mm、导料板厚$h_3=8$ mm、凸模修磨量$h=18$ mm，则

$$L_1 = 18 + 12 + 8 + 18 = 56\ \text{mm}$$

选用冲床的公称压力，应大于计算出的总压力184 961.4 N；最大闭合高度应大于冲模闭合高度5 mm；工作台台面尺寸应能满足模具的正确安装。按上述要求，结合工厂实际，可选用J23—25开式双柱可倾压力机，并需在工作台面上配备垫块，垫块实

际尺寸可配制。

（6）设计并绘制总图、选取标准件

按已确定的模具形式及参数，从冷冲模标准中选取 125×100，上模座厚 30 mm、下模座厚 35 mm 标准模架。

绘制模具总装图，如图 2—4—4 所示。按模具标准，选取所需的标准件，查清标准件代号及标记，见表 2—4—1，并将各零件标出统一代号。

（7）绘制非标准零件图

本例只绘制落料凸模、凹模、凸模固定板和卸料板四个零件图样，供参考，如图 2—4—5 至图 2—4—8 所示。

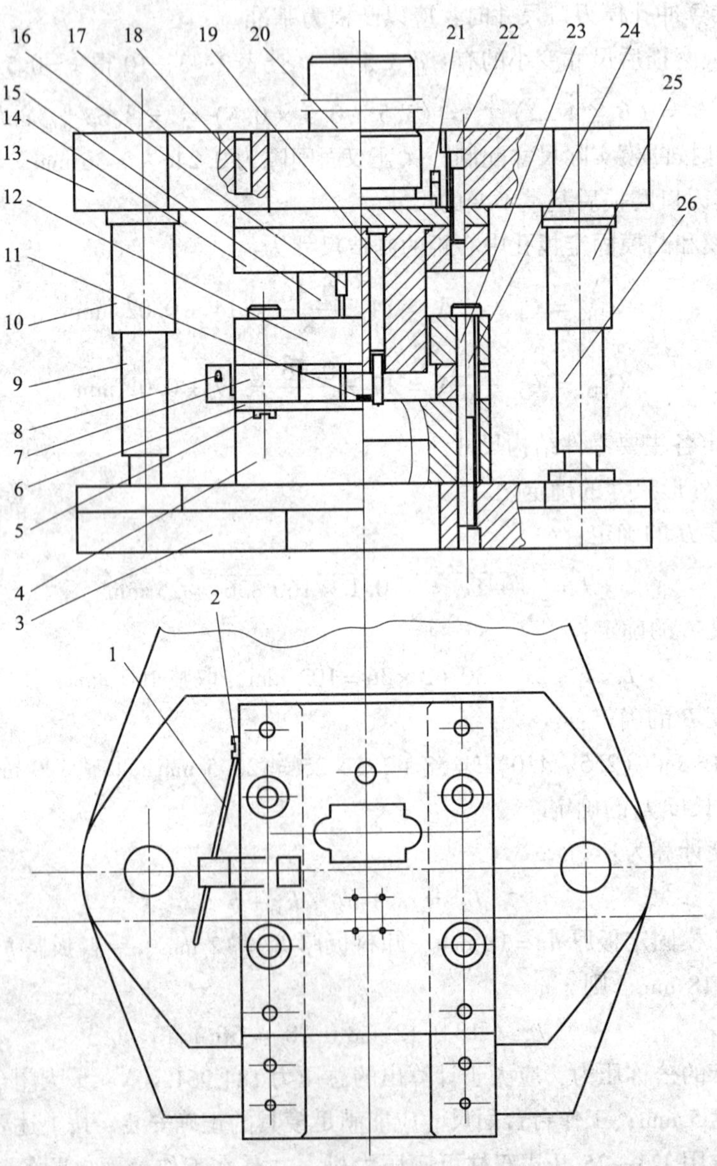

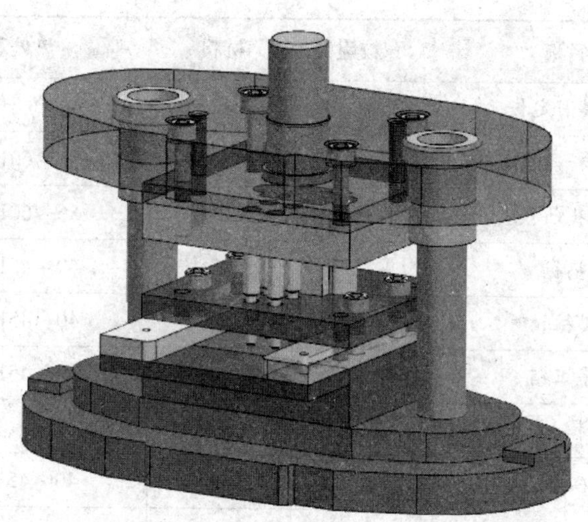

图 2—4—4 冲孔落料级进模

1—弹簧片 2、5—螺钉 3—下模座 4—凹模 6—承料板 7—导料板 8—始用挡料销 9、26—导柱 10、25—导套 11—挡料销 12—卸料板 13—上模座 14—凸模固定板 15—落料凸模 16—冲孔凸模 17—垫板 18、23—圆柱销 19—导正销 20—模柄 21—防转销 22、24—内六角螺钉

表 2—4—1 零件明细表

序号	名称	数量	材料	热处理	备注
1	弹簧片	1	65Mn		
2	螺钉	1	45	40～45HRC	
3	下模座	1	HT200		
4	凹模	1	T10A	58～62HRC	
5	螺钉	4	45	40～45HRC	
6	承料板	1	45		
7	导料板	2	45	40～45HRC	
8	始用挡料销	1	45		
9	导柱	2	20	渗碳 56～60HRC	
10	导套	2	20	渗碳 58～62HRC	
11	挡料销	1	45		
12	卸料板	1	Q235		
13	上模座	1	HT200		

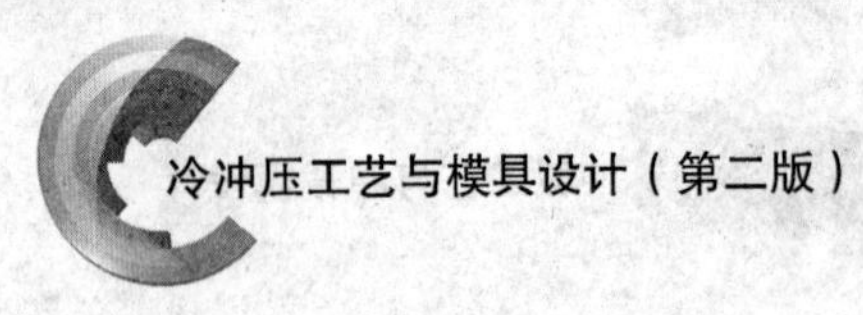

续表

序号	名称	数量	材料	热处理	备注
14	凸模固定板	1	45		
15	落料凸模	1	T8A	56～60HRC	
16	冲孔凸模	1	T8A	56～60HRC	
17	垫板	1	45	40～45HRC	
18	圆柱销	1	45	40～45HRC	
19	导正销	2	45	40～45HRC	
20	模柄	1	Q235		
21	防转销	1	45	40～45HRC	
22	内六角螺钉 M8×70	4	45	40～45HRC	
23	圆柱销 12n6×100	6	45	40～45HRC	
24	内六角螺钉 M8×70	4	45	40～45HRC	
25	导套	1	20	渗碳 56～60HRC	
26	导柱	1	20	渗碳 58～62HRC	

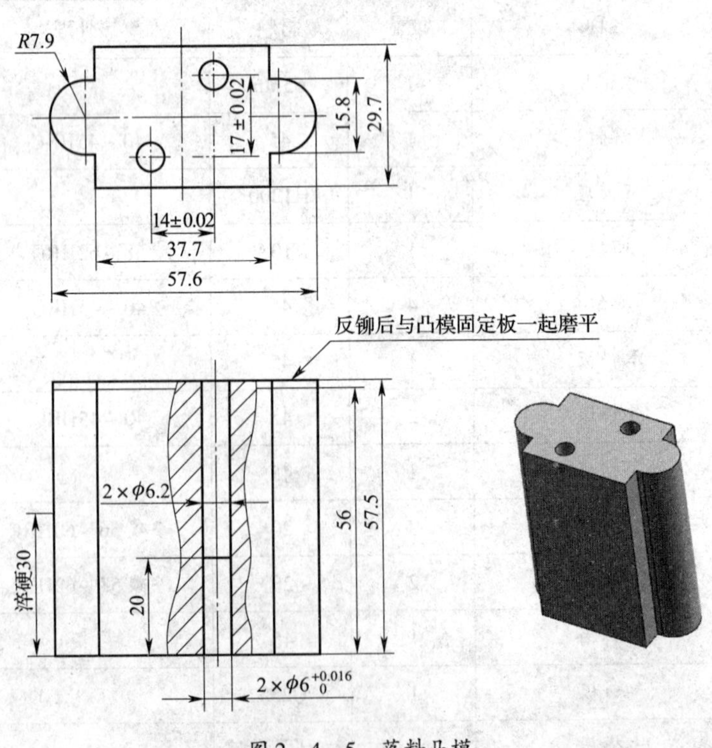

图 2—4—5　落料凸模

Ra 1.6
4×φ8 +0.016 0
5
25
4×φ8.5
2°~3°
2°~3°
Ra 1.6
57.6 +0.018 0
37.7 +0.16 0
22.3 +0.1 0
15.8 +0.11 0
29.7 +0.13 0
7
Ra 0.8
32 0 -0.1
40
70
100
17±0.02
4×φ3.6
14±0.02
92
120

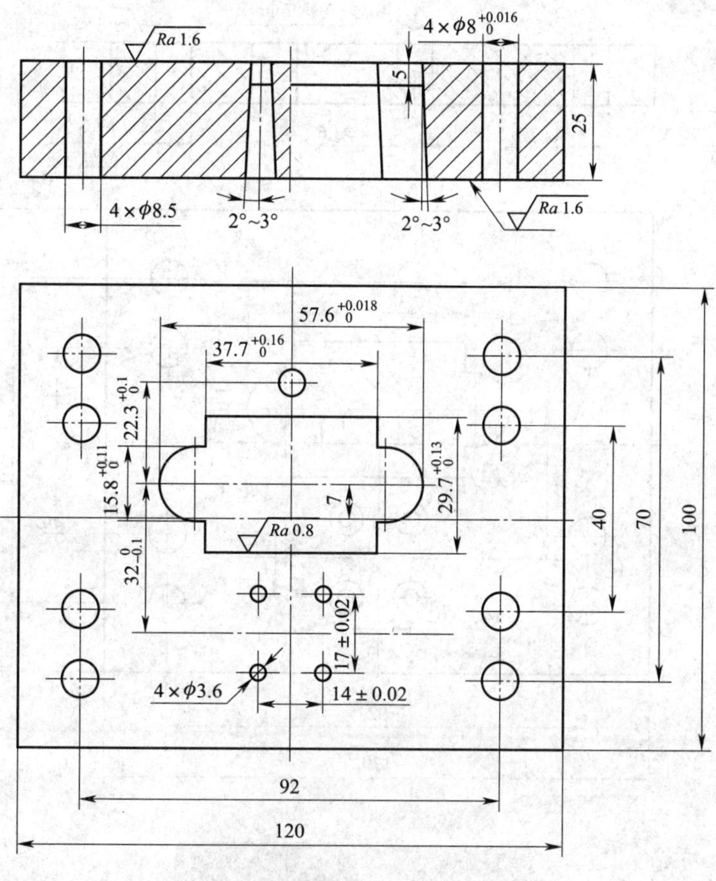

图 2—4—6　落料凹模

4×φ8（深9mm）
Ra 1.6
12
Ra 1.6
4×φ8.5
4×φ3.6
4×φ8 +0.016 0
（配钻）
58
38
30.1
7
40
70
100
32
4×R1
R8.1
17±0.02
14±0.02
92
120

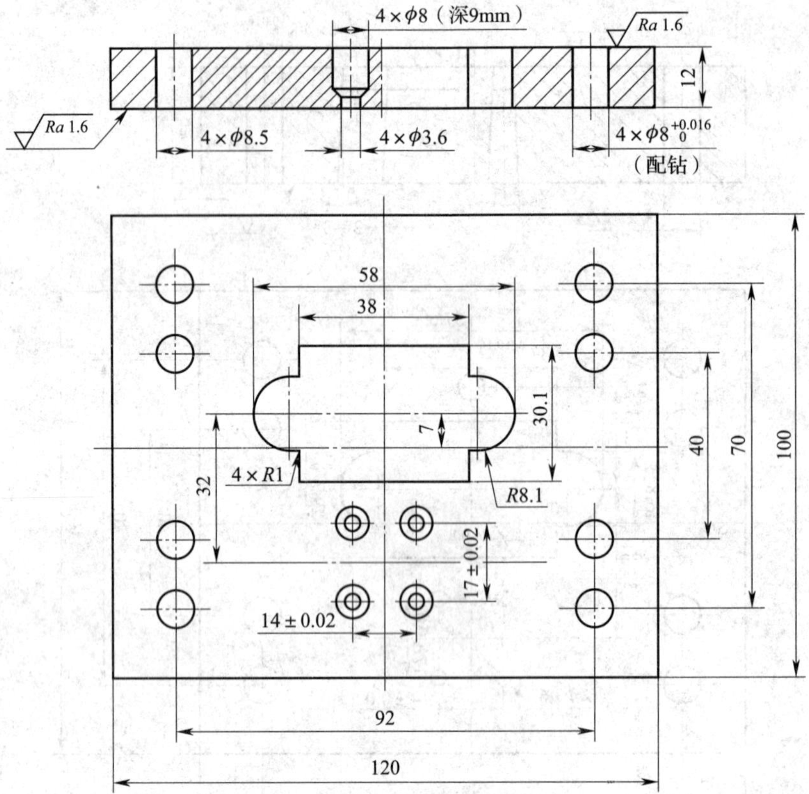

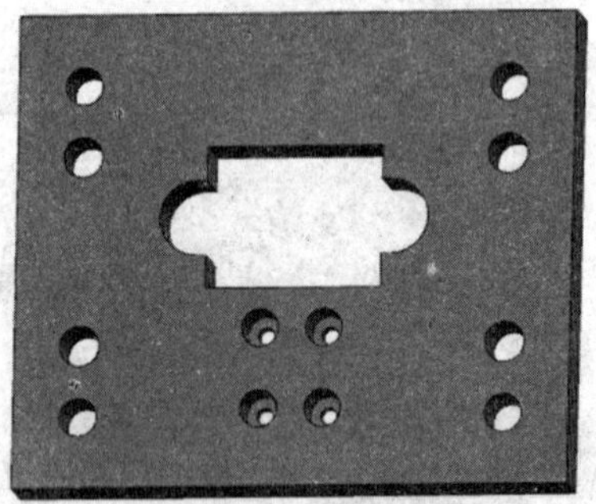

图 2—4—7　卸料板

Ra 1.6
4 × M8
18
2 × φ8 +0.016 0
4 × φ8 +0.016 0
Ra 1.6

57.6
37.7
29.7
7
R7.9
20
32
20
100
17 ± 0.02
14 ± 0.02
92
120

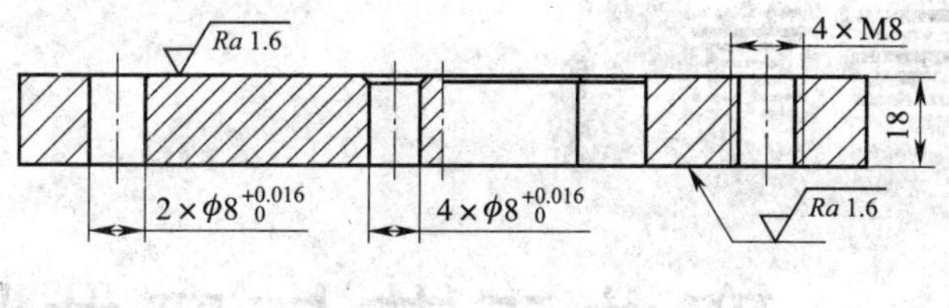

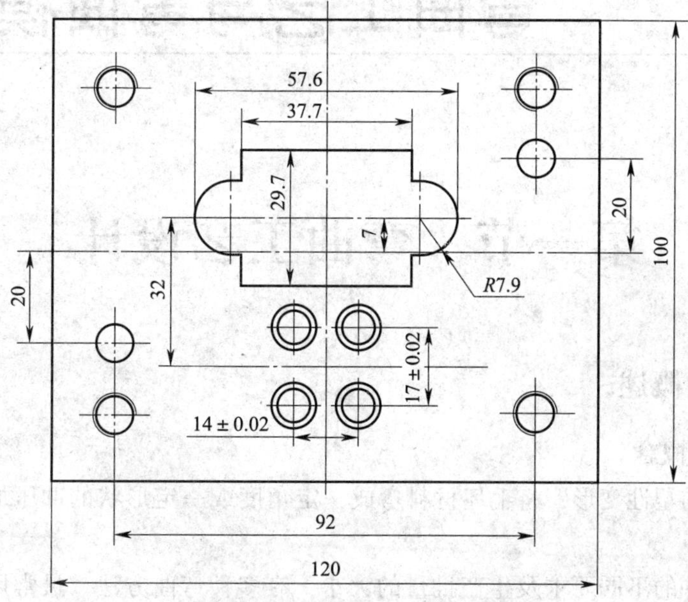

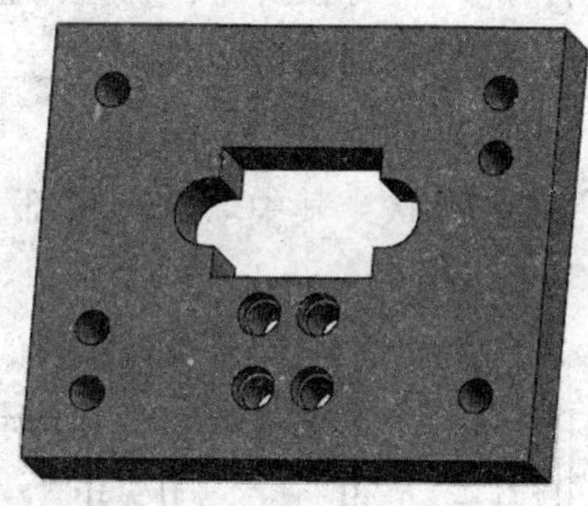

图 2—4—8　凸模固定板

弯曲工艺与弯曲模设计

第一节　弯曲工艺设计

一、弯曲概述

1. 弯曲的概念

利用金属的塑性变形，将毛坯材料弯成一定角度或一定形状的冲压加工方法叫作弯曲。

根据弯曲件的不同要求及生产批量的大小，有多种弯曲方法。最常用的是以弯曲模具在通用压力机上进行弯曲；此外也有在折弯机、拉弯机、多滑块压力机、滚弯机、弯管机和滚压成形机等设备上进行的弯曲成形。本章节主要讨论在弯曲模具上进行加工的弯曲设计，包括工艺设计与模具设计。

图 3—1—1 所示为常见弯曲件形状，其中弯曲圆弧部分材料产生了塑性变形，而其余部分则未发生变化。

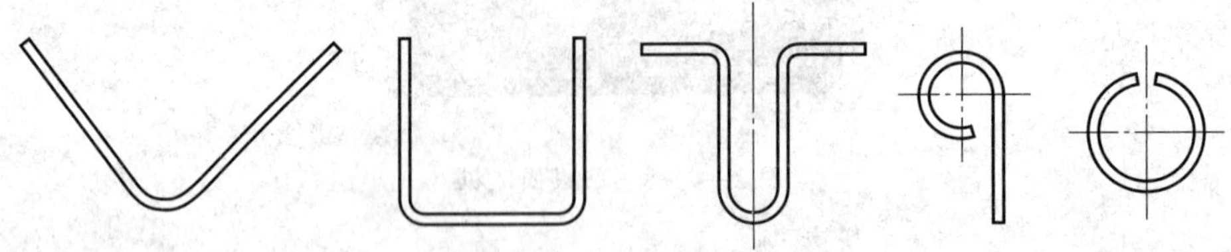

图 3—1—1　常见弯曲件形状

2. 弯曲的应用

弯曲是冲压生产中应用较广泛的一种基本加工方法，属于变形工序。可用于生产制造大型结构件，如飞机机翼、汽车大梁、锅炉炉体等；也可用于小型机器及电子仪器仪表零件加工，如铰链、电子元器件等。一般适用于板料或棒料、管料的成形加工。

3. 弯曲过程及材料变形分析

（1）弯曲过程

压弯变形过程是依靠弯曲模的压料动作，使坯料发生弯曲的。以板料在 V 形模内校正弯曲为例，弯曲时，在凸模的压力下，板料受弯矩作用，产生变形，其主要过程及说明见表 3—1—1。

表 3—1—1　　V 形弯曲变形过程

弯曲阶段	图例	变形过程说明
开始弯曲		板料毛坯自由弯曲
凸模下压		板料毛坯与凸模工作表面逐渐靠紧，板料内层（上表面）弯曲半径和板料弯曲力臂逐渐变小
继续下压		板料弯曲变形区域逐渐减小，直到与凸模三点接触，板料内层（上表面）弯曲半径和板料弯曲力臂继续变小
行程终了		凸模、凹模对弯曲毛坯进行校正，使其圆角、直边与凸模及凹模弯曲贴紧

（2）弯曲变形分析

如果在毛坯端面画上正方形网格，如图 3—1—2 所示，可以看出弯曲后变形区网格发生了显著的变化，而非变形区的网格基本上保持原来的状态。即弯曲时塑性变形只发生在工件的圆角处，而直边部分除与圆角相邻的过渡部分有少量变形外，其余未发生塑性变形。进一步分析弯曲区的网格变形又可看出，内侧材料受到压缩，外侧材

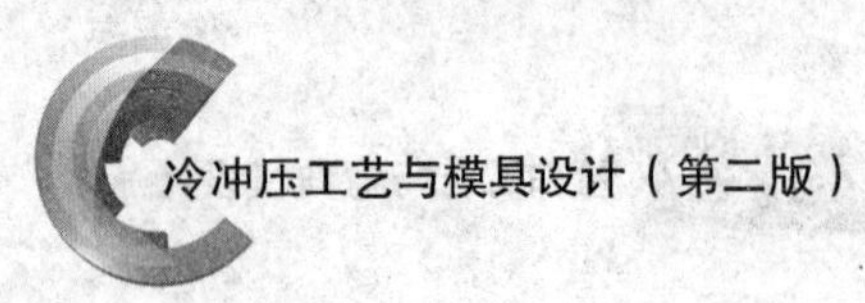

料受到拉伸，且压缩和拉伸的程度都是表层最大，向中间逐渐减小，OO'线部分长度保持不变。

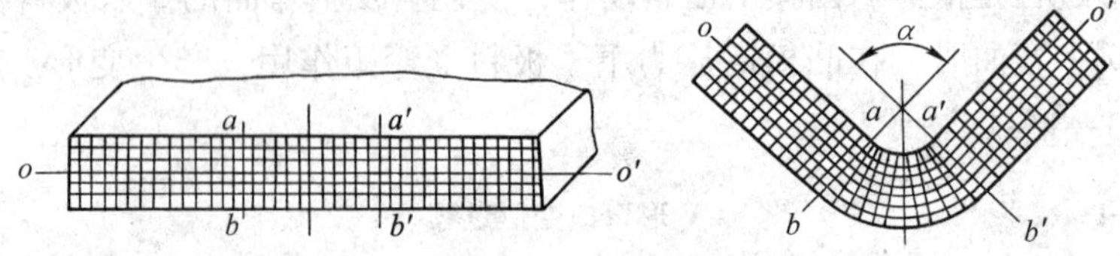

图 3—1—2　弯曲变形分析

二、弯曲件的工艺性

弯曲件的工艺性是指弯曲件对弯曲工艺的适应能力。具有良好工艺性的弯曲件，不仅能简化弯曲工序与模具设计，而且还能保证弯曲件精度、节约材料、提高生产率。

1. 弯曲半径

弯曲半径是指弯曲件内层材料的半径。弯曲件的半径不能小于材料许可的最小弯曲半径，以免产生裂纹甚至开裂现象。如实际弯曲半径很小时，可分两次弯曲。先弯成较大的半径，然后退火；再弯成工件要求的尺寸。对于弯曲较小的直壁工件时，可采用热变形或预先沿弯曲区内侧开槽口后再进行弯曲。

常用材料的最小弯曲半径实用推荐值见表 3—1—2。

表 3—1—2　　常用材料的最小弯曲半径

材料		弯曲线与轧制纹向垂直	弯曲线与轧制纹向平行
08F、08A1		0.2t	0.4t
10、15、Q195		0.5t	0.8t
20、Q215A、Q235A、09MnXtL		0.8t	1.2t
25、30、35、40、Q255A、10Ti、13MnTi、16MnL、16MnXtL		1.3t	1.7t
65Mn	T（特硬）	3.0t	6.0t
	Y（硬）	2.0t	4.0t
1Cr18Ni9	I（冷作硬化）	0.5t	2.0t
	BI（半冷作硬化）	0.3t	0.5t
	R（软）	0.1t	0.2t
1J79	Y（硬）	0.5t	2.0t
	M（软）	0.1t	0.2t
3J1	Y（硬）	3.0t	6.0t
	M（软）	0.3t	0.6t

续表

材料		弯曲线与轧制纹向垂直	弯曲线与轧制纹向平行
3J53	Y（硬）	0.7t	1.2t
	M（软）	0.4t	0.7t
TA1	冷作硬化	3.0t	4.0t
TA5		5.0t	6.0t
TB2		7.0t	8.0t
H62	Y（硬）	0.3t	0.8t
	Y2（半硬）	0.1t	0.2t
	M（软）	0.1t	0.1t
HPb59—1	Y（硬）	1.5t	2.5t
	M（软）	0.3t	0.4t
BZn15—20	Y（硬）	2.0t	3.0t
	M（软）	0.3t	0.5t
QSn6.5—0.1	Y（硬）	1.5t	2.5t
	M（软）	0.2t	0.3t
QBe2	Y（硬）	0.8t	1.5t
	M（软）	0.2t	0.2t
T2	Y（硬）	1.0t	1.5t
	M（软）	0.1t	0.1t
1050A（L3） 1035（L4）	HX8（硬）	0.7t	1.5t
	O（软）	0.1t	0.1t
7A04（LC4）	T9（淬火人工时效又经冷作硬化）	2.0t	3.0t
	O（软）	1.0t	1.5t
5A05（LF5） 5A06（LF6） 3A21（LF21）	HX8（硬）	2.5t	4.0t
	O（软）	0.2t	0.3t
2A12（LY12）	T4（淬火时自然时效）	2.0t	3.0t
	O（软）	0.3t	0.4t

注：1. 表中 t 为板料厚度。

2. 表中数值适用于下列条件：原材料为供货状态，90°角 V 形校正弯曲，毛坯板厚度小于 20 mm、宽度大于 3 倍板厚，毛坯剪切断面的光亮带在弯曲外侧。

3. 铝和铝合金的牌号，按 GB/T 3190—2008《变形铝及铝合金化学成分》标出，括号中则为相应的旧牌号（按 GB/T 3190—1996）。

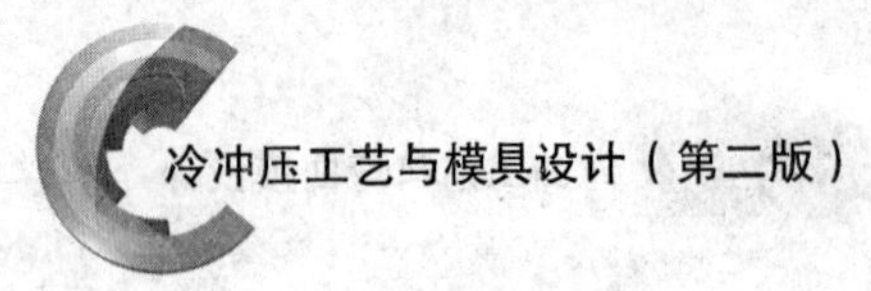

2．弯曲件的形状

弯曲件形状应尽量对称，弯曲半径左右一致，以保证板料不会因摩擦阻力不均匀而产生滑动，造成工件偏移。若工件不对称，在设计夹具结构时应考虑增设压料板，或增加工艺孔定位。

弯曲件形状应力求简单。某些带缺口的弯曲件，缺口只能安排在弯曲成形之后切去。若先将缺口冲出，弯曲时会发生叉口现象，严重时难以成形。

3．弯曲件中心孔位置

带孔弯曲件，若先加工孔再弯曲，则要求孔的位置处于弯曲变形区之外，否则孔要发生变形。孔边到弯曲半径中心的距离 B 与材料厚度有关。通常

$$B \geqslant t \qquad (B \leqslant 2\ \text{mm})$$

$$B \geqslant 2t \qquad (B > 2\ \text{mm})$$

若不能满足上述规定，且孔的公差等级要求较高时，须弯曲后再冲孔。

4．弯曲件直边高度

当弯曲 90°角时，为保证弯曲件质量，必须使其直边高度 h 大于厚度 t 的两倍以上；当 h 小于 $2t$ 时，则应先压槽弯曲或加大直边高度，待弯曲后将直边高出部分切除。当弯曲边带有斜角时，应使 $h=(2\sim4)t>3$ mm，如图 3—1—3 所示。

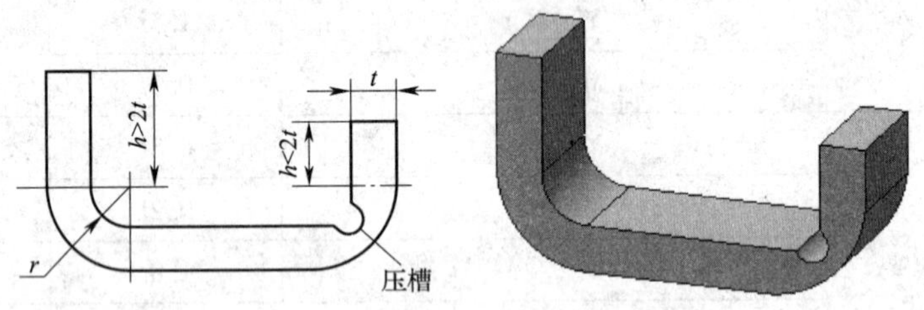

图 3—1—3　弯曲件直边高度示意图

5．防应力集中措施

如图 3—1—4 所示的情况，对于某一段边缘弯曲时，为防止尖角处由于应力集中而产生撕裂，可增添工艺孔、工艺槽或将曲线移动一定距离，以避开尺寸突变处，并使 $s \geqslant r$，$b \geqslant t$，$d \geqslant t$，$h=t+r+b/2$。

6．弯曲件尺寸的标注应考虑其工艺性

弯曲件尺寸的标注不同，会影响冲压工序的安排。如图 3—1—5a 图所示的弯曲件，可以先落料冲孔（合并工序）增加弯曲工序，工艺较简单。如图 3—1—5b 图所示的尺寸注法，冲孔只能安排在弯曲之后进行，增加了工序。

7．弯曲件的精度等级

材料弯曲后，所得工件的精度与很多因素有关。如与工件材料的性能、厚度，模具结构和模具尺寸公差等级，工序的多少和工序的先后顺序等有关。一般成形冲压件公差等级从高到低分为 FT1 ~ FT10 共 10 个等级，一般弯曲件的尺寸精度不高于 FT5 级；冲压件弯曲角度公差分 5 个等级，即 BT1 至 BT5，一般公差值不小于 0°30′。

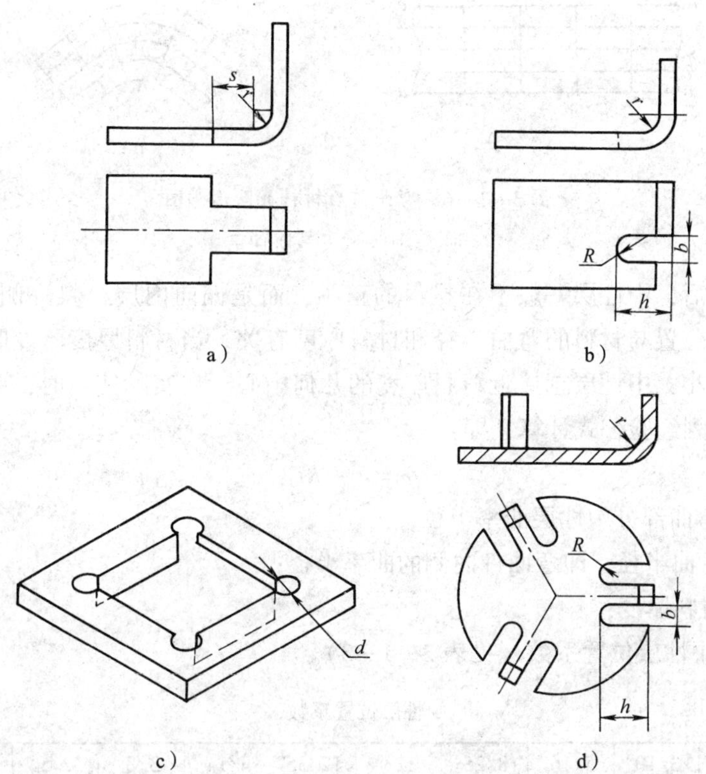

图 3—1—4 弯曲件防应力集中方法

a）工件弯曲状态 b）单U形工艺槽 c）圆工艺孔 d）多U形工艺槽

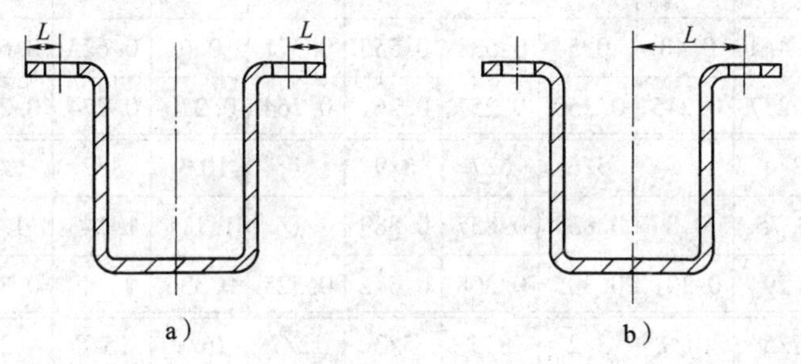

图 3—1—5 尺寸标注对工艺性的影响

a）边缘标注 b）中心标注

三、弯曲件毛坯长度计算

1. 中性层及中性层半径

弯曲使材料产生塑性变形，在弯曲后材料外层受拉伸长，材料内层受压缩短，中间一层材料长度保持不变，（如图 3—1—6 所示 $C—C'$层），该层材料称为中性层。

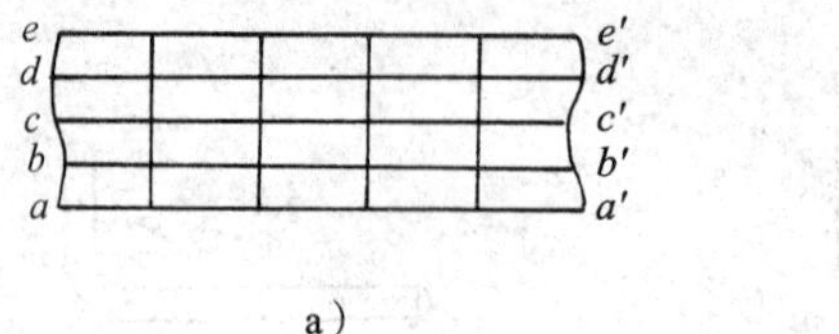

a）

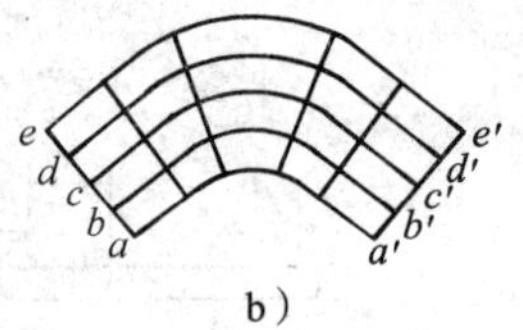

b）

图 3—1—6　弯曲前后材料截面示意图

a）弯曲前　b）弯曲后

工件弯曲后，中性层一般不在材料的正中，而是偏向内层材料一侧。实验证明，中性层的实际位置与材料的弯曲半径和材料厚度有关。当材料厚度不变时，弯曲半径越大，变形越小，中性层越接近材料厚度的几何中心。在实际使用时，中性层的曲率半径 ρ 可按下列经验公式计算，即：

$$\rho = r + Kt \qquad (3—1—1)$$

式中　ρ——弯曲部分中性层曲率半径；

r——弯曲半径，即弯曲件内侧的曲率半径；

t——材料厚度；

K——中性层位置系数（见表 3—1—3）。

表 3—1—3　　**中性层位置系数 *K***

r/t												
r/t	分数	3/10	5/16	8/25	1/3	12/35	5/14	3/8	2/5	5/12	3/7	
	小数	0.3	0.312 5	0.32	0.333	0.343	0.357	0.375	0.4	0.417	0.429	
K		0.194	0.199	0.201	0.206	0.209	0.213	0.219	0.226	0.230	0.233	
r/t	分数	4/9	12/25	1/2	8/15	5/9	4/7	3/5	5/8	2/3	7/10	5/7
	小数	0.444	0.48	0.5	0.533	0.555	0.571	0.6	0.625	0.667	0.7	0.714
K		0.237	0.245	0.250	0.257	0.261	0.264	0.270	0.274	0.281	0.286	0.288
r/t	分数	3/4	4/5	5/6	6/7	8/9	1	10/9	8/7	6/5	5/4	4/3
	小数	0.75	0.8	0.833	0.857	0.889	1	1.111	1.143	1.2	1.25	1.333
K		0.294	0.301	0.305	0.308	0.312	0.325	0.336	0.340	0.345	0.349	0.356
r/t	分数	7/5	10/7	3/2	8/5	5/3	12/7	16/9	15/8	2	25/12	15/7
	小数	1.4	1.429	1.5	1.6	1.667	1.714	1.778	1.875	2	2.083	2.143
K		0.362	0.346	0.369	0.376	0.380	0.384	0.387	0.393	0.400	0.405	0.408
r/t	分数	20/9	16/7	12/5	5/2	8/3	20/7	3	25/8	16/5	10/3	24/7
	小数	2.222	2.286	2.4	2.5	2.667	2.857	3	3.125	3.2	3.333	3.429
K		0.412	0.415	0.420	0.424	0.431	0.439	0.444	0.449	0.451	0.456	0.459
r/t	分数	7/2	25/7	15/4	4	25/6	30/7	35/8	40/9	9/2	24/5	5
	小数	3.5	3.571	3.75	4	4.167	4.286	4.375	4.444	4.5	4.8	5
K		0.461	0.463	0.469	0.476	0.480	0.483	0.485	0.487	0.488	0.495	0.500

对于大圆角弯曲半径（$r/t \geqslant 5$ 时），即弯曲变形程度不大时，中性层近似看作位于板厚的中央，其 K 值可近似取 0.5。

由于受材料性能、材料厚度偏差、弯曲角的大小、弯曲方式及模具结构的影响，即使处于同一 r/t 的比值，系数也不是一个定值，因此对于精度要求较高的弯曲件，最后还需要通过试弯求得其精确展开尺寸。

2. 弯曲件毛坯长度确定

（1）计算法

因材料弯曲后外层伸长，内层缩短，中性层长度不变，故弯曲件毛坯长度等于中性层的长度。

弯曲件展开长度等于直边部分与弯曲部分中性层长度之和，即

$$L_{总} = \Sigma L_{直边} + \Sigma L_{弯曲}$$

而弯曲部分长度可用下式计算，即

$$L_{弯曲} = \pi\rho \frac{\alpha}{180°} = \pi(r + Kt) \frac{\alpha}{180°} \qquad (3—1—2)$$

式中 r——弯曲半径；

K——中性层位置系数；

α——弯曲角，指弯曲加工终了时弯曲部分中性层所对应的圆心角，它等于弯曲制件直边夹角的补角；

t——材料厚度。

例 3—1—1 已知弯曲件形状如图 3—1—7，试计算其展开长度。

解：先将材料分解为直边和弯曲部分，过弯曲部分曲率中心 O 作两直边的垂线，垂足为 A、C，则直边部分为 AB 与 CD 段，而曲线部分为 AC 段。

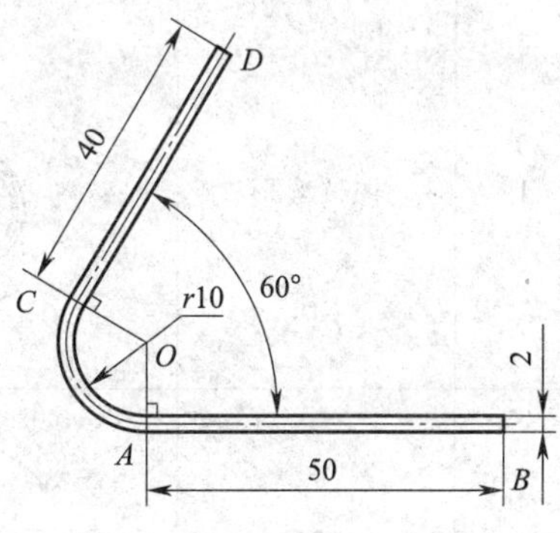

图 3—1—7 弯曲件零件图

因为 $L_{总} = \Sigma L_{直边} + \Sigma L_{弯曲}$

而 $\Sigma L_{直边} = |AB| + |CD| = 40 + 50 = 90$（mm）

$$\Sigma L_{弯曲} = \pi\rho \frac{\alpha}{180°} = \pi(r + Kt) \frac{\alpha}{180°}$$

查表 3—1—3 得 $K = 0.48$，而 $\alpha = 180° - 60° = 120°$

故 $\Sigma L_{弯曲} = 3.14 \times (10 + K \times 2) \times 120°/180° = 3.14 \times (10 + 0.48 \times 2) \times 2/3 \approx 22.94$(mm)

所以 $L_{总} = 90 + 22.94 = 112.94$（mm）

（2）查表法

当 $r \geqslant 0.5t$ 时各种毛坯展开长度计算可参考表 3—1—4 中的经验公式。

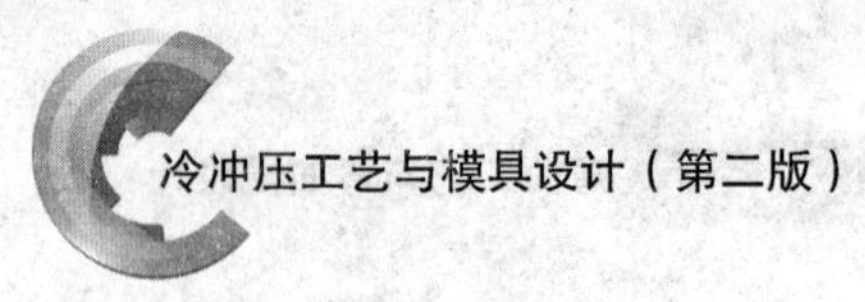

表 3—1—4　　毛坯展开长度的计算公式（$r \geqslant 0.5t$）

序号	弯曲性质	弯曲形状	毛坯展开长度公式
1	单直角弯曲	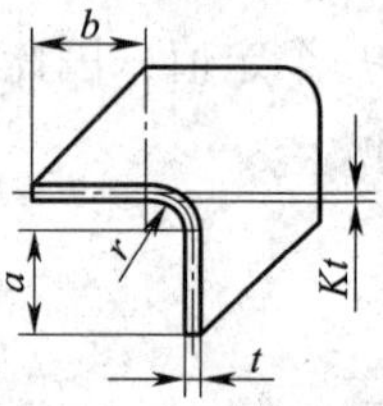	$L = a + b + \frac{\pi}{2}(r + Kt)$
2	双直角弯曲	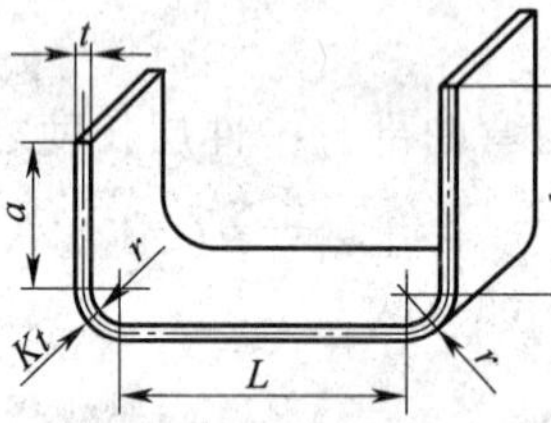	$L = a + b + L + \pi(r + Kt)$
3	四直角弯曲	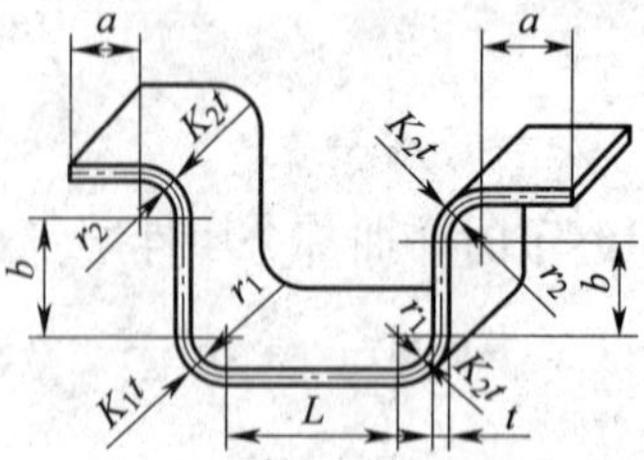	$L = 2a + 2b + L + \pi(r_1 + K_1 t) + \pi(r_2 + K_2 t)$
4	铰链弯形	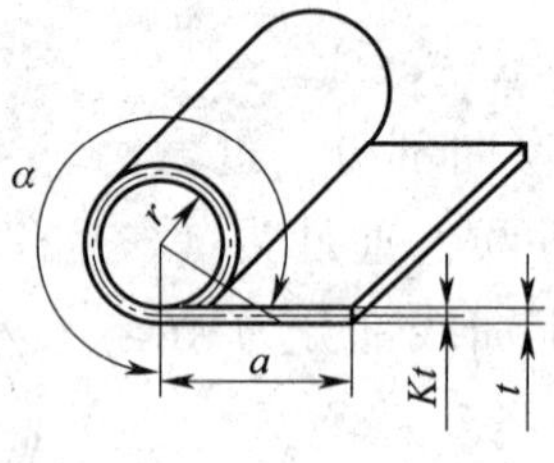	$L = a + \frac{\pi\alpha}{180^\circ}(r + Kt)$
5	半圆	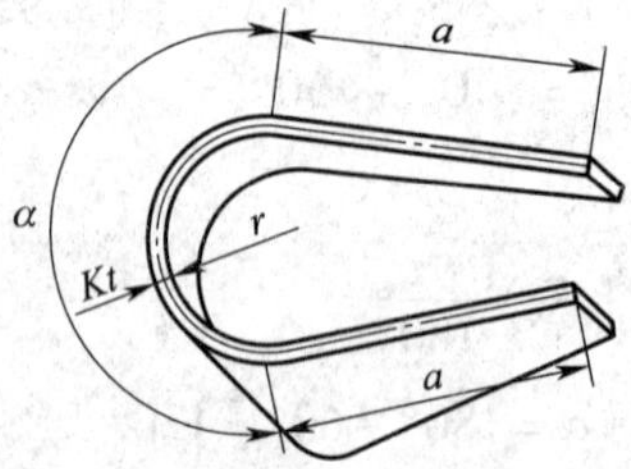	$L = 2a + \frac{\pi\alpha}{180^\circ}(r + Kt)$
6	圆形	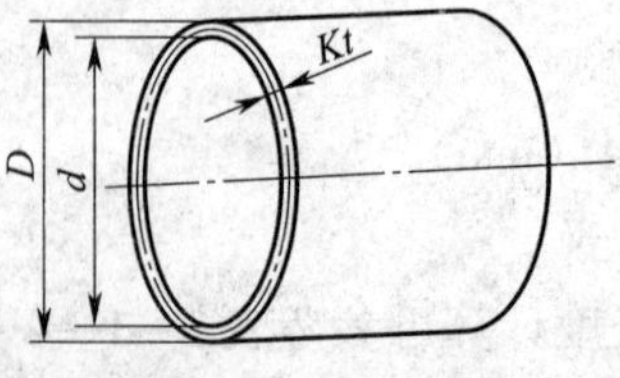	$L = \pi(d + 2Kt)$

当零件的弯曲半径 $r<0.5t$ 时，可近似看作不带圆角半径。毛坯长度根据毛坯与工件体积相等的原则进行计算。具体选择时可参考表 3—1—5 中的经验公式进行计算。

表 3—1—5 毛坯展开长度的计算公式（$r\geqslant 0.5t$）

序号	弯曲性质	弯曲形状	公式
1	弯曲一个角	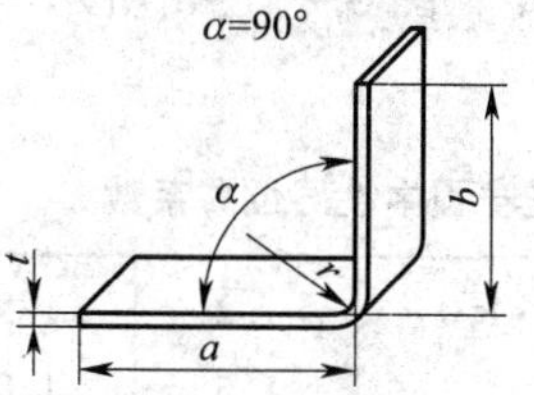 $\alpha=90°$	$L=a+b+0.5t$
		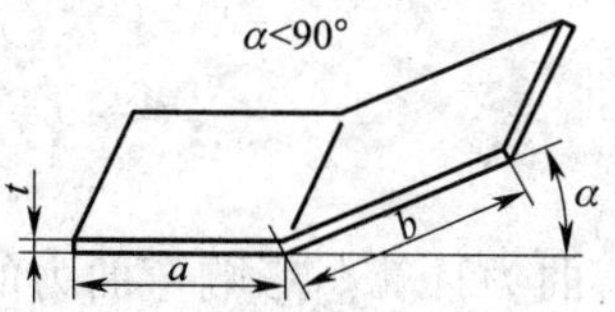 $\alpha<90°$	$L=a+b+\frac{\alpha}{90°}\times 0.5t$
		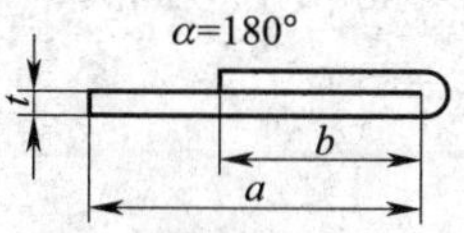 $\alpha=180°$	$L=a+b+t$
2	一次弯曲两个角	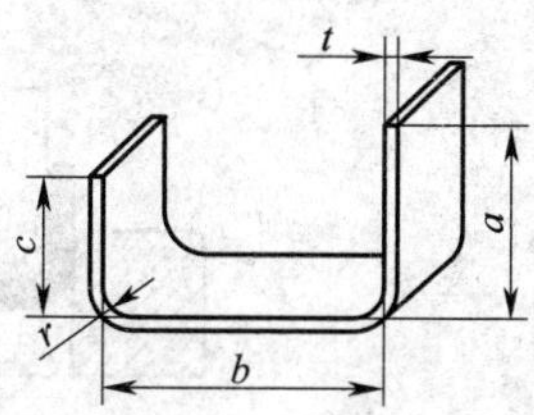	$L=a+b+c+0.5t$
3	一次弯曲三个角	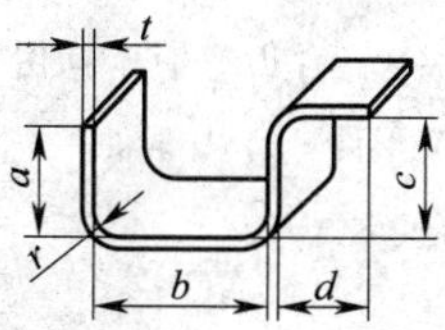	$L=a+b+c+d+0.75t$
4	一次弯曲四个角	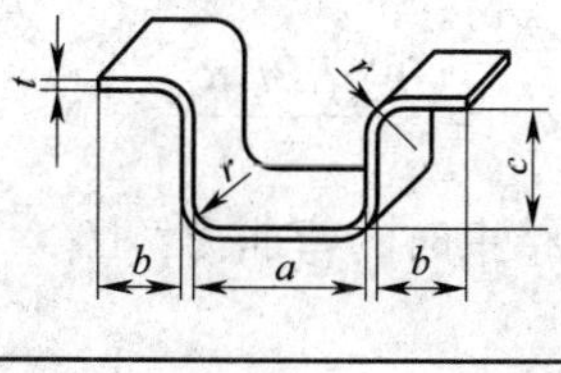	$L=a+2b+2c+t$

(3) 圆杆弯曲件展开长度计算

圆杆弯曲件（见图3—1—8），当 $r/d>1.5$ 时，弯曲部分的横截面几乎没有变化，中性层系数 K 值近似于0.5；而 $r/d<1.5$ 时，弯曲部分的横截面发生畸变，中性层系数 $K>0.5$，其值见表3—1—6。求得中性层位置后，加上直线部分，即得展开长度。图3—1—8所示零件 $L=L_1+L_2+\pi(r+Kd)$。

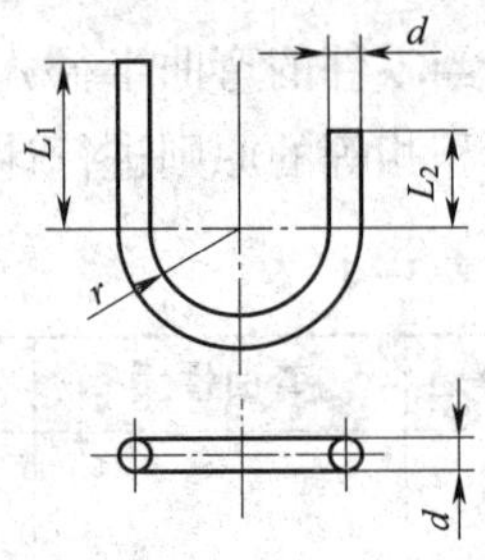

图3—1—8　圆杆弯曲件

表3—1—6　铰链卷圆中性层位置系数 K

r/t	>0.5～0.6	>0.6～0.8	>0.8～1.0	>1.0～1.2	>1.2～1.5	>1.5～1.8	>1.8～2.0	>2～2.2	>2.2
K	0.76	0.73	0.7	0.67	0.64	0.61	0.58	0.54	0.5

四、弯曲力的计算

为选择压力机吨位，需进行弯曲力计算。影响弯曲力的因素较多，弯曲力随材料的抗拉强度的增加而增加。对自由弯曲，弯曲力与材料宽度成正比，与厚度平方成正比。而增大凹模圆角半径及凹模开距则能减小弯曲力。此外，模具间隙和模具工作表面质量也影响弯曲力的大小。

1. 自由弯曲时的弯曲力

自由弯曲按弯曲件形状可分为V形件和U形件两种，如图3—1—9所示。

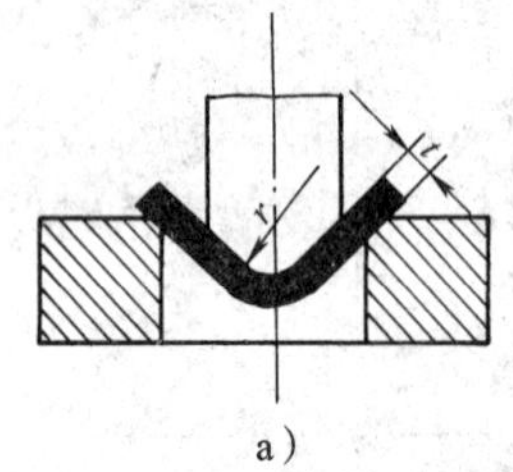

a）

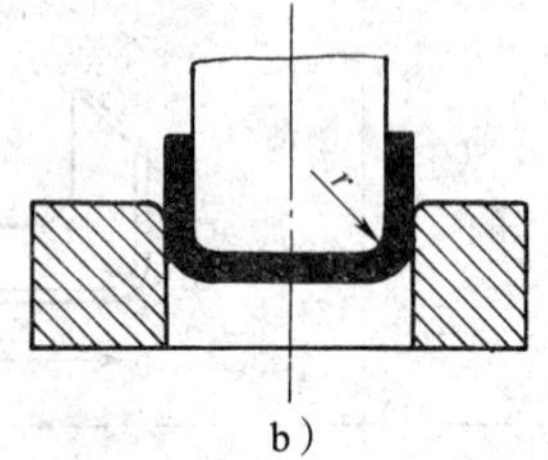

b）

图3—1—9　自由弯曲示意图

a）V形件　b）U形件

其弯曲力 F_w 计算如下：

U形件
$$F_w=\frac{0.7KBt^2R_m}{r+t} \tag{3—1—3}$$

V形件
$$F_w=\frac{0.6KBt^2R_m}{r+t} \tag{3—1—4}$$

式中　F_w——自由弯曲在冲压行程结束时的弯曲力，N；

B——弯曲件的宽度，mm；

t——弯曲件的厚度，mm；

r——弯曲件的弯曲半径，mm；

R_m——材料的抗拉强度，MPa；

K——安全系数，一般取 1.3 左右。

2. 校正弯曲时的弯曲力

图 3—1—10 所示为校正弯曲。

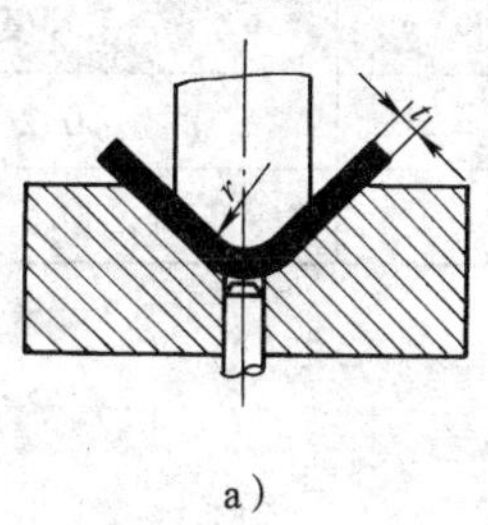

a）

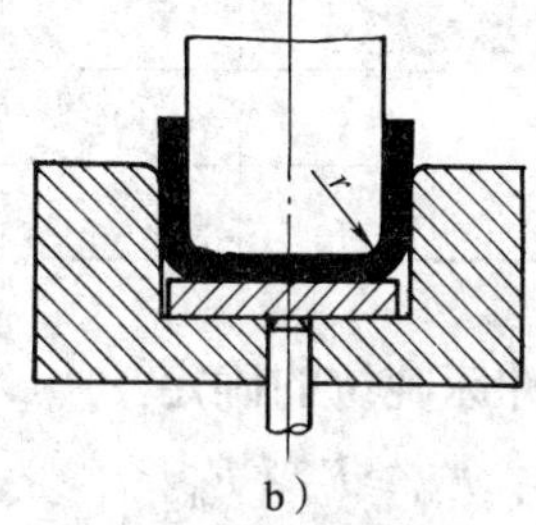

b）

图 3—1—10 校正弯曲示意图

a）V 形件 b）U 形件

当弯曲件在冲压结束时受到模具的压力校正时，受到弯曲校正力作用。弯曲校正力 F_j 计算如下：

$$F_j = Aq \tag{3—1—5}$$

式中 F_j——弯曲校正力，N；

A——工件被校正部分投影面积，mm；

q——单位校正力，MPa，具体选择见表 3—1—7。

表 3—1—7 单位校正力 q 的选择 MPa

材料	材料厚度			
	<1 mm	1 ~ 3 mm	3 ~ 6 mm	6 ~ 10 mm
铝	15 ~ 20	20 ~ 30	30 ~ 40	40 ~ 50
黄铜	20 ~ 30	30 ~ 40	40 ~ 60	60 ~ 80
10 钢、20 钢	30 ~ 40	40 ~ 60	60 ~ 80	80 ~ 100
25 钢、30 钢	40 ~ 50	50 ~ 70	70 ~ 100	100 ~ 120

必须指出，对于一般机械压力机，校正力与校模深浅及冲件材料厚度的变化有很大的关系。校模深浅和冲件厚度的微小变化对校正力会产生较大影响。因此表 3—1—7 中数据仅供参考。

3. 顶件力和压料力

顶件力和压料力值可近似取

$$F_d（或 F_y）= KF_w \tag{3—1—6}$$

式中 F_d——顶件力；

F_y——压料力；

F_w——自由弯曲力；

K——系数，详见表3—1—8。

表3—1—8 系数K值

用途	弯曲件复杂程度	
	简单	复杂
顶件	0.1～0.2	0.2～0.4
压料	0.3～0.5	0.5～0.8

4. 弯曲时冲床吨位的确定

自由弯曲时：$F_{冲} \geqslant F_w + F_d$。

校正弯曲时：由于校正弯曲力数值比自由弯曲力、顶件力或压料力大得多，故F_w、F_d可以忽略，即$F_{冲} \geqslant F_j$。

例3—1—2 V形弯曲件，材料为黄铜（H68），厚度为3 mm，宽度为100 mm，抗拉强度为400 MPa，弯曲内侧圆角半径R为3 mm，工件被校正部分在凹模上的投影面积为10 000 mm^2，求自由弯曲力及校正弯曲力。

解：（1）自由弯曲力计算

$$F_w = \frac{0.6KBt^2R_m}{r+t} = \frac{0.6 \times 1.3 \times 100 \times 3^2 \times 400}{3+3} = 46\ 800(\text{N}) = 46.8(\text{kN})$$

（2）校正弯曲力计算

查表3—1—7得q=30～40 MPa，取q为40 MPa，则：

$$F_j = A \times q = 40 \times 10\ 000 = 400\ 000(\text{N}) = 400(\text{kN})$$

由此可见，校正弯曲力比自由弯曲力大得多。

五、弯曲件的回弹

1. 回弹

在弯曲和成形加工终了，去除外载荷且制件离开模具后，工件的角度和圆角半径发生变化，与模具形状不一致，这种现象称为回弹。

回弹的大小，通常用回弹角$\Delta\alpha$和曲率回弹量$\Delta\rho$来表示。回弹角是指卸载前工件的弯曲角α_o与卸载后工件的实际弯曲角α之差，即$\Delta\alpha=\alpha_o-\alpha$。曲率回弹量是指卸载前工件弯曲处的曲率半径$\rho_o$与卸载后工件的实际曲率半径$\rho$之差，即$\Delta\rho=\rho_o-\rho$。

2. 影响回弹的主要因素

（1）材料的力学性能。材料的屈服强度越高，弹性模量越小，回弹越大。

（2）材料的相对弯曲半径r/t及弯曲中心角α。r/t越小，变形程度越大，弹性变形在总变形中的比重越小，回弹角 $\Delta\alpha$ 越小。弯曲中心角 α 越大，回弹积累值越大，回弹角 $\Delta\alpha$ 越大。

（3）凸、凹模间隙。在弯曲 U 形件时，凸、凹模单边间隙对 $\Delta\alpha$ 有很大影响。间隙越小，$\Delta\alpha$ 也越小。当采用负间隙时，由于模具对材料产生挤压作用，可使回弹减小到最小值，甚至等于零或负值。U 形件弯曲时的回弹角 $\Delta\alpha$ 的值可查表 3—1—9。

表 3—1—9　　U 形件弯曲时的回弹角 $\Delta\alpha$

材料的牌号和状态	r/t	凸模和凹模的单边间隙 c						
		$0.8t$	$0.9t$	t	$1.1t$	$1.2t$	$1.3t$	$1.4t$
		回弹角 $\Delta\alpha$						
2A12（T4）	2	-2°	0°	2°30′	5°	7°30′	10°	12°
	3	-1°	1°30′	4°	6°30′	9°30′	12°	14°
	4	0°	3°	5°30′	8°30′	11°30′	14°	16°30′
	5	1°	4°	7°	10°	12°30′	15°	18°
	6	2°	5°	8°	11°	13°30′	16°30′	19°30′
2A12（O）	2	-1°30′	0°	1°30′	3°	5°	7°	8°30′
	3	-1°30′	0°30′	2°30′	4°	6°	8°	9°30′
	4	-1°	1°	3°	4°30′	6°30′	9°	10°30′
	5	-1°	1°	3°	5°	7°	9°30′	11°
	6	-0°30′	1°30′	3°30′	6°	8°	10°	12°
7A04（T4）	3	3°	7°	10°	12°30′	14°	16°	17°
	4	4°	8°	11°	13°30′	15°	17°	18°
	5	5°	9°	12°	14°	16°	18°	20°
	6	6°	10°	13°	15°	17°	20°	23°
	8	8°	13°30′	16°	19°	21°	23°	26°
7A04（O）	2	-3°	-2°	0°	3°	5°	6°30′	8°
	3	-2°	-1°30′	2°	3°30′	6°30′	8°	9°
	4	-1°30′	-1°	2°30′	4°30′	7°	8°30′	10°
	5	-1°	-1°	3°	5°30′	8°	9°	11°
	6	0°	-0°30′	3°30′	6°30′	8°30′	10°	12°

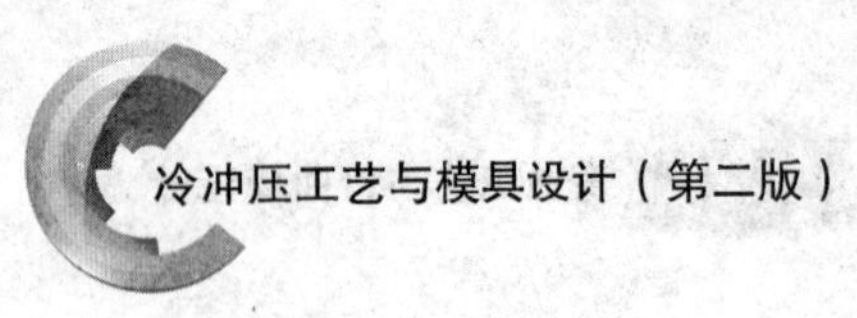

续表

材料的牌号和状态	r/t	凸模和凹模的单边间隙 c						
		0.8t	**0.9t**	**t**	**1.1t**	**1.2t**	**1.3t**	**1.4t**
		回弹角 $\Delta\alpha$						
20 钢（已退火）	1	−2°30′	−1°	0°30′	1°30′	3°	4°	5°
	2	−2°	−0°30′	1°	2°	3°30′	5°	6°
	3	−1°30′	0°	1°30′	3°	4°30′	6°	7°30′
	4	−1°	0°30′	2°30′	4°	5°30′	7°	9°
	5	−0°30′	1°30′	3°	5°	6°30′	8°	10°
	6	−0°30′	2°	4°	6°	7°30′	9°	11°
30CrMnSiA	1	−1°	−0°30′	0°	1°	2°	4°	5°
	2	−2°	−1°	1°	2°	4°	5°30′	7°
	3	−1°30′	0°	2°	3°30′	5°	6°30′	8°30′
	4	−0°30′	1°	3°	5°	6°30′	8°30′	10°
	5	0°	1°30′	4°	6°	8°	10°	11°
	6	0°30′	2°	5°	7°	9°	11°	13°
1Cr18Ni9Ti	1	−2°	−1°	−0°30′	0°	0°30′	1°30′	2°
	2	−1°	−0°30′	0°	1°	1°30′	2°	3°
	3	−0°30′	0°	1°	2°	2°30′	3°	4°
	4	0°	1°	2°	2°30′	3°	4°	5°
	5	0°30′	1°30′	2°30′	3°	4°	5°	6°
	6	1°30′	2°	3°	4°	5°	6°	7°

（4）弯曲件的形状。一般来说，U 形件因两边相互牵制的作用，故 U 形件的回弹比 V 形件要小。复杂形状弯曲件若一次弯成，由于各部分相互牵制，回弹困难，故回弹角减小。

（5）模具尺寸。当凸模半径一定，V 形弯曲件的回弹因凹模开距增大而减小。凸模半径大而凹模开距过小时，回弹很大。U 形凹模开口越深，回弹越小。

（6）弯曲方式

1）自由弯曲。自由弯曲时回弹较大。分两种情况讨论：

当 $r/t>10$ 时，称为大半径自由弯曲，此时回弹值较大，应分别计算角度回弹量 $\Delta\alpha$ 和曲率回弹量 $\Delta\rho$。在设计中，凸模圆角半径可近似取 $r'=r/H$，凸模中心角 $\alpha'=H\alpha$。式中 r、α 为弯曲件图样上的半径及弯曲角。H 为回弹系数，它取决于材料性质和相对弯曲半径。常用材料的 H 值可由图 3—1—11 查得。

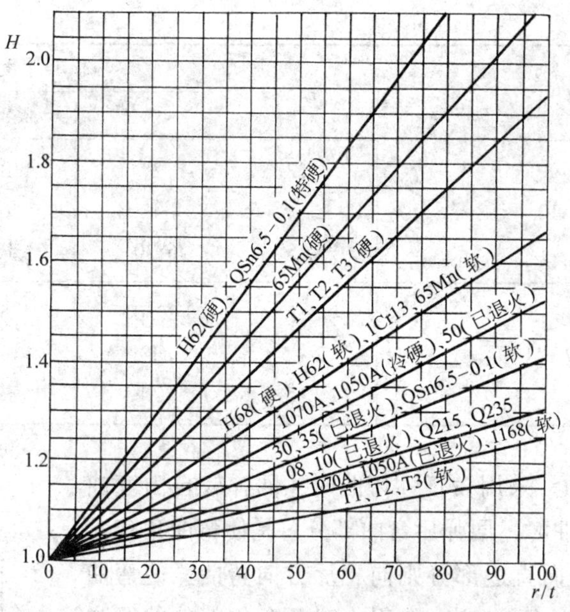

图 3—1—11　回弹系数 H 的线图

当 $r/t<5$ 时，由于变形程度大，回弹后仅弯曲中心角发生了变化，曲率半径变化较小，可不予考虑。90°单角自由弯曲时的回弹角可查表 3—1—10。

表 3—1—10　　90°单角自由弯曲时的回弹角

材料	r/t	材料厚度 t（mm）		
		<0.8	0.8~2	>2
软钢板 $R_m=350$ MPa；黄铜、铝和锌 $R_m=350$ MPa	<1	4°	2°	0°
	1~5	5°	3°	1°
	>5	6°	4°	2°
中等硬度的钢 $R_m=400\sim500$ MPa；硬黄铜、硬青铜 $R_m=350\sim400$ MPa	<1	5°	2°	0°
	1~5	6°	3°	1°
	>5	8°	5°	3°
硬钢 $R_m>550$ MPa	<1	7°	4°	2°
	1~5	9°	5°	3°
	>5	12°	7°	6°
A1T 钢、电工钢	<1	1°	1°	1°
	1~5	4°	4°	4°
30CrMnSiA	<2	2°	2°	2°
	2~5	4°30′	4°30′	4°30′
	>5	8°	8°	8°

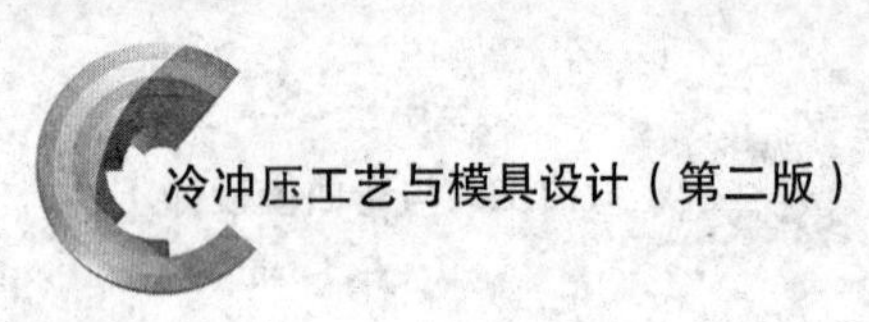

续表

材料	r/t	材料厚度 t（mm）		
		<0.8	0.8～2	>2
硬铝 2A12	<2	2°	3°	4°30′
	2～5	4°	6°	8°30′
	>5	6°30′	10°	14°
超硬铝 7A04	<2	2°30′	5°	8°
	2～5	4°	8°	11°30′
	>5	7°	12°	19°

2）校正性弯曲。采用校正性弯曲时，回弹较自由弯曲时减小。校正性弯曲时，回弹后弯曲部分总是使弯曲角变大（回弹角为正值），而直边部分则向相反方向弯曲，使弯曲角变小（回弹角为负值）。当 r/t 很大时，弯角部分的回弹大，总的回弹角是正值。而当 r/t 小于某一数值时，直边部分的回弹值大于弯曲部分的回弹，则总的回弹是负值。当 r/t 等于某数值时，两部分的回弹角相抵消，总的回弹角等于零，但并不表示没有回弹，如图3—1—12所示。

第一种情况：当 r/t 大时，$\Delta\alpha_{角} > \Delta\alpha_{直}$，故 $\Delta\alpha_{角}$（$\Delta\alpha_{直}$）为正值；

第二种情况：当 r/t 合适时，$\Delta\alpha_{角} = \Delta\alpha_{直}$，故 $\Delta\alpha_{角}$（$\Delta\alpha_{直}$）≈ 0；

第三种情况：当 r/t 小时，$\Delta\alpha_{角} < \alpha_{直}$，故 $\Delta\alpha_{角}$（$\Delta\alpha_{直}$）为负值。

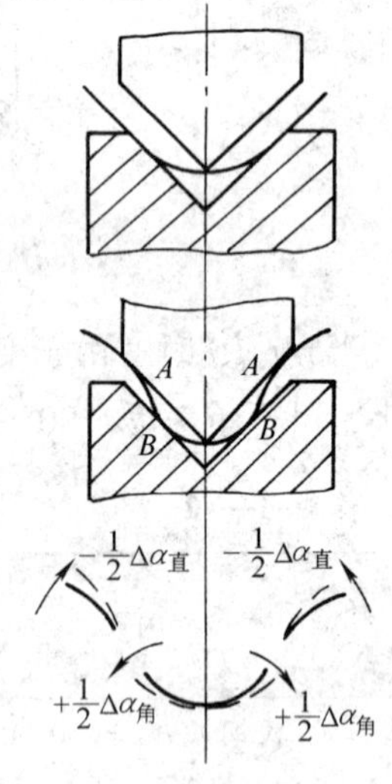

图 3—1—12　校正性弯曲的各种回弹情况

3. 控制回弹的措施

由于塑性变形的同时总是伴随着弹性变形，所以要完全消除弯曲件的回弹是不可能的，但可以采取各种措施来控制回弹，以提高弯曲件的精度。具体如下：

（1）改进弯曲件的结构设计，增加工件刚度。可在制件转角处压出加强筋，不仅可以提高制件的刚度，还可以减小回弹。

（2）提高材料塑性。优先选用屈服强度小、弹性模量大、力学性能较稳定的材料；对于硬材料或经冷作硬化的材料在弯曲前应进行退火处理；也可采用热冲压。

（3）提高变形程度和校正力。V 形件弯曲时，在许可弯曲半径范围内，使 r/t 接近或等于 1～1.5，可得到最小回弹角；U 形件弯曲时，采用负间隙弯曲，使凸模、凹模之间的单边间隙比材料厚度的基本尺寸小 3%～5%，弯曲过程中材料有挤薄作用，从而减小回弹角。

（4）补偿法。根据弯曲件的回弹趋势与回弹量，修正冲模工作部分的几何形状与尺寸，使弯曲后的工件回弹量恰好得到补偿。

例如，弯曲 V 形件时，可以根据工件可能产生的回弹角，将凸模弯曲角预先做小（见图 3—1—13a），或将凸模与凹模做出等于回弹角的倾斜度（见图 3—1—13b），使工件回弹后恰好等于它要求的角度。

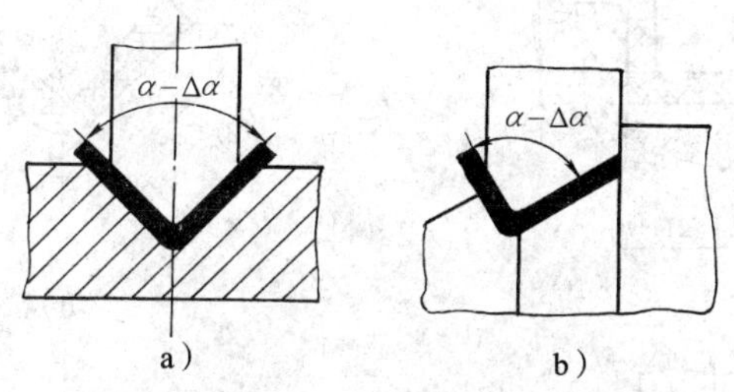

图 3—1—13　V 形件回弹补偿措施

a）对称补偿　b）倾斜补偿

在弯曲 U 形件时，可将凸模两侧分别做出等于回弹角的斜边（见图 3—1—14a），或将凹模内的顶件器做成凸出的弧状，以造成工件底部的局部弯曲，当工件自弯曲模中取出后，由于底部曲面伸直（见图 3—1—14b），使两边产生负回弹，从而补偿了直边张开所产生的正回弹。

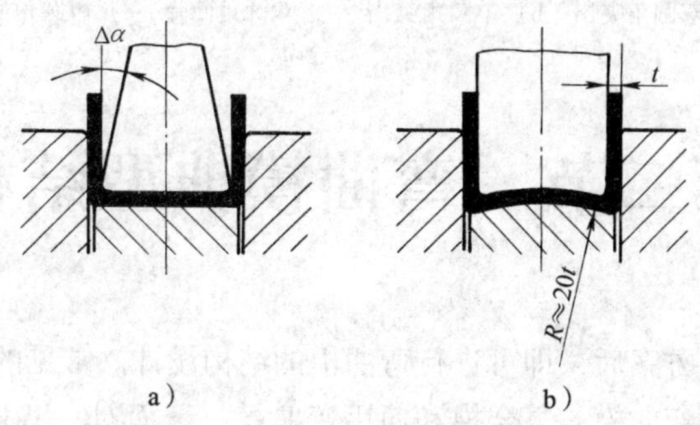

图 3—1—14　U 形件回弹补偿措施

a）直边回弹补偿　b）圆弧边回弹补偿

（5）减小凸、凹模的间隙。减小凸、凹模之间的间隙，增大弯曲力，也可增加圆角处塑性变形程度。

（6）采用拉弯工艺。对于弯曲半径非常大的弯曲件，使之在受拉过程中弯形，可以减小回弹角。拉弯是将材料先轴向拉伸，再弯曲；或先弯曲，再拉伸；或拉伸后弯曲再拉伸。

（7）采用校正弯曲。校正法是在模具结构上采取措施，使校正力集中在弯角处，力求消除弹性变形，克服回弹。

如图 3—1—15a、b 所示的凸模，圆角部分突出，校正时材料首先和凸模凸出部分接触，使校正力集中在较小的接触面上，提高单位面积的受力。图 3—1—15c、d 所示的凹模圆角 R 大于凸模圆角 r 与材料厚度 t 之和，能使工件圆角部分材料变薄，达到消除回弹的效果。

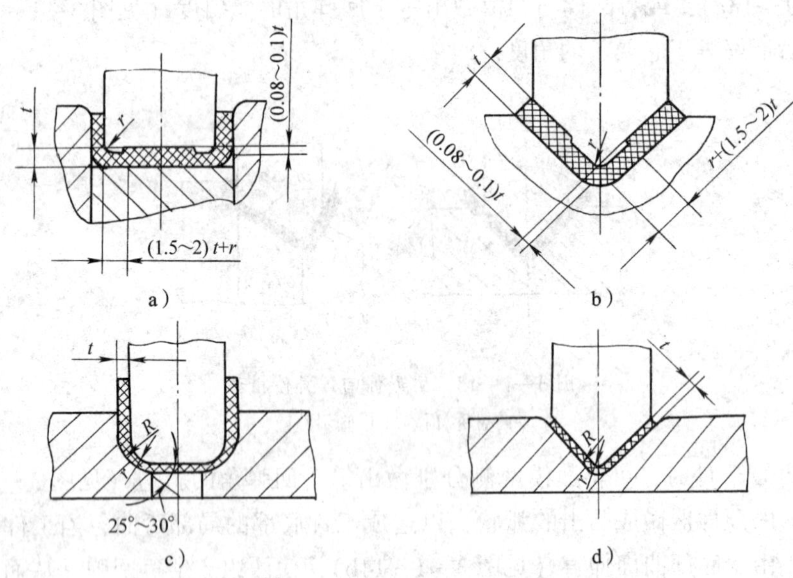

图 3—1—15　用校正法克服回弹

a）双圆角突出　b）单圆角突出　c）双圆角回弹　d）单圆角回弹

第二节　弯曲模典型结构

确定弯曲件工艺方案后，即可进行弯曲模的结构设计。常见的弯曲模结构类型有：单工序弯曲模、级进弯曲模、复合模和通用弯曲模。下面对一些比较典型的模具结构简单介绍如下。

一、单工序弯曲模

1. V 形件弯曲模

V 形件形状简单，能一次弯曲成形。

图 3—2—1 所示为 V 形件弯曲模的基本结构。该模具的优点是结构简单，在压力机上安装及调整方便，对材料厚度的公差要求不严，工件在冲程终了时将得到不同程度的校正，因而回弹较小，工件的平面度较好。顶杆 7 既起顶料作用，又起压料作用，可防止材料偏移。

2. U 形件弯曲模

图 3—2—2 所示为弯曲角小于 90°的 U 形件弯曲模。压弯时凸模首先将坯料弯曲成 U 形，当凸模继续下压时，两侧的转动凹模使坯料最后压弯成弯曲角小于 90°的 U 形件。凸模上升，弹簧使转动凹模复位，工件则由垂直图面方向从凸模上卸下。

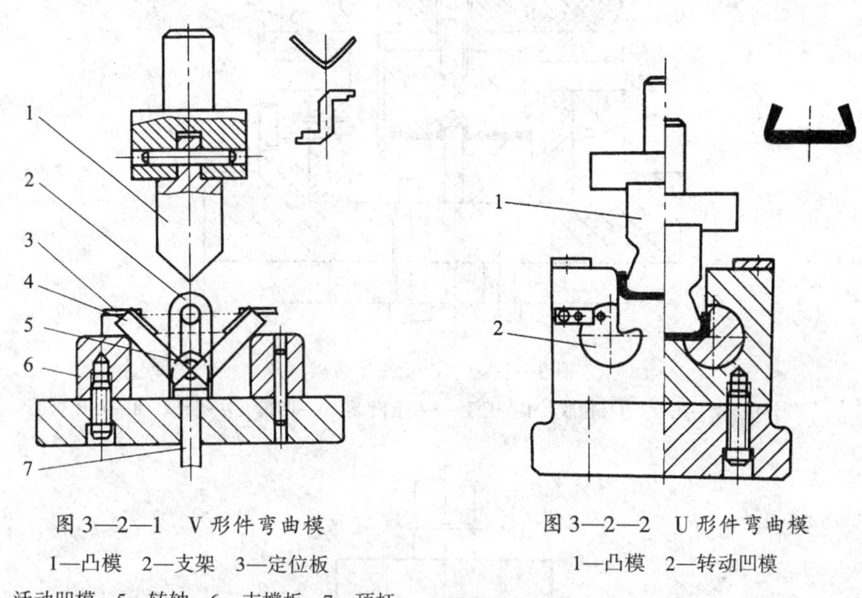

图 3—2—1 V 形件弯曲模

1—凸模 2—支架 3—定位板

4—活动凹模 5—转轴 6—支撑板 7—顶杆

图 3—2—2 U 形件弯曲模

1—凸模 2—转动凹模

3. Z 形件弯曲模

图 3—2—3 所示为 Z 形件弯曲模，由于 Z 形件两直边弯曲方向相反，所以弯曲模必须包括向两个方向弯曲的动作。弯曲前由于橡胶作用使凹模 6 与凸模 7 的端面平齐。弯曲时，凸模 7 与顶料板 1 将毛坯夹紧，由于托板 2 上橡胶的弹力大于作用在顶板上弹顶装置的弹力，迫使顶板向下运动，完成左端弯曲。当顶板接触下模板后，上模继续下降，迫使橡胶 3 压缩，凹模 6 和顶料板 1 完成右端的弯曲。当压柱 4 与上模板 5 相碰时，整个工件得到校正。

4. 内斜楔弯曲模

如图 3—2—4 所示，毛坯件放在压板 15 上，用定位板 16 定位。当上模下行时，凸模 17 通过压板 15 将毛坯件先压成 U 形，并进入两成形滑板 14 中间，随上模下行，压柱 4 压成形滑块 14 向下运动，并沿座架 11 的斜面向中心收缩，将工件挤压成形。本模具结构用于弯制厚度 1 mm 以内的弹性夹类弯曲件。

5. 铰链立式弯曲模

铰链立式弯曲模如图 3—2—5 所示，本模具适用于单铰链卷圆。

将预弯件放入凹模镶块 4 的凹槽内定位。上模下行时，凸模 3 压顶板 7 向下的同时，与凹模镶块 4 将工件卷弯成形。

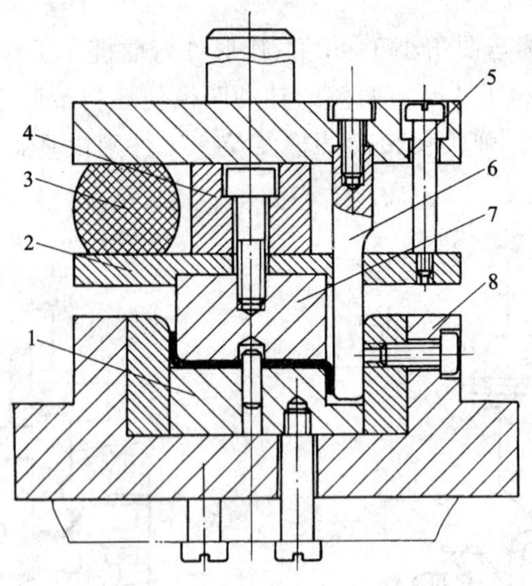

图 3—2—3　Z 形件弯曲模

1—顶料板　2—托板　3—橡胶　4—压柱　5—上模板　6—凹模　7—凸模　8—下模板

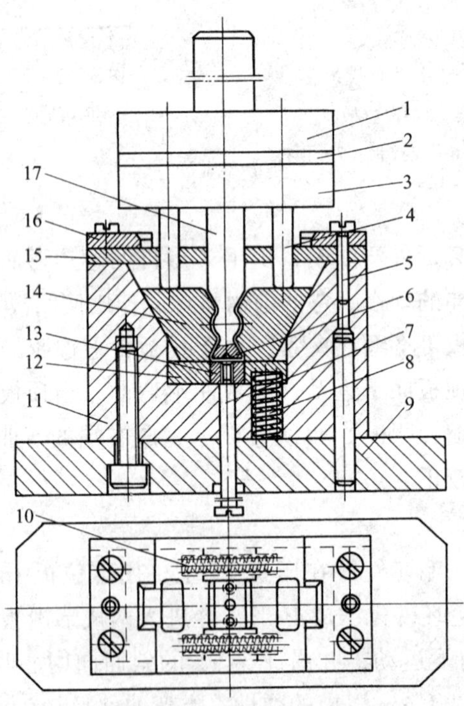

图 3—2—4　内斜楔弯曲模

1—上板　2—垫板　3—固定板　4—压柱　5—圆销　6—定位销　7—顶杆　8—弹簧　9—底座　10—弹簧　11—座架　12—托板　13—顶板　14—成形滑板　15—压板　16—定位板　17—凸模

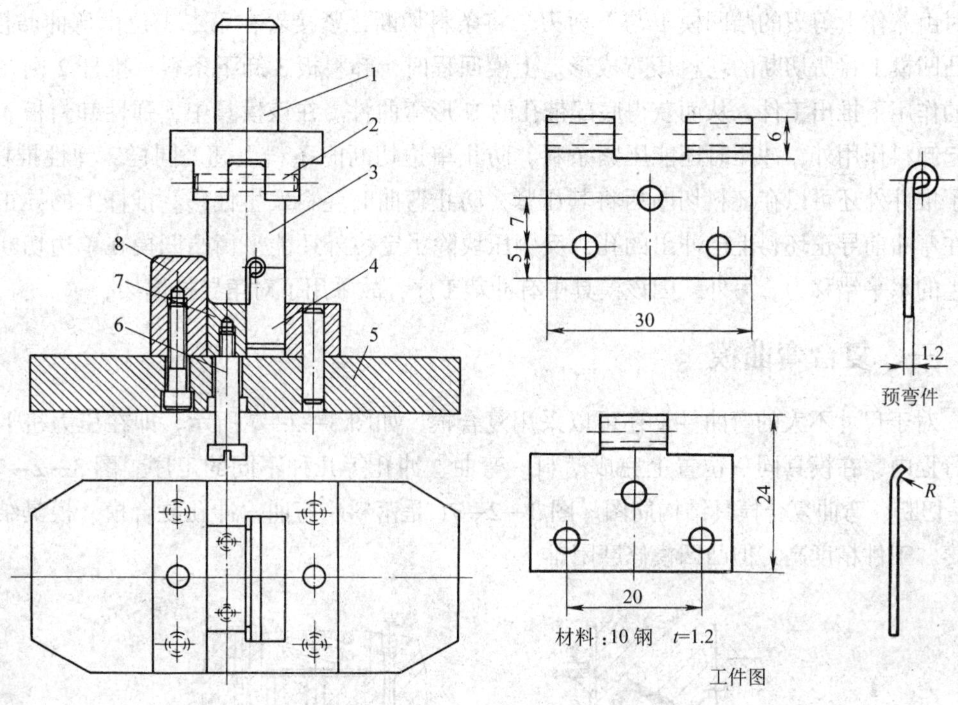

图 3—2—5 铰链立式弯曲模

1—模柄 2—圆销 3—凸模 4—凹模镶块 5—底座 6—顶杆 7—顶板 8—凹模固定板

二、级进弯曲模

图 3—2—6 所示为冲孔、切断和弯曲两工位级进模，条料以导料板导向并送至反侧压块 5 的右侧定距。上模下行时，在第一工位由冲孔凸模 4 与冲孔凹模 8 完成冲孔，

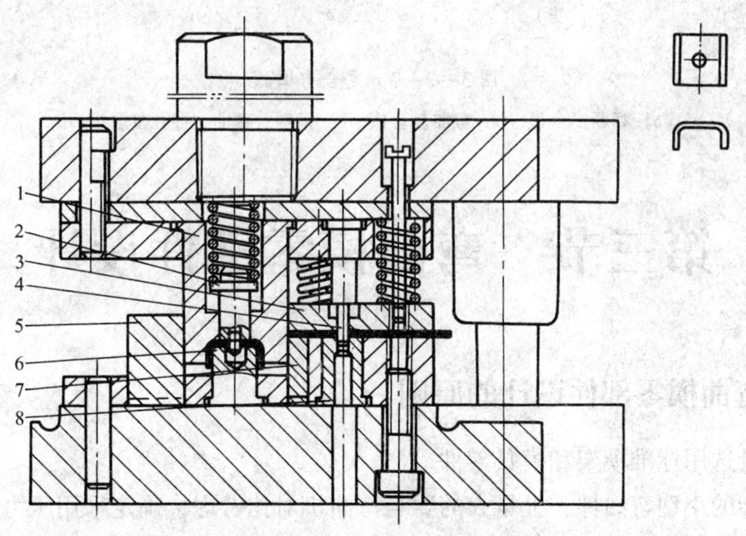

图 3—2—6 级进弯曲模

1—凸凹模 2—推杆 3—卸料板 4—冲孔凸模 5—反侧压块 6—弯曲凸模 7—下剪刃 8—冲孔凹模

同时由兼作上剪刃的凸凹模 1 与下剪刃 7 将条料切断，紧接着在第二工位由弯曲凸模 6 与凸凹模 1 将所切断的坯料压弯成形。上模回程时，卸料板 3 卸下条料，推杆 2 则在弹簧的作用下推出工件，从而获得底部带孔的 U 形弯曲件。在该模具中，弹性卸料板 3 除了起卸料作用外，冲压时还能压紧条料，防止单边切断时条料上翘。同样，弹性推杆 2 除了推件外还可以在坯料切断后将其压紧，防止弯曲时坯料发生偏移。推杆上的导正销能在弯曲前导正坯料上已冲出的孔，反侧压块除了定位外还能平衡凸凹模在单边切断时产生的水平错移力。另外，因该模具中有冲裁工序，故采用了对角导柱模架。

三、复合弯曲模

对于尺寸不大的弯曲件，还可以采用复合模，如图 3—2—7 所示。即在压力机上一次行程内，在模具同一位置上完成落料、弯曲、冲孔等几种不同的工序。图 3—2—7a、b 是切断、弯曲复合模具结构简图。图 3—2—7c 是落料、弯曲、冲孔复合模，模具结构紧凑，工件精度高，但凸凹模修磨困难。

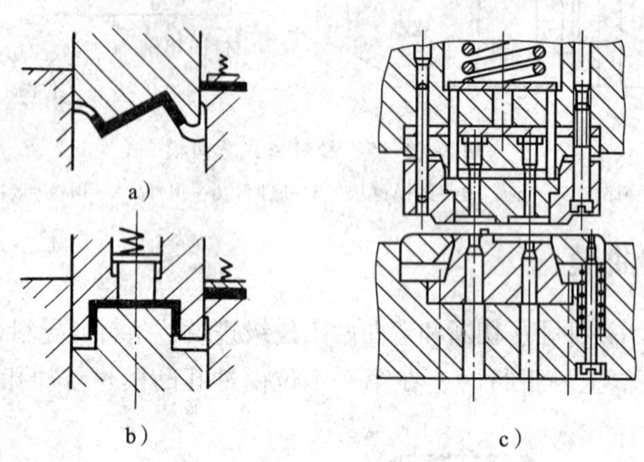

图 3—2—7　复合弯曲模

a）切断复合模　b）弯曲复合模　c）落料、弯曲、冲孔复合模

第三节　弯曲模零部件设计

一、弯曲模零部件设计的原则

1．尽量选用标准模架和模具零件。

2．复杂的小型弯曲件，批量大的要与弯曲机对比考虑，确定采用压力机还是采用弯曲机。

3．对称模具的模架要明显不对称，以防止上模和下模装错位置。

4．弹性材料回弹的准确数值只能通过试模获得，因而模具结构要使凸（凹）模便于拆卸，便于修改。

5．弯曲件的凸模圆角和凹模圆角应分别做成两侧相等。

6．U 形件弯曲校正力大时也会贴住凸（凹）模，需要卸料装置。

7．若凸（凹）模端面上的单位压力大于模板材料的许用抗压应力，则连接处应采用垫板。

8．小型单侧弯曲件，有时可将两件同时弯曲，变为对称弯曲，以防止工件滑动，然后将弯曲件剖切开来。

9．校正力集中在弯曲件圆角处，效果更好。因此，对于带顶板的弯曲模（如 U 形弯曲模），其凹模内侧靠近底部应做出圆弧，圆弧尺寸与弯曲件相适应。

二、弯曲模工作部分尺寸设计

1．凸、凹模间隙

（1）凸、凹模间隙，是指凸、凹模之间单边间隙，用 c 表示。

（2）间隙的大小对工件质量和弯曲力有很大的影响。间隙越小，则弯曲力越大；间隙过小，会使工件边部壁厚减薄，降低凸模寿命；间隙过大，则回弹大，降低工件的精度。

（3）间隙的确定方法。弯曲 V 形件，其凸、凹模间隙由调整压力机闭合高度来控制，不需要在设计、制造模具时确定。弯曲 U 形件，凸、凹模单边间隙 c 一般可按下式计算：

$$c = t + nt = (1 + n)t \tag{3—3—1}$$

式中 c——弯曲模凸、凹模单边间隙，mm；

t——工件材料厚度，mm；

n——间隙系数，可按表 3—3—1 选取。

表 3—3—1　U 形件弯曲模凸、凹模的间隙系数 n 值

<table>
<tr><th rowspan="3">弯曲件 H（mm）</th><th colspan="4">B/H≤2</th><th colspan="5">B/H>2</th></tr>
<tr><th colspan="9">材料厚度 t（mm）</th></tr>
<tr><th><0.5</th><th>0.6～2</th><th>2.1～4</th><th>4.1～5</th><th><0.5</th><th>0.6～2</th><th>2.1～4</th><th>4.1～7.6</th><th>7.6～12</th></tr>
<tr><td>10</td><td rowspan="2">0.05</td><td rowspan="3">0.05</td><td rowspan="3">0.04</td><td>—</td><td rowspan="2">0.10</td><td rowspan="3">0.10</td><td rowspan="3">0.08</td><td>—</td><td>—</td></tr>
<tr><td>20</td><td rowspan="2">0.03</td><td rowspan="3">0.06</td><td rowspan="3">0.06</td></tr>
<tr><td>35</td><td>0.07</td><td>0.15</td></tr>
<tr><td>50</td><td rowspan="2">0.10</td><td rowspan="3">0.07</td><td rowspan="3">0.05</td><td>0.04</td><td rowspan="2">0.20</td><td rowspan="3">0.15</td><td rowspan="3">0.10</td></tr>
<tr><td>75</td><td rowspan="3">0.05</td><td rowspan="3">0.10</td><td rowspan="2">0.08</td></tr>
<tr><td>100</td><td>—</td><td>—</td></tr>
<tr><td>150</td><td>—</td><td rowspan="2">0.10</td><td rowspan="2">0.07</td><td>—</td><td rowspan="2">0.20</td><td rowspan="2">0.15</td><td rowspan="2">0.10</td></tr>
<tr><td>200</td><td>—</td><td>0.07</td><td>—</td><td>0.15</td></tr>
</table>

注：表中 B 表示弯曲件宽度，H 表示弯曲件高度。

当工件精度要求较高时，其间隙应适当缩小，取 $c=t$。某些情况，甚至选取略小于材料厚度的负间隙。

2. 凸、凹模工作部分的尺寸与公差

（1）用外形尺寸标注的弯曲件，应以凹模为基准先确定凹模尺寸。

1）当工件为双向偏差时（见图 3—3—1a），凹模尺寸为：

$$L_a = (L - 0.5\Delta)^{+\delta_a}_{0} \qquad (3—3—2)$$

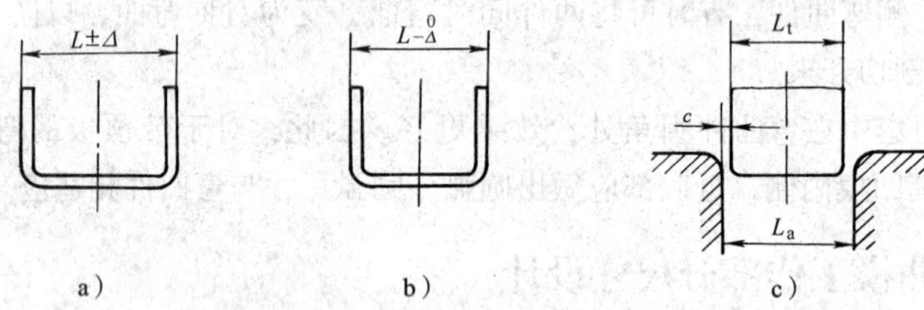

图 3—3—1　用外形尺寸标注的弯曲件

a）双向偏差时凹模尺寸　b）单向偏差时凹模尺寸　c）凸模尺寸

2）当工件为单向偏差时（见图 3—3—1b），凹模尺寸为：

$$L_a = (L - 0.75\Delta)^{+\delta_a}_{0} \qquad (3—3—3)$$

3）凸模尺寸（见图 3—1—3c）均为：

$$L_t = (L_a - 2c)^{0}_{-\delta_t} \qquad (3—3—4)$$

式（3—3—2）至式（3—3—4）中

L_a——凹模尺寸，mm；

L_t——凸模尺寸，mm；

L——弯曲件的基本尺寸，mm；

Δ——弯曲件的尺寸公差，mm；

c——凸、凹模之间的单边间隙，mm；

δ_t、δ_a——凸、凹模的制造公差，采用 IT9 ~ IT7 标准公差等级。

（2）用内形尺寸标注的弯曲件，应以凸模为基准先确定凸模尺寸。

1）当工件为双向偏差时（见图 3—3—2a），凸模尺寸为：

$$L_t = (L + 0.5\Delta)^{0}_{-\delta_t} \qquad (3—3—5)$$

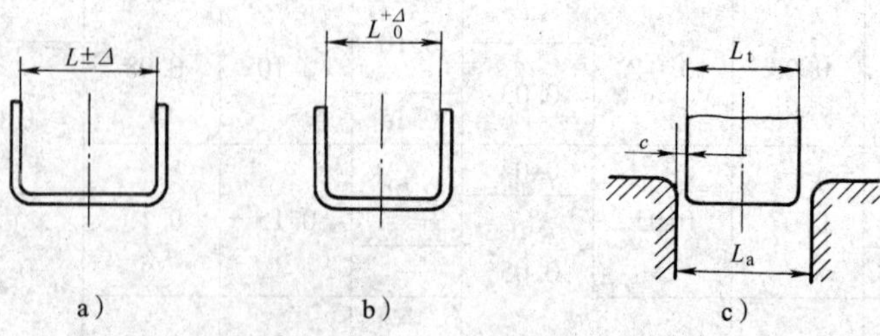

图 3—3—2　用内形尺寸标注的弯曲件

a）双向偏差时凸模尺寸　b）单向偏差时凸模尺寸　c）凹模尺寸

2）当工件为单向偏差时（见图3—3—2b），凸模尺寸为：

$$L_t = (L + 0.75\Delta)_{-\delta_t}^{0} \tag{3—3—6}$$

3）凹模尺寸（见图3—3—2c）均为：

$$L_a = (L + 2c)_{0}^{+\delta_a} \tag{3—3—7}$$

式（3—3—5）至式（3—3—7）中

L_a——凹模尺寸，mm；

L_t——凸模尺寸，mm；

L——弯曲件的基本尺寸，mm；

Δ——弯曲件的尺寸公差，mm；

c——凸、凹模之间的单边间隙，mm；

δ_t、δ_a——凸、凹模的制造公差，采用IT9～IT7标准公差等级。

3. 凸、凹模圆角半径

（1）凸模圆角半径 r_t

当弯曲件的内侧弯曲半径为 r 时，凸模圆角半径应等于弯曲件的弯曲半径，即 $r_t = r$，但必须使 r 大于允许的最小弯曲圆角半径。若因结构需要，必须使 r 小于最小弯曲半径时，则可先弯成较大的圆角半径，然后再采用整形工序进行整形。

若弯曲件的相对弯曲半径 r/t 较大、精度要求较高时，凸模半径应根据回弹值作相应的修正。

（2）凹模圆角半径 r_a

凹模圆角半径 r_a 如图3—3—3所示。实际生产中凹模圆角半径通常根据材料的厚度 t 选取。

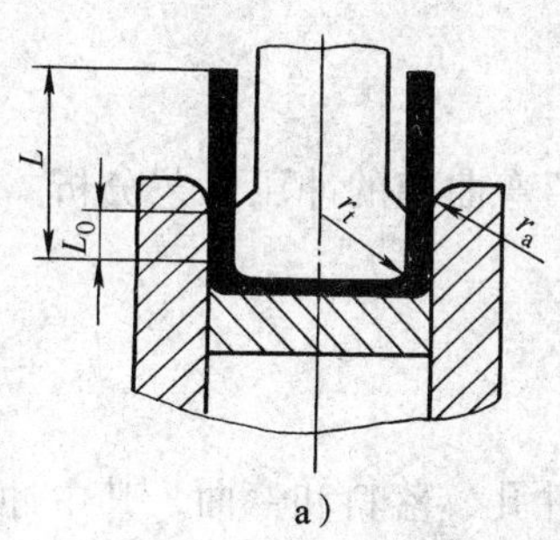

a）

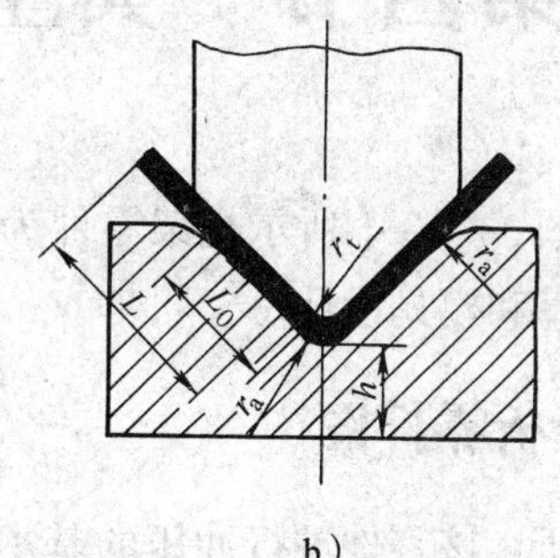

b）

图3—3—3　弯曲模的结构尺寸

a）双圆角凹模　b）单圆角凹模

当 $t<2$ mm时：$r_a = (3\sim6)\ t$。

当 $t=2\sim4$ mm时：$r_a = (2\sim3)\ t$。

当 $t>4$ mm时：$r_a = 2t$。

凹模圆角半径不能选取过小，一般不小于3 mm，以免材料表面擦伤，甚至出现压痕。凹模两边的圆角半径应一致，否则在弯曲时毛坯会发生偏移。V形件弯曲凹模的

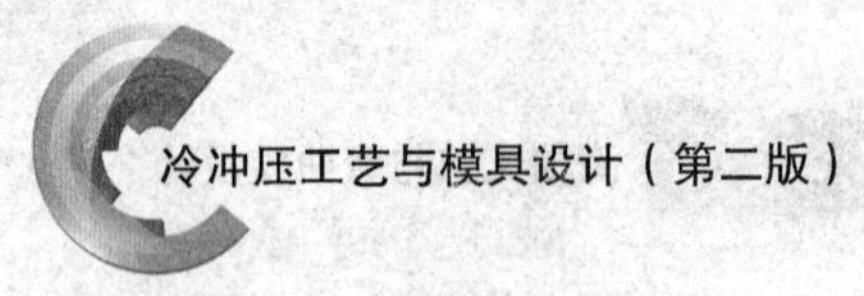

底部可开退刀槽或取圆角半径。

4. 凹模深度 L_0

凹模深度示意图如图 3—3—3 所示。过小的凹模深度会使毛坯两边自由部分过大，造成弯曲件回弹量大，工件不平直；过大的凹模深度增大了凹模尺寸，浪费模具材料，并且需要大行程的压力机，因此模具设计中要保持适当的凹模深度。凹模圆角半径及凹模深度可按表 3—3—2 查取。

表 3—3—2　　凹模圆角半径与深度　　mm

材料厚度 t	<0.5		0.5~2.0		2.0~4.0		4.0~7.0	
弯形件边长 L	L_0	r_a	L_0	r_a	L_0	r_a	L_0	r_a
10	6	3	10	3	10	4		
20	8	3	12	4	15	5	20	8
35	12	4	15	5	20	6	25	8
50	15	5	20	6	25	8	30	10
75	20	6	25	8	30	10	35	12
100			30	10	35	12	40	15
150			35	12	40	15	50	20
200			45	15	55	20	65	25

第四节　典型零件弯曲模设计

本节以图 3—4—1 所示托架零件为例，介绍弯曲模的冲压工艺分析、工艺方案拟订、工艺计算和模具设计。

一、分析零件图

工艺分析：该零件进行冲压的基本工序为冲孔、落料和弯曲。其中冲孔和落料属于简单的分离工序，弯曲成形的工艺可以有图 3—4—2 所示的三种，通过综合比较，确定采用图 3—4—2c 所示方法。

该制件上的 $\phi10$ mm 孔的边与弯曲中心的距离为 6 mm，大于 $1.0t$（1.5 mm），弯曲时不会引起孔变形，因此 $\phi10$ mm 孔可以在压弯前冲出，冲出的 $\phi10$ mm 孔可以做后续工序定位孔用。

该制件为 U 形件，查表 3—1—9 可知，$\Delta\alpha=30'$，在弯曲件允许公差范围内，故不需要考虑回弹措施。

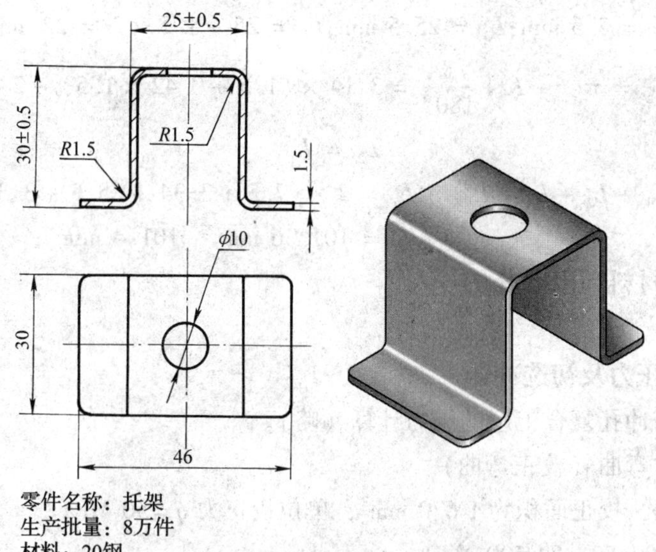

图 3—4—1　托架零件图

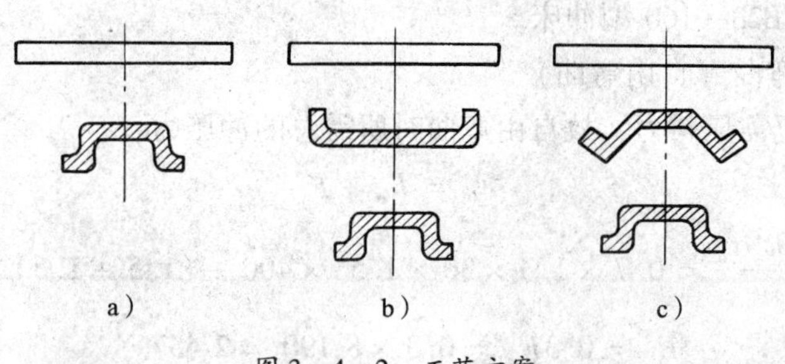

图 3—4—2　工艺方案

二、确定模具类型

工件下边两直角已经在前道工序完成，本工序可不考虑。故本工序主要完成对零件两侧边的弯曲加工，所以选择 U 形件单工序弯曲模。考虑弯曲前工件形状特点，为便于定位，采用凸模在下、凹模在上的结构。

该套模具基本组成部分为模架，凸、凹模及其模座，卸料件，定位件，导向件，垫板等。

三、弯曲工艺计算

1. 计算毛坯长度

毛坯如图 3—4—3 所示。

毛坯总展开长度：

$$L_0 = 2(L_1 + L_2 + L_3 + L_4) + L_5$$

由毛坯示意图得：

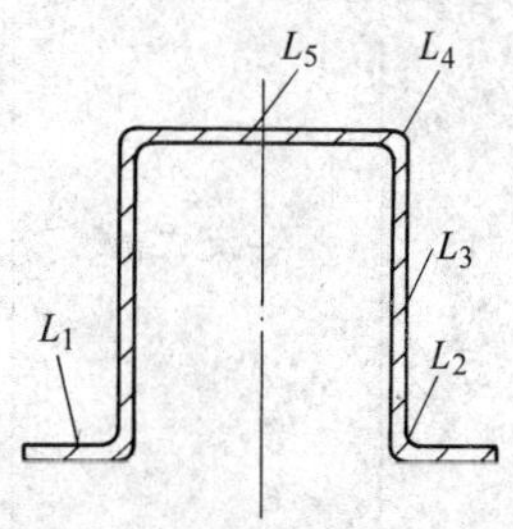

图 3—4—3　毛坯示意图

$$L_1 = 7.5\ \text{mm}; L_3 = 25.5\ \text{mm}; L_5 = 25 - 1.5 \times 2 = 22\ \text{mm}$$

$$L_2 = \pi\rho\frac{\alpha}{180^\circ} = \pi(r + Kt)\frac{\alpha}{180^\circ} = 3.14 \times (1.5 + 0.42 \times 1.5) \div 2 = 3.34\ \text{mm}$$

$$L_2 = L_4$$

$$L_0 = 2(L_1 + L_2 + L_3 + L_4) + L_5 = 2 \times (7.5 + 3.34 + 25.5 + 3.34) + 22 = 101.36\ \text{mm} \approx 101.4\ \text{mm}$$

2. 排样及材料利用率分析

详见第二章。

3. 计算冲压力及初选冲床

（1）落料与冲孔复合工序的压力计算（略）。

（2）第一次弯曲（校正弯曲）

因为 $F_j = Aq$，校正面积为 1 670 mm^2，单位校正力 $q = 50$ MPa。

故 $F_j = 1\ 670 \times 50 = 83\ 500$ N。

所以，$F_{冲}$取 F_j为 83 500 N。

故初步选择 JB23—160 型冲床。

（3）第二次弯曲（自由弯曲）

二次弯曲时仍需压料力，故自由弯曲时所需总的冲压力：

$$F_0 = F_w + F_y$$

式中 $F_w = \frac{0.7KBt^2\sigma_b}{r + t} = 0.7 \times 1.3 \times 30 \times 1.5^2 \times 400 \div (1.5 + 1.5) = 8\ 190\ \text{N}$

$$F_y = 0.3F_w = 0.3 \times 8\ 190 = 2\ 457\ \text{N}$$

故 $F_0 = 8\ 190 + 2\ 457 = 1\ 0647\ \text{N} \approx 10.7\ \text{kN}$

故初步选择 160 kN 压力机。

四、填写弯曲工艺卡（见表 3—4—1）

表 3—4—1　　弯曲工艺卡

工序	工序内容	工序草图	冲压设备	模具形式
1	一次弯曲	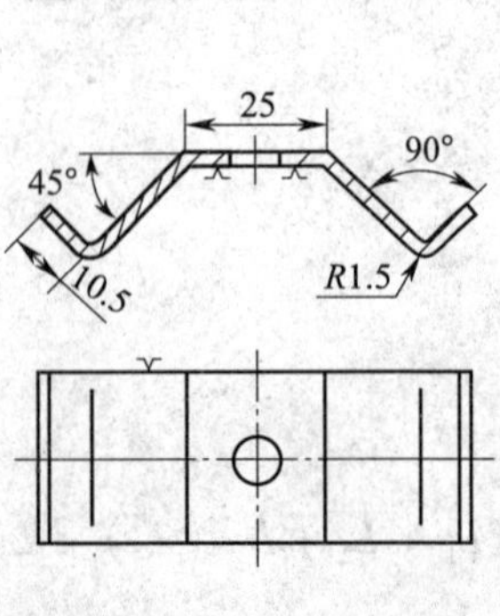 25; 45°; 90°; 10.5; R1.5	JB23—160	弯曲模

续表

工序	工序内容	工序草图	冲压设备	模具形式
2	二次弯曲	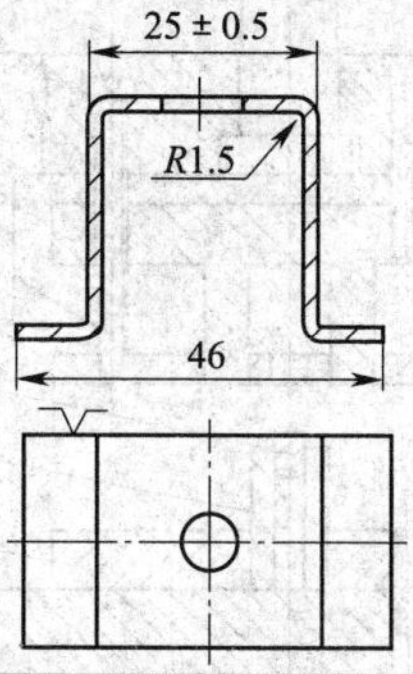 25 ± 0.5 R1.5 46	JB23—160	弯曲模

五、模具设计计算

1. 凹、凸间隙计算

根据公式（3—3—1）可知：$c=(1+n)t$，查表3—3—1，取 $n=0.05$，故 $c=1.05\times t=1.575$ mm。

2. 确定凹、凸模工作尺寸

该工件以外形尺寸标注，故先确定凹模尺寸。

（1）凹模工作尺寸

工件弯曲尺寸偏差标准为双向偏差，故由公式 $L_a=(L-0.5\Delta)^{+\delta_a}_{0}$ 可知：

$$L_a=(L-0.5\Delta)^{+\delta_a}_{0}=24.75^{+\delta_a}_{0}\text{ mm}$$

取IT7级精度，查表得 $L_a=24.75^{+0.021}_{0}$ mm。

（2）凸模工作尺寸

$$L_t=(L_a-2c)^{0}_{-\delta_t}=21.6^{0}_{-0.021}\text{ mm}$$

3. 确定凸、凹模圆角半径

为减小回弹，一般应取较小的圆角半径。

（1）凸模圆角半径 r_t

因为 $r/t=1$，故取 $r_t=r=1.5$ mm。

（2）凹模圆角半径 r_a

因为 $t=1.5\text{ mm}<2\text{ mm}$，取 $r_a=(3\sim6)\times1.5=4.5\sim9$ mm。

结合表3—3—2，取 $r_a=5$ mm。

4. 凹模深度 L_0

查表3—3—2，取 $L_0=15$ mm。

六、模具总体结构与装配图

本套模具主要由模架、凸模、凹模、卸料装置、定位元件、紧固连接件等部分组成，主要连接形式为螺纹连接，详见装配图3—4—4。零件明细表见表3—4—2。

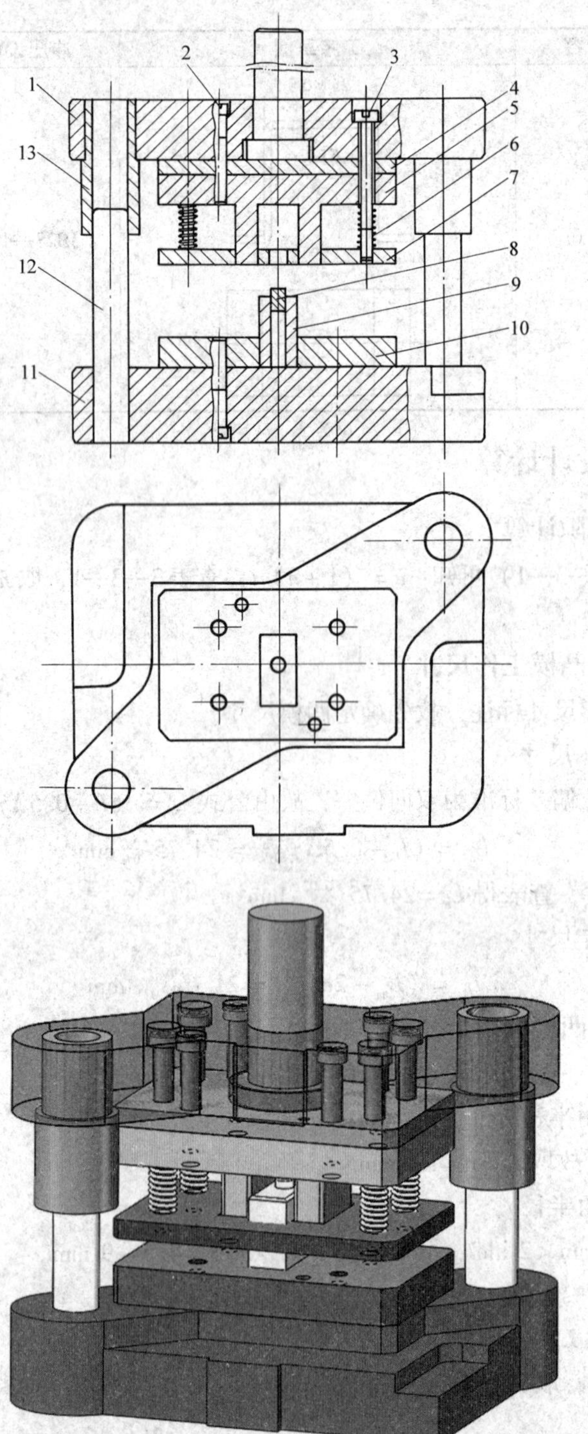

图 3—4—4　模具总装配图

1—上模座　2—内六角螺栓　3—螺钉　4—垫板　5—凹模　6—弹簧　7—卸料板
8—定位销　9—凸模　10—凸模固定板　11—下模座　12—导柱　13—导套

表 3—4—2 零件明细表

序号	名称	数量	材料	热处理	标准件代号	备注	页次
1	上模座	1	HT200				
2	内六角螺栓	4	45	40 ~ 45HRC	M10 × 55		
3	螺钉	4	45	40 ~ 45HRC	M10 × 75		
4	垫板	1	45	40 ~ 45HRC			
5	凹模	1	45	40 ~ 45HRC			
6	弹簧	4	65Mn				
7	卸料板	1	Q235	40 ~ 45HRC			
8	定位销	1	45	40 ~ 45HRC	ϕ10 × 8		
9	凸模	1	T8A	56 ~ 60HRC			
10	凸模固定板	1	45				
11	下模座	1	HT200				
12	导柱	2	20	渗碳 56 ~ 60HRC			
13	导套	2	20	渗碳 56 ~ 60HRC			

七、模具零件的选用与非标准件零件图

1. 模架

根据凸、凹模工作尺寸及该零件的精度要求，选滑动对角导柱模架（JB/T 7181. 2—1995），型号为：模架 160 × 100 × 160 ~ 195。

具体结构如下：

上模座（JB/T 7185. 2—1995）尺寸为 160 × 100 × 40，下模座（JB/T 7184. 2—1995）尺寸为 160 × 100 × 50，材料均为灰铸铁。

模架导柱（JB/T 7181. 2—1995）为 25 × 150 与 28 × 150，导套（GB/T 2861. 3—2008）为 25 × 90 × 38 与 28 × 90 × 38，采用 H7/h6 配合，材料为 20 钢并热处理至 58 ~ 62HRC。

该模具最大闭合高度 H_{max} 为 200 mm，最小闭合高度为 165 mm，实际闭合高度为 $H=H_{下模}+H_{上模}+H_{凸}+H_{凹}+H_{垫}-H_{行程}=40+50+60+58+10-15-5-1.5=190.5$ mm；压力机（JB23—160）闭合高度为 175 ~ 215 mm，而 $H_{max}-5$ mm = 210 mm，$H_{min}+10$ mm = 185 mm，满足 $H_{max}-5$ mm $\geqslant H_m \geqslant H_{min}+10$ mm 要求，经验算符合要求。

2. 工作零件

（1）凸模及凸模固定板

凸模采用镶拼结构，工作部分材料为 T10A，热处理至 60 ~ 64HRC；固定板（JB/T 7643.2—2008）材料选用 45 钢。工作尺寸已确定，其他尺寸及形状如图 3—4—5 和图 3—4—6 所示。凸模与固定板为较紧的过渡配合（M8/h7）。

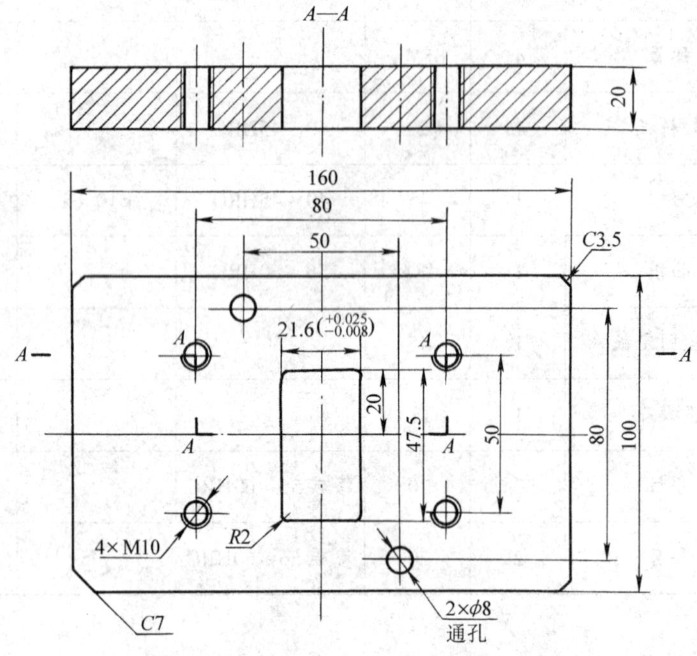

图 3—4—5 凸模固定板

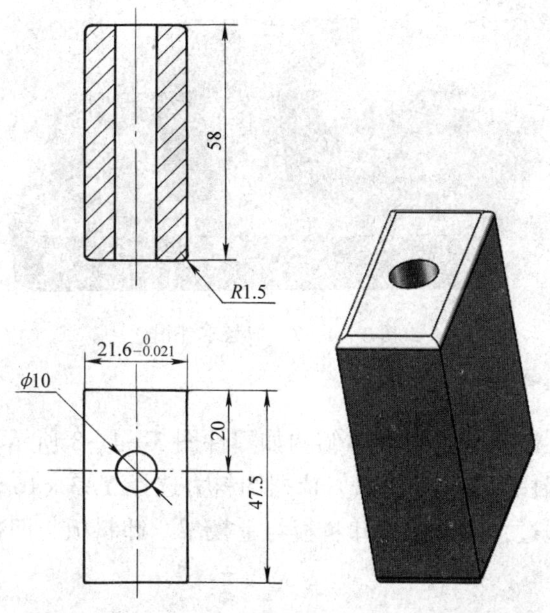

图 3—4—6 凸模零件图

（2）凹模

凹模材料为T10A，局部（工作部分）热处理至60～64HRC。工作尺寸已确定，其他尺寸及形状如零件图3—4—7所示。

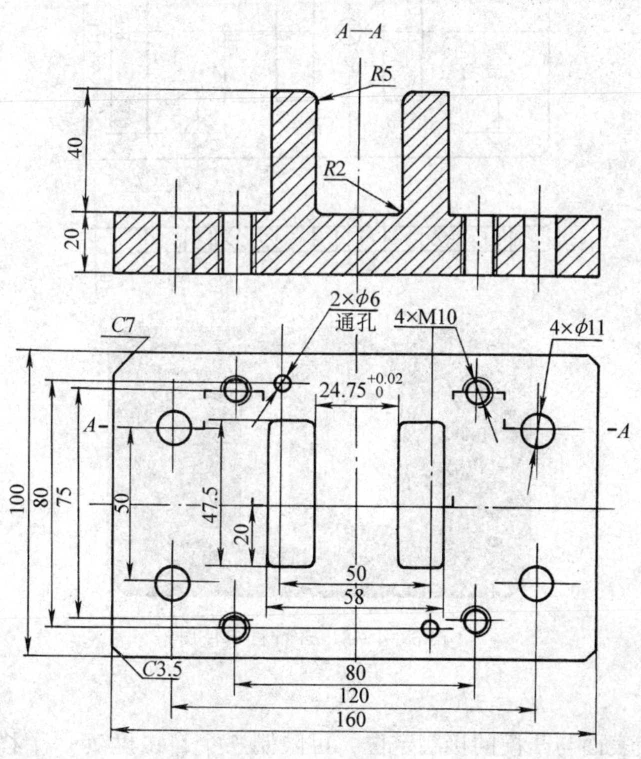

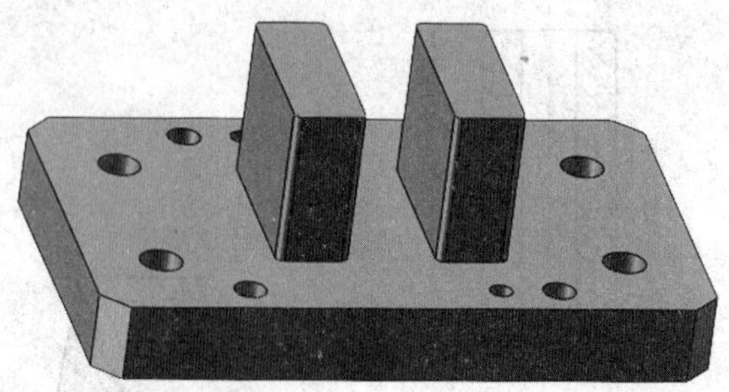

图 3—4—7　凹模零件图

3. 卸料装置

该模具采用弹性卸料装置（具体结构如零件图 3—4—8 所示），利用弹簧弹力实现卸料。弹簧选择圆柱螺旋压缩弹簧，依据卸料力选择 YA3 × 16 × 30，共四个。内六角螺栓从其内孔中通过，用于连接卸料板与上模架。卸料板与凹模配合处留有 0. 1 ~ 0. 5 mm 的单边间隙。

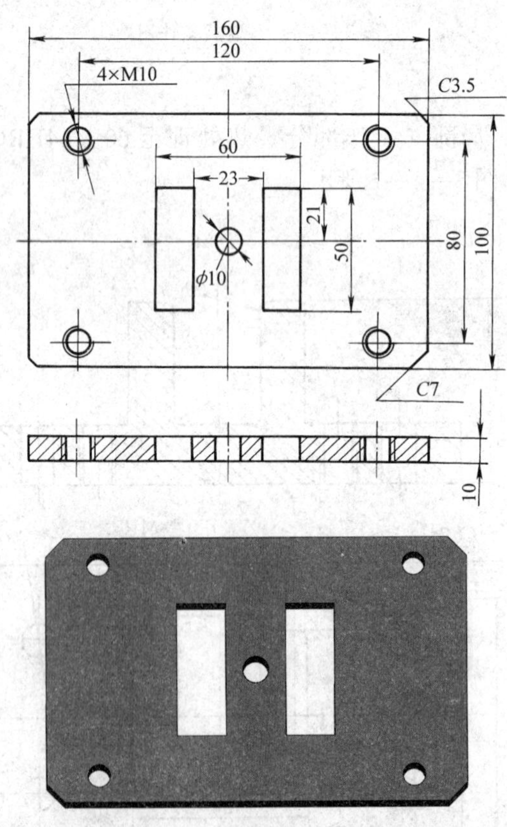

图 3—4—8　卸料板零件图

4. 定位件

零件利用上表面与凸模的接触定位，可限制三个自由度（一个移动、两个转动自由度)；利用中间孔与销的定位可限制一个移动自由度；利用材料已弯曲部分的形状与凸模侧边的接触，限制两个自由度，以实现完全定位。

5. 垫板

在上模架与凹模之间采用垫板，材料为45 钢，调质处理至43～48HRC，形状与尺寸如图3—4—9 所示。

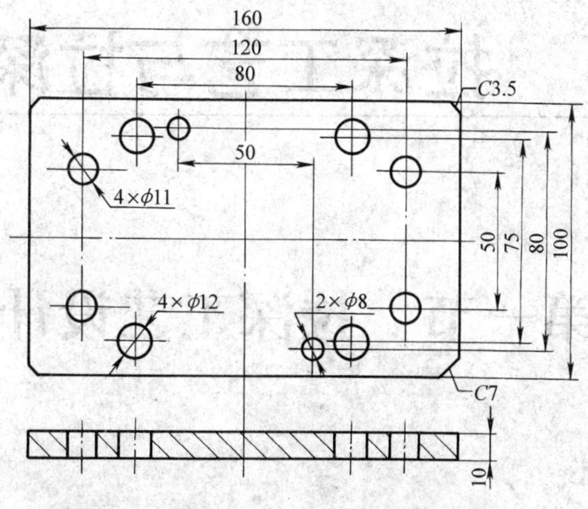

图3—4—9 垫板零件图

第四章 拉深工艺与拉深模设计

第一节　拉深工艺设计

一、拉深概述

1. 拉深的概念和应用

拉深是指利用模具将平板毛坯冲压成开口空心零件或将开口零件进一步改变形状尺寸的工艺。

采用拉深工艺可以制成筒形、矩形、锥形、阶梯形、球面形和其他不规则形状的薄壁制件，如图 4—1—1 所示。如果与其他冲压工艺配合，还可成形出更为复杂的制件。因此，在电子、电器、仪表、汽车、飞机、兵器以及日用品等工业生产中，拉深工艺及其模具有着相当重要的地位。

图 4—1—1　拉深件

拉深可分为不变薄拉深和变薄拉深。前者拉深成形后的零件，其各部分的壁厚与拉深前的坯料相比基本不变；后者拉深成形后的零件，其壁厚与拉深前的坯料相比有明显的变薄，这种变薄是产品要求的，零件呈现底厚、壁薄的特点。在实际生产中，应用较多的是不变薄拉深。本章重点介绍不变薄拉深工艺与模具设计。

2. 拉深模

拉深所使用的模具叫拉深模。拉深模结构相对较简单，与冲裁模比较，工作部分有较大的圆角，表面质量要求高，凸、凹模间隙略大于板料厚度。图 4—1—2 所示为有压边圈的首次拉深模的结构图，平板坯料放入定位板 6 内，当上模下行时，首先由压边圈 5 和凹模 7 将平板坯料压住，随后凸模 10 将坯料逐渐拉入凹模孔内形成直壁圆筒。成形后，当上模回升时，弹簧 4 恢复，利用压边圈 5 将拉深件从凸模 10 上卸下，为了便于成形和卸料，在凸模 10 上开设有通气孔。压边圈在这副模具中，既起压边作用，又起卸载作用。

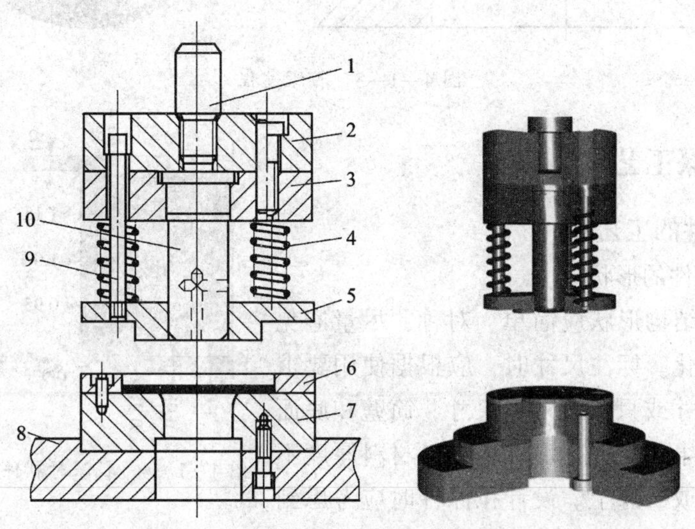

图 4—1—2 拉深模

1—模柄 2—上模座 3—凸模固定板 4—弹簧 5—压边圈
6—定位板 7—凹模 8—下模座 9—卸料螺钉 10—凸模

3. 拉深变形过程

现以直径为 D、厚度为 t 的圆形坯料经拉深模拉深成开口空心件加以说明。如图 4—1—3 所示，其变形过程是：随着凸模的不断下行，留在凹模端面上的坯料外径不断缩小，圆形坯料逐渐被拉入凸、凹模的间隙中形成直壁，而处于凸模下面的材料则成为拉深件的底；当板料全部进入凸、凹模的间隙时，拉深过程结束，平板坯料就变成具有一定直径和高度的开口空心件。

经观察和分析可知，圆筒底部在拉深前后没有发生变化，坯料的环形部分（$D-d$）变为制件的壁部；塑性变形程度由底向上逐渐增大，顶部材料在圆周方向受到最大压缩，高度方向获得最大伸长；另外，制件侧壁上半段变厚，下半段变薄，如图 4—1—4 所示，在与凸模圆角接触的底部圆角处，出现严重变薄现象，是名副其实的“危险断面”。

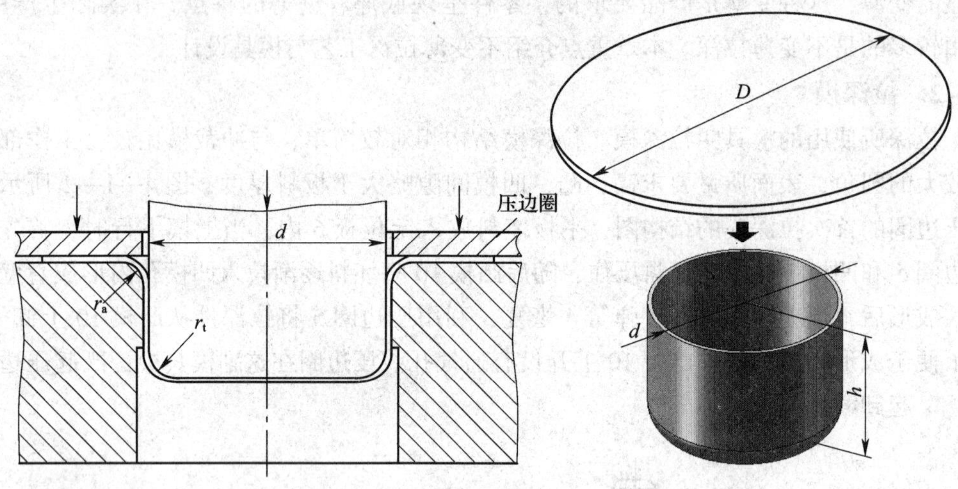

图 4—1—3　拉深过程

二、拉深工艺

1. 拉深件的工艺性

(1) 拉深件的形状

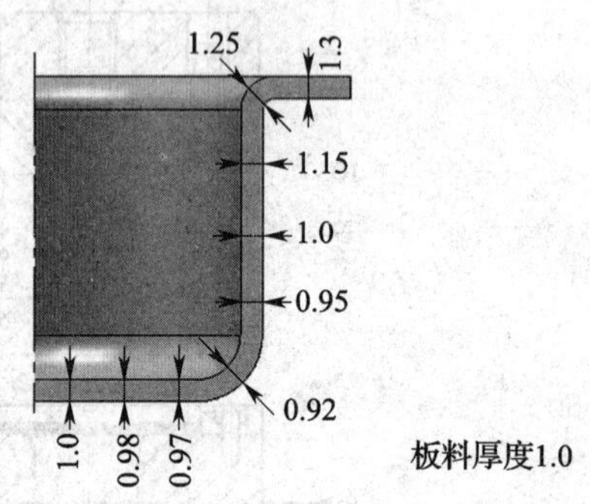

图 4—1—4　拉深时制件厚度变化示意

拉深件的结构形状应简单、对称，尽量避免急剧的外形变化。标注尺寸时，应根据使用要求只标注内形尺寸或只标注外形尺寸，筒壁和底面连接处的圆角半径只能标注在内形，材料厚度不宜标注在筒壁或凸缘上。设计拉深件时应考虑到筒壁及凸缘厚度的不均匀性及其变化规律，凸模圆角区变薄显著，最大变薄率约为材料厚度的10% ~18%，而筒口或凸缘边部，材料显著增厚，最大增厚率为材料厚度的10% ~30%。多次拉深件的筒壁和凸缘的内、外表面应允许出现压痕。非对称的空心件应组合成对进行拉深，然后将其切成两个或多个零件。

(2) 拉深件的高度

拉深件的高度 h 对拉深成形的次数和成形质量均有重要的影响，常见零件一次成形拉深高度为：

无凸缘筒形件　$h \leqslant (0.5 \sim 0.7)d$（$d$ 为拉深件壁厚中径）；

带凸缘筒形件　$(d_1/d) < 1.5$ 时，$h \leqslant (0.4 \sim 0.6)d$（$d_1$ 为拉深件凸缘直径）。

(3) 拉深件的圆角半径

拉深件凸缘与筒壁间的圆角半径应取 $r_a \geqslant 2t$（t 为材料厚度），为便于拉深顺利进行，通常取 $r_a \geqslant (4 \sim 8)t$；当 $r_a \leqslant 2t$ 时，需增加整形工序。拉深件底与筒壁间的圆角半径应取 $r_t \geqslant 2t$，为便于拉深顺利进行，通常取 $r_t \geqslant (3 \sim 5)t$；当零件要求 $r_t < t$ 时，需增加整形工序。

(4) 拉深件的尺寸精度

拉深件的径向尺寸精度可在FT1～FT10之间选择，对于精度要求较高的，则需增加校形工序。

2. 拉深工件毛坯尺寸的确定

拉深工件毛坯的形状一般与工件的横截面形状相似，如工件的横截面是圆形、椭圆形、方形，则毛坯的形状基本上也相应是圆形、椭圆形、近似方形的。

毛坯尺寸的确定方法很多，有等质量法、等体积法、等面积法等。拉深工件的毛坯仅用理论方法确定并不十分精确，特别是一些复杂形状的拉深件，用理论方法确定十分困难，通常是在已做好的拉深模中对已由理论分析初步确定的毛坯来试压、修改，直到工件合格后才将毛坯形状确定下来，再批量下料。注意毛坯的轮廓周边必须制成光滑曲线，且无急剧转折。

(1) 修边余量 Δh

由于金属流动条件和材料的各向异性，毛坯拉深后，工件边口不齐，一般情况拉深后都要修边，因此在计算毛坯的尺寸时，必须把修边余量计入工件。修边余量用 Δh 表示。无凸缘的圆筒形工件的修边余量见表4—1—1；有凸缘的工件的修边余量见表4—1—2。

表4—1—1　无凸缘的圆筒形工件的修边余量 Δh　mm

拉深高度 h	拉深件相对高度 h/d			
	>0.5～0.8	>0.8～1.6	>1.6～2.5	>2.5～4.0
≤10	1.0	1.2	1.5	2.0
>10～20	1.2	1.6	2.0	2.5
>20～50	2.0	2.5	3.3	4.0
>50～100	3.0	3.8	5.0	6.0
>100～150	4.0	5.0	6.5	8.0
>150～200	5.0	6.3	8.0	10.0
>200～250	6.0	7.5	9.0	11.0
≥250	7.0	8.5	10.0	12.0

表4—1—2　有凸缘的工件的修边余量 Δh　mm

凸缘直径 d_t	凸缘件相对直径 d_t/d			
	<1.5	1.5～2.5	2.0～2.5	2.5～3.0
≤25	1.6	1.4	1.2	1.0
>25～50	2.5	2.0	1.8	1.6

续表

凸缘直径 d_t	凸缘件相对直径 d_t/d			
	<1.5	1.5～2.5	2.0～2.5	2.5～3.0
>50～100	3.5	3.0	2.5	2.2
>100～150	4.3	3.6	3.0	2.5
>150～200	5.0	4.2	3.5	2.7
>200～250	5.5	4.6	3.8	2.8
>250	6.0	5.0	4.0	3.0

（2）简单形状拉深件毛坯计算

1）等面积法。一般形状比较规则的拉深工件的毛坯尺寸可用此方法。具体方法是：将工件分解为若干个简单几何体，分别求出各几何体的表面积，对其求和，根据等面积法，求和后的表面积应等于工件的表面积，对于旋转类零件，因为毛坯形状是圆形的，即可得毛坯的直径。

用表 4—1—3 中的面积公式来推导图 4—1—5 所示的无凸缘圆筒形件的毛坯尺寸。

表 4—1—3　　简单几何体面积的计算公式

序号	名称	几何体	面积 A
1	圆	d	$A=\frac{\pi d^2}{4}$
2	圆环	d_1 d	$A=\frac{\pi}{4}(d^2-d_1^2)$
3	圆柱	h d	$A=\pi dh$
4	半球	r	$A=2\pi r^2$

续表

序号	名称	几何体	面积 A
5	1/4 凸球环	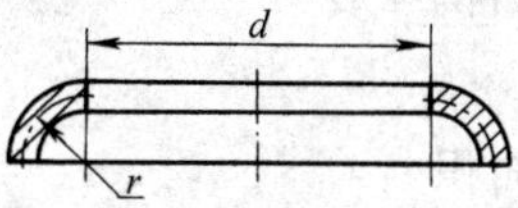	$A=\frac{\pi}{2}r(\pi d+4r)$
6	1/4 凹球环	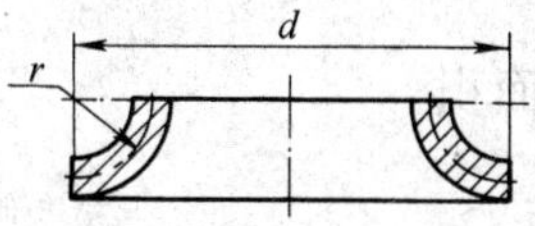	$A=\frac{\pi}{2}r(\pi d-4r)$
7	圆锥	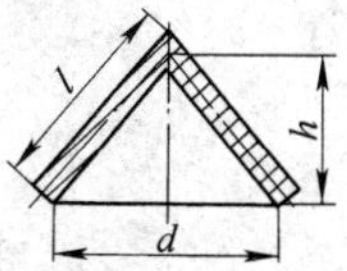	$A=\frac{\pi dl}{2}$ $A=\frac{\pi}{4}d\sqrt{d^2+4h^2}$
8	圆锥台	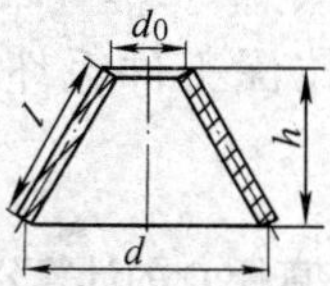	$A=\pi l\left(\frac{d_0+d}{2}\right)$ 式中 $l=\sqrt{h^2+\left(\frac{d-d_0}{2}\right)^2}$
9	球缺	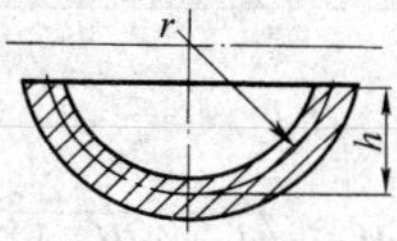	$A=2\pi rh$
10	凸球环	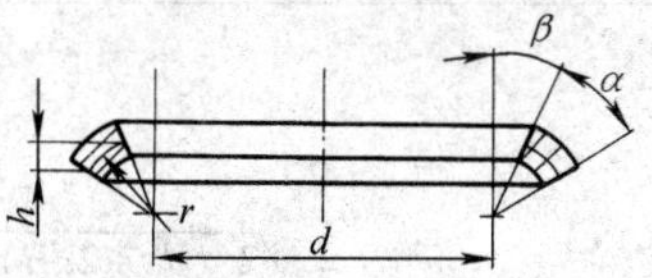	$A=\pi(dl+2rh)$ 式中 $h=r[\cos\beta-\cos(\alpha+\beta)]$ $l=\pi r\frac{\alpha}{180°}$ (l 为 α 角对应的中性层弧长)
11	凹球环	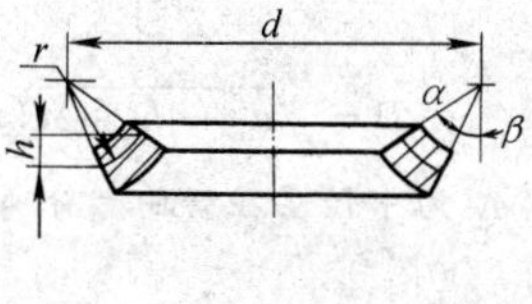	$A=\pi(dl-2rh)$ 式中 $h=r[\cos\beta-\cos(\alpha+\beta)]$ $l=\pi r\frac{\alpha}{180°}$ (l 为 α 角对应的中性层弧长)

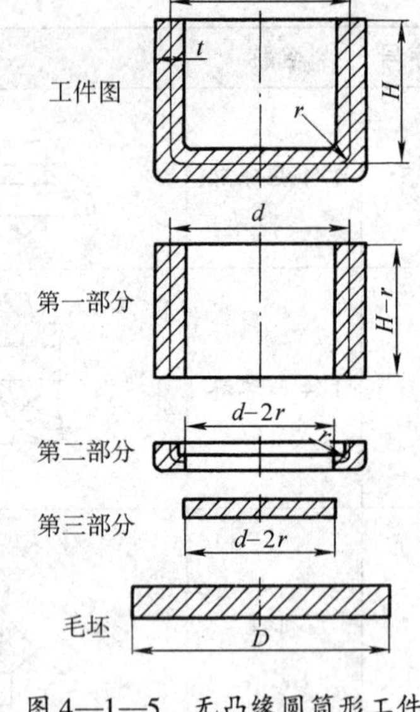

图 4—1—5　无凸缘圆筒形工件的毛坯计算

将图 4—1—5 所示的工件分为三个简单几何体，如图中的第一、二、三部分。

据表 4—1—3 序号 3，第一部分的表面积

$$A_1 = \pi d\ (H - r)$$

据表 4—1—3 序号 5，第二部分的表面积

$$A_2 = \frac{\pi}{2} r\ [\pi\ (d - 2r)\ + 4r]$$

据表 4—1—3 序号 1，第三部分的表面积

$$A_3 = \frac{\pi}{4}\ (d - 2r)^2$$

据等面积原则，$A_{毛坯} = \sum_{i=1}^{n} A_i = A_1 + A_2 + A_3$

毛坯的面积 $A_{毛坯} = \frac{\pi}{4} D^2$（$D$ 为毛坯直径）

将 A_1、A_2、A_3 代入上式得：

$$D = \sqrt{d^2 + 4dH - 1.72rd - 0.56r^2} \quad (4—1—1)$$

用同样的方法可求出一些常用的旋转体拉深工件毛坯直径 D 的计算公式，见表 4—1—4。

表 4—1—4　　常用旋转体拉深工件毛坯直径 **D** 的计算公式

序号	工件形状	毛坯直径 **D**
1	d, r, H	$D = \sqrt{d^2 + 4dH - 1.72rd - 0.56r^2}$
2	d, R=d/2, H	$D = \sqrt{2\ (d^2 + 2dH)}$
3	d, L, d_1, h	$D = \sqrt{d_1^2 + 4h^2 + 2L(d_1 + d)}$ （d_1 为中性层在弯曲部分所对应的直径）

续表

序号	工件形状	毛坯直径 D
4		$D=\sqrt{d_t^2+4dH-1.72(r_1+r_2)d-0.56(r_2^2-r_1^2)}$ 若 $r_1=r_2=r$ 则： $D=\sqrt{d_t^2+4dH-3.44rd}$
5		$D=\sqrt{8R^2+4dH-4dR-1.72dr+0.56r^2+d_t^2-d^2}$
6		$D=\sqrt{d_1^2+2\pi r(d_1+d_2+d_4+d_5)+4(d_2h_1+d_5h_2)+8\pi r^2+d_4^2-d_3^2+d_7^2-d_6^2}$

2）重心法。如果拉深工件是不规则的几何体，其部分面积用表查不到或过于麻烦，重心法则较适用。

重心法的原理是：任何形状的母线，绕同一平面内的轴线旋转所形成的旋转体，其表面积等于母线长度与母线的重心绕轴线旋转周长的乘积，其计算见下式：

$$A=2\pi RL \qquad (4—1—2)$$

根据面积相等的原理：

$$\frac{\pi D^2}{4}=2\pi RL$$

$$D=\sqrt{8RL} \qquad (4—1—3)$$

以上两式中 A——旋转件的表面积，mm^2；

R——母线重心到旋转轴的距离，mm；

L——母线的长度，mm；

D——毛坯直径，mm。

3. 拉深力

（1）拉深力的计算

第一次拉深 $$F_{1_1}=\pi d_1 tR_m K_1 \qquad (4—1—4)$$

以后各次拉深 $F_{1_n}=\pi d_n t R_m K_2$ （4—1—5）

以上两式中 F_{1_1}——第一次拉深力，N；

F_{1_n}——以后各次拉深力，N；

K_1、K_2——系数，查表4—1—5；

d_1——第一次拉深后工件直径，mm；

d_n——以后各次拉深后工件直径，mm；

R_m——抗拉强度，MPa；

t——制件的壁厚，mm。

表4—1—5 修正系数

拉深系数 m_1	0.55	0.57	0.60	0.62	0.65	0.77	0.70	0.72	0.75	0.75	0.8	—	—	—
修正系数 K_1	1.00	0.93	0.86	0.79	0.72	0.66	0.60	0.55	0.50	0.45	0.40	—	—	—
拉深系数 m_2	—	—	—	—	—	—	0.70	0.72	0.75	0.77	0.80	0.85	0.90	0.95
修正系数 K_2	—	—	—	—	—	—	1.00	0.95	0.90	0.85	0.80	0.70	0.60	0.50

（2）压边力

1）采用压边圈的条件。压边是防止起皱的一个有效方法。是否需要加压边，可用下述公式进行估算。用锥形凹模拉深时，不用加压边的条件为：

首次拉深： $t/D\geqslant 0.03(1-m)$ （4—1—6）

以后各次拉深： $t/D\geqslant 0.03\left(\frac{1}{m}-1\right)$ （4—1—7）

用普通平端面凹模拉深时，不用加压边的条件为：

首次拉深： $t/D\geqslant 0.045(1-m)$ （4—1—8）

以后各次拉深： $t/D\geqslant 0.045\left(\frac{1}{m}-1\right)$ （4—1—9）

式（4—1—6）至式（4—1—9）中

t——材料厚度，mm；

D——毛坯直径，mm；

m——拉深系数。

如果不能满足上述公式要求，则在拉深模设计时应考虑加压边装置。

2）压边力大小

拉深任何工件： $F_y=Ap$ （4—1—10）

圆筒件第一次拉深（用平板毛坯）：$F_y=\frac{\pi}{4}\left[D^2-(d_1+2r_a)^2\right]p$ （4—1—11）

圆筒件以后各次拉深（用筒形毛坯）：$F_y=\frac{\pi}{4}(d_{n-1}^2-d_n^2)p$ （4—1—12）

式（4—1—10）至式（4—1—12）中

F_y——压边力，N；

A——在压边圈下的毛坯投影面积，mm；

p——单位压边力，MPa（见表 4—1—6）；

D——平板毛坯直径，mm；

d_1、…、d_n——第 1、…、n 次的拉深直径，mm；

r_a——拉深凹模圆角半径，mm。

表 4—1—6 **单位压边力**

材料名称		单位压边力 p（MPa）	材料名称	单位压边力 p（MPa）
铝		0.8～1.2	镀锡钢板	2.5～3.0
纯铜、硬铝（已退火）		1.2～1.8	高合金不锈钢	3.0～4.5
黄铜		1.5～2.0		
软钢	$t<0.5$ mm	2.7～3.0	高温合金	2.8～3.5
	$t>0.5$ mm	2.0～2.7		

3）压力机的公称压力

$$F_{yg} \geq 1.4\ (F_y + F_1) \quad (4—1—13)$$

式中 F_{yg}——压力机的公称压力（拉深总力），kN；

F_y——压边力，kN；

F_1——拉深力，kN。

4. 拉深系数

（1）拉深系数的概念

拉深系数是指拉深后工件直径与拉深前工件（或毛坯）直径之比。图 4—1—6 所示是用直径为 D 的毛坯经多次拉深制成直径为 d_n、高度为 h_n 的工件的工艺过程。其各次的拉深系数为：

第 1 次拉深 $m_1 = d_1/D$

第 2 次拉深 $m_2 = d_2/d_1$

第 3 次拉深 $m_3 = d_3/d_2$

第 n 次拉深 $m_n = d_n/d_{n-1}$ (4—1—14)

式中 m_1、m_2、m_3、m_n——第 1、2、3、n 次拉深系数；

d_1、d_2、d_3、d_{n-1}、d_n——第 1、2、3、$n-1$、n 次拉深件直径，mm；

D——毛坯直径，mm。

工件直径 d_n 与毛坯直径 D 之比称为总拉深系数，即：

$$m_{总} = d_n/D = m_1 \times m_2 \times m_3 \times \cdots \times m_n \quad (4—1—15)$$

式中 $m_{总}$——总拉深系数；

d_n——第 n 次拉深工件直径，mm；

D——毛坯直径，mm。

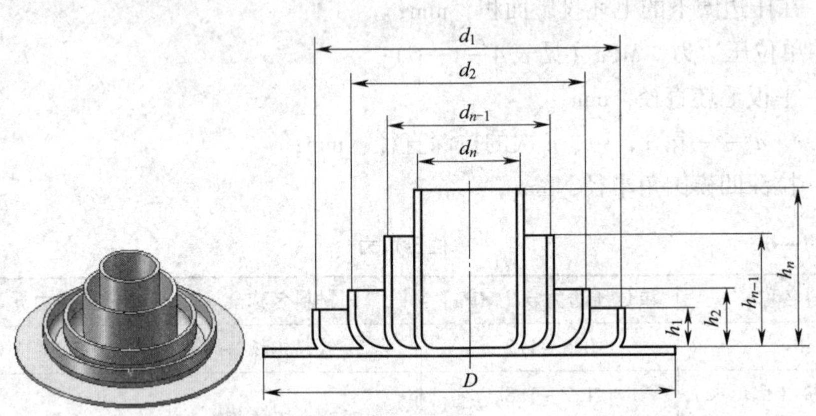

图 4—1—6　直径为 D 的毛坯多次拉深过程图

即总拉深系数为各次拉深系数的乘积。

拉深系数是拉深变形程度的标志，拉深系数小，拉深前后工件直径变化就大，即拉深变形程度大，反之则小。拉深系数是拉深变形工艺中一个非常重要的参数，是拉深工艺计算的基础，在实际生产中采用的拉深系数是否合理是拉深工艺成败的关键。若采用的拉深系数过大，即拉深变形程度小，材料塑性潜力未被充分利用，拉深次数就会增加，模具数量也就增加，成本随之提高；反之，若拉深系数过小，即拉深变形程度过大，拉深就可能无法进行。因此，实际生产中选用拉深系数时应在充分利用材料塑性的基础上又不使工件拉裂，这个使拉深件不被拉裂的最小拉深系数称为极限拉深系数。

（2）影响极限拉深系数的因素

1）毛坯的相对厚度 t/D。毛坯的相对厚度大，则毛坯的稳定性好，不易起皱，压边力可以减小甚至不需压边，从而减小了拉深力，因此允许的 m 值可以小些。

2）材料的厚向异性系数 γ。材料的厚向异性系数对极限拉深系数影响很大，γ 值大说明板料易于横向变形，即凸缘切向容易压缩变形，而传力区不易产生厚向变形（即不易产生缩颈），因此材料的 γ 越大，允许的 m 越小。

3）材料的力学性能。材料的屈强比 R_{eL}/R_m 越小，极限拉深系数就越小。

4）拉深模的几何参数。主要是凸、凹模的圆角半径，凹模圆角半径小，将使弯曲应力增大，拉深系数变大；凸模圆角半径大小对拉深系数影响不大，但凸模圆角半径过小则该处材料变薄严重，降低了传力区的承载能力，拉深系数会变大。

5）润滑。良好的润滑条件可以减小摩擦因数，减小拉深力，从而可以减小拉深系数。但凸模与工件之间的摩擦力有利于提高传力区的承载能力，因此凸模与工件之间不必进行润滑。

5．拉深次数 n

拉深次数通常只能概略地估计，最后通过工艺计算来确定，通常有以下几种方法：

（1）计算法

$$n = 1 + \frac{\lg\left(\frac{d_n}{m_1 D}\right)}{\lg m_n} \qquad (4—1—16)$$

式中 n——拉深次数；

d_n——工件直径，mm；

m_1——第一次拉深系数；

D——毛坯直径，mm；

m_n——以后各次拉深系数。

（2）推算法

当制件的直径与毛坯直径比值 m 大于表 4—1—7、表 4—1—8 所列 m_1 时，制件可以一次拉成。如果 m 小于表 4—1—7、表 4—1—8 所列 m_1，则需要多次拉深。

表 4—1—7　筒形件不带压边圈的极限拉深系数

拉深系数	毛坯相对厚度（t/D）×100				
	1.5	2.0	2.5	3.0	>3.0
m_1	0.65	0.60	0.55	0.53	0.50
m_2	0.8	0.75	0.75	0.75	0.70
m_3	0.84	0.80	0.80	0.80	0.75
m_4	0.87	0.84	0.84	0.84	0.78
m_5	0.90	0.87	0.87	0.87	0.82
m_6	—	0.90	0.90	0.90	0.85

表 4—1—8　筒形件带压边圈的极限拉深系数

拉深系数	毛坯相对厚度（t/D）×100					
	2.0~1.5	1.5~1.0	1.0~0.6	0.6~0.3	0.3~0.15	0.15~0.08
m_1	0.48~0.50	0.50~0.53	0.53~0.55	0.55~0.58	0.58~0.60	0.60~0.63
m_2	0.73~0.75	0.75~0.76	0.76~0.78	0.78~0.79	0.79~0.80	0.80~0.82
m_3	0.76~0.78	0.78~0.79	0.79~0.80	0.80~0.81	0.81~0.82	0.82~0.84
m_4	0.78~0.80	0.80~0.81	0.81~0.82	0.82~0.83	0.83~0.85	0.85~0.86
m_5	0.80~0.82	0.82~0.84	0.84~0.85	0.85~0.86	0.86~0.87	0.87~0.88

已知拉深件尺寸即可计算出毛坯直径 D，参考表 4—1—7 和表 4—1—8 中的极限拉深系数可计算出各次拉深后的工件直径，直到 $d_n < d$（d 为工件直径），这样 n 即为拉深次数。

（3）查表法

拉深次数也可根据拉深件相对高度和毛坯相对厚度查表4—1—9得到。

表4—1—9　　筒形件相对高度 h/d 与拉深次数的关系

拉深次数	毛坯相对厚度 $(t/D)\times100$					
	2.0~1.5	1.5~1.0	1.0~0.6	0.6~0.3	0.3~0.15	0.15~0.08
1	0.94~0.77	0.84~0.65	0.71~0.57	0.62~0.5	0.5~0.45	0.46~0.38
2	1.88~1.54	1.6~1.32	1.36~1.1	1.13~0.94	0.96~0.63	0.9~0.7
3	3.5~2.7	2.8~2.2	2.3~1.8	1.9~1.5	1.6~1.3	1.3~1.1
4	5.6~4.3	4.3~3.5	3.6~2.9	2.9~2.4	2.4~2.0	2.0~1.5
5	8.9~6.6	6.6~5.2	5.2~4.1	4.1~3.3	3.3~2.7	2.7~2.0

6. 工件半成品直径

根据拉深系数的定义可得各次半成品工件的直径。

第一次拉深后工件直径：　$d_1=m_1D$

第二次拉深后工件直径：　$d_2=m_2d_1=m_1m_2D$

第三次拉深后工件直径：　$d_3=m_3d_2=m_1m_2m_3D$

第 n 次拉深后工件直径：$d_n=m_nd_{n-1}=m_1m_2m_3\cdots m_nD$　　（4—1—17）

式中　d_n——第 n 次工件拉深直径，mm；

D——毛坯直径，mm；

m_n——极限拉深系数。

例4—1—1　求图4—1—7所示筒形件的毛坯尺寸、拉深次数、半成品直径（已知料厚为2 mm，材料为10钢）。

解：因 $t=2$ mm，应按中线尺寸计算。

（1）先确定修边余量 Δh

根据制件尺寸求相对高为 $76\div(30-2)=2.71$。

查表4—1—1得 $\Delta h=6$ mm。

（2）确定毛坯尺寸

因为工件为圆筒形件，查表4—1—4可知：

$$D=\sqrt{d^2+4dH-1.72rd-0.56r^2}$$

将 $d=30-2=28$ mm，$H=h+\Delta h=(76-1+6)$ mm $=81$ mm，$r=3$ mm代入上式，即得毛坯的直径为：

$$D=\sqrt{28^2+4\times28\times81-1.72\times3\times28-0.56\times3^2}=98.5\text{ mm}$$

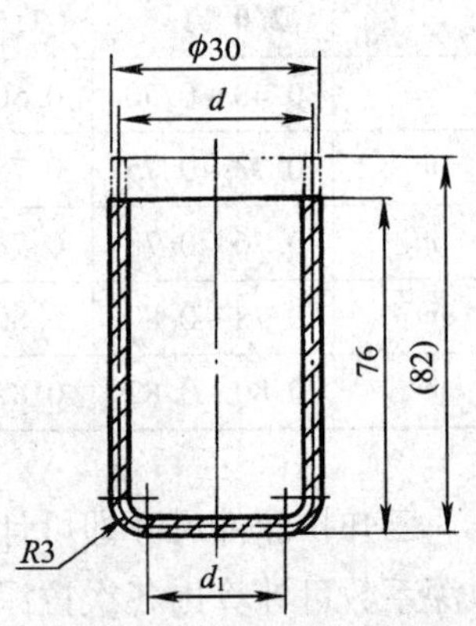

图4—1—7　筒形拉深件

（3）确定拉深次数与半成品直径

工件总的拉深系数 $m_{总}=d/D=28/98.5=0.284$。毛坯

的相对厚度 $t/D=2/98.5=0.0203$。因 $0.045(1-m)=0.045\times(1-0.284)=0.032$，而 $t/D=0.0203<0.045(1-m)=0.032$，故需加压边圈。

因 $t/D\times100=2.03$，由相对厚度可以从表 4—1—8 中查得极限拉深系数 $m_1=0.50$。因 $m_{总}=d/D=28/98.5=0.284<m_1$，故工件需多次拉深。

由表 4—1—8 得：$m_1=0.5$；$m_2=0.75$；$m_3=0.78$；$m_4=0.80$；$m_5=0.82$。根据公式（4—1—17）可知：

第一次拉深后工件直径：$d_1=m_1D=0.5\times98.5=49.25$ mm

第二次拉深后工件直径：$d_2=m_2d_1=0.75\times49.25=36.9$ mm

第三次拉深后工件直径：$d_3=m_3d_2=36.9\times0.78=28.8$ mm

第四次拉深后工件直径：$d_4=m_4d_3=0.80\times28.8=23$ mm

因为 $d_4=23<28$，所以应取拉深次数为 4 次。

第二节 拉深模典型结构

拉深模具按工艺顺序可分为首次拉深模和以后各次拉深模；按其使用的设备又可分为单动压力机模和双动压力机模；按工序有无组合可分为单工序拉深模、复合模和连续拉深模。

一、无压边装置的首次拉深模

图 4—2—1 所示为一无压边装置的首次拉深模。工作时，坯料在定位圈 3 中定位，拉深结束后，工件由凹模底部的台阶完成脱模，并由下模板底孔落下。由于模具没有采用导向机构，故模具安装时由校模圈 2 完成凸、凹模的对中，保证间隙均匀，工作时应将校模圈移走。

此类模具结构简单，制造方便，常用于材料塑性好、相对厚度较大的工件拉深。由于拉深凸模要深入凹模，所以该模具只适用于浅拉深。

二、带压边装置的首次拉深模

图 4—2—2 所示为一带压边装置的首次拉深模。件 7 即为弹性压边圈（同时又起定位和卸料作用），其压边力由连接在下模座上的弹性压边装置提供。工作时毛坯在压边圈上定位，凹模下行与工件接触，拉深结束后，凹模上行，压边圈恢复原位，将工件从凸模上刮下，使工件留在凹模内，最后由打料杆 2 将工件推出凹模。

此类模具经常采用倒装结构，由于提供压边力的弹性元件受到空间位置限制，所以压边装置及凸模一般安装在下模，凹模安装在上模。

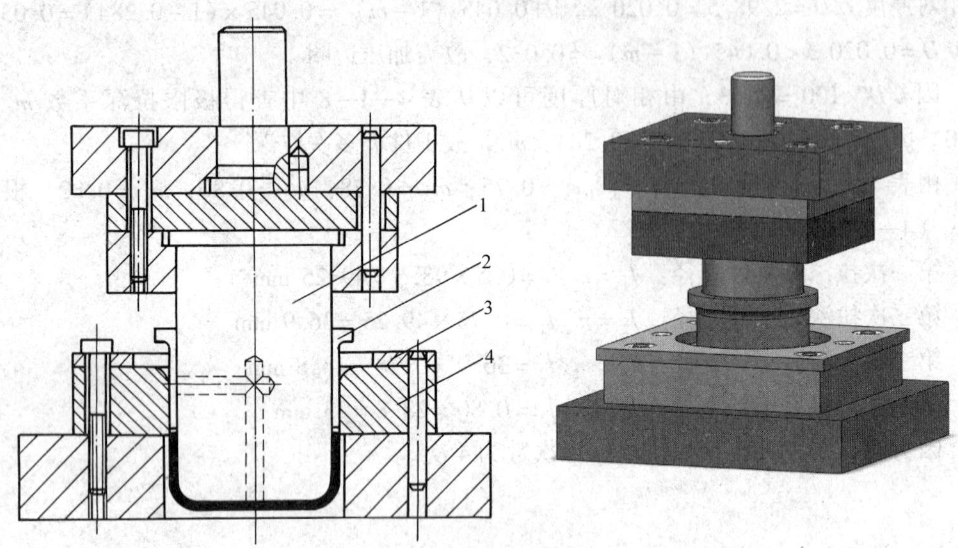

图 4—2—1　无压边装置的首次拉深模

1—凸模　2—校模圈　3—定位圈　4—凹模

三、再次拉深模

有压边倒装再次拉深模结构示意如图 4—2—3 所示。压边圈 6 是工序件的外形定位圈，其高度应大于前次工序件的高度，其外径按已拉成的前工序的内径配作。回程时，制件由推板 2 从凹模 4 内推出。可调式限位柱使压边圈与凹模之间始终保持一定的距离，以防止拉深后期的压边力过大，造成制件底角附近板料过薄，甚至拉破。

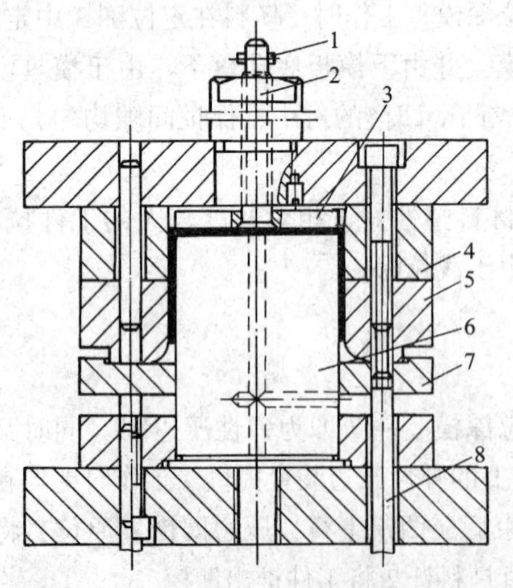

图 4—2—2　带压边装置的首次拉深模

1—挡销　2—打料杆　3—推件板　4—垫块　5—凹模

6—凸模　7—压边圈　8—卸料螺钉

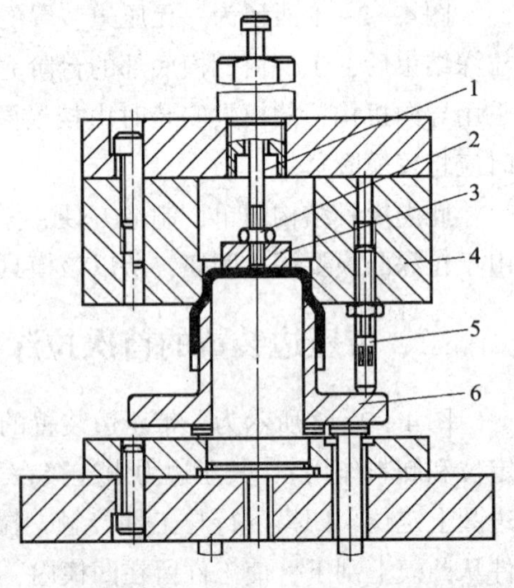

图 4—2—3　有压边倒装再次拉深模

1—打杆　2—螺母　3—推板

4—凹模　5—限位柱　6—压边圈

四、落料拉深复合模

图 4—2—4 所示为一落料拉深复合模。该模具一般采用条料作为坯料，故模具上需设置导料机构。拉深凸模 9 的顶面应低于落料凹模 10，使模具工作时先落料后拉深，同时还需要预留凹模刃口的刃磨量。拉深时由压力机气垫通过顶杆 7 和压边圈 8 进行压边，拉深结束后靠它顶出工件，使工件留在凸凹模 4 中，最后由打料杆 3 推出，落下的废料由卸料板 2 卸下。

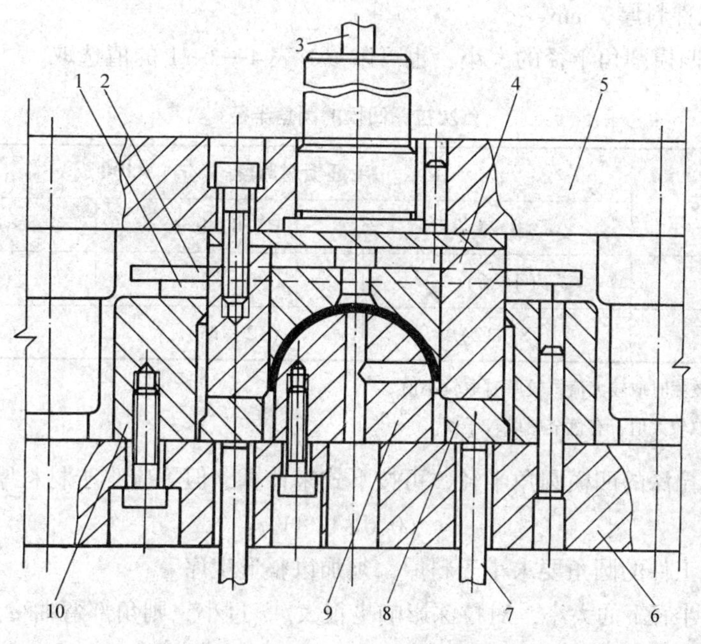

图 4—2—4 落料拉深复合模

1—导料板 2—卸料板 3—打料杆 4—凹凸模 5—上模座 6—下模座
7—顶杆 8—压边圈 9—拉深凸模 10—落料凹模

此类模具生产效率高，操作方便，同时由于工件坯料落下后自动在模具中定位，工件质量也容易保证，所以在拉深工艺中经常使用。

第三节 拉深模零部件设计

一、凸、凹模的圆角半径

凸、凹模的圆角半径对拉深工作的影响很大。毛坯经凹模圆角进入凹模时，受弯曲和摩擦作用，凹模圆角半径 r_a 过小，因径向拉力较大，易使拉深件表面划伤或产生

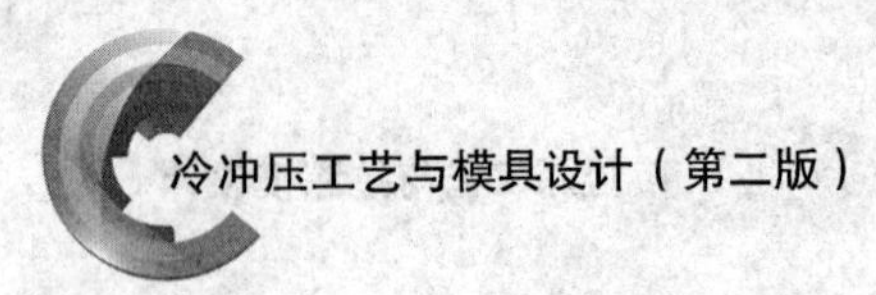

断裂；r_a过大，由于悬空面积增大，使压边面积减小，易起内皱。因此，合理选择凹模圆角半径是极为重要的。

首次拉深凹模圆角半径可按下式计算：

$$r_a = 0.8\sqrt{(D-d)\ t} \tag{4—3—1}$$

式中 r_a——首次拉深凹模圆角半径，mm；

D——毛坯直径或上道工序的拉深直径，mm；

d——凹模内径，mm；

t——工件料厚，mm。

首次拉深凹模圆角半径的大小，也可以参考表 4—3—1 的值选取。

表 4—3—1　　首次拉深凹模的圆角半径

拉深件形式	毛坯相对厚度 $(t/D)\times100$		
	2.0～1.0	<1.0～0.3	<0.3～0.1
无凸缘	$(4\sim6)t$	$(6\sim8)t$	$(8\sim12)t$
有凸缘	$(8\sim12)t$	$(12\sim15)t$	$(15\sim20)t$

注：1. 毛坯较薄时取较大值，较厚时取较小值。

2. 钢件取较大值，有色金属取较小值。

以后各次拉深的凹模圆角半径，可按下式来计算，但不应小于材料厚度的两倍。

$$r_{a_n} = (0.6\sim0.8)\ r_{a_{(n-1)}} \tag{4—3—2}$$

如有凸缘工件的圆角要求小于料厚，须加以整形工序。

凸模圆角半径 r_t的大小，对拉深影响也很大。r_t过小，则角部弯曲变形程度大，危险断面受拉力大，工件易产生局部变薄；r_t过大，凸模与毛坯接触面小，易产生底部变薄和内皱。除最后一次拉深，凸模的圆角半径 r_t应比凹模半径略小，即 $r_t=(0.6\sim1)\ r_a$。最后一次拉深时，凸模的 r_t应等于零件的内圆半径，但不得小于材料厚度。如工件的内圆角半径要求小于料厚，则要有整形工序来完成。

二、拉深模间隙

拉深模的间隙是指凸、凹模横向尺寸的差值，如图 4—3—1 所示，双边间隙小，工件质量较好，但拉深力大，工件易拉断，模具磨损严重，寿命低；双边间隙大，拉深力小，模具寿命提高，但工件易起皱、变厚，侧壁不直，口部边线不齐，有回弹，质量不能保证。

因此，确定间隙的原则是：既要考虑板料公差的影响，又要考虑毛坯口部增厚的现象，故间隙值一般应比毛坯厚度大一些。

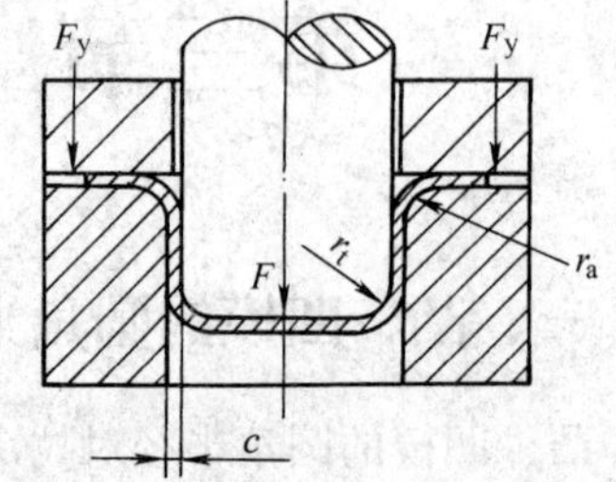

图 4—3—1　拉深模工作部分参数

对于旋转工件：

（1）用压边圈时，单边间隙值见表4—3—2。

表4—3—2 拉深次数与单边间隙值

总拉深次数	拉深工序	单边间隙 c	总拉深次数	拉深工序	单边间隙 c
1	一次拉深	$(1\sim1.1)t$	4	第一、二次拉深	$1.2t$
2	第一次拉深	$1.1t$		第三次拉深	$1.1t$
	第二次拉深	$(1\sim1.05)t$		第四次拉深	$(1\sim1.05)t$
3	第一次拉深	$1.2t$	5	第一、二、三次拉深	$1.2t$
	第二次拉深	$1.1t$		第四次拉深	$1.1t$
	第三次拉深	$(1\sim1.05)t$		第五次拉深	$(1\sim1.05)t$

注：t 为材料厚度，取材料允许偏差的中间值。

（2）不用压边圈时应考虑到起皱的可能，间隙取得较大，单边间隙的取值见下式：

$$c=(1\sim1.1)t_{max} \quad (4\text{—}3\text{—}3)$$

式中 c——拉深凸、凹模的单边间隙；

t_{max}——材料厚度的最大值。

（3）精度要求高的拉深件，其单边间隙的取值见下式：

$$c=(0.9\sim0.95)t \quad (4\text{—}3\text{—}4)$$

式中 t——材料厚度，取材料允许偏差的中间值。

三、凸、凹模工作部分的尺寸和公差

1. 中间过渡工序的半成品尺寸，由于没有严格限制的必要，模具尺寸只要等于半成品的尺寸即可，若以凹模为基准，则模具尺寸计算见下式：

凹模尺寸为：
$$D_a=D_{max}{}^{+\delta_a}_{0} \quad (4\text{—}3\text{—}5)$$

凸模尺寸为：
$$D_t=(D_{max}-2c)^{0}_{-\delta_t} \quad (4\text{—}3\text{—}6)$$

2. 末次拉深时凸、凹模尺寸与公差，应按工件的要求来确定。

当工件要求外形尺寸精度较高时，应以凹模为设计基准，考虑到凹模磨损后增加，其尺寸计算见下式：

凹模尺寸为：
$$D_a=(D_{max}-0.75\Delta)^{+\delta_a}_{0} \quad (4\text{—}3\text{—}7)$$

凸模尺寸为：
$$D_t=(D_{max}-0.75\Delta-2c)^{0}_{-\delta_t} \quad (4\text{—}3\text{—}8)$$

当工件要求内形尺寸精度较高时，应以凸模为设计基准，考虑到凸模会变小，其尺寸计算见下式：

凸模尺寸为：
$$d_t = (d_{min} + 0.4\Delta)_{-\delta_t}^{0} \quad (4—3—9)$$

凹模尺寸为：
$$d_a = (d_{min} + 0.4\Delta + 2c)_{0}^{+\delta_a} \quad (4—3—10)$$

式（4—3—5）至式（4—3—10）中

D_{max}、d_{min}——工件的外形、内形尺寸；

$2c$——双边间隙；

Δ——工件的公差；

δ_t、δ_a——凸凹模的制造公差。

第四节　典型零件拉深模设计

本节以图 4—4—1 所示端盖零件为例，介绍拉深模的冲压工艺分析、工艺方案拟订、工艺计算和模具设计。

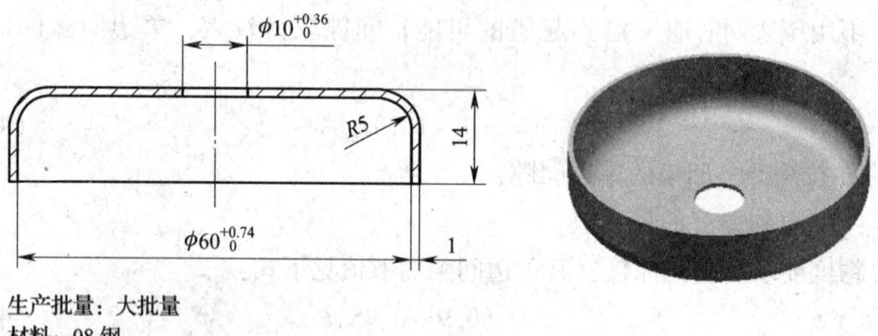

图 4—4—1　端盖零件图

一、拉深件工艺分析

1. 材料：08 钢，厚度为 1 mm，具有良好的冲压性能。

2. 工件结构形状：拉深件结构简单、对称。

3. 尺寸精度：零件图上所有尺寸公差属于经济级。一般冲压均能满足其尺寸精度要求。

结论：可以拉深加工。

二、确定工艺方案及模具结构形式

经结构强度分析，落料拉深凸凹模的壁厚强度足够，故采用落料、拉深、冲孔复合模。决定采用正装式复合模结构形式。

三、模具设计计算

1. 计算拉深件的毛坯尺寸

$$d=60+1=61\ \text{mm}$$

$$h=14+0.5=14.5\ \text{mm}$$

$$r=5+0.5=5.5\ \text{mm}$$

因为工件为圆筒形件，查表 4—1—4 可知：

$$D=\sqrt{d^2+4dH-1.72rd-0.56r^2}$$

代入公式得：

$$\begin{aligned}D&=\sqrt{d^2+4dH-1.72rd-0.56r^2}\\&=\sqrt{61^2+4\times61\times14.5-1.72\times5.5\times61-0.56\times5.5^2}\\&=80.1\ \text{mm（取 80 mm）}\end{aligned}$$

2. 计算冲压力

（1）落料力

$$F=KLt\tau=1.3\times3.14\times80\times1\times333=108\ 774\ \text{N}\approx109\ \text{kN}$$

（2）卸料力

采用固定卸料，不用计算。

（3）拉深力

$$F=\pi d_1tR_mK_1=3.14\times60\times1\times432\times1=81\ 388\ \text{N}\approx81\ \text{kN}$$

（4）压边力

$$\begin{aligned}F_y&=\frac{\pi}{4}\left[D^2-(d_1+2r_a)^2\right]p\\&=\frac{\pi}{4}\left[80^2-(60+2\times5)^2\right]\times2.5\\&=2\ 943\ \text{N}\approx2.9\ \text{kN}\end{aligned}$$

（5）最大冲压力

$$F_{总}=F+F_y=109\ \text{kN}+2.9\ \text{kN}\approx112\ \text{kN}$$

四、计算拉深次数

$$\frac{t}{D}\times100=\frac{1}{80}\times100=1.25$$

查表 4—1—8 得 $m_1=0.53$、$m_2=0.76$，可得：

$$d_1=m_1\times D=0.53\times80=42.4\ \text{mm}<61\ \text{mm}$$

所以一次拉深可以成形。

五、设计压边装置

压料装置（见图 4—4—2）设在下模并且可以调节。由件 10、11、12、13、14 组成，顶件块 9 和凸凹模 8 将材料压住进行拉深。当压力过小时，拧紧螺母 14 可增大压料力。

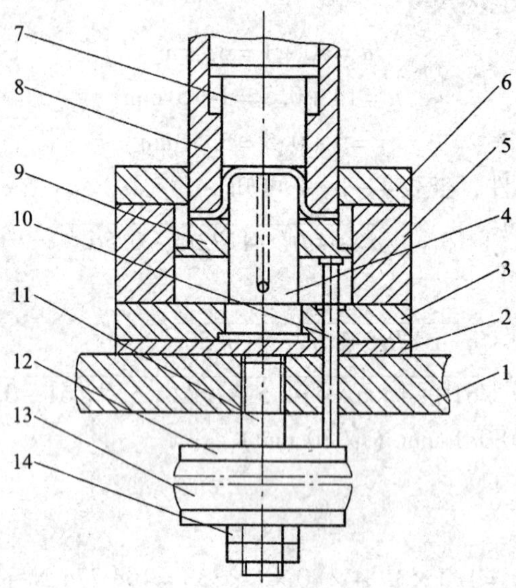

图 4—4—2　压料装置

1—下模座　2—垫板　3—凸模固定板　4—凸模　5—中垫板　6—凹模　7—推件块　8—凸凹模　9—顶件块　10—顶杆　11—螺杆　12—支板　13—橡胶　14—螺母

六、计算凸、凹模工作部分尺寸和公差

1. 拉深凸、凹模尺寸

$$\begin{aligned} d_t &= (d_{min} + 0.4\Delta)_{-\delta_t}^{0} \\ &= (60 + 0.4 \times 0.74)_{-0.03}^{0} \\ &= 60.3_{-0.03}^{0}\ \text{mm} \end{aligned}$$

$$\begin{aligned} d_a &= (d_t + 2c)_{0}^{+\delta_a} \\ &= (60.3 + 2 \times 1)_{0}^{+0.04} \\ &= 62.3_{0}^{+0.04}\ \text{mm} \end{aligned}$$

2. 凸、凹模圆角半径

$$\begin{aligned} R_a &= 0.8\sqrt{(D-d)t} \\ &= 0.8\sqrt{(80-62)\times 1} \\ &\approx 3.4\ \text{mm（取 5 mm）} \end{aligned}$$

七、设计并绘制总图、选取标准件

绘制模具总装图，如图 4—4—3 所示。按模具标准，选取所需的标准件，查清标准件代号及标记，见表 4—4—1，并将各零件标出统一代号。

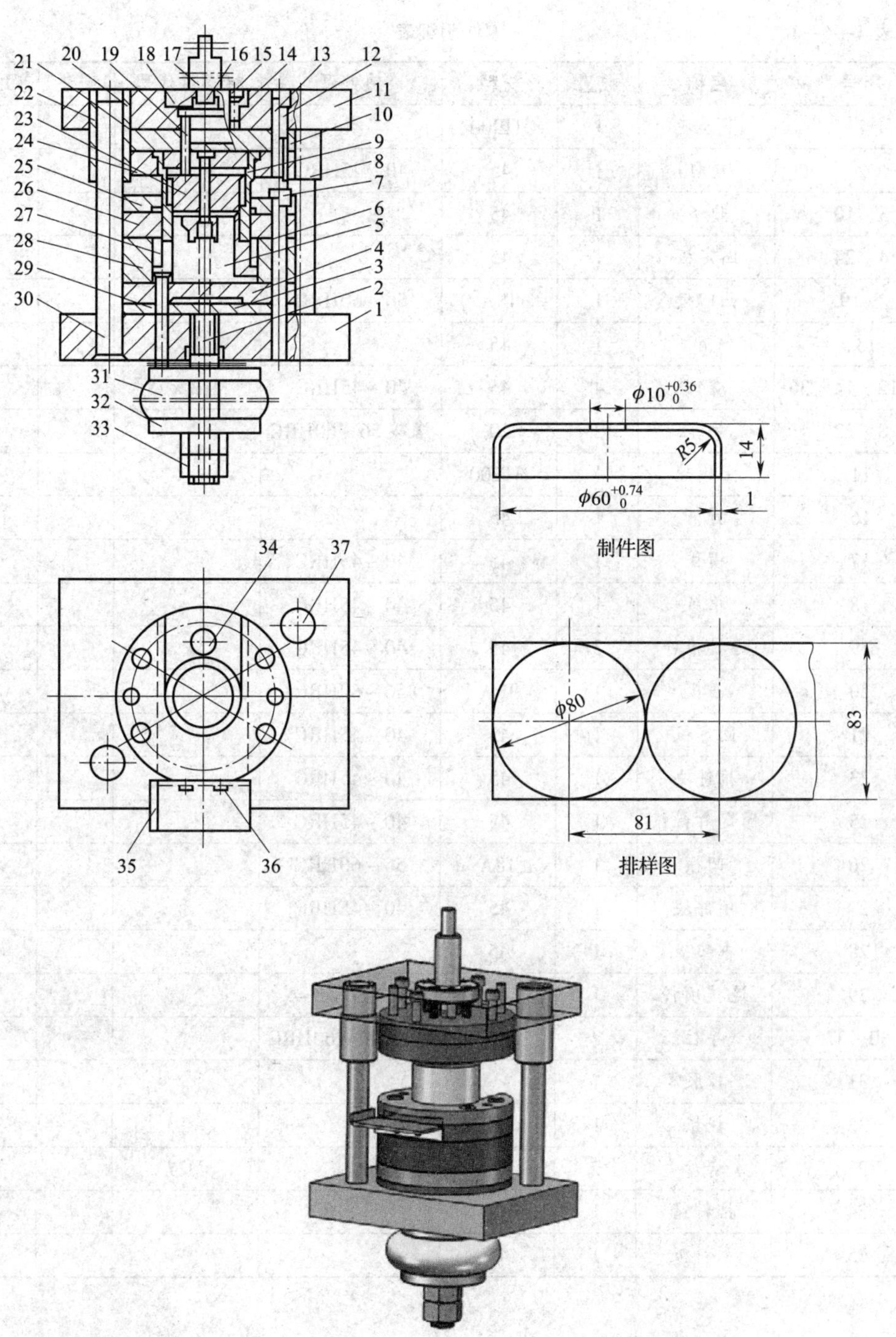

图 4—4—3 落料、拉深、冲孔复合模

1—下模座 2—螺杆 3、10—垫板 4、24—固定板 5、9—凸凹模 6、13、15—销 7、12、14、36—螺钉 8、22—导套 11—上模座 16—打杆 17—模柄 18—推板 19—连接推杆 20—凸模 21—固定板 23—推件块 25—固定卸料板 26—凹模 27—顶件块 28—中垫板 29—连接顶杆 30、37—导柱 31—橡胶 32—托板 33—螺母 34—挡料销 35—承料板

表 4—4—1　　　　零件明细表

序号	名称	数量	材料	热处理	标准件代号	备注	页次
1	下模座	1	HT200				
2	螺杆	1	45	40～45HRC			
3、10	垫板	1	45				
4、24	固定板	1	45				
5、9	凸凹模	1	T8A	56～60HRC			
6、13、15	销	1	45		$\phi12\times65$		
7、12、14、36	螺钉	4	45	40～45HRC	M12×75		
8、22	导套	2	20	渗碳 56～60HRC			
11	上模座	1	HT200				
16	打杆	1	45				
17	模柄	1	45	40～45HRC			
18	推板	1	45	40～45HRC			
19	连接推杆	3	45	40～45HRC			
20	凸模	1	T8A	56～60HRC			
21	固定板	1	45	40～45HRC			
23	推件块	1	45	40～45HRC			
25	固定卸料板	1	45	40～45HRC			
26	凹模	1	T8A	56～60HRC			
27	顶件块	1	45	40～45HRC			
28	中垫板	1	45				
29	连接顶杆	1	45				
30、37	导柱	2	20	渗碳 56～60HRC			
31	橡胶	1					
32	托板	1	45				
33	螺母	2	45		M27		
34	挡料销	1	45				
35	承料板	1	45				

八、绘制非标准零件图

非标准零件有落料、拉深凸凹模，拉深、冲孔凸凹模，冲孔凸模，落料凹模，落料、拉深凸凹模固定板，拉深、冲孔凸凹模固定板，中垫板，冲孔凸模固定板，垫板，推件块，顶件块等，如图 4—4—4 至图 4—4—14 所示。

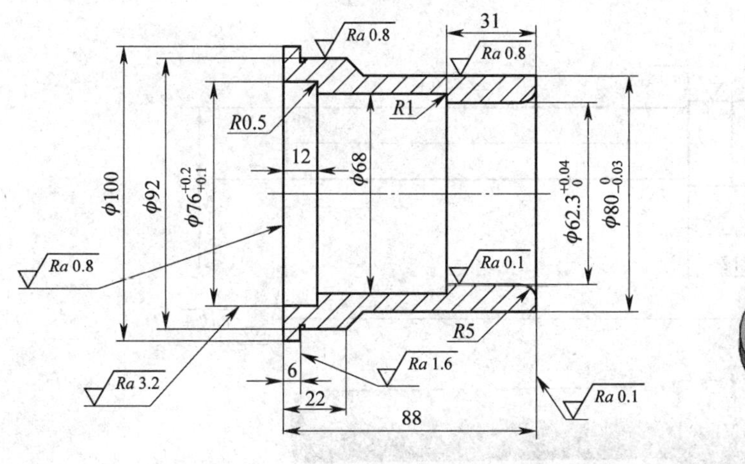

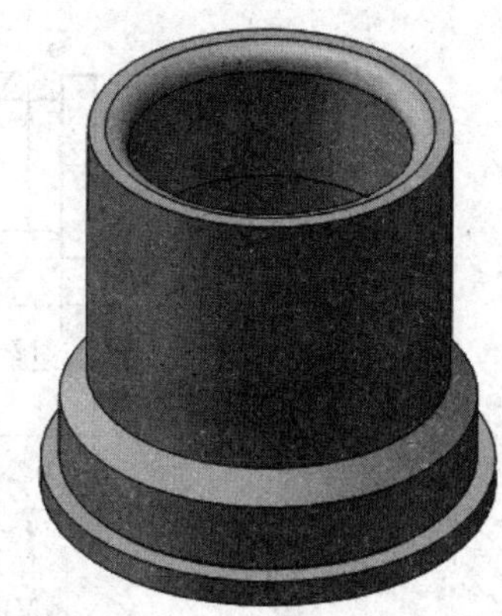

图 4—4—4 落料、拉深凸凹模

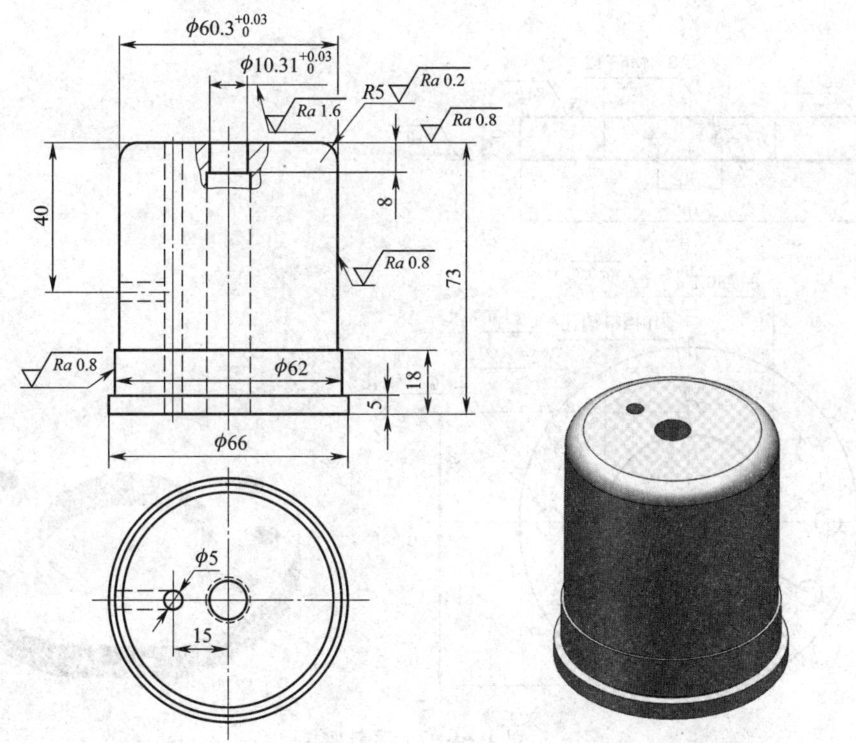

图 4—4—5 拉深、冲孔凸凹模

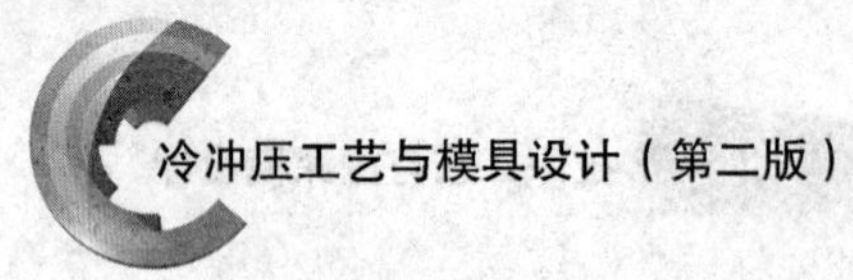

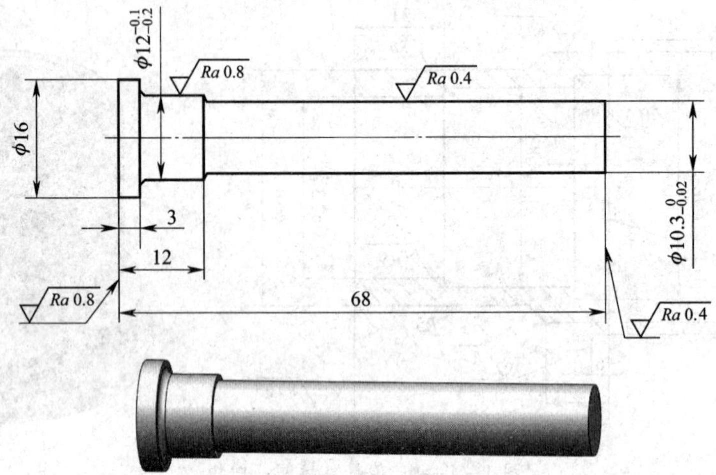

图 4—4—6　冲孔凸模

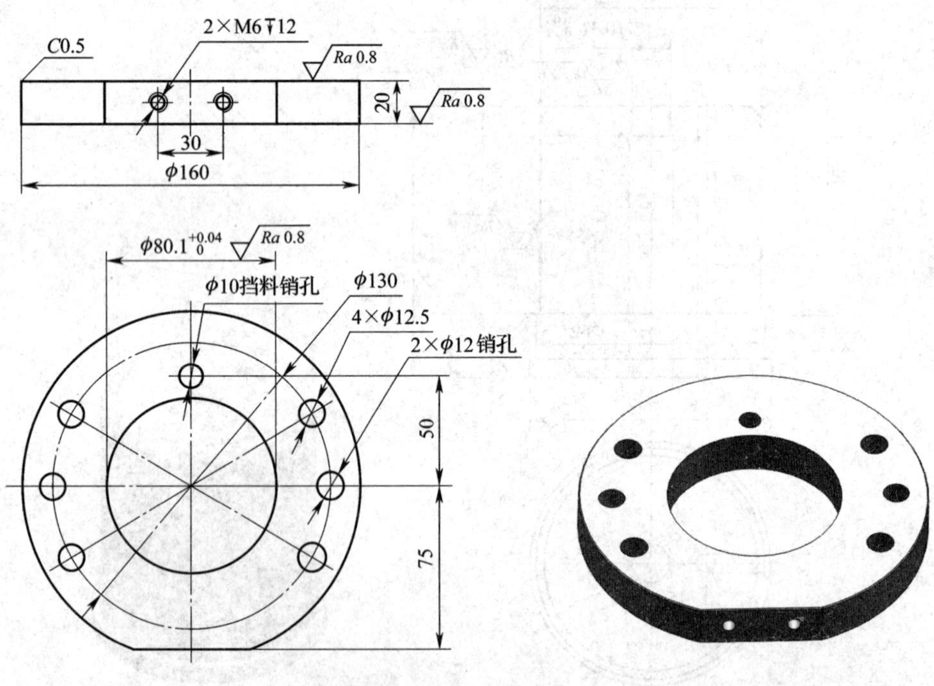

图 4—4—7　落料凹模

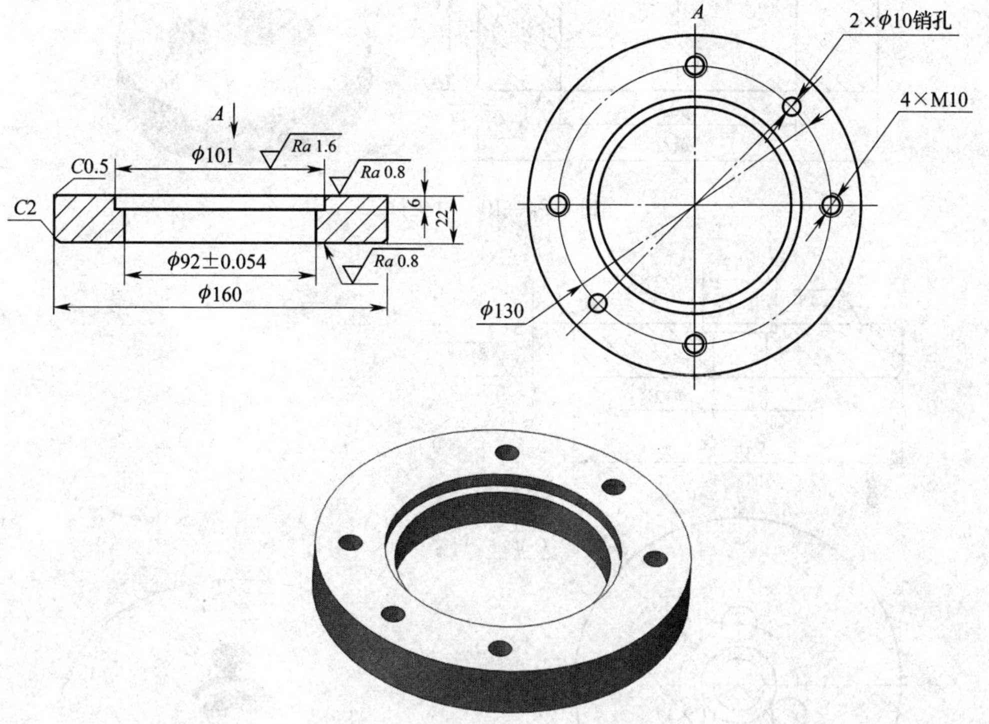

图 4—4—8 落料、拉深凸凹模固定板

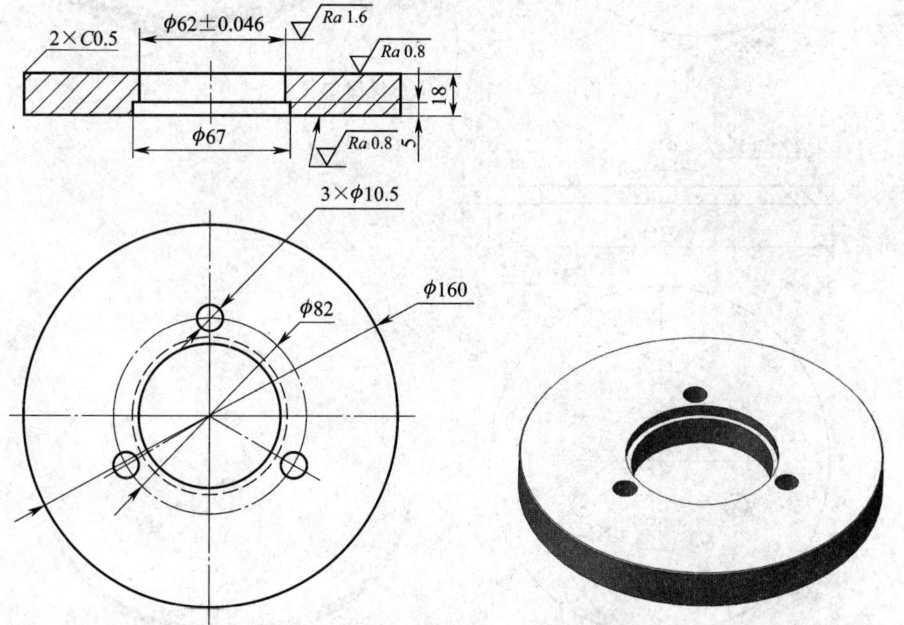

图 4—4—9 拉深、冲孔凸凹模固定板

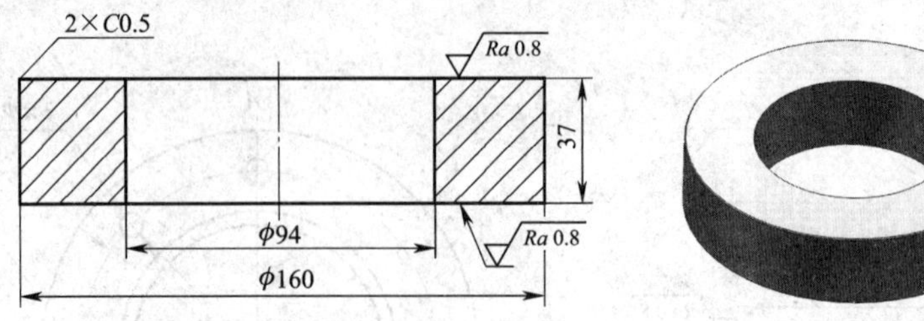

图 4—4—10　中垫板

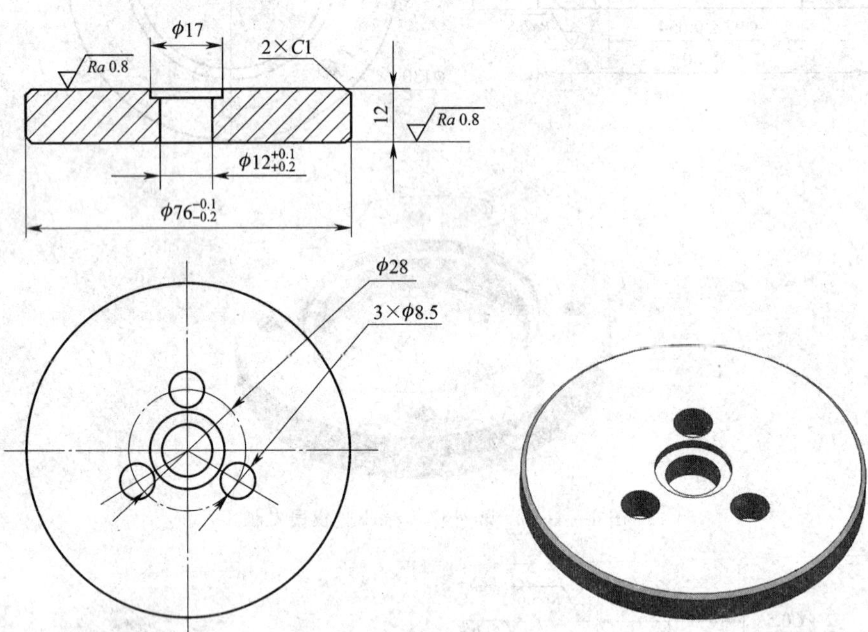

图 4—4—11　冲孔凸模固定板

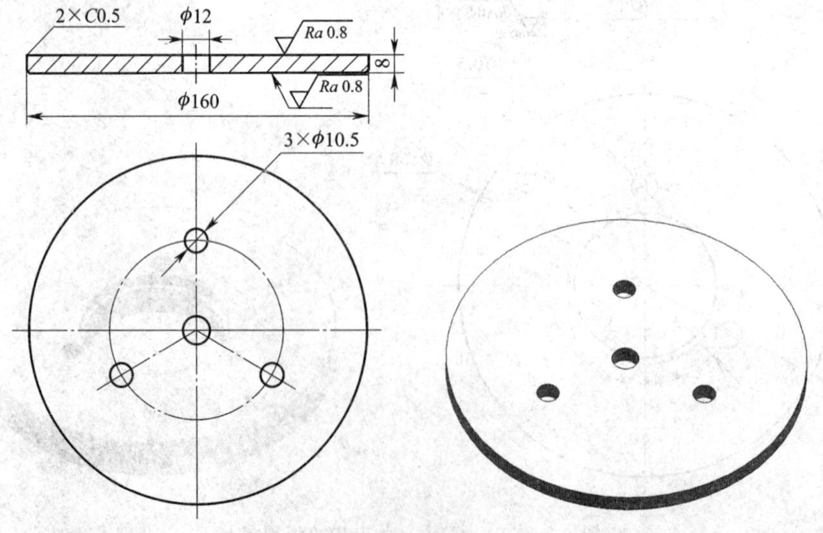

图 4—4—12　垫板

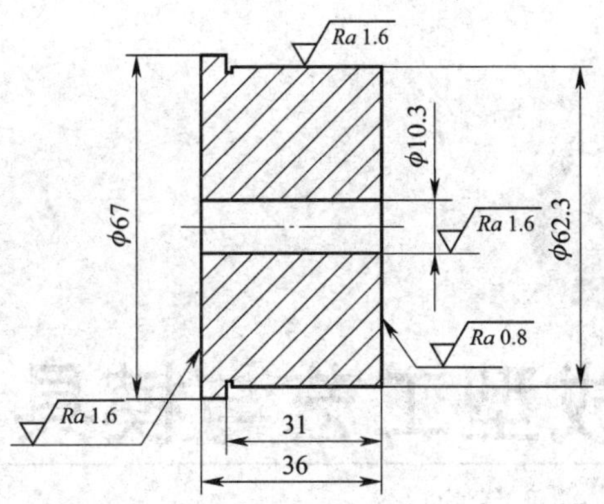

图 4—4—13 推件块

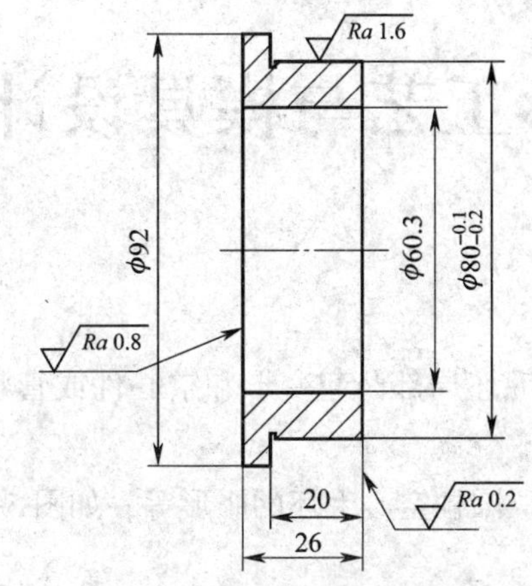

图 4—4—14 顶件块

第五章 其他成型工艺与模具设计

第一节 胀形工艺与模具设计

一、胀形工艺

在冲压生产中，利用模具强迫平板毛坯局部凸起变形和空心件或管状件沿径向向外扩张的成形工序统称胀形。

胀形成形工艺包括平板毛坯的胀形、圆柱空心毛坯的胀形等，如图 5—1—1 所示。

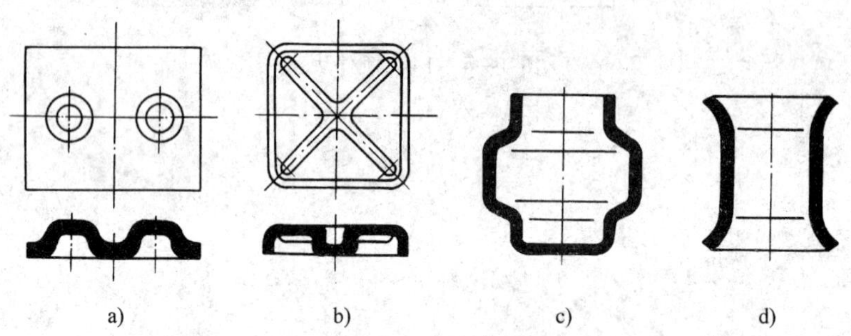

图 5—1—1 胀形实例

a)、b) 平板毛坯胀形件 c)、d) 圆柱空心毛坯胀形件

1. 平板毛坯的胀形

平板毛坯的胀形又称起伏成形，是在板料上局部发生胀形而形成凸起或凹进的冲压工艺方法。常见的平板毛坯胀形有压加强筋、压凸包、压字等，如图 5—1—2 所示。这些方法不仅提高了冲压件的强度、刚度，而且还美化了零件的外观。

(1) 压加强筋

图 5—1—3 所示为平板毛坯胀形前后长度的变化情况。

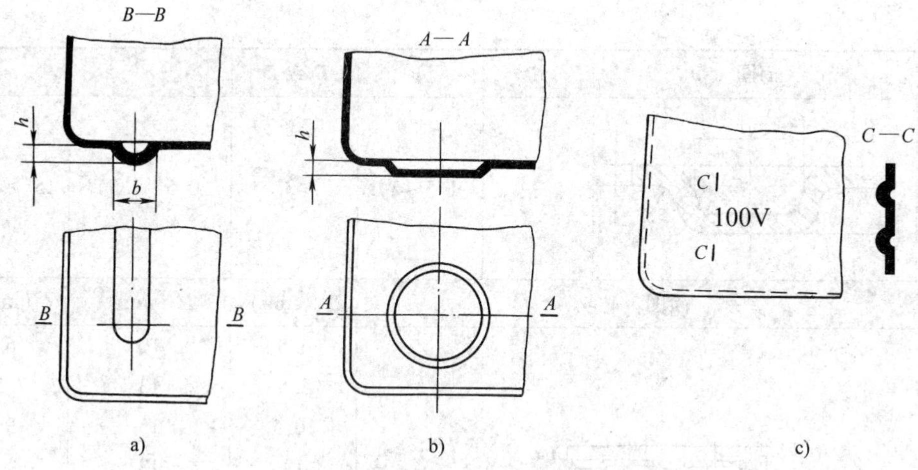

图 5—1—2 平板毛坯胀形的几种形式

a）压加强筋 b）压凸包 c）压字

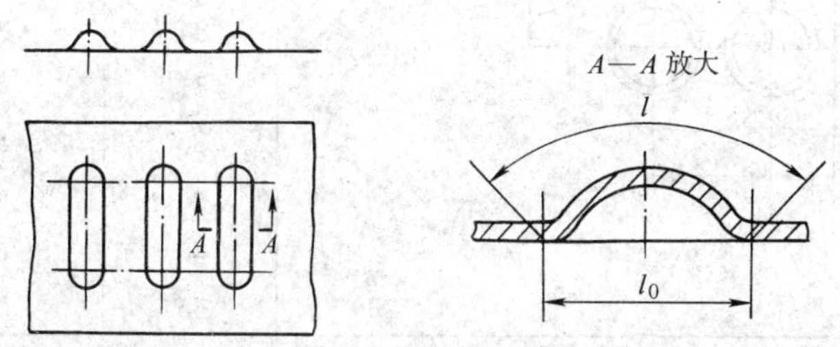

图 5—1—3 平板毛坯胀形前后的长度

由于加强筋是靠毛坯的局部变薄来实现的，所以加强筋成形可按拉深变形来处理，其变形条件为：

$$\varepsilon = \frac{l - l_0}{l_0} \leqslant (0.70 \sim 0.75)\delta \tag{5—1—1}$$

式中 l_0——变形区材料的原始长度，mm；

l——变形区材料变形后的长度，mm；

δ——材料伸长率。

系数 0.70 ~0.75 是考虑材料局部变形而引入的，表 5—1—1 列出了加强筋的形状和尺寸，可供参考。

表 5—1—1 **加强筋的形式和尺寸**

名称	简图	R	h	B 或 D	r	α
半圆形筋		$(3 \sim 4)t$	$(2 \sim 3)t$	$(7 \sim 10)t$	$(1 \sim 2)t$	—

续表

名称	简图	R	h	B 或 D	r	α
梯形筋		—	$(1.5\sim2)t$	$\geqslant 3h$	$(0.5\sim1.5)t$	15°～30°

简图	D（mm）	L（mm）	l（mm）
	6.5	10	6
	8.5	13	7.5
	10.5	15	9
	13	18	11
	15	22	13
	18	26	16
	24	34	20
	31	44	26
	36	51	30
	43	60	35
	48	68	40
	55	78	45

若不满足式（5—1—1）则需要考虑两次成形。

成形加强筋所需要的压力 F 可按下式计算：

$$F = KLtR_m \quad (5\text{—}1\text{—}2)$$

式中 K——系数，取0.7～1.0，当加强筋形状窄而深时取大值，宽而浅时取小值；

L——加强筋周长，mm；

t——材料厚度，mm；

R_m——材料抗拉强度，MPa。

在曲轴压力机上对厚度小于1.5 mm、面积小于2 000 mm^2 的薄料小件进行压筋成形时，所需冲压力可用下式估算：

$$F = KAt^2 \quad (5\text{—}1\text{—}3)$$

式中 F——胀形冲压力，N；

K——系数，对于钢 $K=200\sim300$，对于铜 $K=150\sim200$；

A——胀形面积，mm^2；

t——材料厚度，mm。

（2）压凸包

当拉深毛坯与凸模直径的比值 $D/d>4$ 时，称为压凸包。表5—1—2列出了压凸包时的极限成形高度。

表 5—1—2　　平板局部冲压凸包的极限成形高度

简图	材料	极限成形高度 h_{max}
(图：h, d)	软钢	≤(0.15~0.2) d
	铝	≤(0.1~0.15) d
	黄铜	≤(0.15~0.22) d

增大凸模圆角半径，改善凸模的润滑条件，有利于增大凸包的成形高度。

2. 圆柱形空心毛坯的胀形

将圆柱形空心毛坯或管状毛坯向外扩张成曲面空心工件的冲压加工方法称为圆柱形空心毛坯胀形，如图 5—1—4 所示。利用这种方法可以获得高压气瓶、波纹管、自行车三通接头以及火箭发动机上的一些异形空心件。

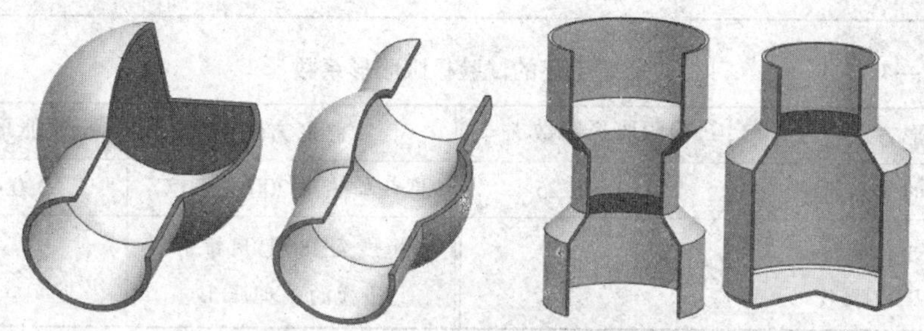

图 5—1—4　圆柱形空心毛坯胀形

（1）胀形程度的计算

胀形的变形特点主要是材料沿受切向和母线方向拉深，主要问题是如何防止材料胀裂。胀形的变形程度受材料的极限伸长率限制，常以胀形系数 K_p 表示胀形变形程度。

$$K_p = \frac{d_{max}}{d_0} \qquad (5—1—4)$$

式中 d_{max}——胀形后的最大直径，mm；

d_0——毛坯原来的直径，mm。

胀形系数 K_p 和毛坯切向拉深伸长率 $\delta_{\theta p}$ 的关系为：

$$\delta_{\theta p} = \frac{\pi d_{max} - \pi d_0}{\pi d_0} = K_p - 1 \qquad (5—1—5)$$

由上式可知，只要知道材料的切向拉深伸长率便可以求出相应的极限胀形系数。

表 5—1—3 是一些常用材料的极限胀形系数和切向许用伸长率的实验值，表 5—1—4 是铝管毛坯的试验极限胀形系数，设计时可选择使用。

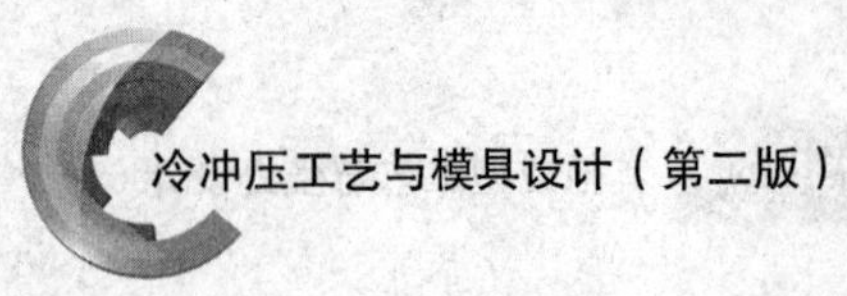

表 5—1—3　　极限胀形系数和切向许用伸长率（实验值）

材料		厚度（mm）	极限胀形系数 K_p	切向许用伸长率 δ_{θ_p}（%）
铝合金 3A21		0.5	1.25	25
纯铝	1070A、1060 1050A、1035 1200、8A06	1.0 1.5 2.0	1.28 1.32 1.32	28 32 32
黄铜 H62、H68		0.5 ~ 1.0 1.5 ~ 2.0	1.35 1.40	35 40
低碳钢 08F、10、20		0.5 1.0	1.20 1.24	20 24
不锈钢（如 1CrNiTi）		0.5 1.0	1.26 ~ 1.32 1.28 ~ 1.34	26 ~ 32 28 ~ 34

表 5—1—4　　铝管毛坯的试验极限胀形系数

胀形方法	极限胀形系数 K_p	胀形方法	极限胀形系数 K_p
用橡胶的简单胀形	1.2 ~ 1.25	局部加热至 200 ~ 250℃	2.0 ~ 2.1
用橡胶并对坯料轴向加压的胀形	1.6 ~ 1.7	加热至 380℃用锥形凸模的端部胀形	~3.0

（2）毛坯计算（见图 5—1—5）

1）毛坯直径。计算公式如下：

$$d_0 = \frac{d_{max}}{K_p} \tag{5—1—6}$$

2）毛坯厚度。根据体积不变原理有：

$$\pi d_0 t_0 = \pi d_{max} t_{min}$$

$$t_0 = \frac{d_{max}}{d_0} t_{min} = K_p t_{min} \tag{5—1—7}$$

式中　t_{min}——胀形件最大直径处壁厚，mm；

t_0——毛坯壁厚，mm。

3）毛坯长度。计算胀形毛坯时除考虑到修边余量外还应考虑到毛坯切向伸长时引起的高度缩小，毛坯高度 L_0 可用下式计算：

$$L_0 = L[1 + (0.3 \sim 0.4)\delta_{\theta p}] + \Delta h \tag{5—1—8}$$

式中　L——胀形零件母线长度，mm；

Δh——切边余量，一般取 5 ~ 15 mm；

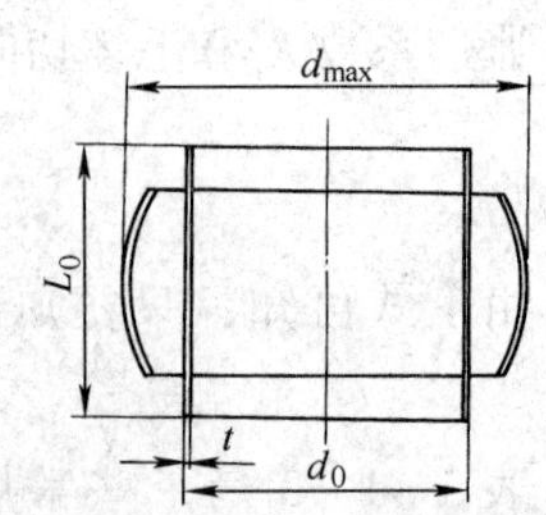

图 5—1—5　空心毛坯胀形尺寸

$\delta_{\theta p}$——材料切向拉深伸长率；

(0.3～0.4) $\delta_{\theta p}$ 为考虑到材料切向伸长引起毛坯高度方向缩小量。

(3) 胀形力的计算

空心毛坯胀形时，所需的胀形力 F 可按下式计算：

$$F = pA \quad (5—1—9)$$

式中 p——胀形时所需单位面积压力，MPa；

A——胀形面积，mm^2。

胀形时所需的单位面积压力 p 可用下式近似计算。

$$p = 1.15R_m \frac{2t}{d_{max}} \quad (5—1—10)$$

式中 R_m——材料抗拉强度，MPa；

d_{max}——胀形最大直径，mm；

t——材料原始厚度，mm。

二、胀形模具

1. 胀形模结构

胀形模具的结构有刚性和弹性两类。胀形可以采用不同方法来实现，一般有机械胀形、橡胶胀形和液压胀形三种。

图5—1—6 所示为刚体分瓣凸模胀形。由于刚体分瓣凸模胀形模具结构复杂，胀形变形不均匀，不易成形出形状复杂的工件，所以生产中常用软模进行胀形。

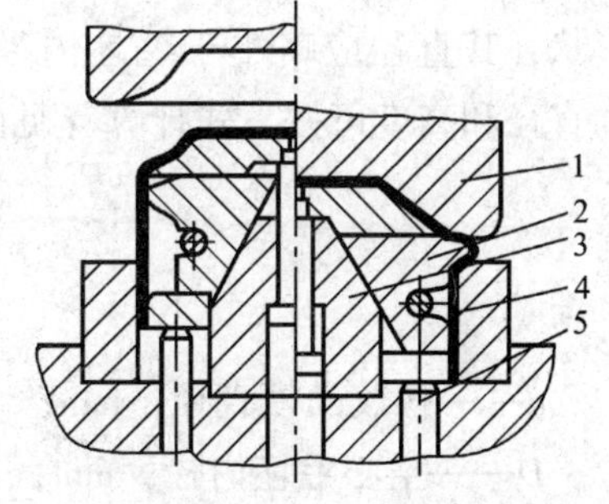

图5—1—6 刚体分瓣凸模胀形

1—凹模 2—分块凸模 3—模芯 4—制件 5—顶杆

图5—1—7 所示为橡胶凸模胀形。图5—1—8 所示为液压凸模胀形。胀形时，毛坯放在凹模内，利用介质传递的压力，使其毛坯直径胀大，最后贴靠凹模成形。软模胀形的优点是传力均匀、工艺过程简单、生产成本低、工件质量好。

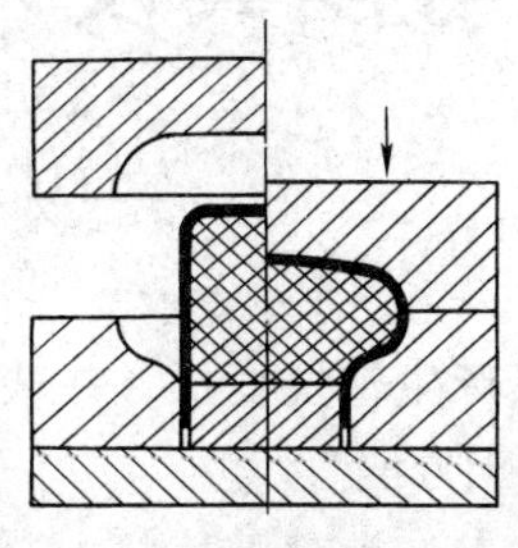

图5—1—7 橡胶凸模胀形

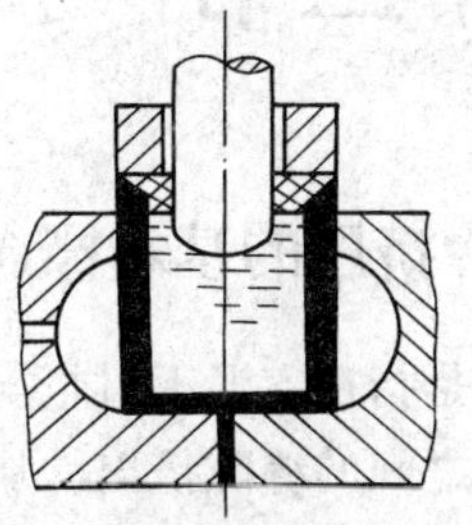

图5—1—8 液压凸模胀形

软模胀形使用的介质有橡胶、PVC 塑料、石蜡、高压液体和压缩空气等。

2. 胀形模设计要点

胀形模的凹模一般采用钢、铸铁、锌基合金、环氧树脂等材料制造，其结构有整体式和分块式两类。整体式凹模工作时承受较大的压力，必须要有足够的强度。增加凹模强度的方法是采用加强筋，也可以在凹模外面套上模套，凹模和模套间采用过盈配合，构成预应力组合凹模，这比单纯增强凹模壁厚更有效。

分块式胀形凹模必须根据胀形零件的形状合理选择分模面，分块数应尽量少。在模具闭合状态下，分模面应紧密贴合，形成完整的凹模型腔，在拼缝处不应有间隙和不平。分模块用整体模套固紧并采用圆锥面配合，其锥角应小于自锁角，一般取 $\alpha=5°\sim10°$ 为宜。为了防止模块之间错位，模块之间应有定位销连接。

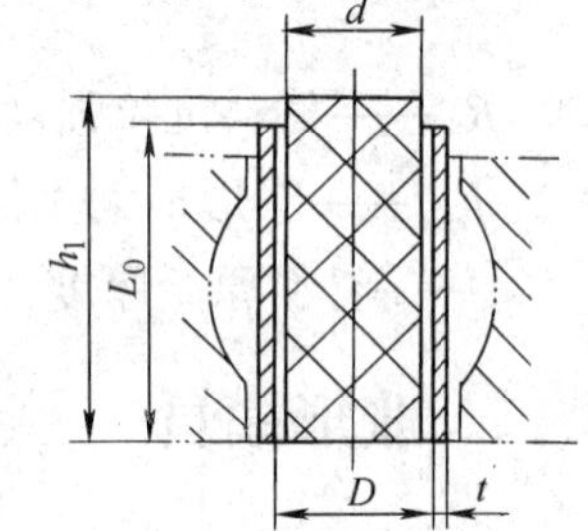

图 5—1—9　圆柱形橡胶凸模的尺寸计算

橡胶胀形凸模的结构尺寸需设计合理。由于橡胶凸模一般在封闭状态下工作，其形状和尺寸不仅要保证能顺利进入空心毛坯，还要有利于压力的合理分布，使胀形的零件各部位都能很好地紧贴凹模型腔。为了便于加工，橡胶凸模一般简化成柱形、锥形和环形等简单的几何形状，其直径应略小于毛坯内径。圆柱形橡胶毛坯凸模的直径和高度可按下式计算（见图 5—1—9）。

$$d=0.895D \tag{5—1—11}$$

$$h_1=\frac{KL_0D^2}{d^2} \tag{5—1—12}$$

式中　d——橡胶凸模直径，mm；

D——空心毛坯内径，mm；

h_1——橡胶凸模高度，mm；

L_0——空心毛坯长度，mm；

K——考虑橡胶凸模压缩后体积缩小和提高变形力的系数，一般 $K=1.1\sim1.2$。

第二节　冷挤压工艺与模具设计

一、冷挤压的基本概念

冷挤压是指在室温下对金属毛坯施加压力，使其产生塑性变形，并从模具凹模孔或凸、凹模之间的缝隙挤出，从而获得所需工件的加工方法。

冷挤压工艺属于冷锻工艺的一种，冷挤压使用的毛坯大都是棒料，它可以用来制造薄壁容器，如牙膏壳、铝质电容器及弹壳等。

1. 冷挤压的特点

（1）挤压件质量高。目前冷挤压件尺寸公差一般可以达到 IT7 级，表面粗糙度可达 $Ra1.6 \sim 0.2$ μm。零件的强度、刚度较好，表面硬度较高，耐磨性、抗腐蚀性、抗疲劳性较好。

（2）生产率高。冷挤压与切削加工相比，生产率提高了几十倍甚至几百倍。

（3）节约原材料。冷挤压属于少切削或无切削加工，材料利用率可达 70% ~95%。

（4）降低了成本费用。与传统机械加工工艺相比，由于节省原材料，减少了零件的加工工序，提高了生产效率，使制件成本大为降低。

（5）可挤压形状复杂的零件。因冷挤压时毛坯在很强的静压力作用下，有利于金属的塑性变形，可产生较大的变形，因此可以挤压出其他加工方法难以制造的复杂形状件。

（6）冷挤压毛坯变形区变形抗力大，需要的塑性变形力大，对模具强度、刚度要求高。

2. 冷挤压工艺分类

冷挤压工艺按金属流动方向与加压方向可分为以下几种。

（1）正挤压

金属被挤出方向与加压方向相同。图 5—2—1a 所示为实心件正挤压，图 5—2—1b 所示为空心件正挤压。挤压件的断面形状既可以是圆形，也可以是非圆形。

（2）反挤压

金属被挤出方向与加压方向相反，图 5—2—1c 所示为反挤压形式之一。反挤压法适用于制造断面是圆形、矩形等多种形状的空心件。

（3）复合挤压

一部分金属的挤出方向与加压方向相同，另一部分金属的挤出方向与加压方向相反，是正挤压和反挤压的复合，图 5—2—1d 所示为其中一种形式。复合挤压法适用于制造断面是圆形、方形、六角形、齿形等杯类、杯杆类或杆类挤压件，也可以是等断面的不对称挤压件。

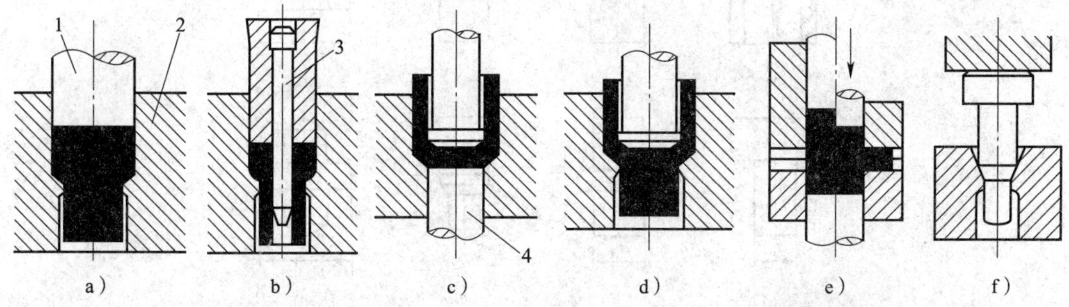

图 5—2—1 冷挤压的基本工艺类型

a）实心件正挤压 b）空心件正挤压 c）反挤压 d）复合挤压 e）径向挤压 f）减径挤压

1—凸模 2—凹模 3—心棒 4—顶杆

（4）径向挤压

挤压时金属的流动方向与凸模轴线方向相垂直，如图 5—2—1e 所示。金属在凸模作用下沿径向流动，用于制造某些需在径向有凸起部分的工作。

（5）减径挤压

减径挤压是一种变形程度较小的正挤压方法，毛坯断面仅作轻度缩减，如图 5—2—1f 所示。减径挤压主要用于制造直径差不大的阶梯轴类挤压件以及作为深孔薄壁杯形件的修整工序。

3．冷挤压件的分类及其挤压方式

（1）杯形类冷挤压件（见图 5—2—2）

这类零件一般采用反挤压（见图 5—2—2a ~ c），或反挤压制取毛坯后再以正挤压成形（见图 5—2—2d）。有的杯件也可用正挤压成形（见图 5—2—2e）。带凸缘的可用正挤压与径向挤压联合的镦挤成形（见图 5—2—2f）。

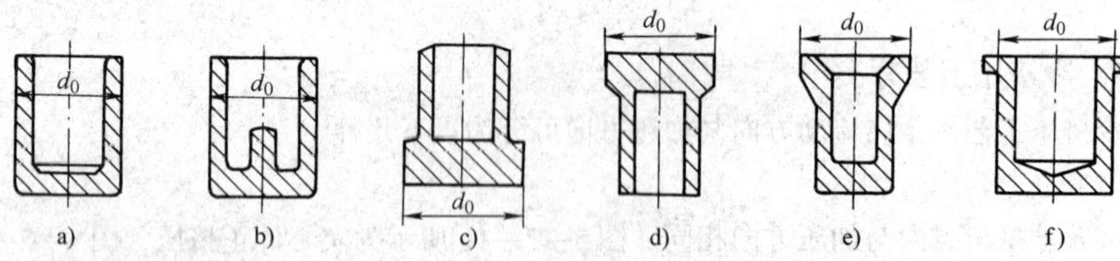

图 5—2—2　杯形类冷挤压件

a）、b）、c）反挤压　d）制毛坯后正挤压　e）正挤压　f）镦挤成形

（2）管类、轴类冷挤压件（见图 5—2—3）

这类零件一般采用正挤压（见图 5—2—3a ~ c）。有的零件也可以采用反挤压（见图 5—2—3d）或径向挤压（见图 5—2—3e、f）。阶梯相差较大的可用正挤压与径向挤压联合的镦挤成形（见图 5—2—3g），双杆零件也可用复合挤压（见图 5—2—3h）。

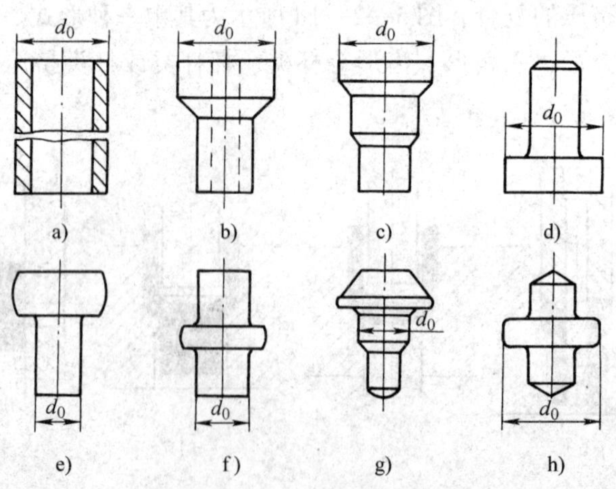

图 5—2—3　管类、轴类冷挤压件

a）、b）、c）正挤压　d）反挤压　e）、f）径向挤压　g）镦挤成形　h）复合挤压

（3）杯杆类、双杯类冷挤压件（见图5—2—4）

这类零件一般采用复合挤压，也可以用正挤压和反挤压两次挤压成形。

（4）复杂形状的冷挤压件（见图5—2—5）

带有齿形或花键等的轴对称零件可采用正挤压、反挤压、复合挤压或径抽挤压成形。

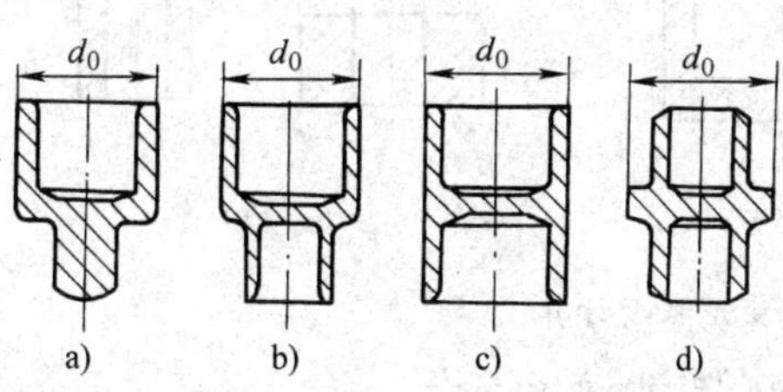

图5—2—4 杯杆类、双杯类冷挤压件

a）正挤压 b）反挤压 c）、d）复合挤压

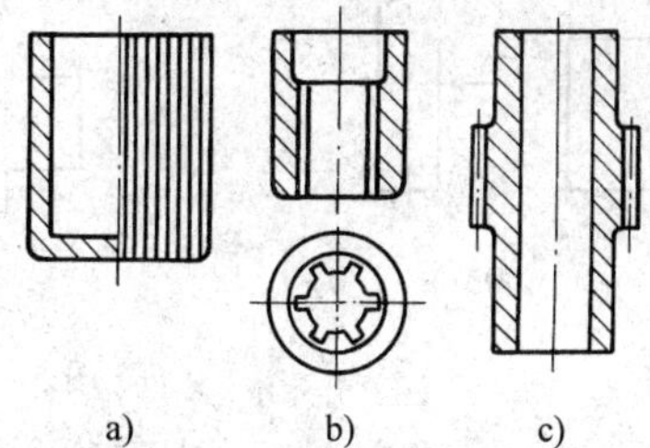

图5—2—5 复杂形状的冷挤压件

a）齿形件 b）花键轴套 c）齿轮轴

二、冷挤压工艺

1. 冷挤压变形程度

（1）变形程度的表示方法

冷挤压的变形程度通常用断面缩减率来表示，即挤压前后横断面积之差与毛坯横断面积之比，即：

$$\varepsilon_A = \frac{A_0 - A_1}{A_0} \times 100\% \qquad (5—2—1)$$

式中 ε_A——断面缩减率；

A_0——挤压前毛坯横断面积，mm^2；

A_1——挤压后工件横断面积，mm^2。

冷挤压的变形程度也有用挤压比 R（$R = A_0/A_1$）和对数变形 $\Phi\left(\Phi = \ln\frac{A_0}{A_1}\right)$ 表示的。

（2）变形程度计算

根据上述定义，正挤实心件、反挤空心件和正挤空心件的变形程度计算公式如下：

正挤实心件

$$\varepsilon_A = \frac{d_0^2 - d_1^2}{d_0^2} \times 100\% \qquad (5—2—2)$$

反挤空心件

$$\varepsilon_A = \frac{d_0^2 - (d_0^2 - d_1^2)}{d_0^2} \times 100\% = \frac{d_1^2}{d_0^2} \times 100\% \qquad (5—2—3)$$

正挤空心件

$$\varepsilon_A = \frac{(d_0^2 - d_2^2) - (d_1^2 - d_2^2)}{d_0^2 - d_2^2} \times 100\% = \frac{d_0^2 - d_1^2}{d_0^2 - d_2^2} \times 100\% \qquad (5—2—4)$$

式（5—2—2）至式（5—2—4）中符号的意义如图5—2—6所示。

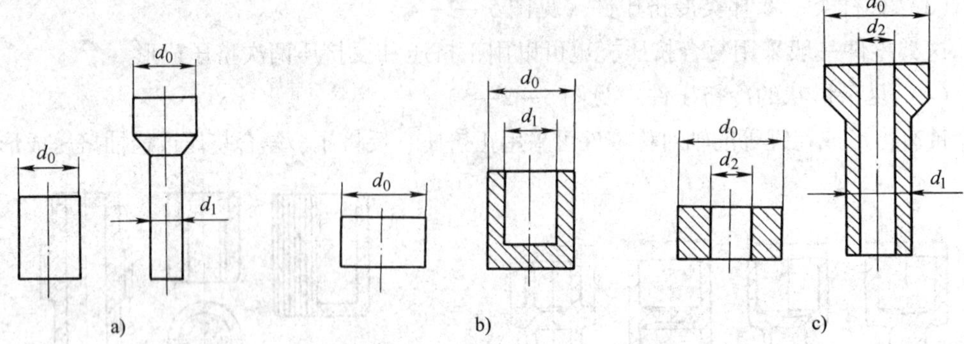

图 5—2—6　挤压变形程度计算

a）正挤实心件　b）反挤空心件　c）正挤空心件

（3）许用变形程度

每道冷挤压工序能够挤出合格产品的最大变形程度称为许用变形程度。由于冷挤压时变形抗力很大，因此冷挤压的最大变形程度主要受模具材料强度限制。此外还与冷挤压件的材料、挤压方式、模具工作部分结构、润滑条件等因素有关。一些材料的许用变形程度见表 5—2—1 和表 5—2—2。

表 5—2—1　钢的冷挤压许用变形程度 ε_A　%

钢号	反挤压	正挤压	自由镦粗
10	75 ~ 80	82 ~ 87	75 ~ 81
15	70 ~ 73	80 ~ 82	70 ~ 73
35	50	55 ~ 62	63
45	40	45 ~ 48	40 ~ 45
15Cr	42 ~ 50	53 ~ 63	53 ~ 60
34CrMo	40 ~ 45	50 ~ 60	50 ~ 60

表 5—2—2　有色金属的冷挤压许用变形程度 ε_A　%

材料	反挤压	正挤压	自由镦粗
纯铝	97 ~ 99	97 ~ 99	~ 96
铝合金 5A03	92 ~ 98	95 ~ 98	~ 92
2A11	75 ~ 82	92 ~ 95	~ 50
黄铜	75 ~ 78	75 ~ 87	73 ~ 80

2. 冷挤压毛坯尺寸计算

（1）毛坯体积计算

毛坯的体积按挤压前后体积不变的原则进行计算。如果冷挤压后还要进行修边或切削加工（需要时），则计算毛坯体积时还应加上修边余量体积或切削量体积，即：

$$V_0 = V_p + V_S \tag{5—2—5}$$

式中 V_0——毛坯体积，mm^3；

V_p——挤压件体积，mm^3；

V_S——修边余量体积，mm^3。

不同挤压件的修边余量 Δh 可参照表 5—2—3 和表 5—2—4 选取。

表 5—2—3　　修边余量 Δh　　mm

工件高度	10	10 ~ 20	20 ~ 30	30 ~ 40	40 ~ 60	60 ~ 80	80 ~ 100
Δh	2	2.5	3	3.5	4	4.5	5

注：1. 在工件尺寸大于 100 mm 时，Δh 应为工件高度的 6%。

2. 在复合挤压时，Δh 应适当增大。

3. 矩形件按表中数值加倍。

表 5—2—4　　大量生产铝质外壳时的修边余量 Δh　　mm

工件高度	15 ~ 20	20 ~ 50	50 ~ 100
Δh	8 ~ 10	10 ~ 15	15 ~ 20

注：适用于壁厚为 0.3 ~ 0.4 mm 的铝反挤压件的大批量生产。

（2）毛坯外径

毛坯的外径（d_0）根据凹模型腔尺寸决定，一般比凹模型腔直径小 0.1 ~ 0.2 mm，以便放入凹模。空心毛坯内径（d_2）根据挤压件内孔或凸模心轴直径而定，一般比挤压件内孔或凸模心轴相应直径大 0.05 ~ 0.1 mm，以便于将凸模心轴伸入毛坯内孔。若挤压件的内孔尺寸精度要求不高，则该值可取 0.1 ~ 0.2 mm。

（3）毛坯高度

毛坯径向尺寸确定以后，就可算出横截面积。于是毛坯高度就可由体积和横截面积算得，即：

$$h_0 = \frac{V_0}{A_0} \tag{5—2—6}$$

式中 h_0——毛坯高度，mm；

V_0——毛坯体积，mm^3；

A_0——毛坯横截面积，mm^2。

例 5—1—1　确定如图 5—2—7 所示纯铝挤压件的毛坯形状及尺寸。

解：查表 5—2—3 取修边余量 $\Delta h = 3$ mm。

挤压件体积（其中 V_2 可用 1/4 凹球环表面积乘厚度计算）：

$$V_0 = V_1 + V_2 + V_3$$
$$\approx \frac{\pi}{4} \times (44^2 - 15^2) \times 1 + \frac{\pi}{4} \times (2 \times 3.14 \times 2 \times 15 -$$

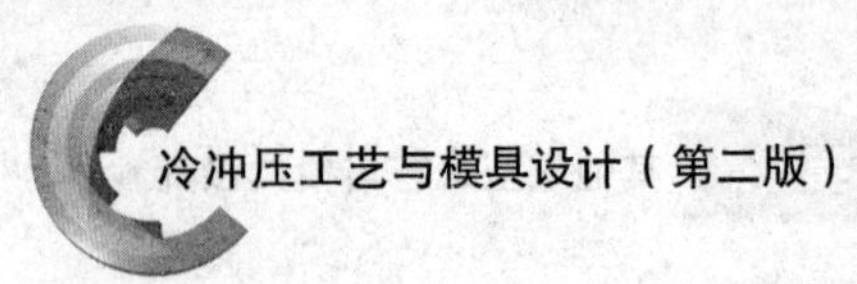

$$8\times2^2)\times1+\frac{\pi}{4}\times(12^2-10^2)\times(23+3-1-1.5)$$

$$=2\ 278\ \text{mm}^3$$

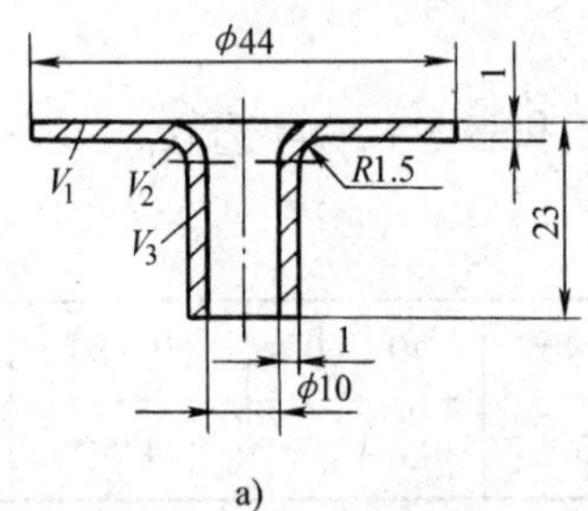

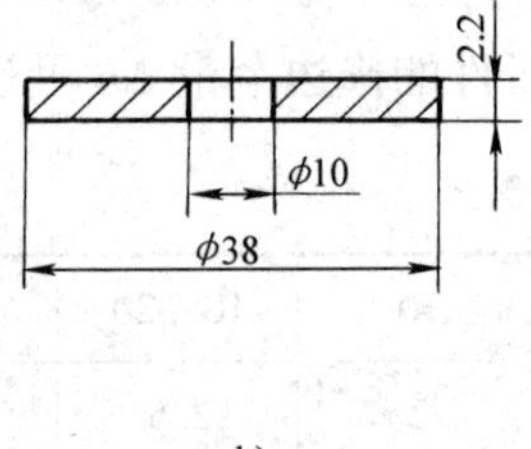

图 5—2—7　冷挤压件图

毛坯外径：$d_0=44-0.2=43.8$ mm

毛坯内径：$d_2=10$ mm

毛坯高度：$h_0=\frac{V_0}{A_0}\frac{2\ 278}{\frac{\pi}{4}(43.8^2-10^2)}\approx1.6$ mm

采用这种尺寸毛坯进行正挤压成形，其变形程度为：

$$\varepsilon_A=\frac{A_0-A}{A_0}\times100\%=\frac{(43.8^2-10^2)-(12^2-10^2)}{43.8^2-10^2}\times100\%=97.6\%$$

查表 5—2—2，纯铝正挤压极限变形程度为 97% ~ 99%。说明挤压变形程度接近极限变形程度上限。为了减少变形程度，从而减小单位挤压力，将毛坯外径减小到 38 mm，采用正挤压和径向挤压复合成形。

此时，毛坯高度为：$h_0=\frac{V_0}{A_0}=\frac{2\ 278}{\frac{\pi}{4}(38^2-10^2)}\approx2.2$ mm

3. 冷挤压件的合理尺寸

冷挤压件的合理尺寸见表 5—2—5 ~ 表 5—2—9。

表 5—2—5　　冷挤压钢零件的圆角半径　　mm

	直径 D 或 d 高度 H 或 h_1	外角半径 r_1		内角半径 r_2	
		正常加工	粗精加工	正常加工	粗精加工
	0 ~ 10	0.5 ~ 2.0	0.3 ~ 1.0	1.0 ~ 3.0	0.5 ~ 1.5
	10 ~ 25	0.7 ~ 2.0	0.5 ~ 1.5	1.5 ~ 4.0	0.7 ~ 2.0
	25 ~ 50	1.0 ~ 3.0	0.7 ~ 2.0	2.0 ~ 5.0	1.0 ~ 3.0
	50 ~ 80	1.5 ~ 5.0	1.0 ~ 3.0	2.5 ~ 7.0	1.5 ~ 5.0
	80 ~ 120	2.0 ~ 6.0	1.5 ~ 5.0	3.0 ~ 9.0	2.0 ~ 7.0
	120 ~ 160	3.0 ~ 9.0	2.0 ~ 8.0	4.0 ~ 10.0	3.0 ~ 9.0

表 5—2—6　　冷挤钢零件的最小壁厚　　mm

零件直径	最小壁厚
9 ~ 19	0.5
25	0.6
75	1.0
>75	2.0

表 5—2—7　　正挤压的合理尺寸

$\alpha = 90° \sim 120°$ d：钢 $\geqslant 0.5D$　纯铝 $\geqslant 0.1D$ $l_0 \leqslant 10D$ b：钢 $\geqslant d/2$　纯铝 $\geqslant 0.2 \sim 0.3$ mm	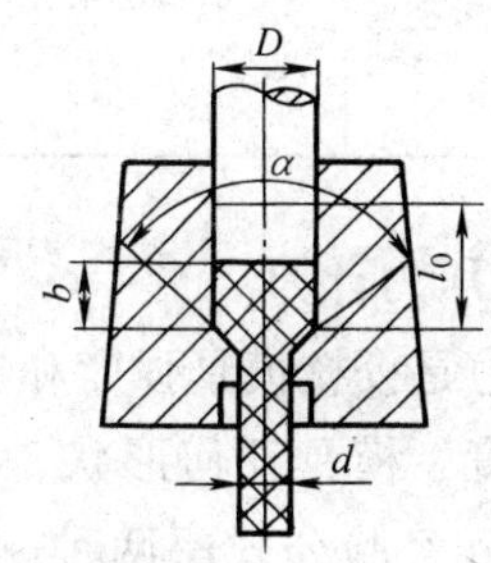

表 5—2—8　　反挤压的合理尺寸

		钢	有色金属
	α	$3° \sim 7°$	$0° \sim 2°$
	b	$\geqslant t$	$\geqslant 0.8t$
	t	$\geqslant \frac{1}{15}D$	纯铝 $> \frac{1}{200}D$，黄铜 $> \frac{1}{25}D$
	d	$\leqslant 0.86D$	$\leqslant 0.99D$
	l	$\leqslant (2.5 \sim 3)d$	$\leqslant (6 \sim 7)d$
	r	$\geqslant 0.5$	
	R	$\geqslant 0.8$	
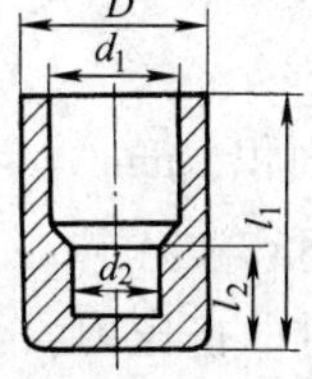	$d_1 \leqslant 0.86D$ $l_1 \leqslant (2.5 \sim 3)d_1$ $l_2 \leqslant d_2$		

表 5—2—9　　复合挤压的合理尺寸

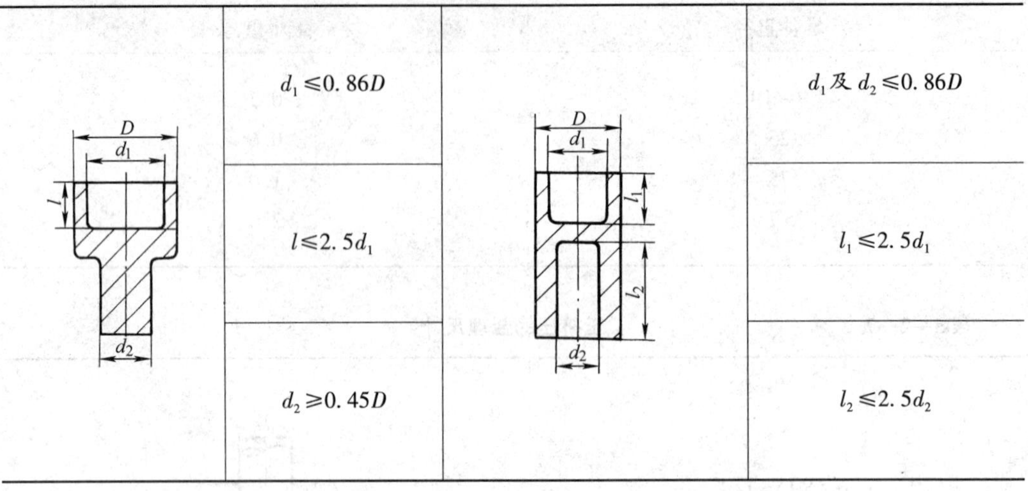

图示	尺寸条件	图示	尺寸条件
	$d_1 \leqslant 0.86D$		d_1 及 $d_2 \leqslant 0.86D$
	$l \leqslant 2.5d_1$		$l_1 \leqslant 2.5d_1$
	$d_2 \geqslant 0.45D$		$l_2 \leqslant 2.5d_2$

4. 冷挤压力计算

冷挤压力是校核模具强度和选用设备的依据。它受挤压金属的性能、变形程度、毛坯相对高度、模具几何形状、润滑条件等因素的影响。计算冷挤压力常用的方法有图算法和经验公式法两种。现只介绍广为采用的经验公式法，它方便且相当准确。

正挤压

$$F = CR_{\mathrm{m}}\left(\ln\frac{A_0}{A_1} + \mathrm{e}^{\frac{2\mu h}{t}}\right)A_0 \qquad (5—2—7)$$

反挤压

$$F = C'fR_{\mathrm{m}}\left(2 + \frac{0.5\mu d}{t}\right)A \qquad (5—2—8)$$

式中 C 及 C'——毛坯材料加工硬化系数，分别见表 5—2—10 和表 5—2—11；

R_{m}——毛坯材料抗拉强度，MPa；

A_1 及 A_0——毛坯及挤出部分横截面积，mm^2；

e——自然对数底数；

μ——摩擦因数，按表 5—2—12 选用；

h——凹模工作带宽度，mm；

t——挤出件壁厚，对于实心件则为挤出部分直径的一半，mm；

f——凸、凹模工作部分几何形状系数，一般取 0.5 ~ 1，合适的凸、凹模工作部分形状取较小值，否则取较大值；

d——凸模工作部分直径，mm；

A——凸模与挤压毛坯的接触表面在凸模运动方向上的投影面积，mm^2。

应用公式（5—2—6）计算时，如采用锥形凹模应乘以系数 0.85。

复合挤压的挤压力，可先分别计算单纯正挤压和单纯反挤压时的挤压力，然后按两者中较小者来确定。

表 5—2—10　　正挤压时材料硬化系数 C

材料	抗拉强度 R_m（MPa）	硬化系数 C							
		空心件 ε_A（%）				实心件 ε_A（%）			
		40	60	80	95	40	60	80	95
纯铜	220	1.9	2.0	1.8	1.5	1.8	1.9	2.0	1.6
黄铜 H62	330	1.6	1.9	2.0	—	1.6	2.0	2.1	—
纯铝 1070A	90	2.0	2.2	2.1	2.5	2.1	2.2	2.0	1.6
10	340	1.8	2.0	2.2	—	1.7	2.0	2.2	—
15	380	1.8	2.0	2.2		1.7	2.0	2.1	
20	420	1.8	2.0	2.1		1.8	2.0	2.1	
30	500	1.7	2.0	2.1		1.7	2.0	2.1	
40	580	1.7	1.9	2.0		1.7	1.9	2.2	
15Cr	450	1.5	1.7	1.8		1.5	1.7	1.9	
18CrMnTi	720	1.5	1.7	1.9		1.5	1.7	1.9	

表 5—2—11　　反挤压时材料硬化系数 C'

材料	抗拉强度 R_m（MPa）	硬化系数 C'			
		ε_A（%）			
		40	60	80	95
纯铜	220	1.8	2.0	2.1	1.5
黄铜 H62	330	1.7	2.0	2.2	—
纯铝 1070A	90	1.9	2.2	2.0	1.5
10	340	1.5	1.8	2.0	—
15	380	1.6	1.9	2.0	—
20	420	1.7	2.0	2.1	—
30	500	1.7	2.1	—	—
40	580	1.7	1.9	—	—
15Cr	450	1.4	1.7	1.9	—
18CrMnTi	720	1.5	1.7	—	—

表 5—2—12　　摩擦因数 μ 值

材料	润滑剂	摩擦因数
铝	动物油	0.15～0.20
铝合金	动物油	0.12～0.15
纯铜	石墨＋机油	0.10～0.13
黄铜	石墨＋机油	0.08～0.10
钢	磷化＋MoS_2	0.06～0.08

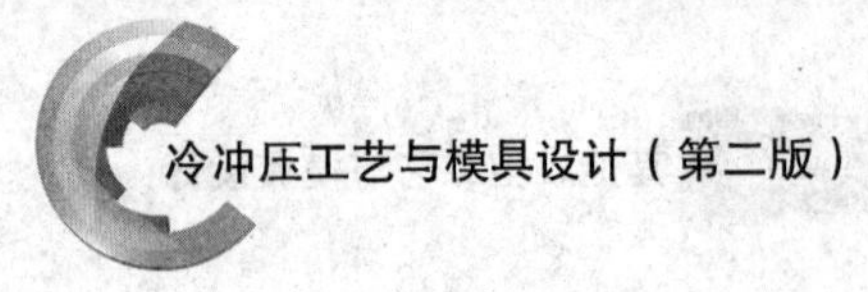

三、冷挤压材料

1. 冷挤压工艺对金属材料的要求

为了减少不均匀变形，获得优质的挤压件，延长模具的使用寿命，获得良好的挤压工艺性，对冷挤压材料的要求是：强度、硬度低，硬化模数小，有一定的塑性；化学成分要求严格，钢中硫、磷含量少，金相组织均匀；表面质量好，冷挤压工艺性好。

2. 可用于冷挤压的金属材料

可用于冷挤压的金属较多，主要是有色金属及其合金、纯铁、碳钢、低合金钢、不锈钢等。

此外，对于钛和某些钛合金等也可以进行冷挤压。甚至轴承钢（GCr9、GCr15）和高速钢（W6Mo5Cr4V2）也可以进行一定程度的冷挤压加工。随着冷挤压技术的发展和新模具材料的应用，可用于冷挤压的金属必将进一步增多。

3. 冷挤压用毛坯形状

冷挤压用毛坯形状要根据挤压件的横截面形状和挤压方式来确定。毛坯横截面轮廓形状尽量与挤压件的轮廓形状相同，并与挤压模型腔吻合，便于毛坯的定位。毛坯的几何形状应保持对称、规则、两端面平行；毛坯表面应光滑，不能有裂纹、折叠等缺陷。

常用的冷挤压毛坯如图 5—2—8 所示。其中，图 5—2—8a、b 采用切削加工或冲裁方法制成，图 5—2—8c、d 由实心毛坯经反挤压制成。对于正挤压和径向挤压，这几种毛坯都可以用，实心材料用于正挤压实心件，空心毛坯用于正挤压空心件。反挤压常用图 5—2—8a 和图 5—2—8b 两种毛坯。

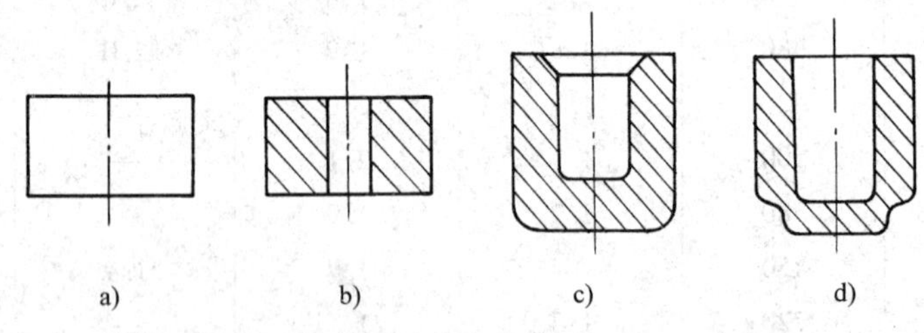

图 5—2—8　冷挤压用毛坯形状

a）实心毛坯　b）、c）、d）空心毛坯

4. 冷挤压毛坯的软化处理

为了降低毛坯的硬度和变形抗力，提高其塑性，消除内应力并得到良好的金相组织（晶粒度大小适中的球状组织最好），以降低单位挤压力和提高模具寿命，通常在冷挤压前或多道冷挤压工序中间必须进行软化处理。软化处理时，一般要将材料处理到其塑性达到最高、硬度最低，使金属在较小的冷挤压力下成形。中间工序的软化处理是为了消除冷作硬化和内应力，以恢复材料的塑性。对于黄铜和不锈钢经冷挤压后务必及时进行消除应力的退火，否则会开裂。

根据加热温度和冷却速度的不同，软化处理方法主要有完全退火、不完全退火、球化退火和等温退火四种。

5．冷挤压毛坯的表面处理与润滑

对冷挤压材料进行表面处理与润滑的目的是减少模具表面与金属毛坯之间的摩擦力。

冷挤压时单位挤压力很大，特别是钢的冷挤压单位挤压力高达 2 000 MPa 以上，使用一般的涂刷润滑剂极易被挤掉，不能起到润滑作用，毛坯表面也易被拉毛。因此，为了确保润滑剂起到良好的润滑效果，在润滑处理前，必须对毛坯进行表面处理。

四、冷挤压模具

1．冷挤压凸模

（1）正挤压凸模

正挤压实心件的凸模结构如图 5—2—9a 所示，其结构较简单。正挤压空心件的凸模如图 5—2—9b、c、d、e 所示，其中图 b 是整体式凸模，适用于挤压纯铝等软金属或心轴与凸模直径相差不大、心轴长度不长的工件；图 c 是固定组合式凸模，凸模孔与心轴之间采用 H7/k6 的过渡配合，适用于较硬金属的正挤压；图 d、图 e 是浮动组合式凸模，凸模孔与心轴采用 H7/h6 间隙配合，用于黑色金属的正挤压，挤压过程中心轴可随变形金属同时向下滑动，减小了心轴被拉断的可能，提高了心轴的寿命。

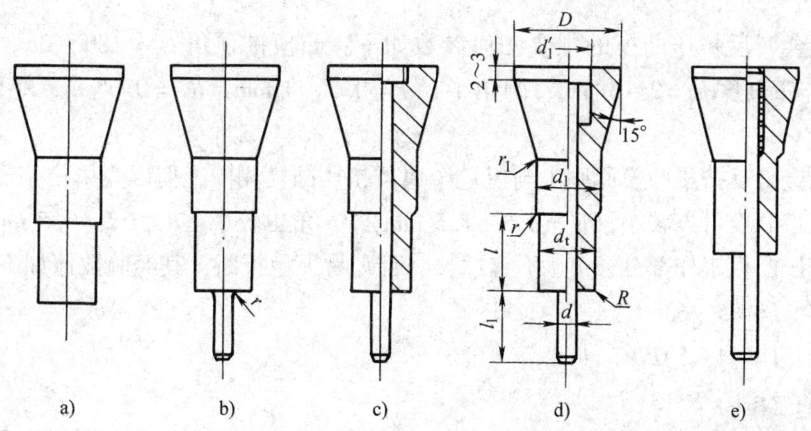

图 5—2—9 正挤压凸模

a）正挤压实心件凸模 b）正挤压空心件整体凸模

c）正挤压空心件固定组合式凸模 d）、e）正挤压空心件浮动组合式凸模

正挤压凸模的主要几何参数如图 5—2—9d 所示。凸模工作部分直径 d_t 等于挤压件头部尺寸，并与凹模保持最小间隙等于零的间隙配合。心轴直径 d 等于空心件内孔直径。心轴伸出凸模端面的长度 l_1，对于正挤压杯形件，为毛坯内孔深度；对于正挤压无底空心件，为毛坯高度加上凸模工作带高度。凸模工作部分长度 l 等于毛坯变形高度加上凸模接触毛坯时已导入凹模的深度。

（2）反挤压凸模

黑色金属反挤压凸模结构形式如图 5—2—10 所示，其中图 a 应用较普遍；图 b 挤压力小，但容易受到毛坯不平度的不良影响，造成挤压件壁厚不均匀；图 c 挤压力较大，用于挤压件为平底结构或单位挤压力不大的情况；图 d 结构有利于金属流动，但制造较麻烦。

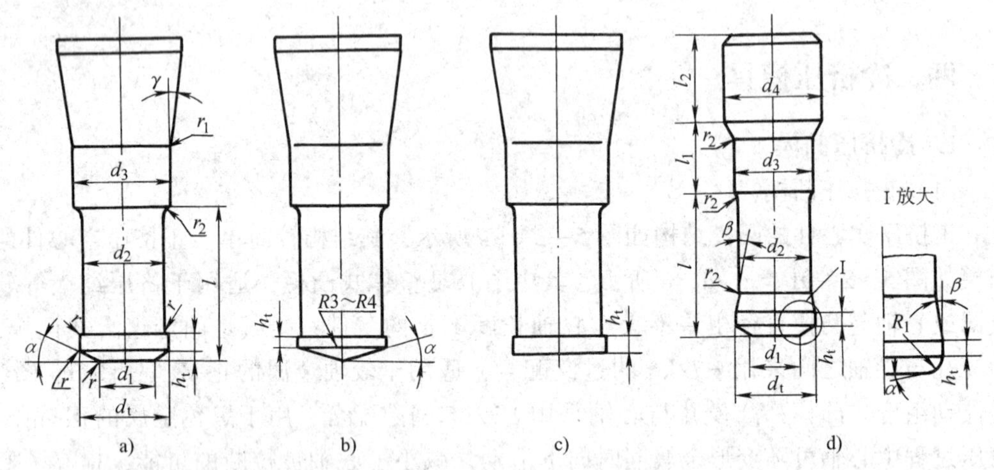

图 5—2—10　黑色金属反挤压凸模

a）凸模 1　b）凸模 2　c）凸模 3　d）凸模 4

黑色金属反挤压凸模的主要几何参数如下：凸模锥顶角 $\alpha_t = 180 - 2\alpha$，$\alpha = 7° \sim 12°$；工作带高度 $h_t = 2 \sim 3$ mm；圆角半径 $r = 0.5 \sim 4$ mm，$R_1 = 0.05\ d_t$；小圆台直径 $d_1 = 0.5d_t$。

有色金属反挤压凸模原则上与黑色金属反挤压凸模相同，但因为单位挤压力较小，因而工作带高度可以较小（$h_t = 0.5 \sim 1.5$ mm）。α 角也较小，$r = 0.2 \sim 0.5$ mm。

反挤压凸模工作部分长度 l 不宜过长，否则易失稳折断，其经验数值如下：

纯铝：$l \leqslant (5 \sim 6) d_t$

黄铜：$l \leqslant (4 \sim 5) d_t$

碳钢：$l \leqslant (2.5 \sim 3) d_t$

反挤压塑性较好、长度较大的有色金属薄壁件时，为了增加凸模的纵向稳定性，可在凸模的端面加工出如图 5—2—11 所示的工艺凹槽，以增大端面与金属的摩擦力，从而防止凸模滑向一侧造成挤压件壁厚不均匀和凸模折断。工艺凹槽必须对称、同轴，其宽度一般取 0.3 ~ 0.8 mm，深度取 0.3 ~ 0.6 mm。

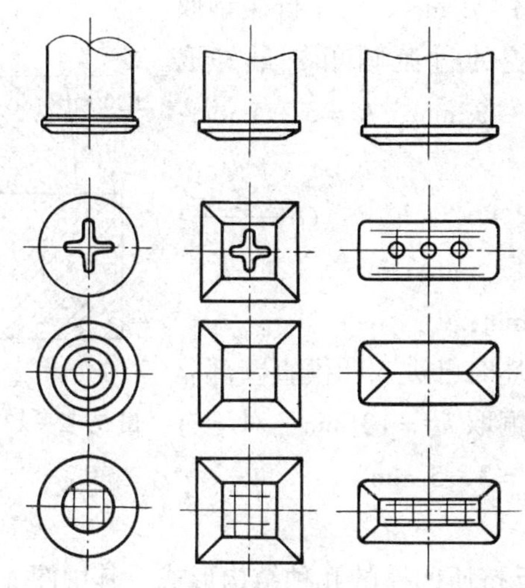

图 5—2—11 反挤压凸模工作端面的工艺槽形状

2. 冷挤压凹模

(1) 正挤压凹模

正挤压凹模一般采用预应力组合结构，其结构形式如图 5—2—12 所示。其中图 5—2—12a 凹模内层是整体式结构，应用较为广泛，但型腔内转角处容易因应力集中而产生横向开裂；图 5—2—12b、c 凹模内层为纵向分割式结构，最内层小凹模与挤压筒之间采用过盈配合，过盈量一般应大于 0.02 mm；图 5—2—12d ~ f 凹模为横向分割式结构，制造时需严格保证上、下两部分的同轴度，且拼合面不宜过宽，一般取 1 ~ 3 mm，并要求抛光。图 5—2—12f 结构能有效防止金属流入拼合面，但寿命不长。

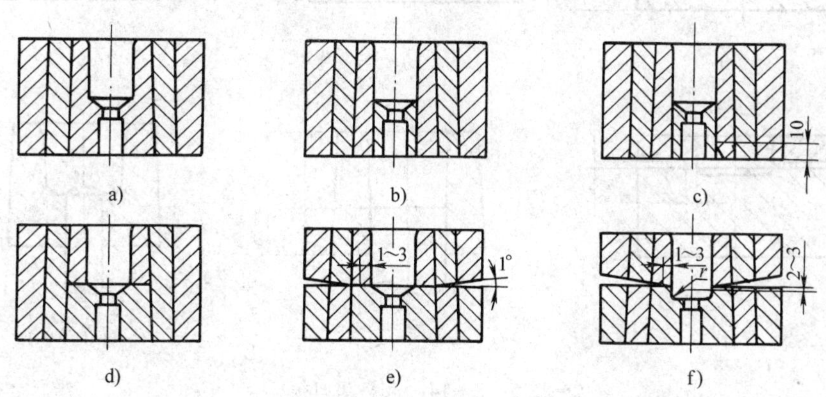

图 5—2—12 正挤压凹模

a) 内层整体式结构凹模 b)、c) 内层纵向分割式结构凹模

d)、e)、f) 横向分割式结构凹模

正挤压凹模的主要几何参数如图 5—2—13 所示。凹模中心锥角 α_a 一般取 90° ~ 126°，挤压材料塑性好时可以增大；凹模工作带高度对于纯铝取 $h_a = 1 \sim 2$ mm，对于

硬铝、纯铜、黄铜取 $h_a = 1 \sim 3$ mm。对于低碳钢取 $h_a = 2 \sim 4$ mm；凹模型腔的过渡圆角 r_1 最好取 $(D_a - d_a)/2$，但不小于 2 ~ 3 mm，$R = 3 \sim 5$ mm；凹模型腔深度为：

$$h = h_0 + R + r_1 + h_3 \quad (5—2—9)$$

式中 h——凹模型腔深度，mm；

h_0——毛坯高度，mm；

h_3——凸模接触毛坯时已进入凹模直壁部分深度，对于铜取 $h_3 = 10$ mm，对于有色金属取 $h_3 = 3 \sim 5$ mm。

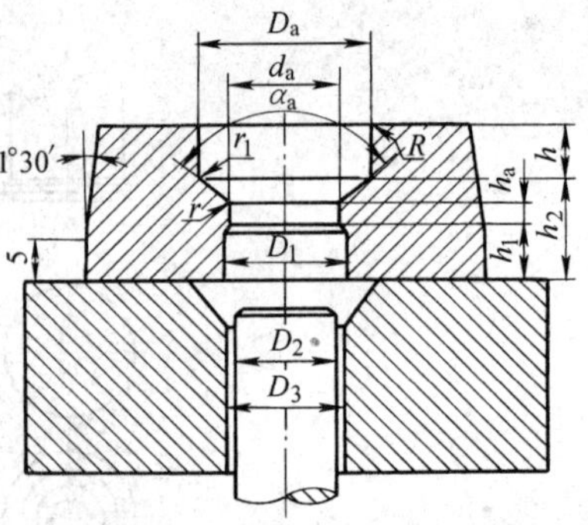

图 5—2—13 正挤压凹模的几何参数

（2）反挤压凹模

图 5—2—14 所示是反挤压凹模的几种结构形式。其中图 a 为整体式凹模，因其型腔底部转角处容易产生横向裂纹而使模具寿命缩短，故只适用于批量小或挤压力较小的场合；图 b 也是整体式凹模，由于底部有 25°斜角，有利于金属流动，可挤压壁厚为 0. 07 mm 以上的薄壁铝制圆筒形件；图 c 为穿通式组合凹模；图 d 为上、下组合式凹模，为了避免金属被挤入拼合夹缝，拼合面的宽度应小于 3 mm，其余部分留出 0. 2 mm 空隙；图 e、f 设有顶出装置，适用于反挤压后工件留在凹模的情况，其中图 e 适用于工件底部外形呈直角的反挤压，图 f 适用于工件底部外形呈圆角的反挤压。

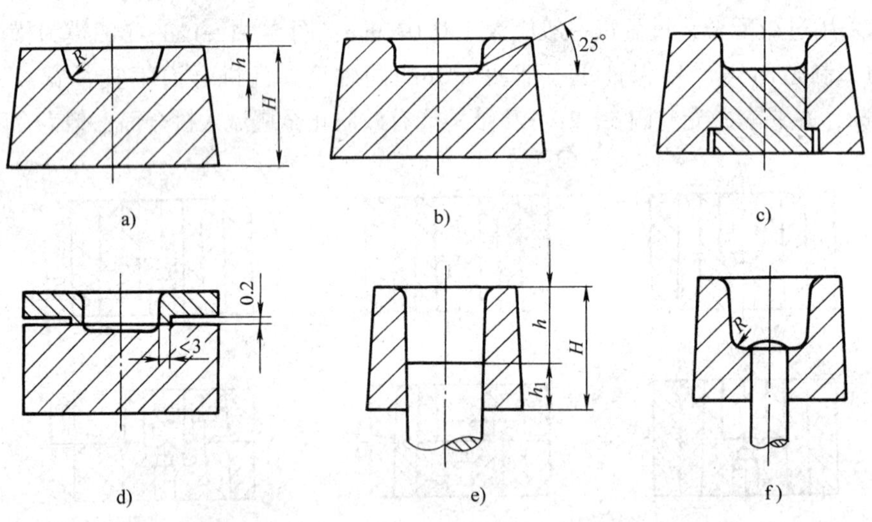

图 5—2—14 反挤压凹模

反挤压凹模的主要几何参数如下：型腔内壁做成一定斜度，以利于金属的流动；凹模底部圆角根据挤压件要求而定，r 可取（0. 1 ~ 0. 2）D_a，但应大于 0. 5 mm；$R = 2 \sim 3$ mm；型腔深度为：

$$h = h_0 + r + R + (2 \sim 3)\text{mm} \quad (5—2—10)$$

正反挤压凸、凹模的设计计算可参照表 5—2—13 ~ 表 5—2—16。

表 5—2—13　　钢件正挤压凸、凹模工作部分的设计

凹模形状	尺寸参数（mm）
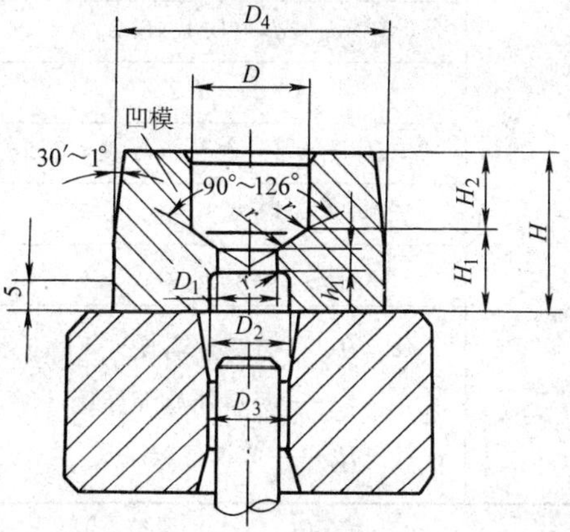	$D = D_0 +$ （0.1～0.2）
	D_1 = 挤压件外径
	$D_2 = D_1 +$ （0.5～1）
	$D_3 = D_1 + 0.02$
	$r \leqslant (D—D_1)/2$
	$h_1 = 3 \sim 4$
	$H_1 =$ （1.1～1.2）D
	$H_2 = h_0 + 10$
	$D_4 \approx 3.5D$，不小于 $\phi 35$
	注：D_0——毛坯直径；h_0——毛坯高度
凸模形状	**尺寸参数（mm）**
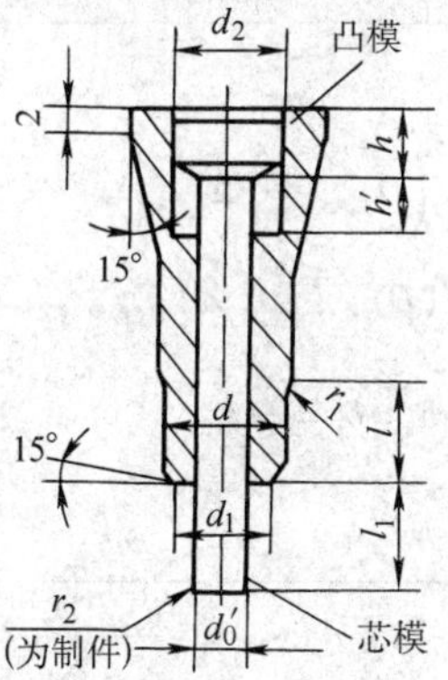	$d'_0 = d_0 -$ （0.01～0.05）或 $d'_0 = d_0 -$ （0.1～0.5）
	$d_1 = d'_0 + 4$
	$d_2 = d'_0 + 3$
	l = 工作行程 + 卸料器厚度 + 10≤2.5D
	$l_1 = h_0 + 2$
	h_0 大于卸料器厚度
	$h = 0.7d_0$
	注：d_0——毛坯内径；h_0——毛坯高度

表 5—2—14　　钢件反挤压凸、凹模工作部分的设计

凹模形状	尺寸参数（mm）
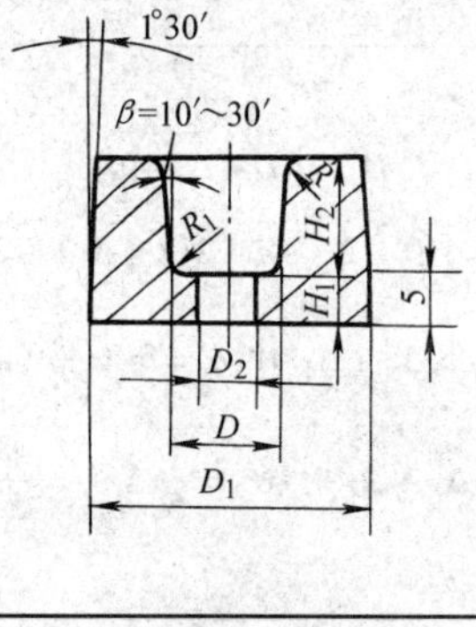	D = 挤压件外径
	$H_2 = h_0 + h + R + 4$
	当 $D = 2D_2$ 时，$H_1 = 2D_2$ 当 $D = 1.5D_2$ 时，$H_1 = D_2$
	$D_1 \approx 3.5D$（不小于 $\phi 35$）

续表

凸模形状	尺寸参数（mm）
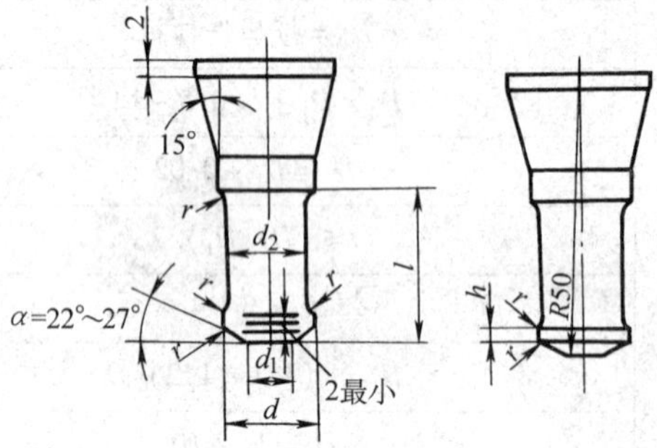	d = 挤压件内径
	$d_2 = d - (0.1 \sim 0.2)$
	$d_1 = d/2$
	$l = H - t_1 + 2$　卸料板厚度≤2.5d
	$h = 2 \sim 3$
	$r = 0.5 \sim 1$
	注：H——挤压件高度 t_1——挤压件底部厚度 H_2——凹模型腔深度

表 5—2—15　　冷挤压凸、凹模制造尺寸的计算公式

尺寸基准	制件示意图	计算公式
要求外形尺寸	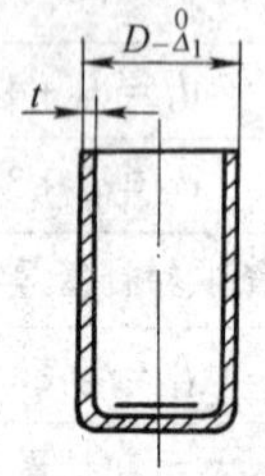	$D_a = \left(D_{最大} - \frac{3}{4}\Delta_1\right)^{+\delta_a}_{0}$ $d_t = (D_{凹最大} - 1.9t)^{0}_{-\delta_t}$ $\delta_a = \delta_t = \frac{1}{5}\Delta_1$
要求内形尺寸	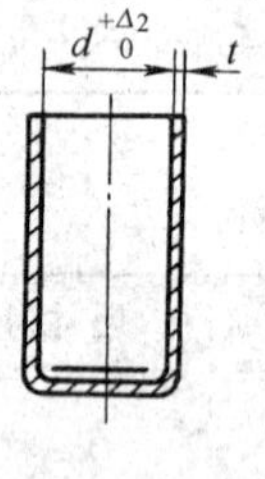	$d_t = \left(d_{最小} + \frac{1}{2}\Delta_2\right)^{0}_{-\delta_t}$ $D_a = (d_{凸最小} + 1.9t)^{+\delta_a}_{0}$ $\delta_t = \delta_a = \frac{1}{5}\Delta_2$
要求外形尺寸和壁厚	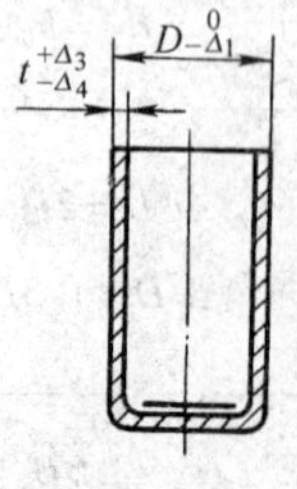	$D_a = (D - \Delta_1 + \varepsilon)^{+\delta_a}_{0}$ $d_a = [D - \Delta_1 + \varepsilon - 2(t - \Delta_4) - 2K]^{0}_{-\delta_a}$ 当 $\Delta_1 > \Delta_3 + \Delta_4$ 时，$\delta_t = \delta_a = \frac{1}{5}(\Delta_3 + \Delta_4)$ 当 $\Delta_1 \leqslant \Delta_3 + \Delta_4$ 时，$\delta_a = \frac{1}{5}\Delta_1 \delta_t = \frac{1}{5}(\Delta_3 + \Delta_4)$

续表

尺寸基准	制件示意图	计算公式
要求内形尺寸和壁厚	$d^{+\Delta_2}_{0}$ $t^{+\Delta_3}_{-\Delta_4}$	$d_t=(d+\Delta_2+\varepsilon)^{0}_{-\delta_t}$ $D_a=[d+\Delta_2+\varepsilon+2(t-\Delta_4)+2K]^{+\delta_a}_{0}$ 当 $\Delta_2>\Delta_3+\Delta_4$ 时，$\delta_t=\delta_a=\frac{1}{5}(\Delta_3+\Delta_4)$ 当 $\Delta_2\leqslant\Delta_3+\Delta_4$ 时，$\delta_t=\frac{1}{5}\Delta_2\delta_a=\frac{1}{5}(\Delta_3+\Delta_4)$

注：表中 D 为冷挤压工件外形基本尺寸，mm；d 为冷挤压工件内形基本尺寸，mm；D_a 为凹模的制造基本尺寸，mm；d_t 为凸模的制造基本尺寸，mm；δ_a 为凹模的制造公差，mm；δ_t 为凸模的制造公差，mm；ε 为冷挤压工件的收缩量，mm；K 为冷挤模在工作时凸、凹模的同轴度，mm，见表 5—2—16。

表 5—2—16　　K 的经验数值　　mm

序号	工作条件	K
1	在专用冷挤设备上正常的挤压工艺条件下，模具各方面都能达到应有的要求（如表面粗糙度、对称性、平行度、垂直度和配合等）的情况下进行冷挤压	0.03
2	在一般“C”形偏心或曲轴压力机上，模具为无导向的，模具工作部分达到设计要求，在正常的工艺条件下，进行冷挤压	0.05
3	在上述 1、2 的条件下，采用导柱式固定模架进行冷挤压，模具同心度为 0.01 mm	0.03
4	在“Π”形双柱式压力机上，模具本身的同心度不超过 0.01 mm，且导向十分可靠、稳定、准确。工作部分及配合部分都能达到质量要求。在正常的工艺条件下进行冷挤压	0.03
5	用可调节的导柱模在专用挤压设备上，或在高精度的立柱式冲压设备上并加有导头导向（该种情况只适用于挤压底部有孔的零件）	0.01
6	在一切均为正常的条件下，模具自身有准确的导向装置而不受设备导向的影响。如将用导筒模进行冷挤压，而导筒模的同心度不超过 0.01 mm	0.01
7	在正常的工艺条件下，在高精度立柱式冲压设备上，模具有很粗大的导柱、导套作为导向（有时可用四个导柱）。模具本身的同心度为 0.01 mm	0.01 ~ 0.02

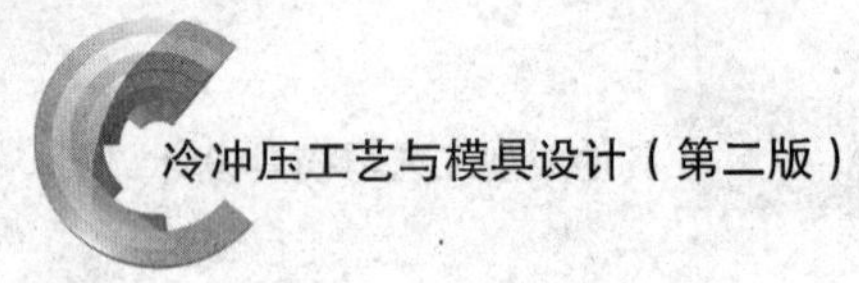

（3）预应力组合凹模

在冷挤压过程中，当单位挤压力较大，用整体式凹模的强度不够时，凹模会发生切向开裂，这时可采用如图5—2—15所示的预应力组合凹模。预应力组合凹模是靠凹模各圈（预应力圈）的过盈配合在内圈凹模上所产生的切向压应力来抵消一部分在冷挤压过程中产生的切向拉应力，从而提高凹模强度。据分析，对于同一尺寸的凹模，两层组合凹模的强度是整体式凹模的1.3倍，三层组合凹模的强度是整体式凹模强度的1.8倍。除了提高凹模的强度，预应力组合凹模还有以下优点：当凹模损坏时，只需更换内圈，不需报废整个凹模；由于内圈尺寸较小，热处理容易，提高了模具热处理质量；预应力组合凹模仅内圈采用合金工具钢，中、外圈可采用一般材料，从而可节省贵重模具材料。但预应力组合凹模存在加工面多，压配工艺要求较高等缺点。

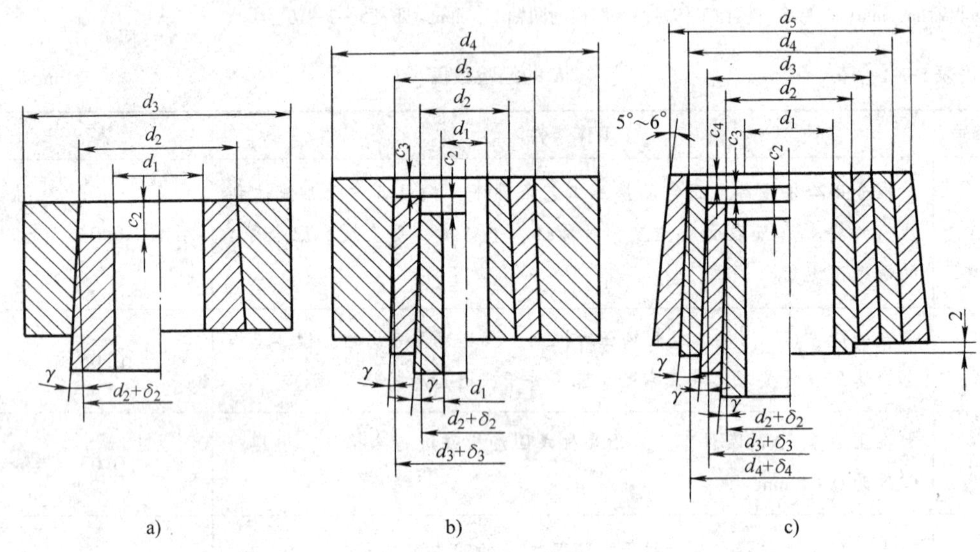

图5—2—15 预应力组合凹模

a）两层组合式 b）三层组合式 c）四层组合式

组合凹模的层数一般是按单位挤压力 p 确定。当 $p \leqslant 1\,100$ MPa 时，采用整体式凹模；当 $1\,100\ \text{MPa} < p \leqslant 1\,400$ MPa 时，采用两层组合凹模；当 $1\,400\ \text{MPa} < p \leqslant 2\,500$ MPa 时，采用三层组合凹模。经验表明，三层组合凹模是最好的结构形式，进一步增加层数，可以使凹模中应力分布更均匀，但会给制造和装配带来困难。

预应力组合凹模各层的直径及过盈量可参考表5—2—17确定，锥角 $\gamma = 1° \sim 1.5°$（不超过3°）。

轴向压合量 c 与径向过盈量 δ 的关系是：$c = \delta/(2\tan\gamma)$。

组合凹模的预应力圈应具有足够的强度与韧性，其材料可按表5—2—18选用。当反复使用预应力圈时，还须进行200°C的低温回火，以消除其内应力。

表 5—2—17　　组合凹模预应力圈直径与过盈量

预应力圈层数	预应力圈直径				过盈量		
	d_2	d_3	d_4	d_5	δ_2	δ_3	δ_4
两层组合凹模	（2～3）d_1	$2d_2$			$0.008d_2$		
三层组合凹模	$1.6d_1$	$1.6d_2$	$1.6d_3$		$0.100d_2$	$0.006d_3$	
四层组合凹模	$1.2d_1$	$1.6d_2$	$2.2d_3$	$3d_4$	$0.025d_2$	$0.008d_3$	$0.004d_4$

表 5—2—18　　预应力圈的常用材料及硬度

预应力圈	常用材料	硬度
中层	5CrNiMo、40Cr、35CrMoA、30CrMnSiA	45～47HRC
外层	5CrNiMo、30CrMnSiA、35CrMoA、40Cr、45	40～42HRC

组合凹模的压合方法有两种：一种是加热压合（热装），即将外圈加热到适当温度，套装到内圈上，利用热胀冷缩的原理使外圈在冷却后将内圈压紧，各圈可不加工出锥角 γ，适用于过盈量较小的情况；另一种是室温压合（强力压合），即将各圈配合面做成一定的锥度，在室温下用液压机进行压合。各圈压合的顺序是由外向内，即先将中圈压入外圈中，最后将内圈压入。拆卸时则先压出内圈，再压出中圈。

3. 冷挤压模具的典型结构

冷挤压模的结构形式很多，按冷挤压方式有正挤压模、反挤压模、复合挤压模及其他冷挤压模；按通用性有专用冷挤压模和通用冷挤压模；按调整的可能性有可调式冷挤压模和不可调式冷挤压模。为适用冷挤压金属成形的需要和降低模具制造成本，往往采用可调式和通用式冷挤压模。

图 5—2—16 所示为挤压带凸缘的纯铝零件的正挤压模，该模具的主要特点是：

（1）采用通用框架，通过更换凸、凹模可挤压不同的冷挤压件。凸模 6 通过弹性夹头 4、凸模固定圈 5 和紧固圈 7 固定；凹模固定圈 10 和紧固圈 8 固定，凹模固定圈与紧固圈以 H6/h5 配合。

（2）以导柱导套导向，为了增加导柱的长度，特将导柱固定于上模。当然也可以根据需要将导柱固定在下模。导柱导套以 H6/h5 配合。

（3）挤压件留在凹模中，采用拉杆式顶出装置通过顶杆 13 将挤压件顶出，卸件工作可靠。

（4）上、下模座用中碳钢制造，凸、凹模分别用较厚的淬硬垫板支承。

图 5—2—17 所示为挤压黑色金属空心件的反挤压模，该模具的主要特点是：

（1）采用通用模架，通过更换凸模、凹模、组合凹模等零件，可挤压不同的冷挤压件。还可以进行正挤压、复合挤压。

（2）凸、凹模同轴度可以调整，即通过螺钉和月牙形板 9 调整凹模的位置，以保证凸、凹模的同轴度。同时可以依靠月牙形板和压板 1 压紧定位，以防止挤压过程中凹模位移。

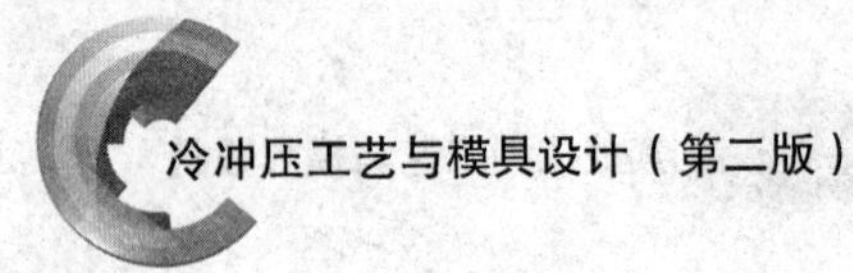

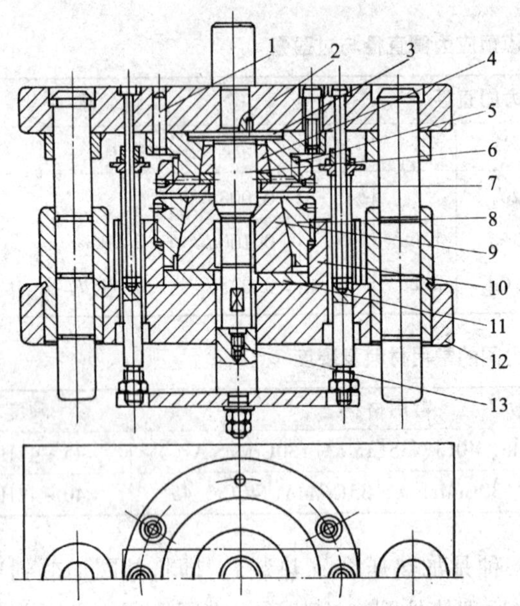

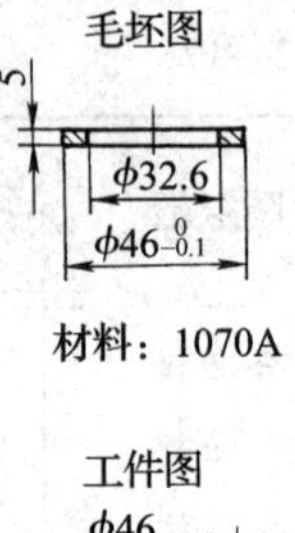

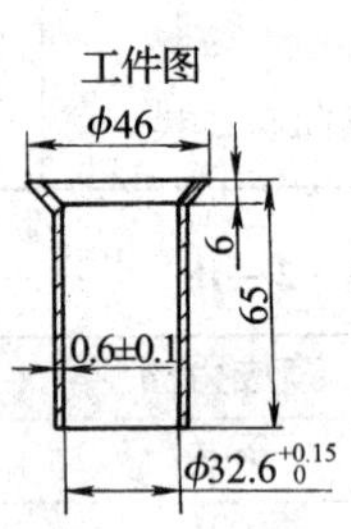

图 5—2—16　正挤压模具

1—定位销　2—上模座　3—垫板　4—弹性夹头　5—凸模固定圈　6—凸模　7、8—紧固圈　9—凹模　10—凹模固定圈　11—垫板　12—下模座　13—顶杆

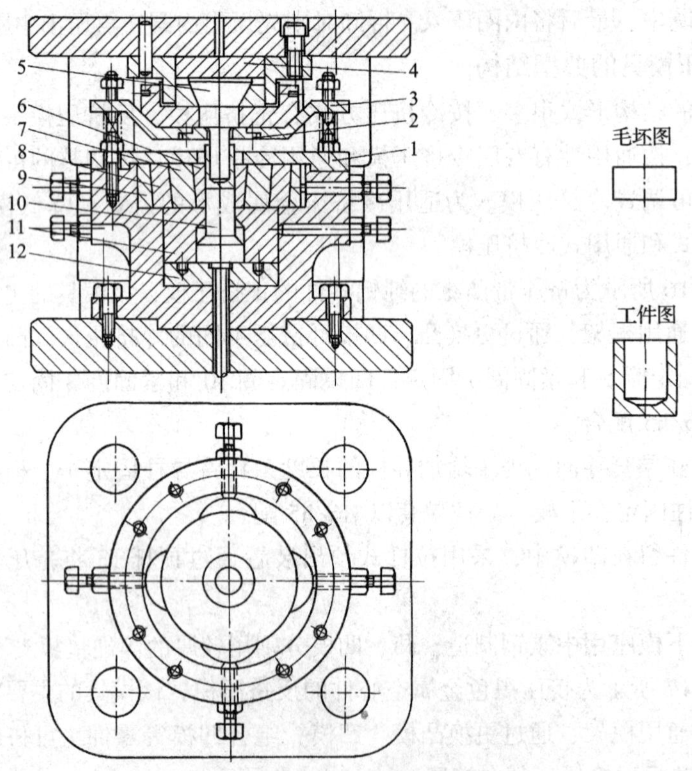

图 5—2—17　反挤压模具

1—压板　2—卸件器　3—卸件板　4—垫板　5—凸模　6—凹模　7—组合凹模中圈　8—组合凹模外圈　9—月牙形板　10—顶件器　11—垫块　12—垫板

（3）凹模为预应力组合凹模结构，可承受较大的单位挤压力。

（4）对于黑色金属反挤压，其挤压件可能箍在凸模上，因而设置了卸件装置，卸件板做成碟形是为了减少凸模长度。但挤压件更容易留在凹模内，故设置了顶件装置。

（5）因黑色金属挤压力很大，所以凸模5上端和顶件器10下端做成锥形，以扩大支承面积，并加以厚垫板。

第三节 翻边工艺与模具设计

一、翻边的基本概念

翻边是利用模具把板料上的孔缘或外缘翻成竖边的冲压加工方法。翻边分为两种基本形式，即圆孔翻边和外缘翻边。

圆孔翻边（翻孔）是在预先制好孔的毛坯上（有时也可不预先制孔），依靠材料的拉深，沿一定的曲线翻成竖立的凸缘。

外缘翻边是沿毛坯的曲边，利用材料的拉深或压缩，形成高度不大的竖边。

用翻边可加工形状较为复杂且有良好刚度的立体制件，还能在冲压件上制取与其他零件装配的部位（如铆钉孔、螺纹底孔等）。

二、圆孔翻边

1. 圆孔翻边的变形特点

圆孔翻边属于伸长类变形。翻边过程中，孔的边缘处材料厚度减薄最为严重，因此，主要危险在孔边缘拉裂处。如图5—3—1所示，翻边时，带有圆孔的环形毛坯被压边圈压紧，变形区限制在凹模圆角以内，并在凸模轮廓的约束下受拉应力作用，随着凸模下降，毛坯中心的圆孔不断胀大，凸模下的材料向侧面转移，直到完全贴靠凹模侧壁，形成直立的竖边。

2. 圆孔翻边系数与成形极限

在圆孔翻边中，变形程度决定于毛坯预制孔直径与翻边直径（根据中线）之比，即翻边系数 K（见图5—3—2）：

$$K=\frac{d_0}{D_m} \qquad (5—3—1)$$

式中 d_0——预制孔直径，mm；

D_m——翻边后竖边的中径，mm。

圆孔翻边的成形极限是根据孔缘是否发生破裂来确定。孔缘只受切向拉应力作用，故厚度发生应变，即：

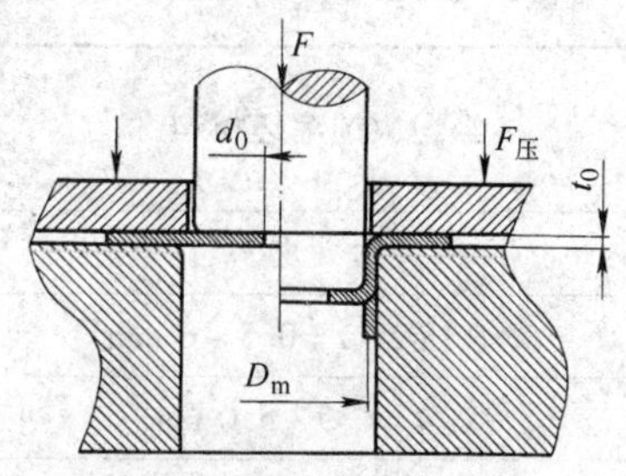

图5—3—1 圆孔翻边

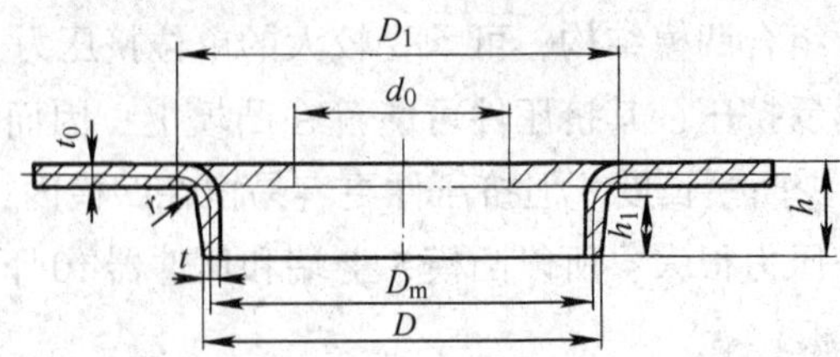

图 5—3—2 翻边件尺寸

$$\frac{t}{t_0}=\sqrt[4]{\frac{K^2}{1-(t_0/D_m)^2}} \qquad (5—3—2)$$

若相对厚度 t_0/D_m 很小，则：

$$t \approx t_0\sqrt{K}$$

式中　t——翻边后边缘材料厚度，mm；

t_0——翻边前材料厚度，mm。

由上式可以看出，K 值越小，竖边孔缘厚度减薄越大，容易发生破裂，故圆孔翻边成形极限受 K 值限制。由于材料性质不均匀，孔缘各处允许的切向延伸率不同，一旦孔缘某处的伸长变形超过了该处材料允许的延伸率，该处就发生厚度减薄过大而破裂。

翻边时孔边不破裂所能达到的最大变形程度时的 K 值，称为许可的极限翻边系数 K_1。表 5—3—1 和表 5—3—2 分别列出低碳钢和其他一些金属材料的极限翻边系数，通常用它们来反映圆孔翻边成形极限，K_1 越小，成形极限越大。

表 5—3—1　低碳钢圆孔极限翻边系数 K_1

凸模形式	孔的加工方法	d_0/t_0										
		100	50	35	20	15	10	8	6.5	5	3	1
球形凸模	钻孔	0.70	0.60	0.52	0.45	0.40	0.36	0.33	0.31	0.30	0.25	0.2
	冲孔	0.75	0.65	0.57	0.52	0.48	0.45	0.44	0.43	0.42	0.42	—
圆柱形凸模	钻孔	0.80	0.70	0.60	0.50	0.45	0.42	0.40	0.37	0.35	0.30	0.25
	冲孔	0.85	0.75	0.65	0.60	0.55	0.52	0.50	0.50	0.48	0.47	—

表 5—3—2　其他金属材料的极限翻边系数 K_1

经退火的毛坯材料	极限翻边系数	
	K_1	K_{1min}
白铁皮	0.7	0.65
黄铜 H62　t=0.5~6 mm	0.68	0.62
铝　t=0.5~5.0 mm	0.7	0.64
硬铝	0.89	0.8

在竖边允许有不大的裂纹时可用 K_{1min}。

改善圆孔翻边成形极限的措施有：

（1）提高材料的塑性。材料延伸率 δ 和应变硬化指数 n 越大，K_1 就越小，有利于翻边。极限翻边系数 K_1 与材料延伸率 δ 有较好的相应关系，可以近似表示为：

$$K_1 \approx \frac{1}{1+\delta} \tag{5—3—3}$$

（2）孔缘无毛刺和硬化层时，K_1 较小，成形极限较大。为此可在冲孔后进行修整，消除毛刺、撕裂带和硬化层或在冲孔后退火。为消除孔缘表面的硬化，也可以用钻孔代替冲孔。为了避免毛刺而降低成形极限，翻边时需将有毛刺的一面朝向凸模放置。有时孔缘毛刺一侧成为外侧时，而去除毛刺又费时，可将毛刺侧孔口压出 0.3×90°的坡口。

（3）圆球形、锥形和抛物线形凸模翻边时，孔缘会被圆滑地胀开，变形条件比平底凸模优越。

（4）板料相对厚度越大，在断裂前可能产生的绝对伸长越大，K_1 就越小，成形极限越大。

（5）若翻边过程中毛坯外径（法兰部分）发生收缩，翻边就无法进行，这时就要增加一些附加工序，如增大毛坯外径，防止外径收缩，增加翻边后再修正外径的工序，或落料后先进行拉深，然后再冲孔、翻边。

（6）翻边高度（包括圆角半径在内）要满足 $h>1.5r$，否则将得不到垂直的竖边，为此要增加翻边高度，翻边后再对高度进行修整。

3. 圆孔翻边毛坯计算

由于圆孔翻边时板料主要发生切向拉深变形，厚度减薄，而径向变形不大。因此，圆孔翻边的毛坯计算按弯曲件中性层长度不变的原则，用翻边高度计算翻边圆孔的初始直径 d_0，或用 d_0 和翻边系数 K 计算可以达到的翻边高度。采用先拉深再翻边的方法时，还要计算出翻前的拉深高度 h_2（见图 5—3—3）。

（1）一次翻边成形

翻边高度不大时，可将平板毛坯一次翻边成形。按图 5—3—3 所示，一次翻成形时，翻边圆孔的初始直径 d_0、翻边高度 h、翻边系数 K_1 之间的关系如下：

$$d_0 = D_1 - \left[\pi\left(r + \frac{t_0}{2}\right) + 2h_1\right] \tag{5—3—4}$$

因为 $D_1 = D_m + 2r + t_0$，$h_1 = h - r - t_0$，将它们代入公式（5—3—4）简化后得：

$$d_0 = D_m - 2(h - 0.43r - 0.72t_0) \tag{5—3—5}$$

由公式（5—3—5）可得

$$h = \frac{D_m}{2}(1-K) + 0.43r + 0.72t_0 \tag{5—3—6}$$

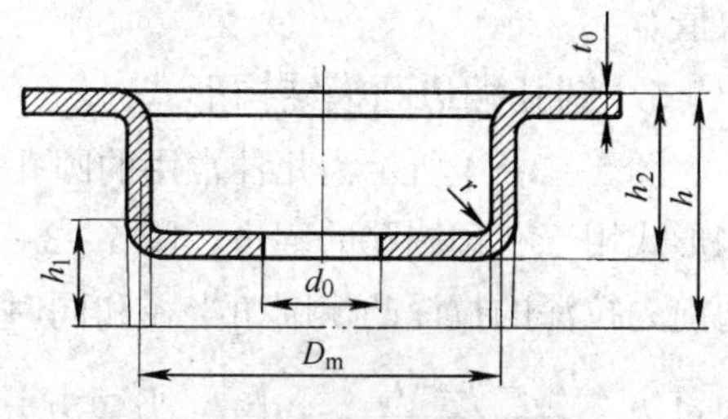

图 5—3—3 拉深后再翻边

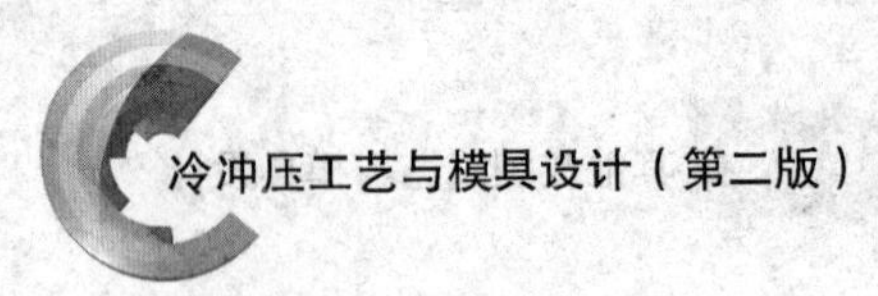

需指出，按公式（5—3—6）计算翻边高度时，必须满足 $K>K_1$，否则不能一次翻边成形。

（2）拉深后再翻边

若制件要求的翻边高度较大，可采用先拉深、冲底孔再翻边的方法。这时，先确定翻边高度，再确定翻边圆孔的初始直径 d_0 和拉深高度 h_2（见图 5—3—3）。

按图 5—3—3 所示，拉深后翻边高度为

$$h_1 = \frac{D_m - d_0}{2} - \left(r + \frac{t_0}{2}\right) + \left(\frac{\pi}{2}r + \frac{t_0}{2}\right) \tag{5—3—7}$$

所以

$$d_0 = D_m + 1.14r - 2h_1 \tag{5—3—8}$$

若取极限翻边系数 K_1，则有

$$h_{1\max} = \frac{D_m}{2}(1 - K_1) + 0.57r$$

$$d_0 = K_1 D_m \tag{5—3—9}$$

于是，翻边前的拉深高度 h_2 为

$$h_2 = h - h_1 + r + t_0 \tag{5—3—10}$$

或

$$h_2 = h - h_{1\max} + r + t_0 \tag{5—3—11}$$

对于翻边较大的制件，除采用先拉深再翻边的方法外，也可采用多次翻边方法成形，但在工序间需要退火，且每次所用的翻边系数较前次增大 15% ~20%。

4. 圆孔翻边力计算

用圆柱形凸模进行翻边时，翻边力可按下式计算：

$$F = 1.1\pi t_0 R_{eL}(D_m - d_0) \tag{5—3—12}$$

式中 F——翻边力，N；

t_0——材料厚度，mm；

R_{eL}——材料的屈服强度，MPa；

D_m——翻边后竖边的中径，mm；

d_0——预制孔直径，mm。

无预制孔的翻边力比有预制孔的大 1.33 ~1.75 倍，凸模的形状和凸凹模间隙对翻边力有很大影响，如果用球形凸模或锥形凸模翻边时，所需的力略小于用上式计算的数值。

5. 圆孔翻边凸模结构形式

图 5—3—4 所示为几种常用的圆孔翻边凸模形式的主要尺寸。图 5—3—4a 所示结构形式用于有预制孔的翻边，图 5—3—4b 所示结构形式用于有预制孔的小孔翻边。翻边前先拉深的拉深凸模圆角半径和同时冲孔及翻边凸模的圆角半径应尽量大，但不应超过 $R=\frac{D_m-d_0-t_0}{2}$，式中 D_m 为翻边后的中径，d_0 为预冲孔直径，t_0 为材料厚度。

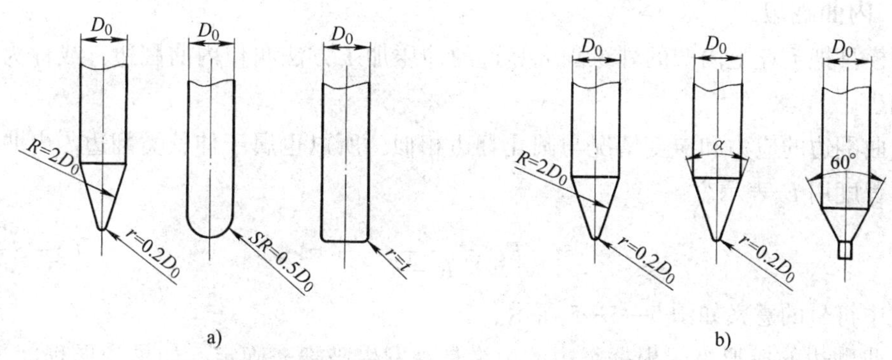

图 5—3—4　常用圆孔翻边凸模的形状和尺寸
a）用于有预制孔的翻边　b）用于有预制孔的小孔翻边

6. 圆孔翻边凸模和凹模间隙计算

用平头凸模进行翻边时，侧壁有成为曲面的可能，故圆孔翻边凸模和凹模之间的间隙 c（单边）可控制为（0.75～0.85）t_0，使直壁稍微变薄，以保证竖边成为直壁。当间隙增大至 c = 4～5 mm 时，翻边力可降低 30%～35%，这种翻边的特点是圆角半径大，竖边高度小，翻边的目的是减少重量，增加结构的刚度。凸模和凹模的单边间隙也可按表 5—3—3 选取。

表 5—3—3　凸模和凹模的单边间隙　mm

材料厚度	0.3	0.5	0.7	0.8	1.0	1.2	1.5	2.0
平毛坯翻边	0.25	0.45	0.6	0.7	0.85	1.0	1.3	1.7
拉深后翻边	—	—	—	0.6	0.75	0.9	1.1	1.5

三、外缘翻边

外缘翻边可分为内曲翻边和外曲翻边两种（见图 5—3—5）。

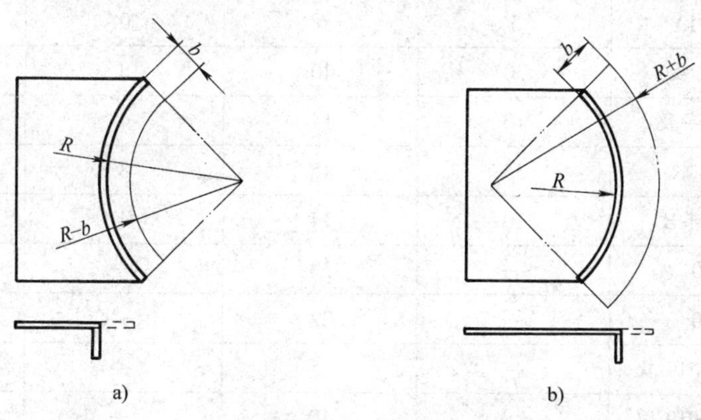

图 5—3—5　外缘翻边
a）内曲翻边　b）外曲翻边

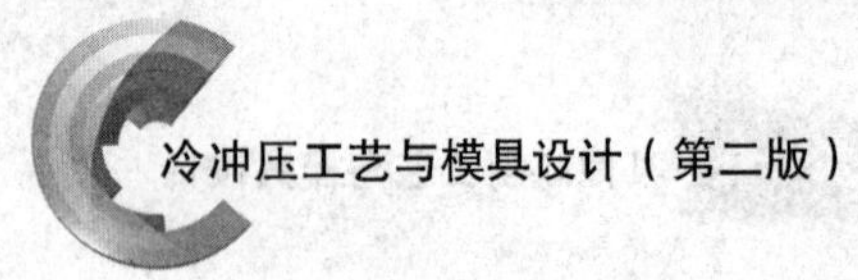

1. 内曲翻边

用模具把毛坯上内凹的外缘翻成竖边的冲压加工方法叫作内曲翻边，或称为内凹外缘翻边。

内曲翻边的应力和应变情况与圆孔翻边相似，所以也属于伸长类翻边。内曲翻边的变形程度用 E_S 表示。

$$E_S = \frac{b}{R-b} \tag{5—3—13}$$

式中符号的意义如图 5—3—5 所示。

内曲翻边的成形极限根据竖边的边缘是否发生破裂来确定。如果变形程度过大，竖边边缘的切向伸长和厚度减薄也比较大，容易发生破裂，故 E_S 不能太大。表 5—3—4 列出了竖边边缘不破裂时的极限变形程度 E_{S1}，并把 E_{S1} 作为内曲翻边的成形极限。

表 5—3—4　　外缘翻边允许的极限变形程度

金属和合金名称		$E_{S1}\times100$		$E_{C1}\times100$	
		橡胶成形	模具成形	橡胶成形	模具成形
铝合金	L4M	25	30	6	40
	L4Y1	5	8	3	12
	LF21M	23	30	6	40
	LF21Y1	5	8	3	12
	LF2M	20	25	6	35
	LF2Y1	5	8	3	12
	LY12M	14	20	6	30
	LY12Y	6	8	0.5	9
	LY11M	14	20	4	30
	LY11Y	5	6	0	0
黄铜	H62 软	30	40	8	45
	H62 半硬	10	14	4	16
	H68 软	35	45	8	55
	H68 半硬	10	14	4	16
钢	10	—	38	—	10
	20	—	22	—	10
	1Cr18Ni19 软	—	15	—	10
	1Cr18Ni19 硬	—	40	—	10
	2Cr18Ni19	—	40	—	10

2. 外曲翻边

用模具把毛坯上外凸的外边缘翻成竖边的冲压加工方法叫作外曲翻边，或称为外凸外缘翻边。外曲翻边变形区的应力和应变情况与不用压边的浅拉深相似，竖边根部附近的圆角部位发生弯曲变形，而竖边的其他部位均受切向压应力的作用，产生较大压缩变形。导致材料厚度有所增大，容易起皱，属于压缩类翻边。

外曲翻边的变形程度用 E_C 表示为：

$$E_C = \frac{b}{R + b} \tag{5—3—14}$$

外曲翻边时，由于切向受压应力，容易起皱，成形极限主要受压缩起皱的限制。表 5—3—4 列出了竖边不起皱时的极限变形程度 E_{Cl}，并把 E_{Cl} 作为外曲翻边的成形极限。当翻边高度较大时，起皱趋势增大，为避免起皱，可采用压边装置。

外曲翻边时，竖边高度不能太小，当高度小于（2.5～3.0）t_0 时，回弹严重，必须加热后再翻边或加大翻边高度，在翻边后再切去多余的部分。

3. 外缘翻边的毛坯形状确定

外缘翻边的毛坯计算与毛坯外缘轮廓性质有关，对于内曲翻边的制件，其毛坯形状可参考圆孔翻边毛坯计算方法；对于外曲翻边的制件，其毛坯形状可参考浅拉深毛坯计算方法。

4. 翻边力计算

当把不封闭的外缘翻边作为带有压边的单边弯曲时，翻边力可以按下式计算：

$$F = 1.25LtR_mK \tag{5—3—15}$$

式中 F——外缘翻边所需的压边力，N；

L——弯曲线长度，mm；

t——材料厚度，mm；

R_m——零件材料的抗拉强度，MPa；

K——系数，近似为 0.2～0.3。

四、翻边模具

作为使制件的边缘翻起呈竖立或一定角度直边的成形模，翻边模有圆孔翻边模和外缘翻边模之分。

图 5—3—6 所示为某圆孔翻边模的主要部分结构，预制孔后的毛坯放在凸模上由定位板定位，凹模下行与压边圈一起将毛坯夹紧后进行翻孔，凹模上行，压边圈把制件顶起。若制件留在凹模内，则由推件装置把制件推出。

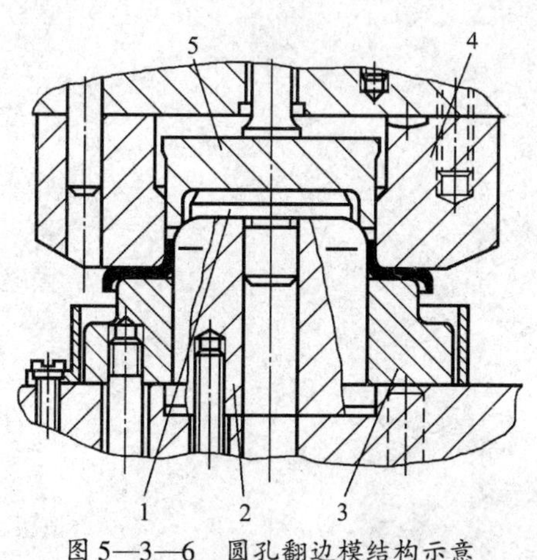

图 5—3—6 圆孔翻边模结构示意

1—定位板 2—凸模 3—压边圈 4—凹模 5—推件块

图 5—3—7 所示为某内外缘翻边复合模结

构示意，成形时，毛坯套在内缘翻边凹模上定位，作为内缘翻边的凹模，为保证其位置准确，压料板与外缘翻边凹模按 H7/h6 间隙配合。压料板既起压料作用，又起整形作用，在冲至下死点时，应与下模刚性接触，冲压成形后，该件起顶件作用。

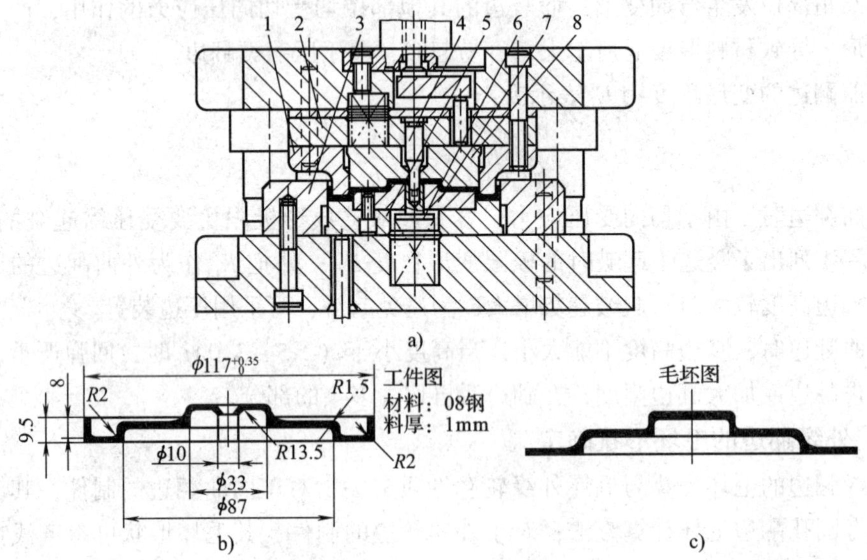

图 5—3—7　内外缘翻边复合模结构示意

a）模具结构　b）工件图　c）毛坯图

1—外缘翻边凸模　2—凸模固定板　3—外缘翻边凹模　4—内缘翻边凸模

5—压料板　6—顶件块　7—内缘翻边凹模　8—推件板

多工位精密自动级进模设计基础

为了满足大批量生产的需要，冲压生产向自动化、无人化方向发展。多工位精密自动级进模得到了广泛使用，尤其是在高精度、薄壁小五金件大批量生产中。

相对于普通模具来说，多工位精密自动级进模结构比较复杂，对冲压设备、原材料（卷料）也有相应的要求，并对模具结构的合理性提出了更高的要求。

第一节　多工位精密自动级进模及其排样

多工位精密自动级进模如图 6—1—1 所示，是精密、高效、长寿命的冲压模具。它适用于冲压如图 6—1—2 所示的小尺寸、薄料、形状复杂的大批量冲压件。

图 6—1—1　多工位精密自动级进模

图 6—1—2　多工位精密自动级进模成形产品

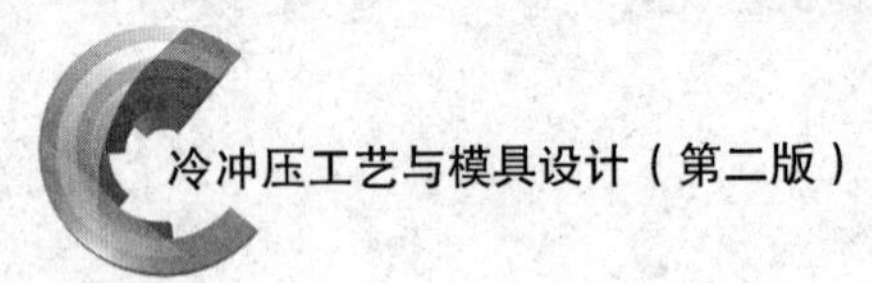

多工位精密自动级进模的工位数可高达几十个，且常用于高速冲压，因此，生产率得到极大提高，并能减少手工送料造成的误差，减少了冲压设备及其操作人员，具有较高的技术和经济效益。

一、多工位精密自动级进模的要求和特点

1. 要求

为了实现高精度、高效成形冲压制品的目标，必须对多工位精密自动级进模提出相应的要求，具体如下：

（1）模具结构具有更高的合理性

多工位精密自动级进模必须带有自动送料装置，且送料精度高，送料步距易于调整，并带有高精度的误差检测装置。考虑到凸模通常很精细，必须加以精确导向和保护，因而要求卸料板能对凸模提供导向和保护功能。另外，在冲压过程中卸料板的运动必须高度平稳，故对其也要有导向保护措施。

（2）模具制作具有更高的精度和寿命

为了达到多工位精密自动级进模精度高、寿命长的要求，其模具的主要工作零件常采用高强度高合金工具钢、高速钢或硬质合金等材料来制造。加工方法常采用慢走丝电极加工和成形磨削。另外，卸料板上相应的孔必须采用高精度加工，其尺寸及相互位置必须准确无误。

除上述要求外，冲压设备、原材料（卷料）也应满足相应要求。

2. 特点

多工位精密自动级进模的特点可归纳为以下几点：

（1）在一副模具中，可以完成包括冲裁、弯曲、拉深和成形等多道冲压工序，从而免去了用单工序模的周转和每次冲压的定位过程，提高了劳动生产率和设备利用率。

（2）由于在级进模中工序可以分散，不必集中在一个工位上，故不存在复合模的“最小壁厚”问题，可根据需要留出空工位，从而保证模具强度，延长模具寿命。

（3）多工位精密自动级进模常采用高速冲床生产冲压件，模具采用了自动送料、自动出件等自动化装置，操作安全，具有较高的劳动生产率。

（4）模具结构复杂，制造精度要求很高，给模具制造、调试及维修带来一定难度。同时要求模具零件具有互换性，在模具零件磨损或损坏后要求更换迅速、方便、可靠。

（5）多工位精密自动级进模主要用于小型复杂冲压件的大批量生产，对较大的制件可选择如图 6—1—3 所示的多工位传递式冲压模具加工。

图 6—1—3 多工位传递式冲压模具

二、多工位精密自动级进模的排样

排样是多工位精密自动级进模设计的关键。排样图的优化与否，不仅关系到材料的利用率、制件的精度、模具制造的难易程度和使用寿命等，而且直接关系到模具各工位加工的协调与稳定。图 6—1—4 所示为多工位精密自动级进模冲压产品的排样带料示例。

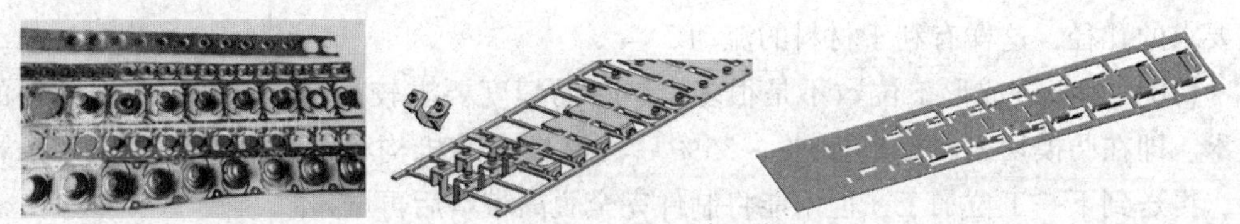

图 6—1—4 排样带料

当带料排样图设计完成，也就确定了模具的工位数及各工位的内容，制件各工序的安排及先后顺序、工件的排列方式，模具的送料步距、条料的宽度和材料的利用率，导料方式、弹顶器的设置和导正销安排，模具的基本结构等内容。

1. 排样设计应遵循的原则

较之于普通冲裁排样，多工位精密自动级进模的排样应做更多、更细致的考虑，具体原则及说明如下。

（1）可制作冲压件展开毛坯样板（3 ~ 5 个），在图面上反复试排，待初步方案确定后，在排样图的开始端安排冲孔、切口、切废料等分离工位，再向另一端依次安排成形工位，最后安排制件和载体分离。在安排工位时，要尽量避免冲小半孔，以防凸模受力不均而折断。

（2）第一工位一般安排冲孔和冲工艺导正孔。第二工位设置导正销对带料导正，在以后的工位中，视其工位数和易发生窜动的工位设置导正销，也可以在以后的工位中每隔 2 ~ 3 个工位设置导正销。第三工位根据冲压条料的定位精度，可设置送料步距的误差检测装置。

（3）冲压件上孔的数量较多，且孔的位置太近时，可考虑分布在不同工位上冲出孔，但孔不能因后续成形工序的影响而变形。对相对位置精度有较高要求的多孔，应考虑同步冲出，因模具强度的限制不能同步冲出时，后续冲孔应采取保证孔相对位置精度要求的措施。对于复杂的型孔，可分解为若干简单型孔分步冲出。

（4）为提高凹模镶块、卸料板及固定板的强度和保证各成形零件安装位置不发生干涉，可在排样中设置空工位。空工位的数量根据模具结构的要求而定。

（5）成形方向的选择（向上或向下）要有利于模具的设计和制造，有利于送料的顺畅。若有不同于冲床滑块冲程方向的冲压成形动作，可采用斜滑块、杠杆和摆块等机构转换成形方向。

（6）对弯曲和拉深成形件，每一工位变形程度不宜过大，变形程度较大的冲压件可分几次成形。这样既有利于质量的保证，又有利于模具的调试修整。对精度要求较高的成形件，应设置整形工位。

（7）为避免U形弯曲件变形区材料的拉深，应考虑先弯成45°再弯成90°。

（8）在级进拉深排样中，可应用拉深前切口、切槽等技术，以便于材料的流动。

（9）压筋一般安排在冲孔前，在凸包的中央有孔时，可先冲一小孔，压凸后再冲至要求的孔径，这样有利于材料的流动。

（10）当级进成形工位数不是很多，制件的精度要求较高时，可采用压回条料的技术。即在凸模切入料厚的20%～35%后，模具中的机构将被切制件反向压入条料内，再送到下一工位加工，但不能将制件完全脱离带料后再压入。

（11）在级进冲压过程中，各工位分段切除余料后，形成完整的外形，此时一个重要的问题是如何使各段冲裁的连接部位平直或圆滑，以免出现毛刺、错位、尖角等。因此应考虑分段切除时的搭接方法。搭接方法如图6—1—5所示，图6—1—5a所示为搭接，第一次冲出A、B两区，第二次冲出C区，搭接区是冲裁C区凸模的扩大部分，搭接量应大于0.5倍材料厚度。图6—1—5b所示为平接，除了必须如此排样时，应尽量避免。平接时在平接附近要设置导正销，如果工件允许，第二次冲裁宽度要适当增加一些，凸模修出微小的斜角（一般取3°～5°）。

2. 带料的载体

鉴于搭边在多工位级进模中的特殊作用，在级进模的设计中，通常把搭边称为载体。作为运送带料的物体，载体的主要作用是：消除或减少带料在各工位变形时所产生的相互影响，运送带料到各工位进行各种冲裁、弯曲、翻边、拉深、成形等。因此，要求载体能够在带料的动态送进中，使带料保持送进稳定、定位准确，这样才能顺利地加工出合格的制件。

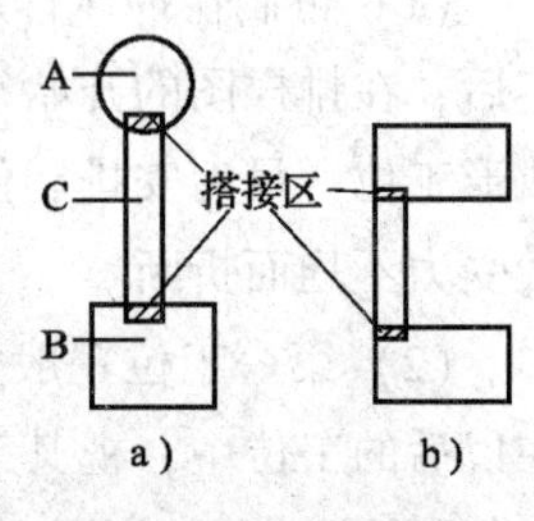

图6—1—5 搭接方法

a）搭接 b）平接

根据制件形状、变形性质及料厚等实际需要，载体一般可采用以下几种形式：边料载体、双载体（也称双侧留料载体）、中载体（也称中部留料载体）、单边载体（也称单侧留料载体）、其他形式载体。

（1）边料载体

边料载体是利用材料搭边而形成的载体，载体上可冲导正用的工艺孔，然后使用该孔进行定位，其示例如图 6—1—6 所示。

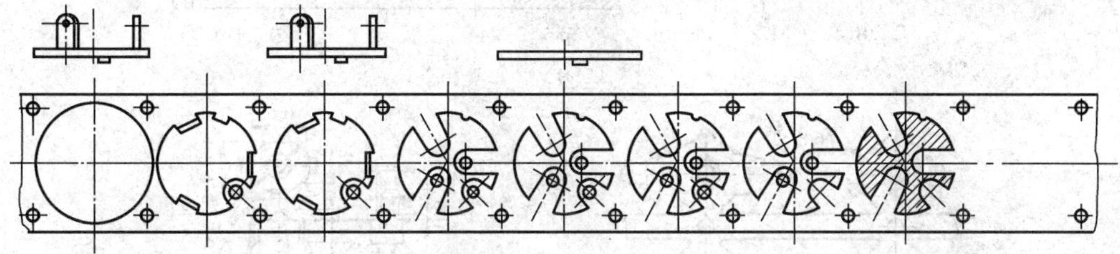

图 6—1—6　边料载体

采用边料载体时，一般要求料厚 $t \geq 0.2$ mm，步距可大于 20 mm；可多件排列，尤其圆形件能提高材料利用率；可用于在载体上冲有导正工艺孔的带料或条料。

（2）双载体

双载体实质是一种增大条料两侧搭边的宽度，以满足冲导正工艺孔需要的载体。特别是所冲带料较薄时，增加边料可保证送料的刚度和精度。这种载体主要用于薄料、制件精度较高的场合，其示例如图 6—1—7 所示。

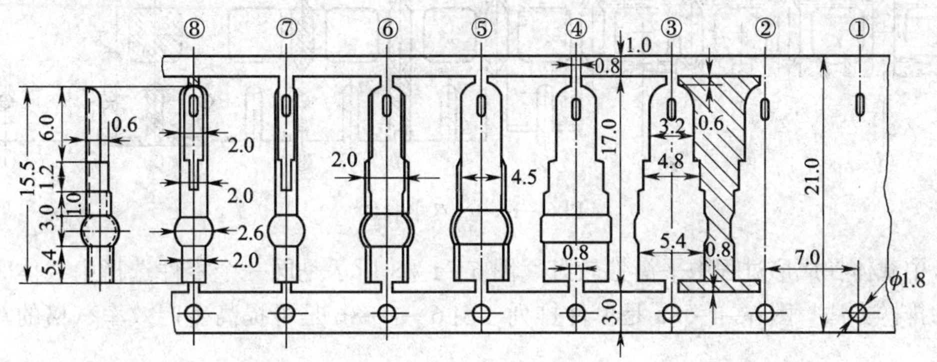

图 6—1—7　弯曲成形件双载体

需要指出的是，采用双载体形式材料利用率有所降低。故这种载体形式通常用于料厚 $t < 0.2$ mm 的薄料，且往往是单件排列。

（3）中载体

中载体通过在带料上沿制件毛坯四周切去大部分材料，仅在带料宽度方向的中间部分留下少许连接材料而形成，中载体常用于那些材料厚度大于 0.2 mm 的对称弯曲成形件，利用材料不变形的区域与载体连接，成形结束后切除载体。中载体可分为单中载体和双中载体，其示例如图 6—1—8、图 6—1—9 所示。

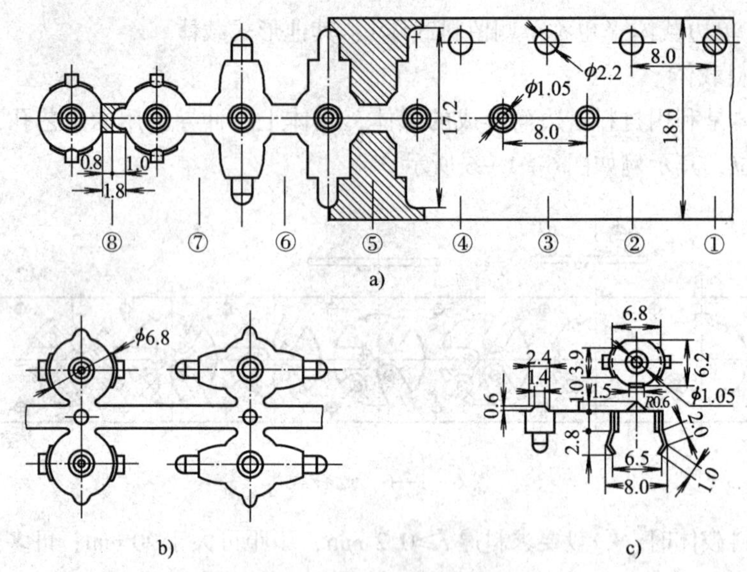

图 6—1—8　单中载体

a）单件排样　b）双排排样　c）b 图冲压件

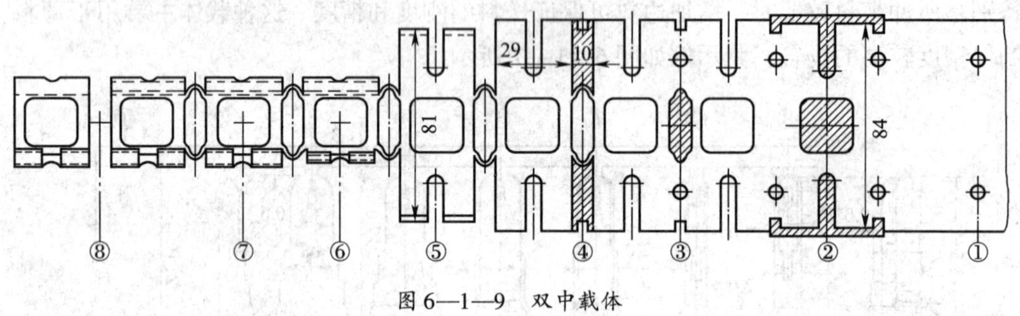

图 6—1—9　双中载体

中载体在成形过程中平衡性较好。图 6—1—8 所示是同一个零件选择中载体时不同的排样方法。图 6—1—8a 是单件排列，图 6—1—8b 是可提高生产效率一倍的双排排样。

图 6—1—9 所示零件要进行两侧以相反方向卷曲的成形弯曲，选用单中载体难以保证成形件成形后的精度要求，选用可延伸连接的双中载体可保证成形件的质量。当然，载体宽度较大，材料利用率降低是其缺点。

（4）单边载体

单边载体只在带料的一侧留下连接材料，单边载体主要用于弯曲件。在不参与成形的合适位置留出载体的搭口（载体与坯件或坯件与坯件的连接部分称搭口），采用切废料工艺将制件留在载体上，最后切断搭口得到制件，如图 6—1—10 所示。

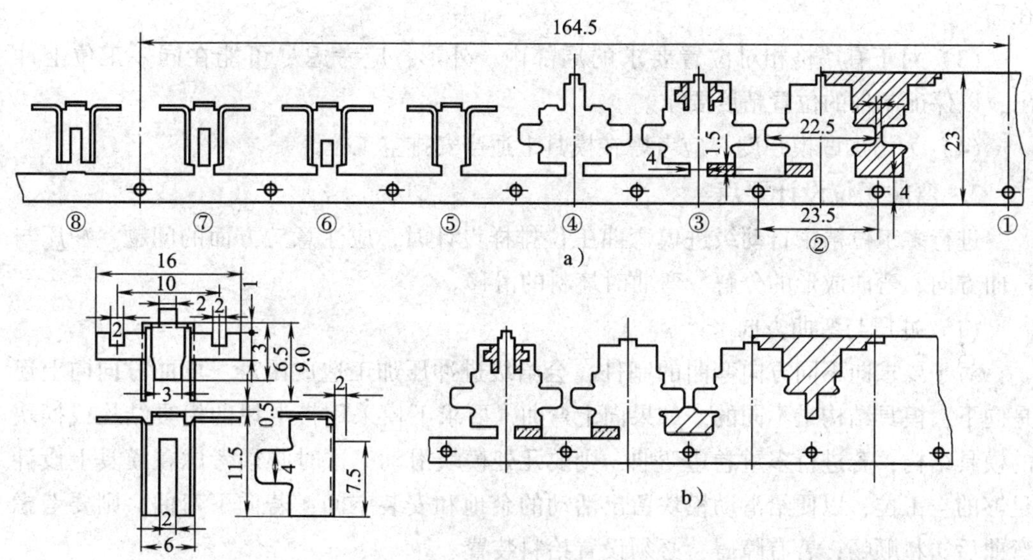

图 6—1—10 单边载体

a）方案1 b）方案2

单边载体可用于材料厚度小于 0.4 mm 的弯曲件的排样。图 6—1—10a 和图 6—1—10b在裁切工序分解形状和数量上不同，图 6—1—10a 第一工位形状比图 6—1—10b 复杂，并且细颈处模具镶块易开裂，分解为图 6—1—10b 后的镶块便于加工，且模具寿命得到提高。

（5）其他形式载体

有时为了满足下一工序的需要，可在上述载体中采取一些工艺措施得到其他形式的载体，如加强载体和自动送料载体。

加强载体是为了使厚度不大于 0.1 mm 的薄料送进平稳，保证冲压精度，对载体采取压筋、翻边等提高载体刚度的加强措施而形成的载体形式。

有时为了自动送料，可在载体的导正孔之间冲出匹配钩式自动送料装置拉动载体送进的长方孔，从而形成自动送料载体。

三、排样图的工位布置方法

多工位精密自动级进模排样设计，涉及冲裁、弯曲和拉深等成形工位的设计。由于各种成形方法有着各自的成形特点，故其工位设计必须与成形特点相适应。

1. 冲裁工位设计要点

进行多工位精密自动级进模冲裁工位排样设计时，应注意以下四点：

（1）对于复杂形状的凸模，宁可多增加一个冲裁工位，也要使凸模形状简单，以便加工凸模、凹模和保证凸模、凹模的强度。

（2）对于孔边距很小的制件，为防止落料时引起离制件边缘很近的孔产生变形，可将孔旁的外缘以冲孔方式先于内孔冲出，即冲外缘工位在前，冲内孔工位在后。

（3）对于有严格相对位置要求的局部内、外形，应考虑尽可能在同一工位上冲出，以保证制件的位置精度要求。

（4）为增加凹模强度，应考虑在模具上适当安排空工位。

2. 弯曲工位设计要点

进行多工位精密自动级进模弯曲工位排样设计时，应注意三方面的问题：冲压与弯曲方向、弯曲成形的分解、弯曲时坯料的滑移。

（1）冲压与弯曲方向

对于要求向不同方向弯曲的制件，会给级进冲压加工造成困难。弯曲方向向上还是向下，模具结构是不同的。如果向上弯曲，要求下模采用带滑块的模具结构或摆块的模具结构；若进行多重卷边弯曲，则要几处模块滑动，这时必须考虑在模具上设计足够的空工位，以便给滑动模块留出活动的余地和安装空间；若向下弯曲，则要考虑弯曲后送料顺畅；若有障碍，必须设置抬料装置。

（2）弯曲成形的分解

制件在作弯曲和卷边成形时，可以按其形状和精度组成分解加工的工位进行冲压。图 6—1—11 所示为四个向上弯曲的分解冲压工序示例。在级进弯曲时，被加工材料的一个表面必须和凹模面保持平行，且被加工制件由顶料板和卸料板压在凹模面上保持静止，只有成形的部分材料可以活动。

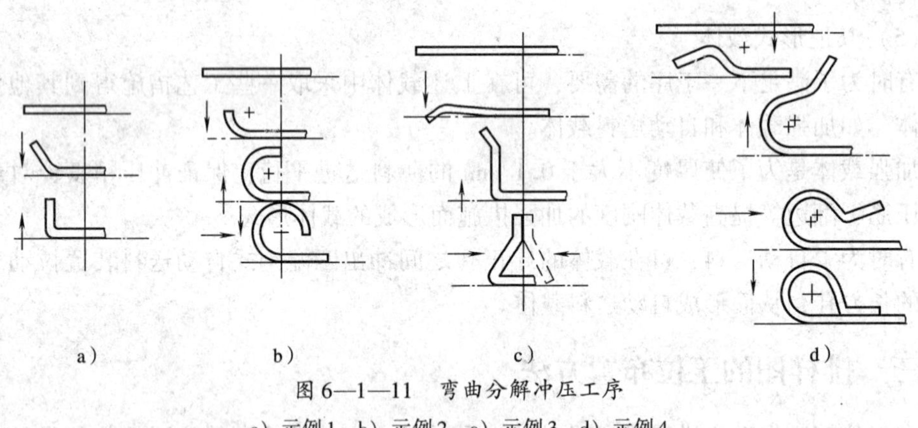

图 6—1—11　弯曲分解冲压工序

a）示例 1　b）示例 2　c）示例 3　d）示例 4

图 6—1—11a 所示为向上直角弯曲，为求得弯曲的精度，先预弯后再在下一工位进行直角弯曲，其目的是减少材料的回弹和防止因材料厚度不同而出现的偏差；图 6—1—11b 是将卷边成形分为三次弯曲；图 6—1—11c 是将接触线夹的接合面从两侧弯曲加工的示例，冲裁的圆角带在内侧，分三次弯曲；图 6—1—11d 是带有弯曲、卷边接合面的制件加工示例，分四次弯曲成形。

由此可见，在分步弯曲成形时，不变形部分的材料被压紧在模具表面上，变形部分的材料在模具成形零件的加压下进行弯曲，加压的方向需根据弯曲要求而定，常使用斜滑块，将冲床滑块的垂直运动转变为模块的水平运动。

（3）弯曲时坯料的滑移

对坯料进行弯曲和卷边成形时，应防止成形过程中材料移位造成的制件误差。一般采取的对策是先对加工材料进行导正定位，在卸料板与凹模接触并压紧后，再作弯曲动作。

3. 拉深工位设计要点

进行多工位级进拉深成形时，不像单工序拉深模那样以散件形式单个送进，而是通过带料以组件形式连续送进，如图 6—1—12 所示。通过载体、搭边和坯件连在一起的组件，便于稳定作业，成形效果良好。

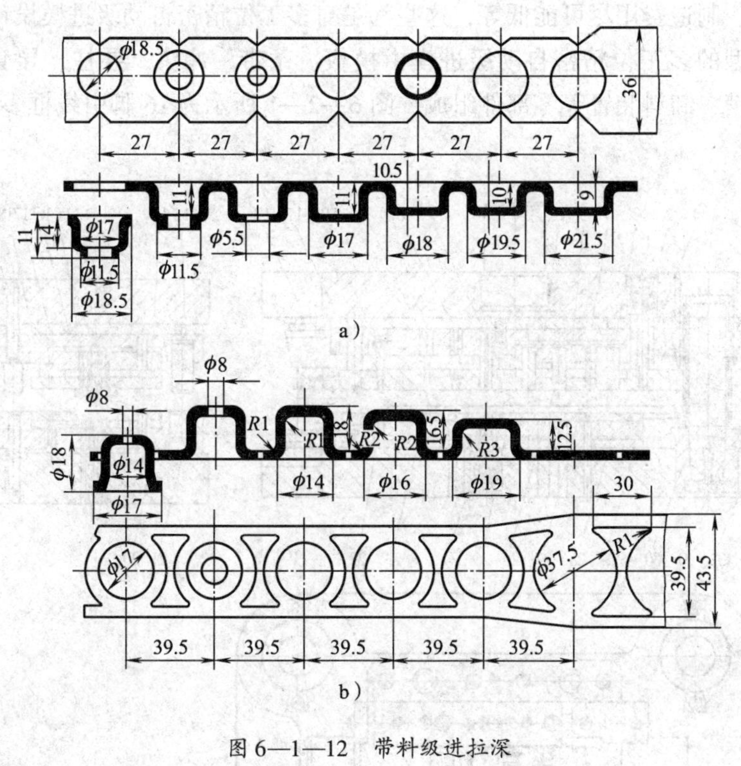

图 6—1—12 带料级进拉深

a）方案 1 b）方案 2

但是，由于级进拉深时不能进行中间退火，故要求材料应具有较高的塑性；又由于级进拉深过程中工位间的相互制约，因此，每一工位拉深的变形程度不可能太大，且工位间还留有较多的工艺废料，材料的利用率有所降低。

要保证级进拉深工位布置满足成形要求，应根据制件的尺寸及拉深所需要的次数等工艺参数，用简易临时模具试拉深，根据是否拉裂或成形过程的稳定性，来进行工位数量和工艺参数的修正，插入中间工位，增加空工位等，反复试制到加工稳定为止。在结构设计上，还可根据成形过程的要求、工位的数量、模具的制造和装配组成单元式模具。

第二节　多工位精密自动级进模典型结构及主要部件

级进模是众多零件按照一定的装配关系组成的整体。能够连续稳定地工作并冲压出所需形状和尺寸精度的制件，能够减少制件的精加工和二次加工，成形效率高、有自动送料机构、成形工位安排合理、有防止废料和制件上升的措施及检测保护装置，耐用性好、磨损小、制造费用尽可能低等，这些都是对多工位精密自动级进模设计的要求。

一个典型的多工位精密自动级进模由模板、条带、冲头、导柱、导套、定位销、螺钉、浮升销、卸料装置等零部件组成，图6—2—1所示为16脚引线框多工位精密自动级进模。

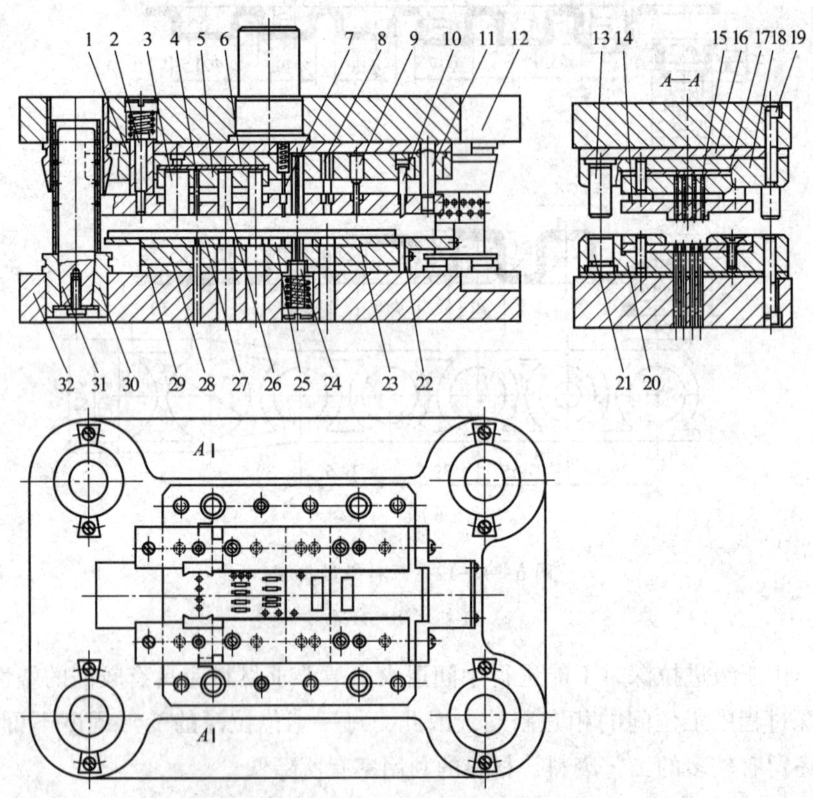

图6—2—1　16脚引线框多工位精密自动级进模

1—套筒　2—卸料螺钉　3—侧刃凸模　4—冲孔凸模　5—固定板　6—垫板　7—导正销　8—去废料顶杆　9—压平凸模　10—切断凸模　11—小导柱　12—模座　13—限位柱　14—弹压卸料板　15—冲孔凸模　16、17、29—垫板　18—固定板　19—螺钉　20—下模框　21—限位柱　22—承料板　23—凹模板　24—顶块　25—镶块　26—冲孔凸模　27—凹模板　28—支承板　30—固定环　31—导柱　32—下模座

一、模具典型结构

1. 制件技术要求

集成电路 16 脚引线框冲压件如图 6—2—2 所示，该制件主要技术要求如下：

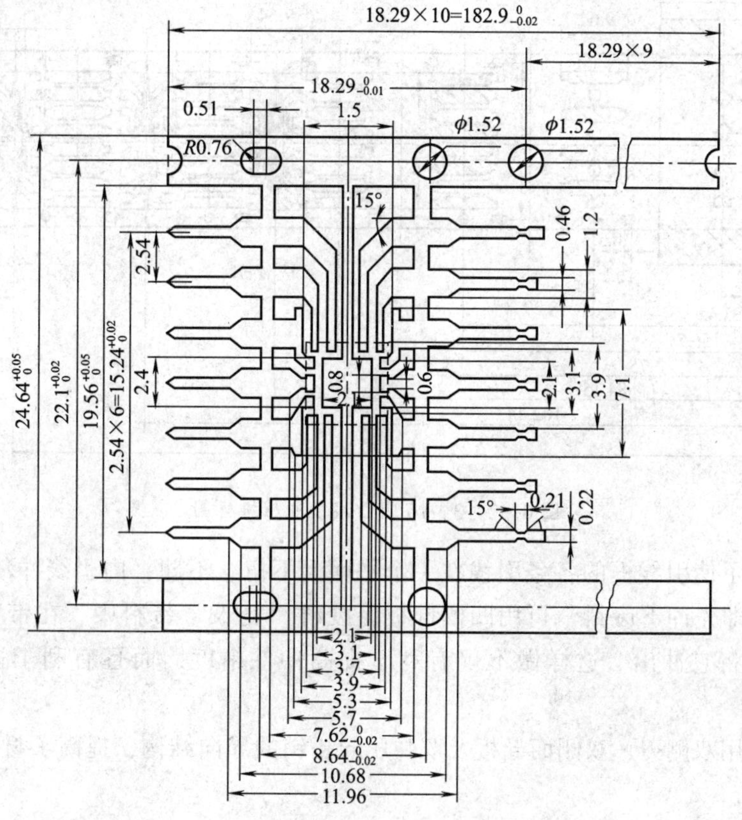

图 6—2—2 集成电路 16 脚引线框

（1）材料为 0. 3 mm 的锡磷青铜，在引线端部虚线内的部分，要求打扁矫平，并使材料厚度变薄至 0. 28 mm（见图 6—2—2 中 2. 4 mm × 2. 1 mm 部分）。

（2）在引线端部 3. 9 mm × 3. 9 mm 面积内（虚线所示）要均匀分布 16 条脚的引线，因此每条脚的宽度和空隙宽度均不能超过 0. 4 mm。

（3）在集成电路塑封后，其外露引线部分应在 19. 56 mm × 7. 62 mm 范围内均匀分布，因此引线由内向外要各自定向转弯，引线脚越多，转弯越多。

（4）为了塑封模的定位，各引线粗细应均匀，要求每 10 个引线框成一组，其孔距积累误差（18. 29 × 10 = 182. 9 $^{0}_{-0.02}$ mm）不准超过 0. 02 mm，因此每工步的平均误差应小于 0. 002 mm。

2. 模具结构特点

根据图 6—2—1 所示，该模具结构具有如下特点：

(1) 采用了滚动式、四导柱、可拆装精密模架。

(2) 为了保证制件精度，在冲压工艺上采用了级进、复合式冲裁，排样如图6—2—3所示，即外引线部分采用级进式冲裁，内引线部分采用复合式冲裁。

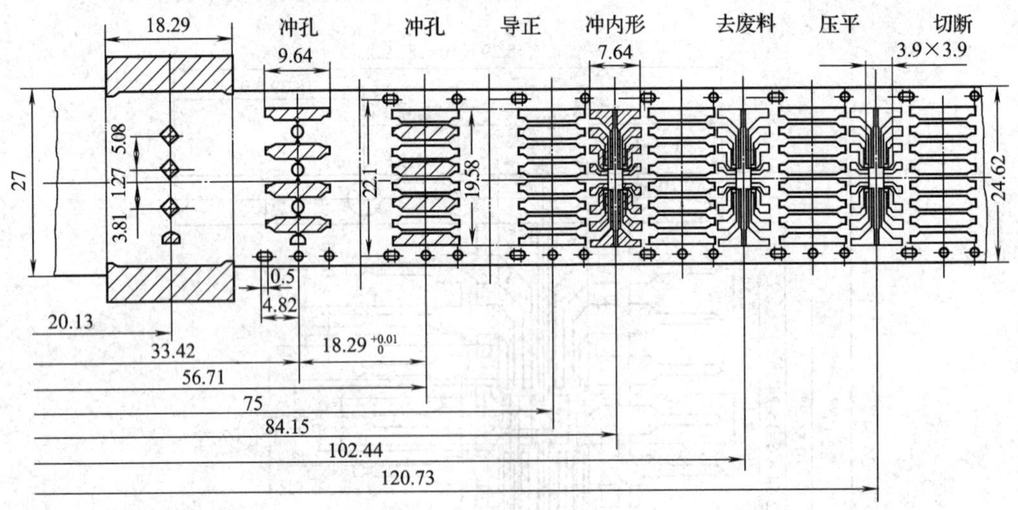

图 6—2—3　16 脚引线框冲压排样图

(3) 为了使引线框的各条引线在一个平面上不扭、不翘，内引线冲裁采用复合、复位冲裁。即先冲下废料，再用凹模推板将废料“复入”带料中，在带料转至下一工步时，再将它冲出。这样做不仅有利于提高冲件精度，而且有利于提高凹模寿命。

(4) 采用双侧刃、双侧面导板及双弹压导正销的导向结构，提高了材料的送料精度。

(5) 在卸料板结构上，采用了小导柱、导套导向和定位套筒组合式卸料螺钉，以满足弹压卸料板对凹模平行度的要求。

(6) 在凸模保护方面，采用了缩小凸模长度的方法；在保证凹模精度方面，采用了分段镶拼的方法。

(7) 在压力机行程控制方面，采用了限位柱结构，使凸模进入凹模的深度得到了控制。

(8) 为了获得每 10 个引线框为一组的引线条，便于集成电路塑料封的大量生产，该模具采用了由端面凸轮和棘轮及切刀等组成的自动切料机构，如图 6—2—4 所示。

压力机每冲裁 10 次，由于凸轮到位，使滑块按图示位置往左移动，切断凸模（切刀）被压下，即切断一次料。当切断完成后，由棘轮机构带动凸轮转过凸轮凸起的位置，切刀受到弹簧力的作用而缩回原位，不再起切断作用。除了采用该机构实现定尺寸的冲切外，还可采用传感元件和自动切料机构组合，控制定尺寸料长。

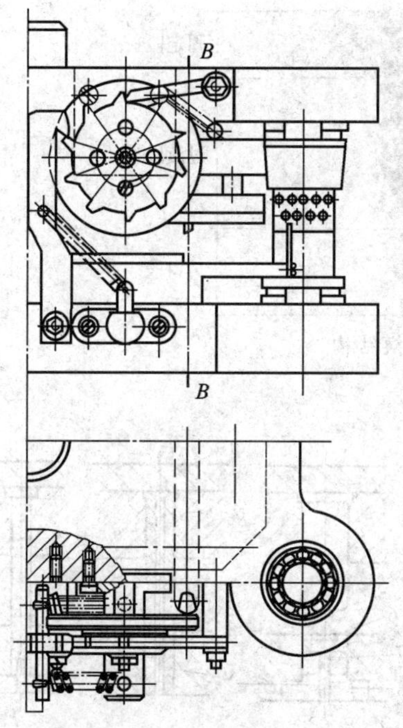

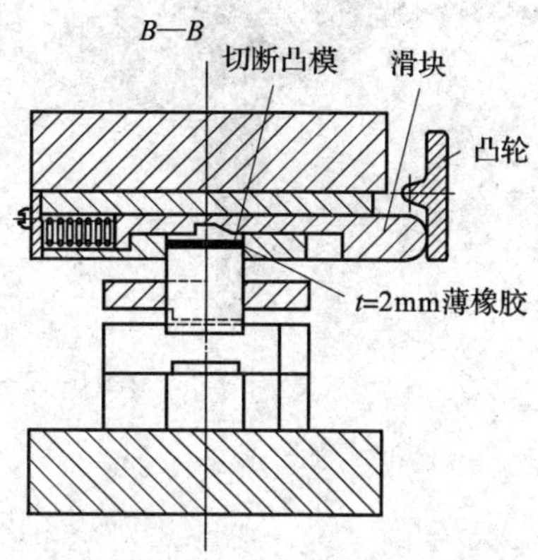

图 6—2—4 16 脚引线框级进模自动切料机构

二、模具主要零部件结构

多工位精密自动级进模的主要零部件，除应满足一般冲压模具的结构要求外，还应根据精密级进模冲压特点、模具主要零部件装配和制造要求来考虑其结构形状和尺寸。

1. 凸模

凸模是多工位级进模中最基本的零件之一，其设计对级进模的结构、使用性能和寿命有着重要影响。在多工位级进模中有许多冲小孔凸模、冲窄长槽凸模、分解冲裁凸模，应根据具体的冲裁要求、被冲材料的厚度、冲压的速度、冲裁间隙和凸模的加工方法等因素来考虑这些凸模的结构及其固定方法。

（1）凸模结构和类型

级进模的典型凸模结构如图 6—2—5 所示，按照凸模各部分的作用，可把它划分为刃口段、固定段和中间过渡段。

对于冲小孔凸模，通常采用加大固定部分直径、缩小刃口部分长度的措施来保证小凸模的强度和刚度。当工作部分和固定部分直径相差太大时，可采用多台阶结构。各台阶过渡部分必须用圆弧光滑连接，不允许有刀痕。特小的凸模可以采用保护套结构。卸料板还应起到对凸模的导向作用，以消除侧压力对凸模的影响。常见的小凸模及其装配形式如图 6—2—6 所示。

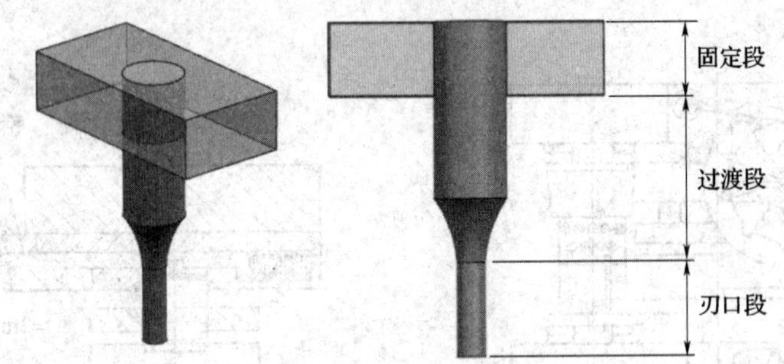

图 6—2—5 典型凸模结构

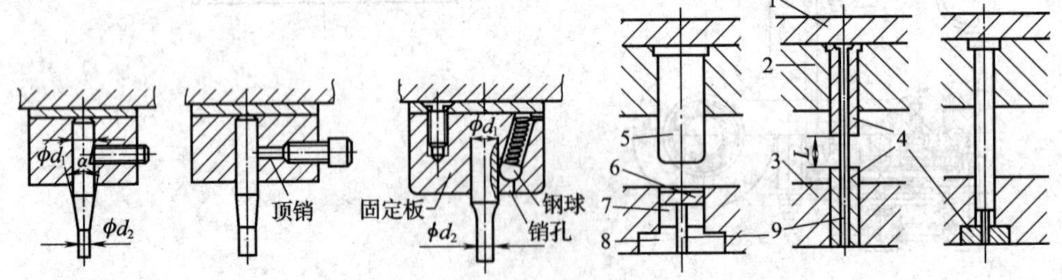

图 6—2—6 小凸模及其装配形式

1—垫板 2—凸模固定板 3—弹压卸料板 4、8—镶套

5—压柱 6—垫板 7—定位套 9—小凸模

冲压生产中，冲孔后的废料若贴在凸模端面上，会使模具损坏，故对 2 mm 以上的凸模应考虑废料的排除。图 6—2—7 所示为带顶出销结构的凸模，它利用弹性顶销使废料脱离凸模端面。也可在凸模中心加通气孔，减小冲孔废料与冲孔凸模端面上的“真空区压力”，使废料易于脱落。

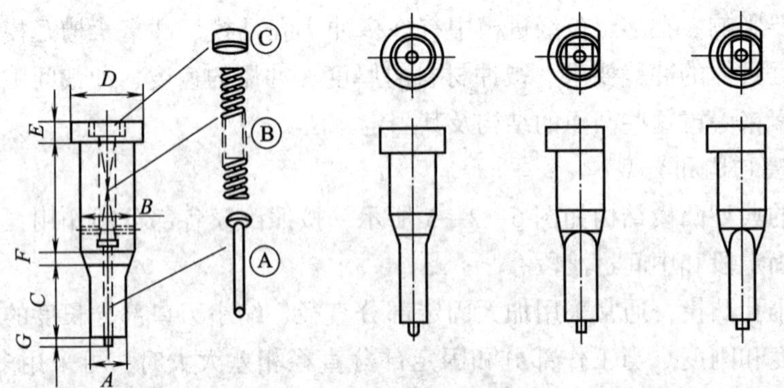

图 6—2—7 能排除废料的凸模

（2）凸模固定方法

凸模常用的固定方法如图 6—2—8 所示，固定部分应有能加工螺钉孔的位置。对

于较薄的凸模，可以采用销钉吊装，如图 6—2—9 所示，或采用如图 6—2—10 所示的侧面开槽，用压板固定小凸模。

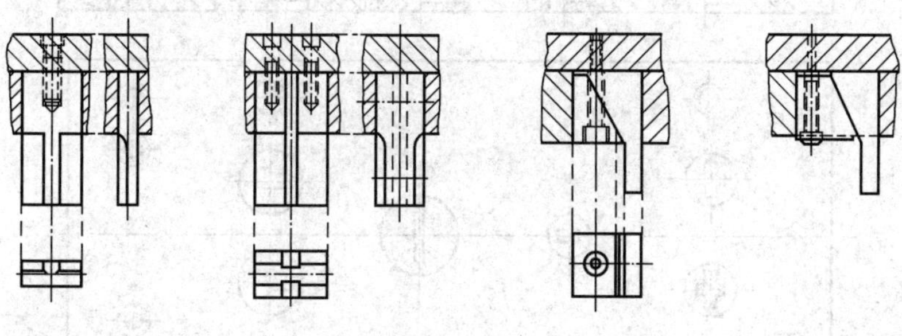

图 6—2—8 螺钉固定凸模

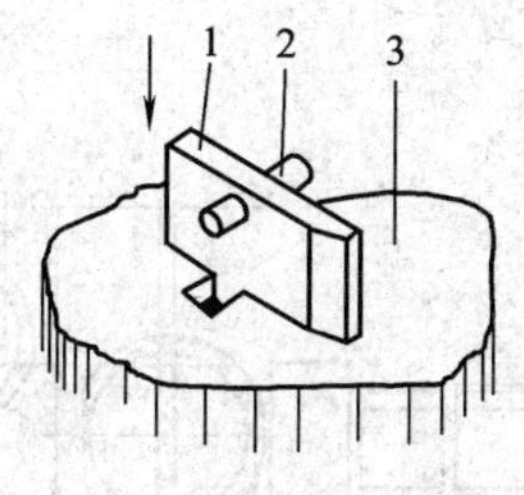

图 6—2—9 销钉吊装凸模

1—凸模 2—销钉 3—凸模固定板

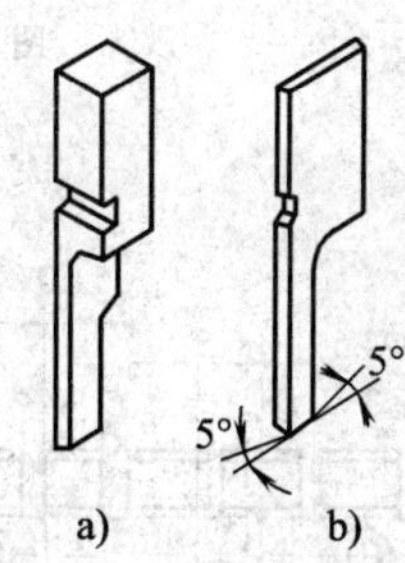

图 6—2—10 压板固定的小凸模

2. 凹模

多工位精密自动级进模凹模的结构与制造比凸模更为复杂，多采用拼块式和嵌块式结构，这样做的优点在于：简化制造，冲模精度高，节省贵重金属，易于控制热处理变形，方便装配调整。

（1）结构形式

1）嵌块式凹模。嵌块式凹模示例如图 6—2—11 所示，其特点是嵌块套做成圆形，且可选用标准的零件，嵌块损坏后可迅速更换备件。

需要指出的是，采用嵌块式凹模，嵌块在排样图设计时，就应考虑其布置的位置及大小，如图 6—2—12 所示。

2）拼块式凹模。拼块式凹模的组合形式因采用的加工方法不同，分为两种组合形式：放电加工拼块拼装凹模、成形磨削拼装组合凹模。现以图 6—2—13 所示某弯曲件冲压排样图为例，对两种组合形式的凹模加以说明。

采用放电加工拼块拼装凹模时，凹模多采用并列组合式结构，其结构示意如图 6—2—14 所示，图中省略了其他零部件，拼块的型孔制造由电加工完成，加工好的拼块安装在垫板上并与下模座固定。采用这种组合方式，当要更换个别拼块时，必须对全工位的步距进行调整。

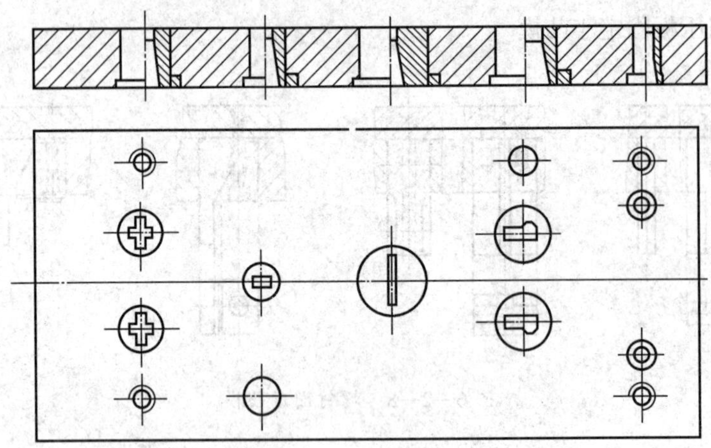

图 6—2—11　嵌块式凹模

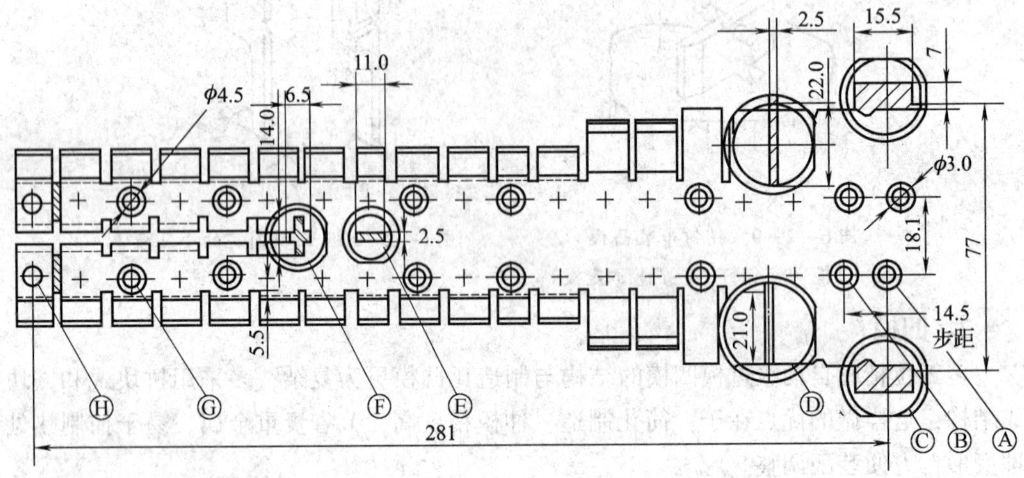

图 6—2—12　嵌块在排样图中的布置

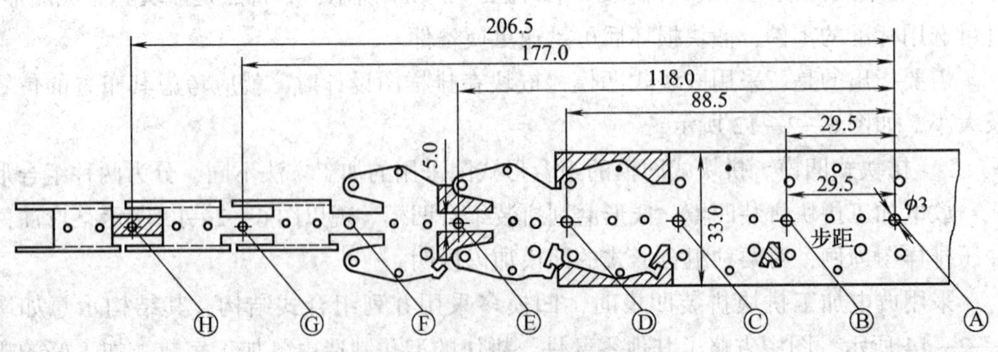

图 6—2—13　弯曲件冲压排样图

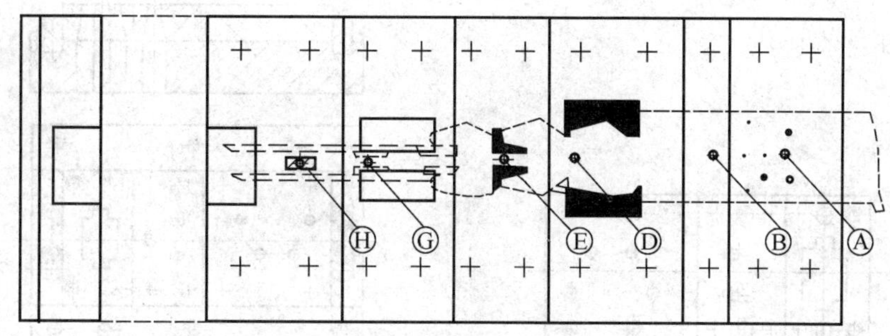

图 6—2—14 并列组合凹模

采用成形磨削拼装组合凹模时，先将型孔口轮廓分割成拼块后进行成形磨削加工，然后将拼块装在所需的垫板上，再镶入凹模框并以螺栓固定，其结构示意如图 6—2—15 所示，当其中某拼块因磨损需要修正时，只需更换磨损部分就能继续使用。由于拼块全部经过磨削和研磨，拼块有很高的精度。在组装时，为确保相互有关联尺寸，可对需配合面增加研磨工序，对易损件可制作备件。

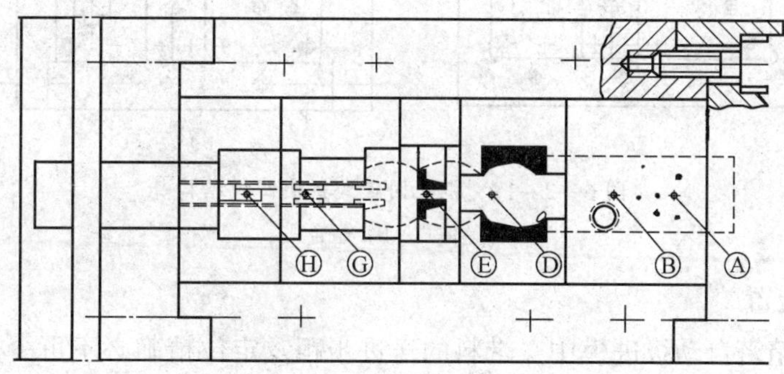

图 6—2—15 磨削拼装凹模

（2）固定方法

根据需要，凹模可以采用多种固定方式。就拼块凹模而言，通常有平面固定式、直槽固定式和框孔固定式。

平面固定式是将凹模各拼块分别用定位销（或定位键）和螺钉固定在垫板或下模座上，其结构示意如图 6—2—16 所示，它适用于拼块凹模或较大拼块分段的固定方法。

直槽固定式是将拼块凹模直接嵌入固定板的通槽中，各拼块不用定位销，而在直槽两端用键或楔及螺钉固定，其结构示意如图 6—2—17 所示。

框孔固定式有整体和组合框孔两种，其结构示意如图 6—2—18 所示。整体框孔固定凹模拼块时，应根据胀形力的大小来选用配合的过盈量；组合框孔固定凹模拼块时，模具的维护、装拆方便，当拼块承受的胀形力较大时，应考虑组合框连接的刚度和强度。

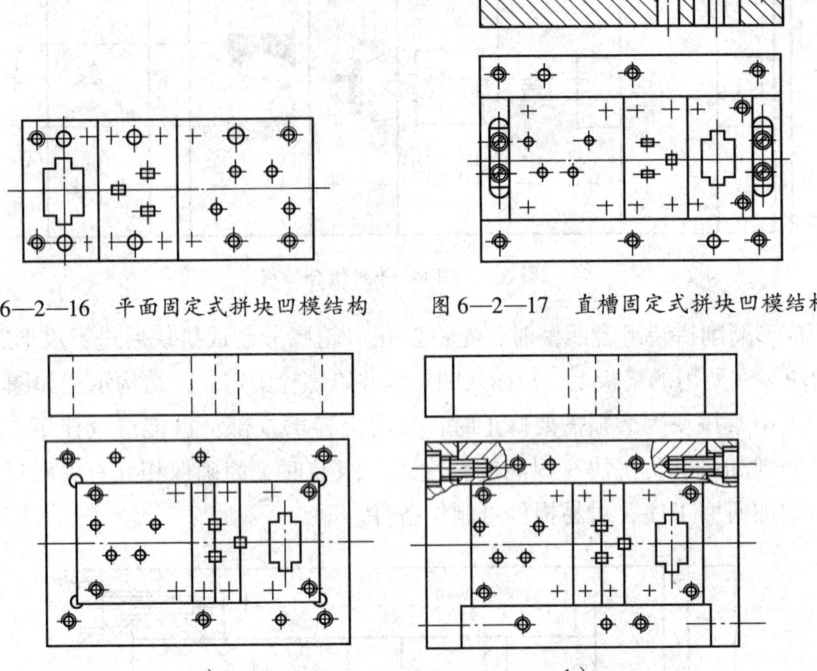

图 6—2—16　平面固定式拼块凹模结构

图 6—2—17　直槽固定式拼块凹模结构

图 6—2—18　框孔固定式拼块凹模结构

a）整体式　b）组合式

3. 定位装置

在多工位精密自动级进模中，带料的送进步距及定位精确必不可少，为此，一般采用导正销与侧刃配合使用，侧刃作定距和粗定位，导正销作为精定位。此时，侧刃长度一般大于步距 0.05 ~ 1 mm，以便导正销入孔时，条料略向后退。在自动冲压时，可不用侧刃，条料的定位与送进靠导料板、导正销和送料机构来实现。

在精密级进模中，作为精定位的导正孔，一般安排在排样图中的第一工位冲出，导正销设置在紧随冲导正孔的第二工位，第三工位设置有检测条料送进步距的误差检测凸模，其结构示意如图 6—2—19 所示。

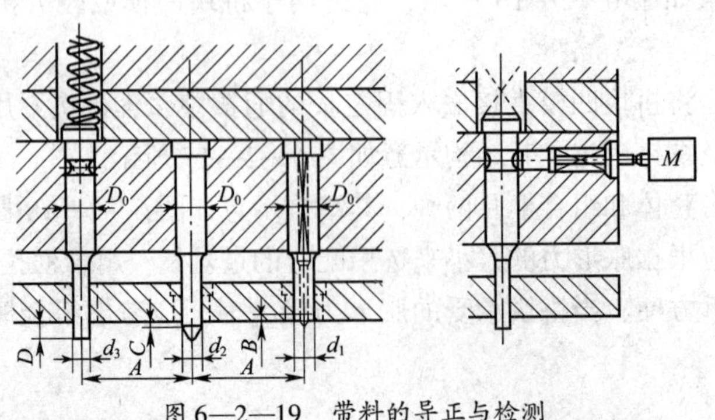

图 6—2—19　带料的导正与检测

4. 托料装置

多工位级进模是依靠送料装置的机械动作，把带料按一定的尺寸送进来实现自动冲压。由于带料经过冲裁、弯曲、拉深等变形后，在条料厚度方向上会有不同高度的弯曲和凸起，为了顺利送进带料，必须将带料托起，使凸起和弯曲部位离开凹模工作面。这种使带料托起的特殊机构称为托料装置，如图 6—2—20 所示，托料装置往往和带料的导向零件共同使用。

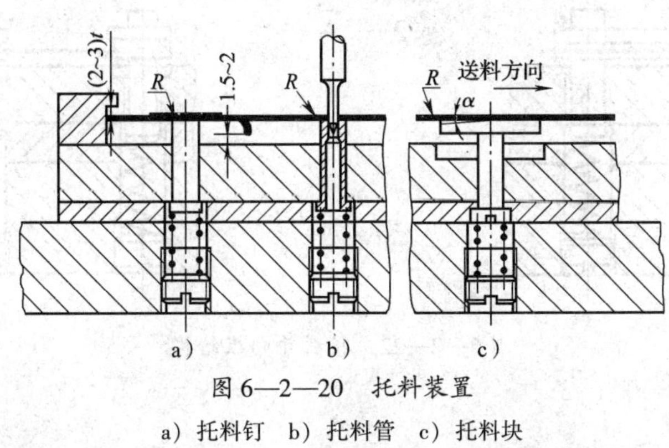

图 6—2—20 托料装置

a) 托料钉 b) 托料管 c) 托料块

(1) 单一托料装置

经常采用的单一托料装置有托料钉、托料管和托料块三种。托料时，托起高度一般应使坯件最低部位高出凹模面 1.5 ~ 2 mm，同时应使被托起的条料上平面低于刚性导料板下平面 2 ~ 3 倍左右条料厚度，以确保条料顺利送进。

托料钉的优点在于，可以根据情况随意分布，托料效果好，凡是在托料力不大的情况下都可采用压缩弹簧作托料力源。托料钉通常采用圆柱形，当然，在送料方向带有斜度时也可采用方形。托料钉经常是成对使用，并设置在条料上没有较大的孔和成形部位的下方。

托料管设置在导正孔的位置进行托料，它与导正销按 H7/h6 进行配合，管孔起导正孔作用，适用于薄板料。

对于刚度差的条料，应采用托料块托料，以免条料变形。

(2) 托料导向装置

托料装置常与导料板组成托料导向装置，所以，托料导向装置是具有托料和导料双重作用的模具部件，在级进模中应用广泛。根据需要，托料导向装置可分为托料导向钉和托料导向板两种。

1) 托料导向钉。托料导向钉结构示意如图 6—2—21 所示，模具工作时，当送料结束，上模

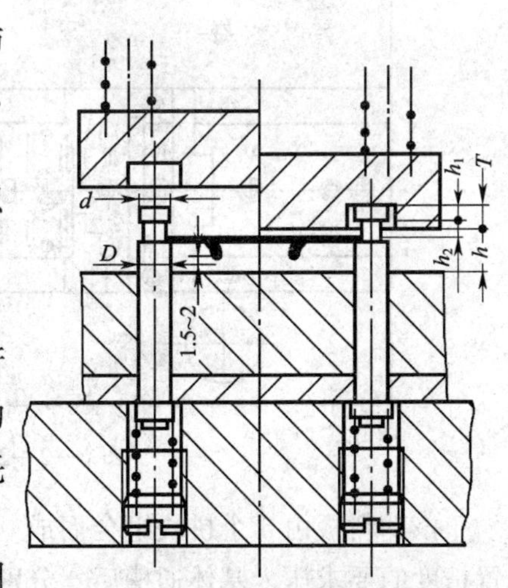

图 6—2—21 托料导向钉结构

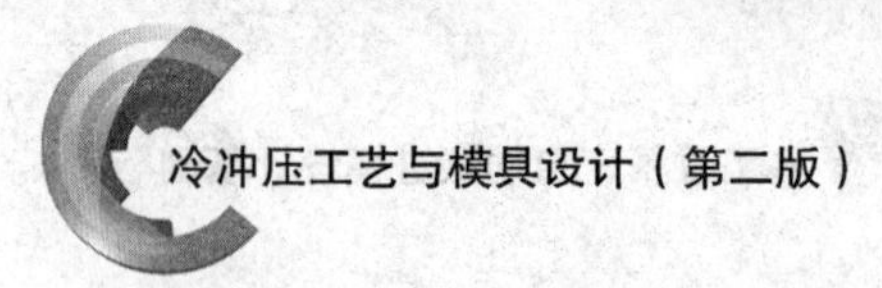

下行，卸料板凹坑底面首先压缩导向钉，使条料与凹模面平齐开始冲压；当上模回升时，弹簧将托料导向钉推至最高位置，进行下一步的送料导向。

2）托料导向板。托料导向板结构示意如图 6—2—22 所示。托料导向板由四根浮动导销与两条导轨式导板组成，适用于薄料和要求较大托料范围的材料托起。导轨式导板一般分为两件组合，当冲压出现故障时，拆下盖板即可取出条料。

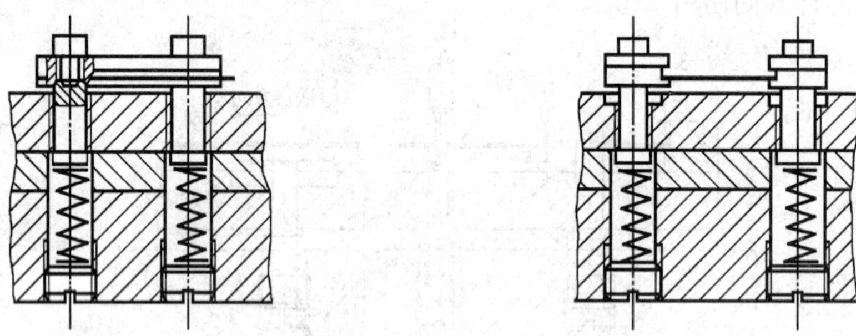

图 6—2—22　托料导向板结构

5. 卸料装置

卸料装置是多工位精密自动级进模结构中的重要部件。它不仅用于卸料，还起导正凸模、压平材料的作用。模具的精度及模具的使用寿命与卸料装置的导向精度和强度密切相关。卸料装置主要由卸料板、弹性元件、卸料螺钉和辅助导向零件组成。

（1）卸料板的结构

多工位精密自动级进模的弹压卸料板，由于型孔多、形状复杂，为保证型孔尺寸精度、位置精度和配合间隙，通常采用分段拼装结构固定在一块刚度较大的基体上，如图 6—2—23 所示。

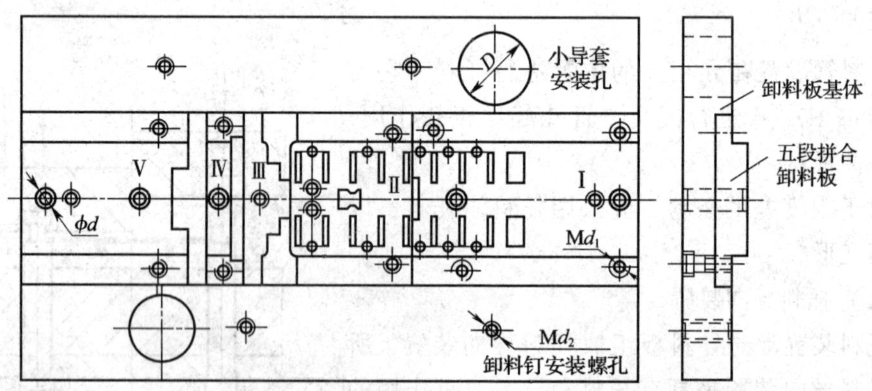

图 6—2—23　拼块式弹压卸料板结构

该卸料板由 5 个拼块组合而成。基体按基孔配合关系开出通槽，两端的两块按位置精度的要求压入基体通槽后，分别用螺钉、销钉定位固定；中间三块经磨削加工后直接压入通槽内，仅用螺钉与基体连接。安装位置尺寸采用对各分段的结合面研磨加工来调整，从而控制各型孔的尺寸精度和位置精度。

（2）卸料板的导向形式

由于卸料板有保护小凸模的作用，要求卸料板有很高的运动精度，为此要在卸料板与上模座之间增设小导柱和小导套作为辅助导向零件，如图 6—2—24 所示。

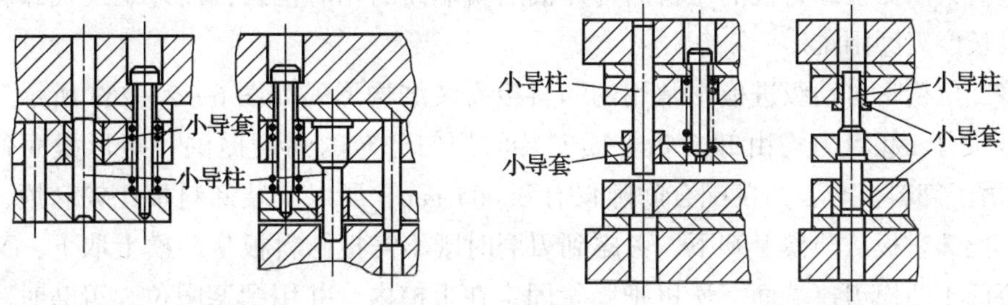

图 6—2—24 小导柱、小导套结构

需要指出的是，当冲压的材料比较薄，且模具的精度要求较高，工位数又较多时，应选用滚珠式导柱导套。

（3）卸料板的安装形式

卸料板采用卸料螺钉吊装在级进模上模。卸料螺钉应对称分布，工作长度要严格一致。多工位精密自动级进模使用的卸料螺钉结构见表 6—2—1。

表 6—2—1 **卸料螺钉结构**

名称	形状	头部形状
外螺纹式	L	
内螺纹式		
组合式		

外螺纹式轴长 L 精度为 ±0.1 mm；内螺纹式轴长精度为 ±0.02 mm，通过磨削轴端面可使一组卸料螺钉工作长度保持一致；组合式由套管、螺栓和垫圈组合而成，它的轴长精度可控制在 ±0.01 mm 以内。内螺纹和组合式还有一个很重要的特点，当冲裁凸模经过一定次数的刃磨后，再进行刃磨时，对卸料螺钉工作段的长度容易磨去同样的量值，以保证卸料板的压料面与冲裁凸模端面的相对位置，而外螺纹式卸料螺钉工作段长度刃磨困难。

多工位精密自动级进模中常用的卸料板安装结构形式如图 6—2—25a 所示。卸料板的压料力、卸料力均由卸料板上面安装的均匀分布的弹簧提供（矩形截面弹簧为好）。由于卸料板与各凸模配合间隙仅有 0.005 mm，所以安装卸料板比较麻烦，应尽可能不把卸料板从凸模上卸下。考虑到刃磨时既不需把卸料板从凸模上取下，又要使卸料板低于凸模刃口端面，所以把弹簧固定在上模内，并用螺塞限位。刃磨时，只要旋出螺塞，弹簧即可取出，不受弹簧作用的卸料板随之可以移动，露出凸模刃口端面，即可重磨刃口。卸料螺钉若采用套管组合式，修磨套管尺寸可调整卸料板相对凸模的位置，修磨垫片可调整卸料板达到理想的动态平行度（相对于上下模）要求。图 6—2—25b所示为采用内螺纹式卸料螺钉结构，弹簧压力通过卸料螺钉传至卸料板。

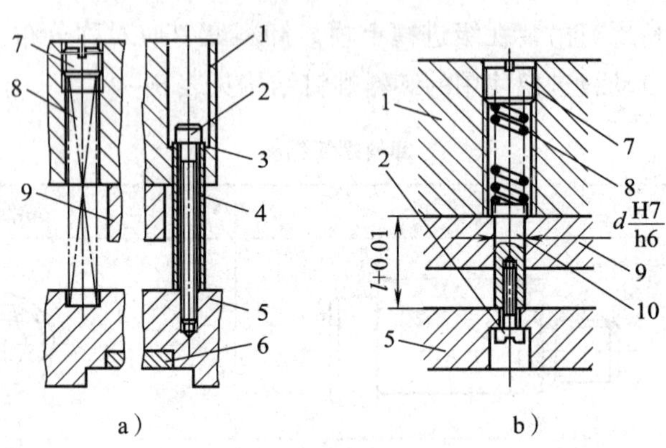

图 6—2—25　卸料板的安装结构形式

a）常用结构　b）内螺纹式卸料螺钉结构

1—上模座　2—螺钉　3—垫片　4—管套　5—卸料板

6—卸料板拼块　7—螺塞　8—弹簧　9—固定板　10—卸料销

6. 限位装置

级进模结构复杂，凸模较多，在存放、搬运、试模过程中，若凸模过多地进入凹模，容易损伤模具。为此，在级进模结构中，安装有限位装置，其结构示意如图 6—2—26所示。

限位装置由限位柱与限位垫块、限位套组成。在冲床上安装模具时把限位垫块装上，此时模具处于闭合状态；模具固定好后，取下限位垫块就可以工作，对安装模具十分方便。从冲床上拆下模具前，将限位套放在限位柱上，模具处于开启状态，便于搬运和存放。

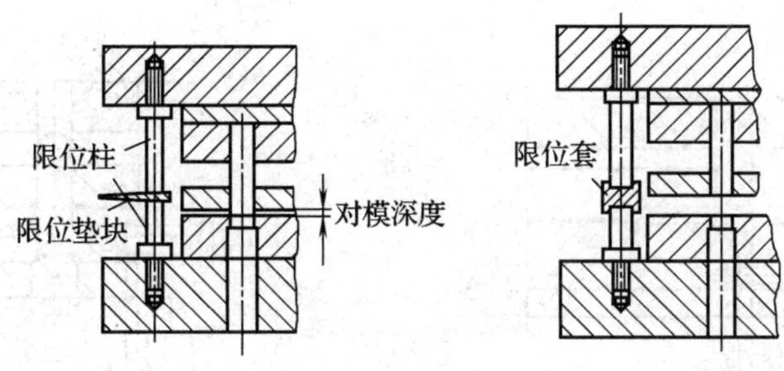

图 6—2—26 限位装置

7. 加工方向的转换装置

在级进弯曲或其他成形工序冲压时，往往需要从不同方向进行，因此，需要将压力机滑块垂直向下的运动，转化成凸模（或凹模）向上或水平等不同方向的加工。完成这种加工方向转换的装置，通常采用斜楔滑块机构或杠杆机构，其结构示意如图 6—2—27 所示。

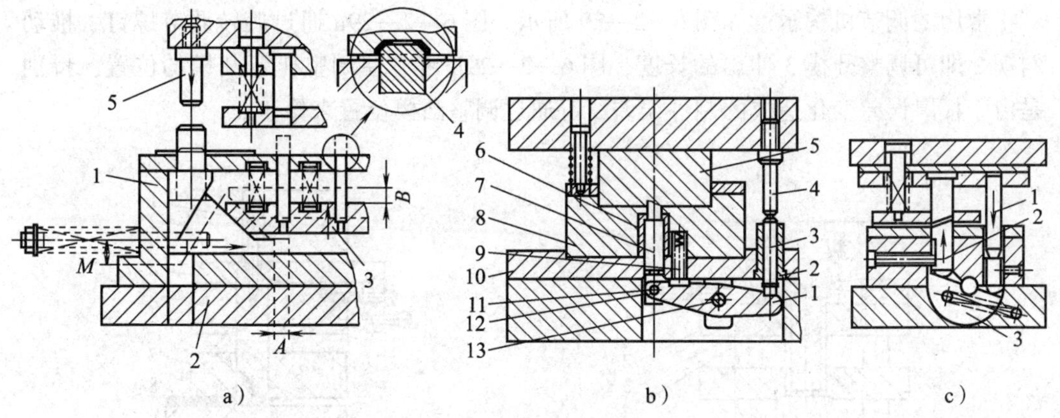

图 6—2—27 加工方向的转换装置

a）斜楔滑块机构 b）杠杆机构 c）摆块机构

a）1—斜楔 2—滑块 3—凸模固定板 4—凸模 5—压柱

b）1—杠杆 2—护套 3—顶杆 4—压柱 5—凹模 6—滑套 7—凸模

8—凹模 9—弹簧 10—支板 11、13—销轴 12—销

c）1—压柱 2—凸模 3—摆块

斜楔滑块机构是通过上模压柱 5，打击斜楔 1，由斜楔 1 推动滑块 2 和凸模固定板 3，转化成凸模 4 的向上运动，从而使坯件在凸模 4 和凹模之间局部成形（凸包）。这种结构由于成形方向向上，凹模板不需设让位孔，动作平稳，应用广泛。

杠杆机构是利用杠杆摆动转化成凸模向上的直线运动，进行冲切或弯曲；而摆块机构是用摆块机构实现向上成形。

根据需要，还可采用斜滑块机构进行加工方向的转换，将模具的上下运动转换为镶件的水平运动，对制件的侧面进行加工，其结构示意如图 6—2—28 所示。

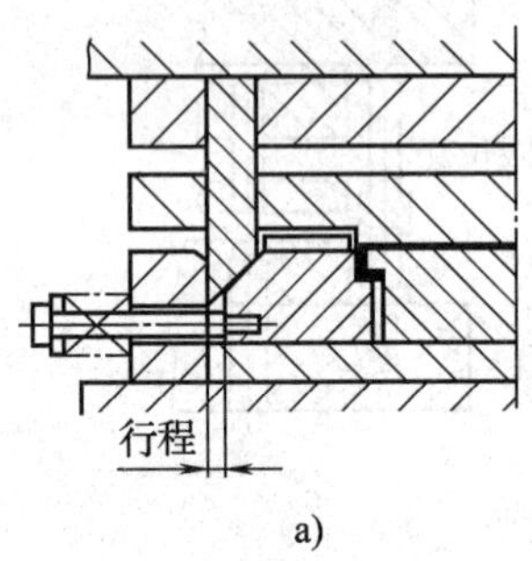

a)

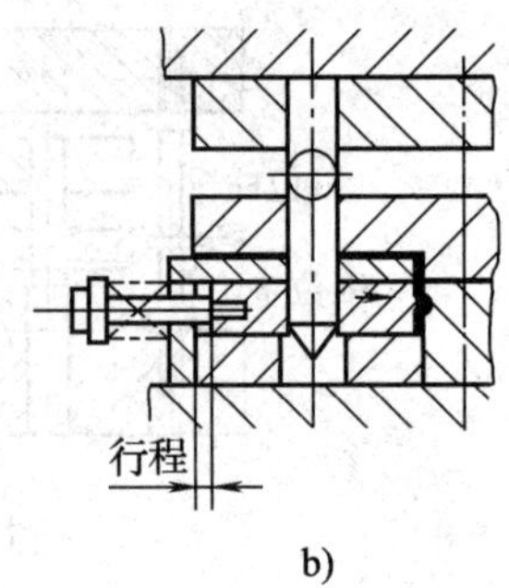

b)

图 6—2—28　斜滑块机构

8. 调节装置

模具在成形时，需要对成形高度进行调整，特别是在校正和整形时，微量调节成形凸模的位置是十分重要的。调节量太小达不到成形件的质量要求，调节量太大易使凸模被折断。

常用的调节机构示意如图 6—2—29 所示。图 6—2—29a 通过旋转调节螺钉 1 推动斜楔 2 即可调整凸模 3 伸出的长度；图 6—2—29b 可方便调整压弯凸模的位置，特别是由于板厚误差变化造成的制件误差，可通过调整凸模位置来修正。

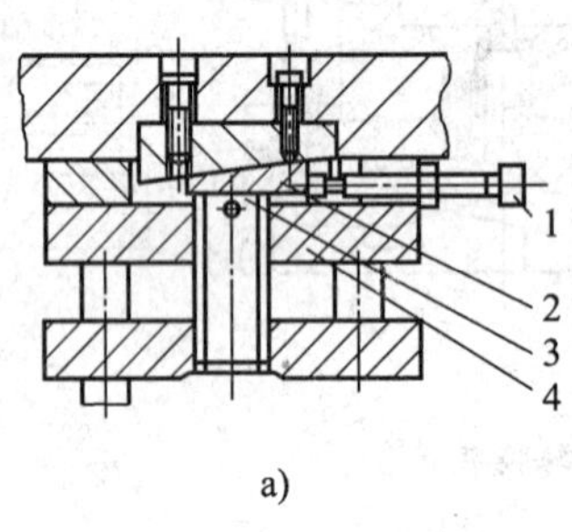

a)

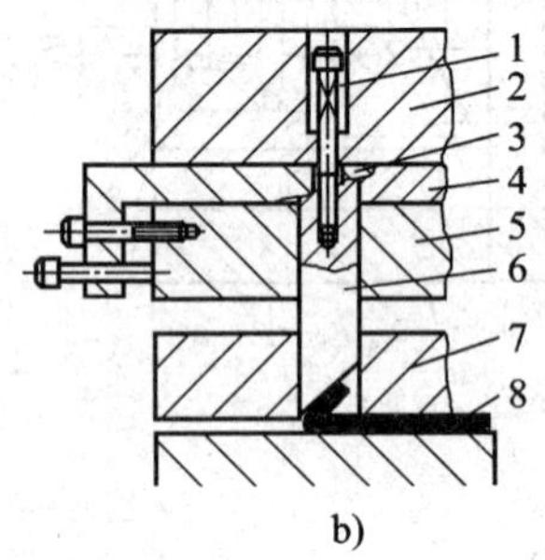

b)

图 6—2—29　调节机构

a）斜楔控制　b）调整块控制

a）1—调节螺钉　2—斜楔　3—凸模　4—支架

b）1—螺钉　2—模座　3—调整块　4—垫板

5—凸模固定板　6—弯曲凸模　7—卸料板　8—制件

9. 模架

级进模模架要求刚度好、精度高，因此，通常将上模座加厚 5 ~ 10 mm，下模座加厚 10 ~ 15 mm（与标准模架相比）。同时，为了满足刚度和精度的要求，级进模多采用四导柱模架，并经常采用压板可卸式导柱、导套，其结构形式如图 6—2—30 所示。

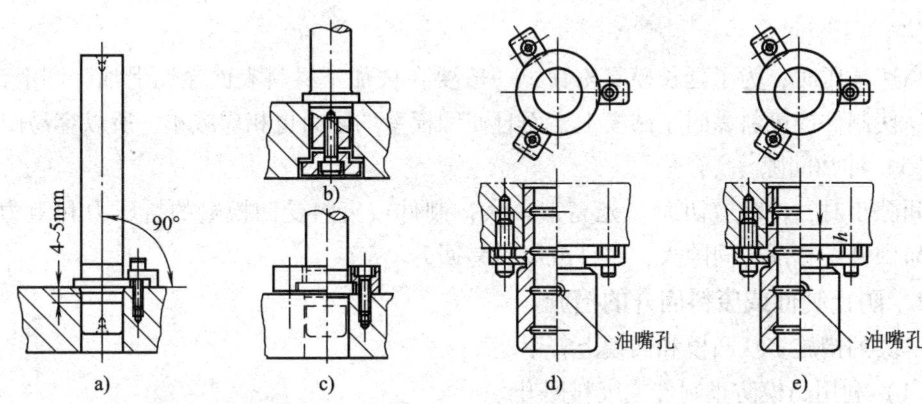

图 6—2—30　压板可卸式导柱、导套

a）三块压板压紧导柱　b）螺钉压板压紧导柱　c）压板压紧导柱　d）、e）三块压板压紧导套

需要说明的是，对于小型模具或子模架也可用双导柱模架。

第三节　多工位精密自动级进模的安全保护

多工位精密自动级进模在高速冲压连续工作时，制件及废料容易从凹模口上升，粘贴在凸模刃口平面上，从而影响正常冲压工作，严重时甚至会损坏模具和压力机，造成不应有的损失。

一、防止制件或废料的回升和堵塞

1. 制件或废料回升的原因

造成制件或废料回升的原因有很多，比如冲裁形状、冲裁速度、工作零件刃口锋利程度、润滑油使用与否、冲裁间隙等。

（1）冲裁形状

冲裁形状简单的薄、软质材料易回升。轮廓形状复杂的制件或废料，因其轮廓凸凹部分较多，凸部收缩，凹部扩大，角部在凹模壁内有较大的阻力，所以不易回升。

（2）冲裁速度

当冲裁速度较高时，制件或废料在凹模内被凸模吸附作用大（真空作用），因此容易回升，特别是在冲裁速度超过每分钟 50 次时，这种现象更为明显。

（3）凸、凹模刃口锋利程度

锋利刃口冲裁时，材料阻力小，制件或废料容易回升。相反，钝刃口冲裁时阻力

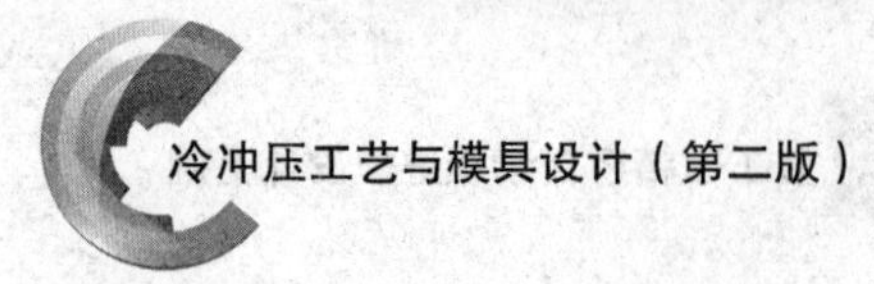

大，制件或废料受凹模壁阻力也增大，反而不易回升。

（4）润滑油

高速冲压时，为了延长模具寿命，一般要在被加工材料表面涂润滑油，润滑油不仅容易使制件或废料黏附于凸模上，而且使凹模壁的阻力也相应减小，所以容易回升。

（5）冲裁间隙

间隙小时，冲裁剪切面（光亮带）大，制件或废料受凹模壁的挤压力和阻力大，故不易回升。相反，间隙大，制件或废料易回升。

2. 防止制件或废料回升的措施

解决的措施多从凸模和凹模上着手。

（1）利用凸模防止制件或废料回升

利用前述内装顶料销的凸模可防止制件或废料回升。图 6—3—1a 所示是利用压缩空气防止废料回升，它主要用于小断面凸模不能装顶料销的场合，其气孔直径一般为 0.3～0.8 mm。图 6—3—1b 所示是应用在直径小于 1 mm 的细长凸模上，尤其是拉深件冲底孔凸模。在凸模端面制成 45°～50°的锥度，$h=0.5d$；工作时，首先由锥顶定位后再冲裁，这样不仅废料不能黏在凸模上，而且制件外形与中心孔的同轴度也得到保证。图 6—3—1c 所示是在凸模端面上制成圆弧，h 为料厚的 1/3～1/2，b 取料厚的 1.5～2 倍。

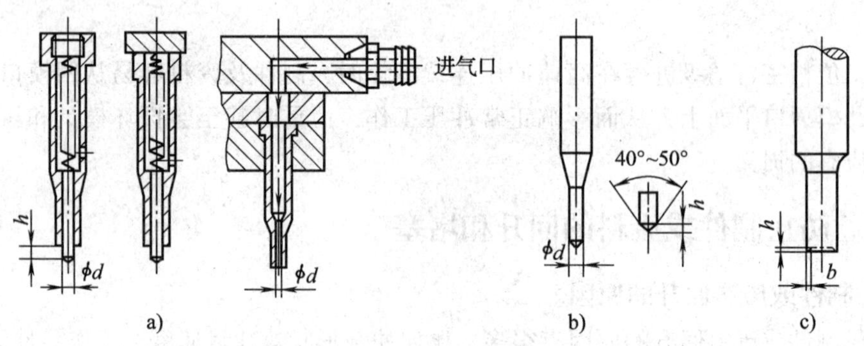

图 6—3—1　利用凸模防止制件或废料的回升

（2）利用凹模防止制件或废料回升

利用凹模刃口壁做成 3′～10′的倒锥角，而在漏料孔壁做成 1°～2°的顺锥角，冲裁时制件或废料外周受到压缩应力作用，同凹模壁的摩擦增加，制件或废料不易回升，对于较大的制件或废料，这是防止其回升的有效方法。但是，这种方法使用的倒锥角不易加工，而且也容易引起小凸模的折断。

3. 制件或废料的堵塞

多工位级进模工作过程中，废料或制件除有上升的情况外，还有在凹模中堵塞的情况出现。如此情况的出现，一方面容易损坏凸模，另一方面会胀裂凹模。制件或废料在凹模内积存过多、造成堵塞主要是由凹模漏料孔引起的，可采取如下措施预防。

（1）合理设计漏料孔

对于薄料小孔冲裁（$d<1.5$ mm），因废料质量轻，又有润滑油黏在一起，所以最容易堵塞。在不影响刃口重磨的情况下，应尽量减小凹模刃口直筒部分的高度 h，使 $h=1.5$ mm；对于精密制件，在刃口部分制成 $\alpha=3'\sim10'$的锥角孔口，漏料孔壁制成 $\alpha_1=1°\sim2°$的锥圆，如图 6—3—2 所示。

（2）利用压缩空气防止废料堵塞

图 6—3—3 所示为利用压缩空气使凹模漏料孔产生负压，迫使制件或废料漏出凹模，既可防止制件或废料回升，又可防止堵塞凹模。

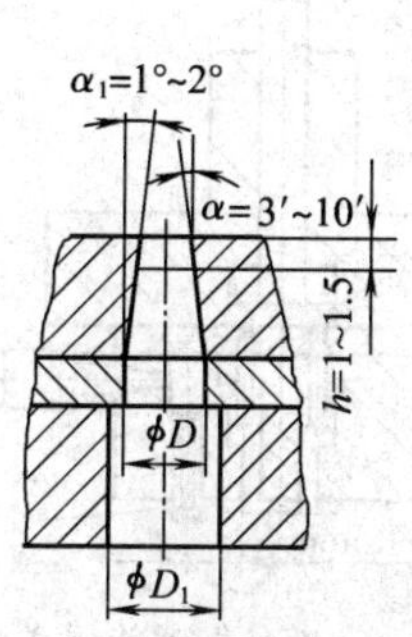

图 6—3—2 带锥度的凹模漏料孔

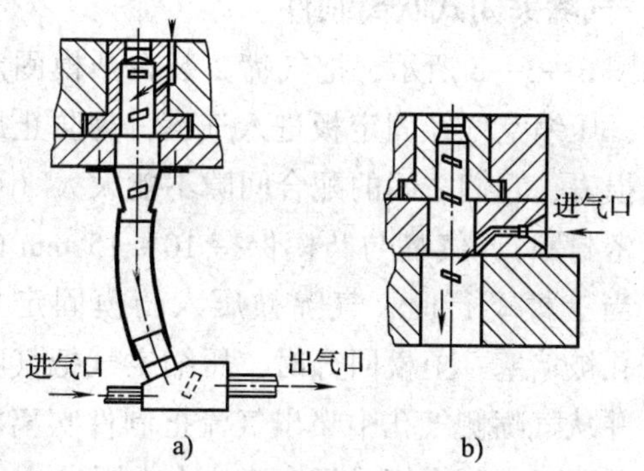

图 6—3—3 利用压缩空气防止堵塞

二、模面制件或废料的清理

在任何一种冲模工作时，绝不允许有制件或废料停留在模具表面，尤其是级进模要在不同的工位上完成制件多种成形工序，更不能忽视其模面制件和废料的清理，而且清理必须自动进行才能满足高速生产的要求。生产中常用压缩空气清理，使制件或废料离开模面，具体形式有以下几种。

1. 利用凸模气孔吹离制件

当制件成形后从条料上切离时，若采用一次切离几件的方法切离制件，这些制件大都不能从凹模漏料孔中漏下，只能从模面清理。清理这类制件，可采用图 6—3—4 所示的方法。凸模上所钻气孔位置及大小按清理制件不同而异，一般以 0.8 ~1.2 mm 为宜。凸模中间的气孔用来防止废料回升，两侧斜孔（$\alpha=45°\sim50°$）用来吹离被切离的制件，使制件向模面两边离开。

2. 从模具端面吹离制件

在最后工位切离的制件，可利用增设的气孔从模具端面吹离，结构示意如图 6—3—5所示。压缩空气经下模座 3 和凹模 2 进入导料板 1 中的斜气孔，当工件切离条料后，压缩空气经导料板的气孔将工件从模具端面吹离。

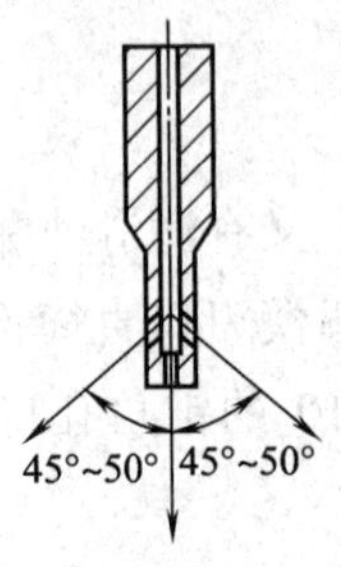

图 6—3—4　利用凸模气孔吹离制件

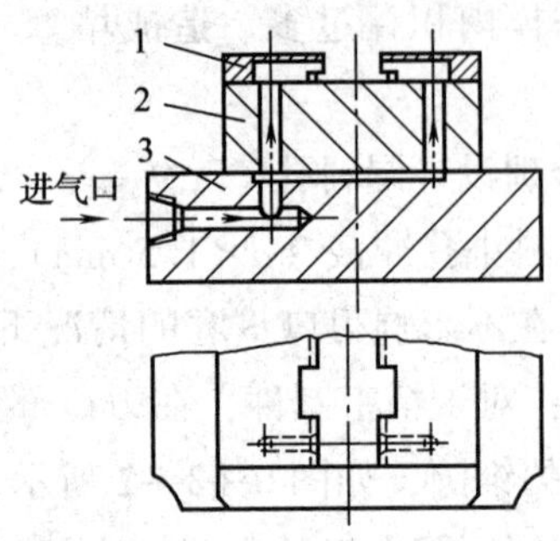

图 6—3—5　从模具端面吹离制件

1—导料板　2—凹模　3—下模座

3. 气嘴关闭式吹离制件

如图 6—3—6 所示，把气嘴 2 装在凸模固定板 1 中，压缩空气经固定板进入气嘴，为防止压缩空气损失，它们之间的配合间隙不能太大（可以增设密封圈），气嘴与凸模保持 10 ~ 15 mm 的距离。当上模下行时，气嘴被压入凸模固定板内，气孔被堵塞；上模回升时，压缩空气把气嘴推出，并从气嘴侧气孔中喷出气流把制件吹离模面。这种形式在复合模或复合工位中常用。

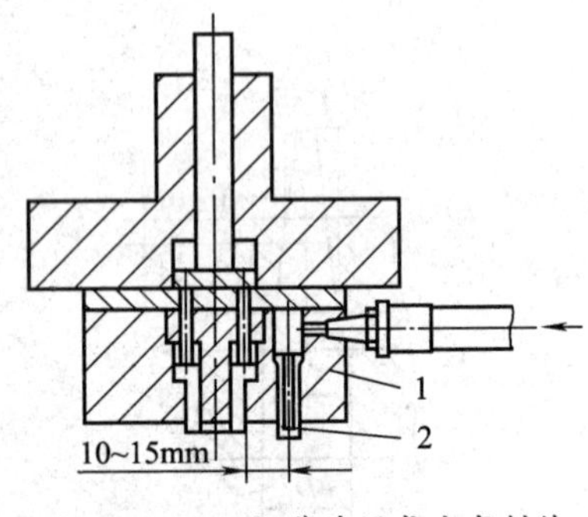

图 6—3—6　气嘴关闭式吹离制件

1—凸模固定板　2—气嘴

4. 模外可动气嘴吹离制件

对于一些小型模具在模内设置气孔有困难时，可把软管的气嘴架安装在模具需要清理的任意外侧，吹离模面的制件或废料。这种装置结构简单，固定方便、灵活，使用广泛。利用压缩空气清理模面的制件或废料，应正确设计气嘴位置、方向和所用气压的大小，同时要注意不要损伤制件（可采用软质袋承接制件）。

三、模具的安全检测装置

冲压工作中，经常会因一次失误（误送、凸模折断、废料或制件回升与堵塞等）而使精密模具损坏，甚至造成压力机的损坏。因此，在生产过程中必须有防止失误的安全检测装置。检测装置可以设在模具内，也可安装在模具外。冲压时，因某种原因影响到模具正常工作时，检测装置的传感元件能迅速地把信号反馈给压力机的制动部位，实现自动保护。常用的方法为光电传感检测和接触传感检测。图 6—3—7 所示为在自动冲压生产过程中具有各种监视功能的检测装置。

1. 送料步距失误检测

在级进冲压时，材料的自动送料装置有时会因环境的微小变化而使送进步距失准，若不及时排除，就会损坏制件或造成凸模折断。为了防止级进加工出现的送料步距失误，在多工位级进模内装入检测凸模。当检测凸模发现误送时，检测凸模的动作将推

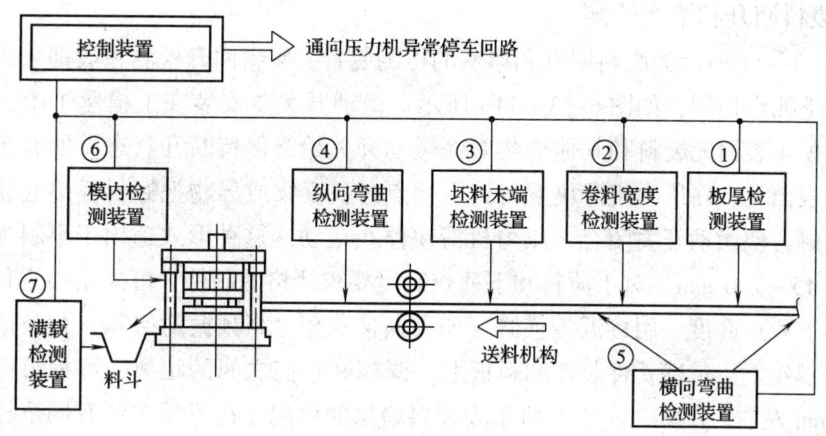

图 6—3—7 板料冲压时检测装置示意图

动顶杆使其与微动开关接触，从而接通电路达到使冲床急速停止的目的。图 6—3—8 所示为利用导正孔检测的几种形式。当检测销 1 因送料失误不能进入条料的导正孔时，便被条料推动向上移动，同时推动触销 2 使微动开关 3 闭合，因微动开关同压力机电磁离合器是同步的，所以电磁离合器脱开，压力机滑块停止运动。

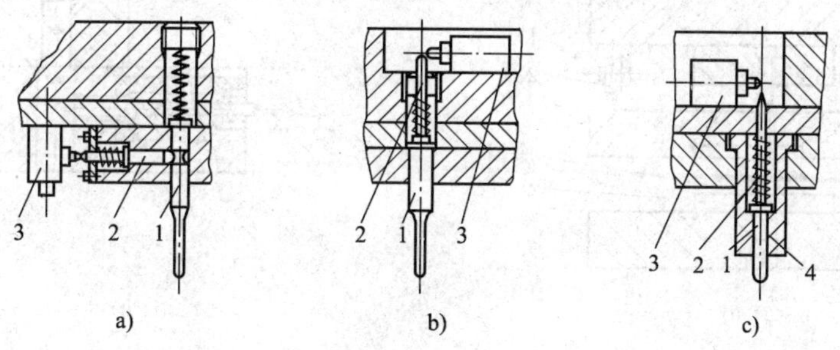

图 6—3—8 导正孔检测装置

a）形式 1 b）形式 2 c）形式 3

1—检测销 2—触销 3—微动开关 4—冲孔凸模

图 6—3—9 所示为检测凸模的结构示意图。浮动检测凸模检测因调整简单，检测可靠，广泛地应用在多工位精密自动级进模中。检测的电路原理如图 6—3—10 所示。

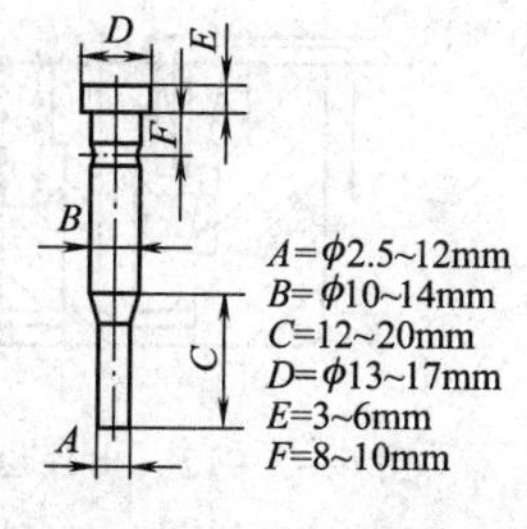

图 6—3—9 检测凸模结构

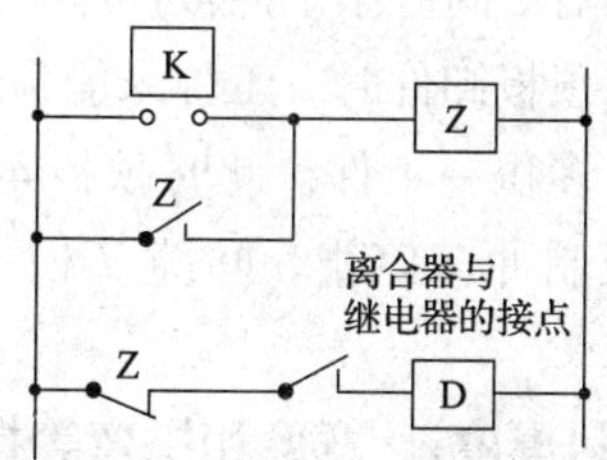

图 6—3—10 导正销检测电路

K—微动开关 Z—断电器 D—电磁离合器

2. 废料回升和堵塞检测

图 6—3—11 所示为废料回升和堵塞的检测装置。废料回升检测一般都采用模具闭合高度的下死点检测，如图 6—3—11a 所示。微动开关 2 安装在上模座 1 上，当卸料板 3 和凹模 4 表面无废料和其他异物时，微动开关始终保持断开状态。如有废料或异物在凹模表面上，在压力机滑块下行到下死点时，废物或异物把卸料板垫起使之与微动开关接触，使微动开关闭合，压力机滑块停止运动。这种形式适用于厚料冲裁，灵敏度为 0. 15 ~ 1. 0 mm。对于薄料和下死点高度要求严格的制件，可采用接近传感器来控制模具下死点高度。用接近传感器（如舌簧接点型、高频振荡型等）代替微动开关并装在下模座上，传感元件装在卸料板上，调整好它们之间的距离，可把灵敏度控制在 0. 01 mm 左右。图 6—3—11b 所示为废料堵塞的检测。在下模中装有同下模座绝缘的检测销，当冲裁废料或制件自由下落时，如果每块废料都通过检测销接触，压力机就连续工作。如果废料堵塞在凹模内，压力机的某一冲程没有废料通过检测销，与检测销同步的压力机电磁离合器便脱开，滑块就停止运动。这种检测形式适用于外形尺寸较大的废料检测。

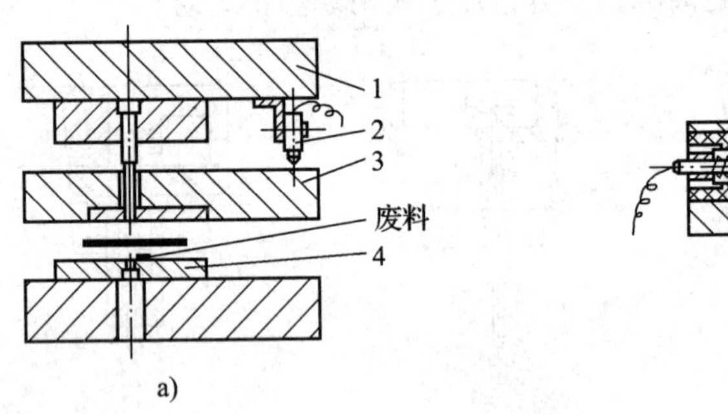

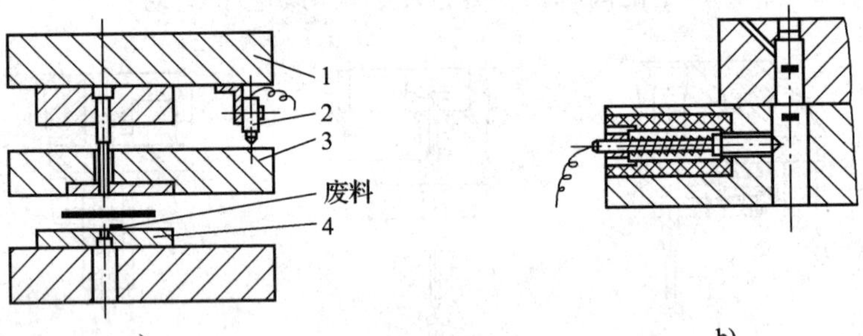

图 6—3—11　废料回升或堵塞检测

a）废料回升检测　b）废料堵塞检测

1—上模座　2—微动开关　3—卸料板　4—凹模

3. 出件检测

图 6—3—12 所示为出件检测。在正常工作时，顶板 4 和传感器 2 间有小于冲裁件厚度的间隙，此时线路不通。如果顶板卸件时，工件未能顶出，则在下一冲程中，模内又多积一工件，此时顶板 4 和传感器 2 接触，导通线路控制冲床停止。间隙 d 根据材料厚度预先设定。

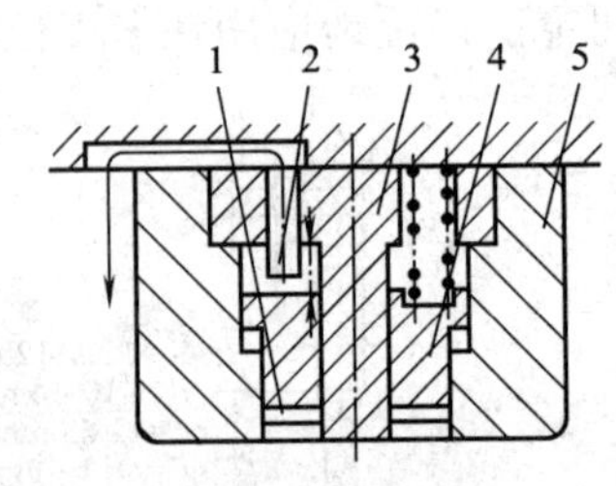

图 6—3—12　出件检测

1—工件　2—传感器　3—冲孔凸模

4—顶板　5—落料凸模

4. 材料厚度、 宽度和拱弯等检测

（1）材料厚度超差和拱弯的检测

图 6—3—13a 所示为材料厚度超差的检测装置。当

条料 4 过厚时，检测销 3 通过杠杆 2 使微动开关 1 动作，断开电路，压力机停止工作。图 6—3—13b 是利用探针检测材料拱弯。由于材料自身拱弯，或由于送料长度大于模具步距时，材料在模具外造成波腹，当波腹同探针接触时，压力机停止工作。如果是属于送料原因，此时应调整送料装置，使材料送进与模具的冲压步距趋于一致。

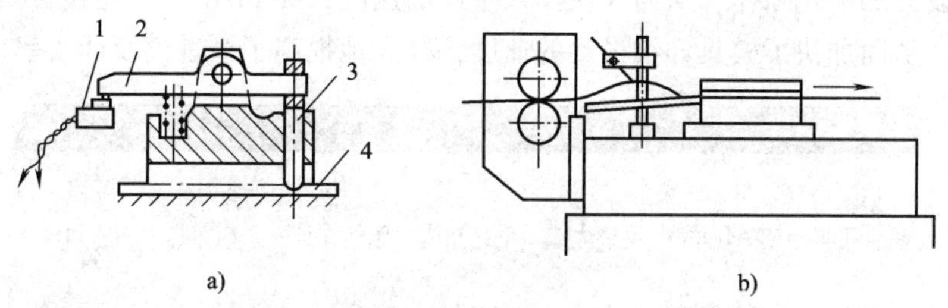

图 6—3—13　材料厚度与拱弯的检测

1—微动开关　2—杠杆　3—检测销　4—条料

（2）料宽的检测

料宽的检测也可用微动开关或探针检测，厚料采用微动开关接触检测，薄料采用探针接触检测。如果送料左右摆动（蛇行送料），也可用同样方式检测。

（3）条料用完的检测

条料用完，压力机应停止运转，这类检测同样可以采用接触检测方式。如图 6—3—13a所示，如果将微动开关 1 改用常分开关，有料送进时条料 4 始终把检测销 3 垫起，使杠杆压合微动开关 1，电路闭合，压力机连续转动；当材料的料尾脱离检测销时，杠杆在弹簧的作用下左端抬起离开微动开关，切断电路，压力机立即停止工作。

第四节　UG 级进模（PDW）设计基础

传统的多工位级进模设计是一项十分繁冗的工作，不仅要依赖设计者的经验，还要借助大量的公式，不仅工作周期长不用说，而且有些差错还可能导致无法挽回的后果。级进模 CAD 技术（软件）的应用，从根本上改变了传统的级进模设计方法，显著缩短了模具设计时间，减少了对模具工作者经验和技艺的依赖，提高了模具设计的质量。

一、级进模计算机辅助设计软件

PDW（Progressive Die Wizard）是 UG NX 的一个模块（应用），中文含义为级进模向导，主要用于冲压级进模的设计。

1. PDW 功能说明

PDW 为用户提供了毛坯生成、条料排样、模架设计、凸模和凹模设计等功能，其工具栏如图 6—4—1 所示，利用 PDW 可以进行条带布局、冲头创建、模架创建、让位槽设计、物料清单（BOM）、工程图，以及模具组件的放置和修改。PDW 能自动执行级进模的设计和细化工作，从而加快投入生产的速度；在 PDW 中，还包含模具组件和紧固件库，从而加快了模具详细设计的速度，极大地提高了级进模设计效率。

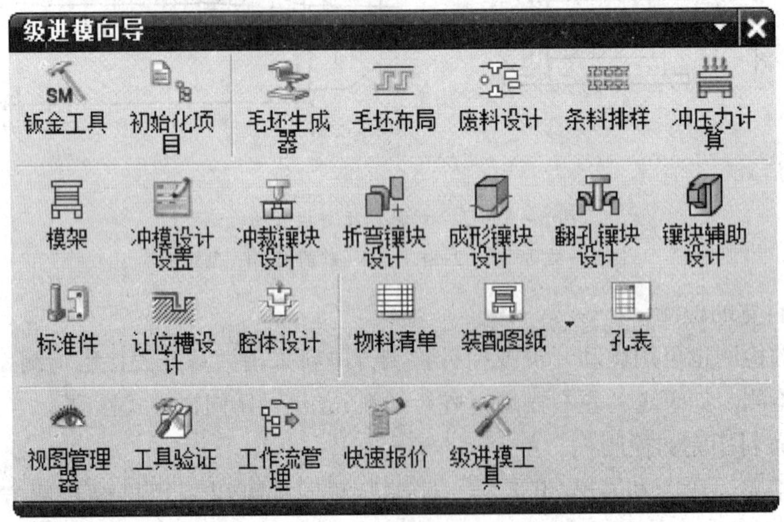

图 6—4—1　级进模向导工具栏

2. PDW 工具介绍

PDW 为用户提供了丰富的设计工具，级进模设计可以围绕这些工具进行。根据级进模设计需要，PDW 按照典型流程将各个设计模块的按钮组织在工具条上，其主要工具功能见表 6—4—1。

表 6—4—1　　**PDW 主要工具功能**

序号	工具名称	工具图标	功能介绍
1	钣金工具	SM 钣金工具	提供特定钣金的工具
2	初始化项目	初始化项目	为钣金部件新建级进模项目或打开先前的项目
3	毛坯生成器	毛坯生成器	根据项目初始化过程中插入的钣金部件在级进模项目中建毛坯

续表

序号	工具名称	工具图标	功能介绍
4	毛坯布局	毛坯布局	在展平图样中使部件相对于彼此定向、定义要使用的条料宽度并确定工艺工位之间的步距
5	废料设计	废料设计	指定如何将冲裁废料冲压出来，如果需要，创建导正销孔以协助金属条料通过凹模传送出来
6	条料排样	条料排样	计划在得到钣金部件的最终形状之前，如何切除废料和如何形成中间工步的工艺
7	冲压力计算	冲压力计算	计算级进模设计中工艺特征所需要的力
8	模架	模架	添加和设计模架，它由标准件的装配组成，包括板、导销、引导衬套和螺钉
9	冲模设计设置	冲模设计设置	设置级进模设计参数，这些参数可用作下游设计中的默认值
10	冲裁镶块设计	冲裁镶块设计	设计冲裁凸模，带有恒定或可变间隙的凹模和型腔/废料孔，定义重复冲裁镶块的阵列，以及管理设计关联
11	折弯镶块设计	折弯镶块设计	为折弯工艺设计折弯凸模和凹模镶块
12	成形镶块设计	成形镶块设计	设计成形凸模和成形凹模
13	翻孔镶块设计	翻孔镶块设计	设计翻孔凸模和凹模

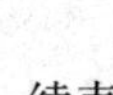

续表

序号	工具名称	工具图标	功能介绍
14	镶块辅助设计	镶块辅助设计	设计镶块肩部、根部，并提供副本、阵列或删除工具
15	标准件	标准件	添加和编辑标准件
16	让位槽设计	让位槽设计	创建实体以切除冲模板上的腔体和孔，防止条料和冲模板之间产生干涉
17	腔体设计	腔体设计	在冲模板或镶块中为标准件或任何实体剪切腔体
18	物料清单	物料清单	创建级进模设计项目的物料清单
19	装配图纸	装配图纸	自动化级进模装配图纸的创建和管理
20	孔表	孔表	为组件中的所有孔创建或编辑表，该表包括标签、类别 ID、孔类型、直径、深度和坐标
21	工具验证	工具验证	提供工具以检查干涉和获取关于设计更改效果的建议
22	工作流管理	工作流管理	提供对转换、附加冲模和并行设计的管理
23	快速报价	快速报价	基于条料为级进模报价
24	级进模工具	级进模工具	用于级进模设计的一些有用工具

二、级进模计算机辅助设计流程

在完成冲压制件设计的基础上，通过 UG 级进模向导，即可进行冲压件级进模设计，其主要流程包括：项目初始化和特征预处理、工艺设计、模具装配结构设计。

1. 特征预处理

使用 PDW 通常从钣金零件（冲压件）开始。准备好钣金零件后，即可使用 PDW 进行冲压成形工艺设计和模具装配结构设计。

冲压成形工艺设计包括工艺预定义、毛坯展开、毛坯排样、废料设计、条料排样、冲压力计算等。模具装配结构设计包括模架设计、冲裁组件设计、镶件设计、标准件设计、让位槽设计、安装孔设计等。

需要注意的是，对于采用 NX 钣金设计的制件模型，PDW 可以直接使用；否则，需要使用特征识别工具进行识别和重构，其对话框如图 6—4—2 所示。经重构后的制件模型即可用于 PDW 系统。

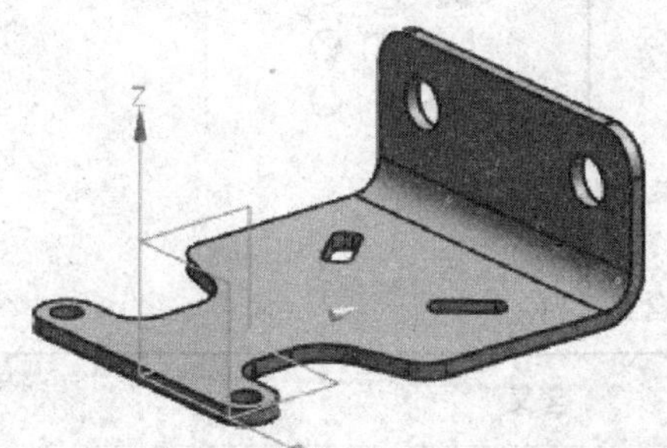

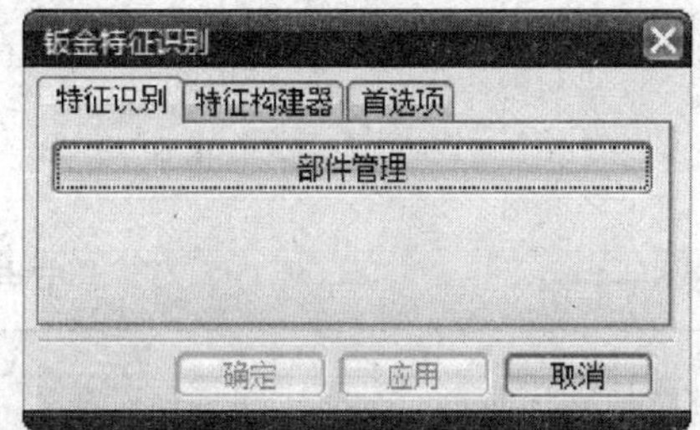

图 6—4—2 特征识别与重构对话框

对于没有识别出的特征，可以手工生成相应的特征。

2. 项目初始化

对于特征识别后的组件，即可进行项目初始化，其操作对话框如图 6—4—3 所示。PDW 使用标准的目标装配体来生成新的项目装配体。装配体的各个组件文件中存储了许多用于级进模设计的相关数据。

某项目装配体导航器如图 6—4—4 所示，其中显示了组件名称、数目以及每一节点关联的组件名称。装配结构体中的每个节点保存了相关的项目设计信息，并且使用了便于理解的后缀，具体见表 6—4—2。

图 6—4—3 项目初始化对话框

图 6—4—4　项目装配体导航器

表 6—4—2　　节点后缀含义

后缀	含义
* _ control	装配体根节点
* _ blank	钣金件毛坯模型存储节点
* _ part	原始钣金件模型存储节点
* _ nest	钣金件毛坯排样和废料结果存储节点
* _ die	所有模具结构组件和子装配体存储节点
* _ var	与标准件相关的表达式存储节点
* _ simulation	条料排样仿真结果存储节点
* _ strip	条料排样结果存储节点
* _ relief	让位槽设计结果存储节点

装配体创建后，便可进行级进模的设计工作。根据需要，首先进行成形工艺设计，内容包括：使用工艺预定义（根据情况）将 NX 特征与工艺特征相关联、创建毛坯并进行排样等。

3. 工艺预定义

工艺预定义对于有些情况是必需的。例如，将两个折弯特征定义成一个Z形弯曲工艺特征；将圆台特征定义成翻孔工艺特征等。

4. 毛坯创建

通过“毛坯生成器”工具，进入如图6—4—5所示的“毛坯生成器”对话框，可以进行毛坯的创建和编辑操作。将钣金件形成毛坯的结果示意如图6—4—6所示。

图6—4—5 “毛坯生成器”对话框

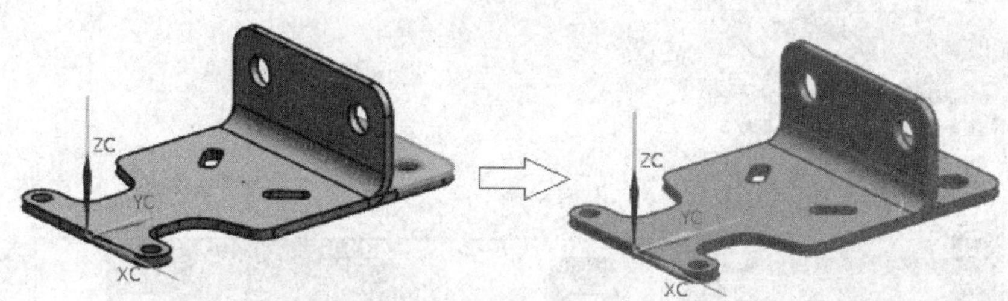

图6—4—6 将钣金件展开形成毛坯

5. 排样

通过“毛坯布局”工具，在条料上插入若干个毛坯，并指定毛坯的步距、料宽和旋转角等参数，即可完成排样工作，其结果示意如图6—4—7所示。

6. 废料设计

在级进模设计中，为了实现复杂制件的冲压或简化模具结构，一般总是将复杂外形和内形分几次冲切。冲切刃口外形设计实际上就是刃口的分解和重组。废料设计工具就是用以指定如何冲切废料，并在需要时创建导正孔，以帮助条料在模具中的定位以及传送，其设计界面示意如图6—4—8所示。

废料设计结果示意如图6—4—9所示，所有废料都是片体，并存储在 * _ nest 节

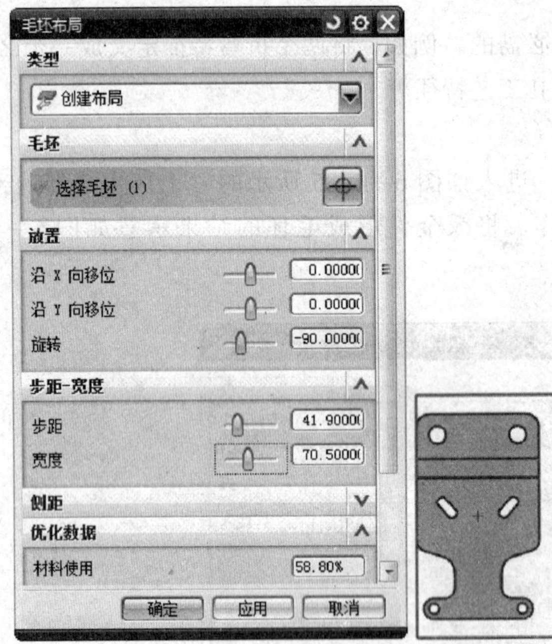

图 6—4—7　排样结果示意

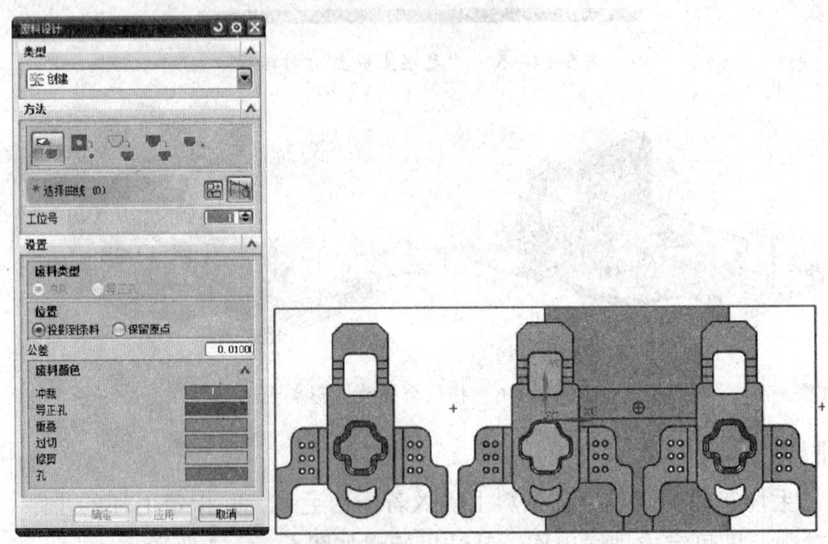

图 6—4—8　废料设计界面示意

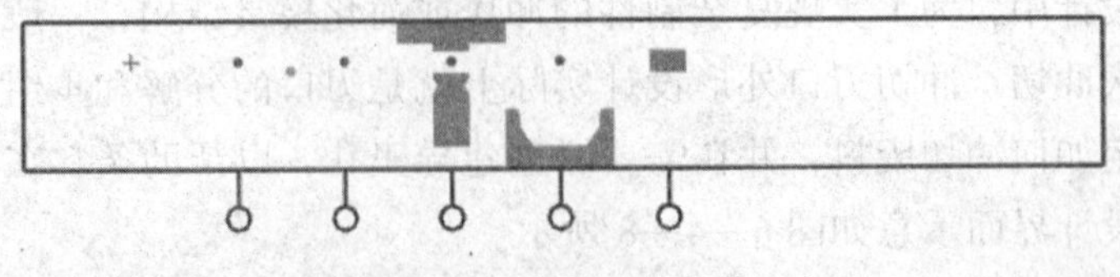

图 6—4—9　废料设计结果示意

点中。

7. 条料排样

在创建级进模之前，还必须进行条料排样（也称工序排样），以创建冲压条带。冲压条带反映了从平板条料到冲压制件产品的转变过程，其仿真结果示例如图 6—4—10 所示。

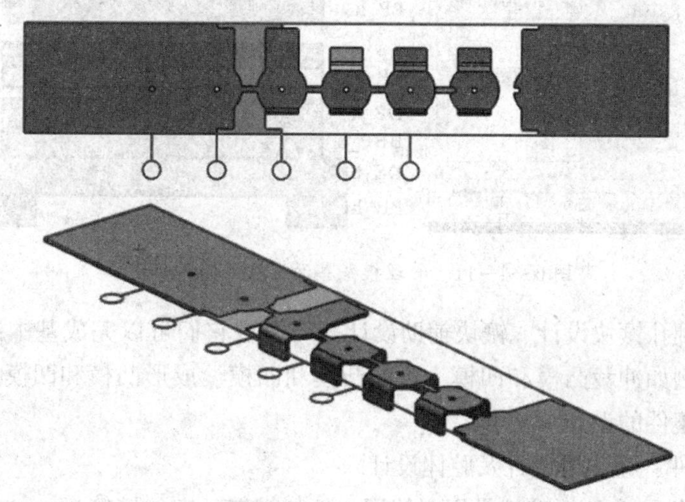

图 6—4—10 条料排样仿真结果示例

8. 冲压力计算

计算冲压力是为了合理选用压力机和设计模具。PDW 提供了冲压力的自动计算功能，对于自动计算失败的工序特征，可以提供交互计算来完成。需要注意的是，冲压力计算必须在相应的前提下进行：一是有设定的材料，二是有所需材料的参数。

成形工艺设计完成后，将进入级进模结构设计阶段。

9. 模具装配结构设计

（1）模架设计

模架工具为用户提供了由标准件装配组成的包括板、导销、引导衬套和螺钉的模架库，其界面及模架结构示意如图 6—4—11 所示，用户可以从中选择合乎要求的标准模架，如 5 块板、8 块板、9 块板、10 块板和 12 块板模架。这些模架均为国际知名厂家生产并被全球级进模生产企业广泛采用。

通过模架工具，设置相应参数，便可完成完成所需模架的设计。对于设计好的模架可以根据需要进行修改或调整，直到满意为止。

（2）冲模设计设置

通过 PDW 工具栏中的冲模设计设置工具，可以设置冲裁间隙、模具闭合高度、冲头深入到凹模的距离等。

（3）镶块设计

PDW 为用户提供了若干镶块设计工具，包括：冲裁镶块设计、折弯镶块设计、成

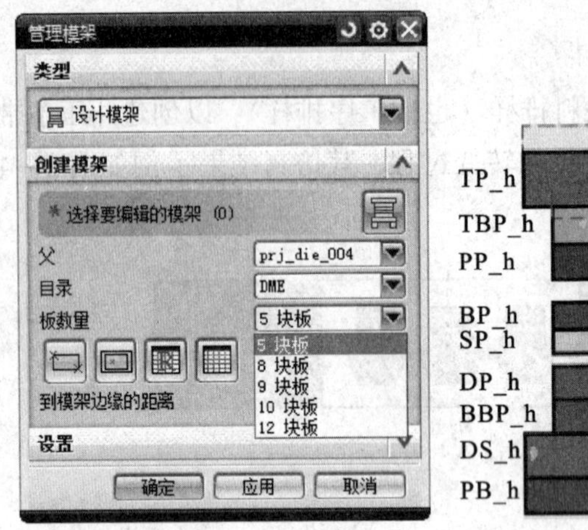

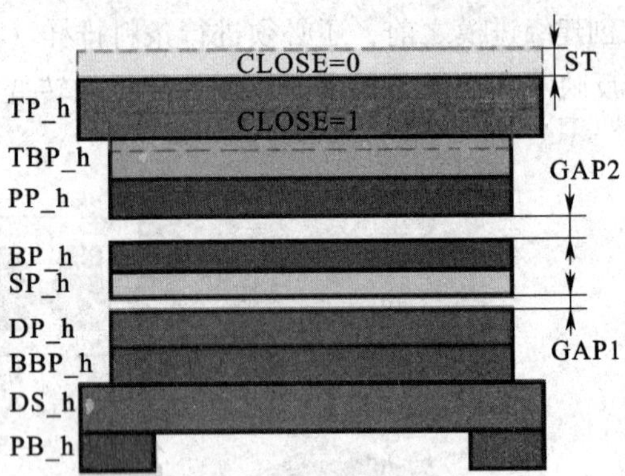

图 6—4—11　管理模架界面及模架结构示意

形镶块设计、翻孔镶块设计、镶块辅助设计等。通过它们可以完成基本冲压工序工作零件的设计，例如冲裁凸模和凹模、弯曲凸模和凹模、成形凸模和凹模、翻孔凸模和凹模等零件或镶件的设计。

（4）标准件、让位槽设计及腔体设计

PDW 中提供了多种标准件供用户使用，例如螺钉、定位销等。

在条料送进过程中，已经完成的某些工序（如弯曲、拉深等）会在后续工步中产生与模板的干涉问题，因此，必须在模板上开设相应的让位孔或让位槽。

腔体设计用于在模板上切出螺钉孔、冲头安装孔、让位槽等特征。

（5）装配图纸和物料清单

PDW 中的装配图纸工具为用户提供了级进模装配图纸的创建和管理功能，通过它可以快速、方便地完成级进模装配图的创建。当需要创建组件图样时，可通过组件图纸工具来创建。

PDW 中的物料清单工具，主要完成的功能包括：读取级进模中的所有部件，并给出它们的信息；计算和编辑部件的下料尺寸；把部件信息输出到 Excel 中。

附录一　　冲模标准

标准类型	标准名称	标准号	简要内容
冲模基础标准	冲模术语	GB/T 8845—2006	对冲模类型、冲模零部件、冲模设计要素、零件结构要素等进行了定义性的解释。给出了落料模、弯曲模、拉深模、复合模、级进模图例，提供了术语名称的中、英文索引
	冲压件尺寸公差 冲压件角度公差	GB/T 13914—2013 GB/T 13915—2013	规定了金属冲压件的尺寸和角度公差等级、代号、公差数值及偏差数值
	冲裁间隙	GB/T 16743—2010	规定了金属板料与非金属板料的冲裁间隙值，以及采用此间隙值时冲裁件可以达到的尺寸精度与剪切面质量水平
冲模产品（零部件）标准	冲模零件	GB/T 2855. 1 ~2—2008	冲模滑动导向模座上、下模座
		GB/T 2856. 1 ~2—2008	冲模滚动导向模座上、下模座
		GB/T 2861. 1 ~11—2008	冲模导向装置零件，包括滑动导向导柱、滚动导向导柱、滑动导向导套、滚动导向导套、钢球保持圈、圆柱螺旋压缩弹簧、滑动导向可卸导柱、滚动导向可卸导柱、衬套、垫圈和压板
		JB/T 8057. 1 ~5—1995	冷冲模凸、凹模零件，包括 A 型圆凸模、B 型圆凸模、快换圆凸模、圆凹模和带肩圆凹模

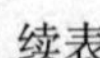
续表

标准类型	标准名称	标准号	简要内容
冲模产品（零部件）标准	冲模零件	JB/T 5825～5830—2008	冲模零件，包括圆柱头直杆圆凸模、圆柱头缩杆圆凸模、60°锥头直杆圆凸模、60°锥头缩杆圆凸模、球锁紧圆凸模和圆凹模
		JB/T 7184.1～4—1995	冲模钢板模座零件，包括后导柱下模座、对角导柱下模座、中间导柱下模座和四导柱下模座
		JB/T 7185.1～4—1995	冲模滑动导向钢板模座零件，包括后导柱上模座、对角导柱上模座、中间导柱上模座和四导柱上模座
		JB/T 7186.1～4—1995	冲模滚动导向钢板模座零件，包括后导柱上模座、对角导柱上模座、中间导柱上模座和四导柱上模座
		JB/T 7187.1～6—1995	冲模导向装置零件，包括A型导柱、B型导柱、A型导套、B型导套、钢球保持圈和圆柱螺旋压缩弹簧
		JB/T 7642.1～5—1994	冲模通用模座零件，包括带柄圆形上模座、带柄矩形上模座、A型下模座、B型下模座和弯曲模下模座
		JB/T 7642.6～8—1995	冷冲模通用模座零件，包括钢板模座、模座和C型下模座
		JB/T 7644.1～8—2008	冲模单凸模模板零件，包括单凸模固定板、单凸模垫板、偏装单凸模固定板、偏装单凸模垫板、球锁紧单凸模固定板、球锁紧单凸模垫板、球锁紧偏装单凸模固定板和球锁紧偏装单凸模垫板
		JB/T 7645.1～8—2008	冲模导向装置零件，包括A型小导柱、B型小导柱、小导套、压板固定式导柱、压板固定式导套、压板、导柱座和导套座

续表

标准类型	标准名称	标准号	简要内容
冲模产品（零部件）标准	冲模零件	JB/T 7646.1～6—2008	冲模模柄，包括压入式模柄、旋入式模柄、凸缘模柄、槽形模柄、浮动模柄和推入式活动模柄
		JB/T 7647.1～4—2008	冲模导正销，包括A型导正销、B型导正销、C型导正销和D型导正销
		JB/T 7648.1～8—2008	冲模侧刃和导料装置零件，包括侧刃、A型侧刃挡块、B型侧刃挡块、C型侧刃挡块、导料板、承料板、A型抬料销和B型抬料销
		JB/T 7649.1～10—2008	冲模挡料和弹顶装置零件，包括始用挡料装置、弹簧芯柱、弹簧侧压装置、侧压簧片、弹簧弹顶挡料装置、扭簧弹顶挡料装置、回带式挡料装置、钢球弹顶装置、活动挡料销和固定挡料销
		JB/T 7650.1～8—2008	冲模卸料装置零件，包括带肩推杆、带螺纹推杆、顶杆、顶板、圆柱头卸料螺钉、圆柱头内六角卸料螺钉、定距套件和调节垫圈
		JB/T 7651.1～2—2008	冲模废料切刀，包括圆废料切刀和方废料切刀
		JB/T 7652.1～2—2008	冲模限位支承装置零件，包括支承套件和限位柱
		JB/T 8054.1～2—1995	冷冲模导板模导板，包括对角导柱弹压导板和中间导柱弹压导板
	冲模模架	GB/T 2851—2008	冲模滑动导向模架
		GB/T 2852—2008	冲模滚动导向模架
		JB/T 8049.1～2—1995	冷冲模导板模模架，包括对角导柱弹压模架和中间导柱弹压模架
		JB/T 7181.1～4—1995	冲模滑动导向钢板模架，包括后导柱模架、对角导柱模架、中间导柱模架和四导柱模架
		JB/T 7182.1～4—1995	冲模滚动导向钢板模架，包括后导柱模架、对角导柱模架、中间导柱模架和四导柱模架

续表

标准类型	标准名称	标准号	简要内容
冲模工艺质量指标	冲模技术条件	GB/T 14662—2006	规定了冲模的要求、验收、标志、包装、运输和储存，适用于冲模的设计、制造和验收。对不同模具类型、不同冲件与冲压工艺情况下模具工作零件和冲模具一般零件的常用材料和硬度要求做了相应规定，具体内容见附录二、附录三
	冲模钢板模架技术条件	JB/T 7183—1995	规定了钢板模架零件制造和装配技术要求，以及模架验收的技术要求

附录二　　模具工作零件常用材料及热处理要求

模具类型	冲件与冲压工艺情况		材料	硬度	
				凸模	凹模
冲裁模	Ⅰ	形状简单，精度较低，材料厚度小于或等于3 mm，中小批量	T10A、9Mn2V	56～60HRC	58～62HRC
	Ⅱ	材料厚度小于或等于3 mm，形状复杂；材料厚度大于3 mm	9CrSi、CrWMn、Cr12、Cr12MoV、W6Mo5Cr4V2	58～62HRC	60～64HRC
	Ⅲ	大批量	Cr12MoV、Cr4W2MoV	58～62HRC	60～64HRC
			YG15、YG20	≥86HRA	≥84HRA
			超细硬质合金	—	
弯曲模	Ⅰ	形状简单，中小批量	T10A	56～62HRC	
	Ⅱ	形状复杂	CrWMn、Cr12、Cr12MoV	60～64HRC	
	Ⅲ	大批量	YG15、YG20	≥86HRA	≥84HRA
	Ⅳ	加热弯曲	5CrNiMo、5CrNiTi、5CrMnMo	52～56HRC	
			4Cr5MoSiV1	40～45HRC，表面渗氮≥900HV	

续表

模具类型	冲件与冲压工艺情况		材料	硬度	
				凸模	凹模
拉深模	Ⅰ	一般拉深	T10A	56～60HRC	58～62HRC
	Ⅱ	形状复杂	Cr12、Cr12MoV	58～62HRC	60～64HRC
	Ⅲ	大批量	Cr12MoV、Cr4W2MoV	58～62HRC	60～64HRC
			YG10、YG15	≥86HRA	≥84HRA
			超细硬质合金		
	Ⅳ	变薄拉深	Cr12MoV	58～62HRC	—
			W18Cr4V、W6Mo5Cr4V2、Cr12MoV	—	60～64HRC
			YG10、YG15	≥86HRA	≥84HRA
	Ⅴ	加热拉深	5CrNiTi、5CrNiMo	52～56HRC	
			4Cr5MoSiV1	40～45HRC，表面渗氮≥900HV	
大型拉深件	Ⅰ	中小批量	HT250、HT300	170～260HB	
			QT600－20	197～269HB	
	Ⅱ	大批量	镍铬铸铁	火焰淬硬40～45HRC	
			钼铬铸铁、钼钒铸铁	火焰淬硬50～55HRC	

附录三　　模具一般零件的材料及热处理要求

零件名称	材料	硬度
上、下模座	HT200 45	170～220HB 24～28HRC
导柱	20Cr GCr15	60～64HRC（渗碳） 60～64HRC

续表

零件名称	材料	硬度
导套	20Cr GCr15	58～62HRC（渗碳） 58～62HRC
凸模固定板、凹模固定板、螺母、垫圈、螺塞	45	28～32HRC
模柄、承料板	Q235A	—
卸料板、导料板	45 Q235A	28～32HRC —
导正销	T10A 9Mn2V	50～54HRC 56～60HRC
垫板	45 T10A	43～48HRC 50～54HRC
螺钉	45	头部 43～48HRC
销钉	T10A、GCr15	56～60HRC
挡料销、抬料销、推杆、顶杆	65Mn、GCr15	52～56HRC
推板	45	43～48HRC
压边圈	T10A 45	54～58HRC 43～48HRC
定距侧刃、废料切断刀	T10A	58～62HRC
侧刃挡块	T10A	56～60HRC
斜楔与滑块	T10A	54～58HRC
弹簧	50CrVA、55CrSi、65Mn	44～48HRC

附录四

曲柄（开式）压力机参数

公称压力（kN）	40	63	100	160	250	400	630	800	1 000	1 250	1 600	2 000	2 500	3 150	4 000
公称压力行程（mm）	3	3. 5	4	5	6	7	8	9	10	11	12	12	13	13	15
滑块行程（mm）	40	50	60	70	80	100	120	130	140	140	160	160	200	200	250
行程次数（次/min）	200	160	135	115	100	80	70	60	60	50	40	40	30	30	25
最大封闭高度（mm） 固定台和可倾式	160	170	180	220	250	300	360	380	400	430	450	450	500	500	550
最大封闭高度（mm） 活动台位置 最高				300	360	400	460	480	500						
最大封闭高度（mm） 活动台位置 最低				160	180	200	220	240	260						
封闭高度调节量（mm）	35	40	50	60	70	80	90	100	110	120	130	130	150	150	170
滑块中心到床身的距离（mm）	100	110	130	160	190	220	260	290	320	350	380	380	425	425	480
工作台尺寸(mm) 左右	280	315	360	450	560	630	710	800	900	970	1 120	1 120	800	800	900
工作台尺寸(mm) 前后	180	200	240	300	360	420	480	540	600	650	710	710	650	650	700
工作台孔尺寸（mm） 左右	130	150	180	220	260	300	340	380	420	460	530	530	650	650	700
工作台孔尺寸（mm） 前后	60	70	90	110	130	150	180	210	230	250	300	300	350	350	400
工作台孔尺寸（mm） 直径	100	110	120	160	180	200	230	260	300	340	400	400	460	460	530
立柱间距离（mm）	130	150	180	220	260	300	340	380	420	460	530	530	650	650	700

续表

活动台压力机滑块中心到床身紧固工作台平面距离（mm）				150	180	210	250	270	300						
模柄孔尺寸（mm）	ϕ30×50			ϕ50×70			ϕ60×75			ϕ70×80			T 形槽		
工作台模板厚度（mm）	35	40	50	60	70	80	90	100	110	120	130	130	150	150	170
倾斜角（可倾式工作台压力机）	30°							25°							

附录五

冲模滑动导向对角导柱模架尺寸

mm

凹模周界		闭合高度（参考）H		零件件号、名称及标准编号					
				1	2	3		4	
				上模座 GB/T 2855.1	下模座 GB/T 2855.2	导柱 GB/T 2861.1		导套 GB/T 2861.3	
				数量					
L	B	最小	最大	1	1	1	1	1	1
				规格					
63	50	100	115	63×50×20	63×50×25	16×90	18×90	16×60×18	18×60×18
		110	125			16×100	18×100		
		110	130	63×50×25	63×50×30	16×100	18×100	16×65×23	18×65×23
		120	140			16×110	18×110		

续表

凹模周界		闭合高度（参考）H		零件件号、名称及标准编号					
				1	2	3		4	
				上模座 GB/T 2855. 1	下模座 GB/T 2855. 2	导柱 GB/T 2861. 1		导套 GB/T 2861. 3	
				数量					
L	B	最小	最大	1	1	1	1	1	1
				规格					
63	63	100	115	63×63×20	63×63×25	16×90	18×90	16×60×18	18×60×18
		110	125			16×100	18×100		
		110	130	63×63×25	63×63×30	16×100	18×100	16×65×23	18×65×23
		120	140			16×110	18×110		
80		110	130	80×63×25	80×63×30	18×100	20×100	18×65×23	20×65×23
		130	150			18×120	20×120		
		120	145	80×63×30	80×63×40	18×110	20×110	18×70×28	20×70×28
		140	165			18×130	20×130		
100		110	130	100×63×25	100×63×30	18×100	20×100	18×65×23	20×65×23
		130	150			18×120	20×120		
		120	145	100×63×30	100×63×40	18×110	20×110	18×70×28	20×70×28
		140	165			18×130	20×130		

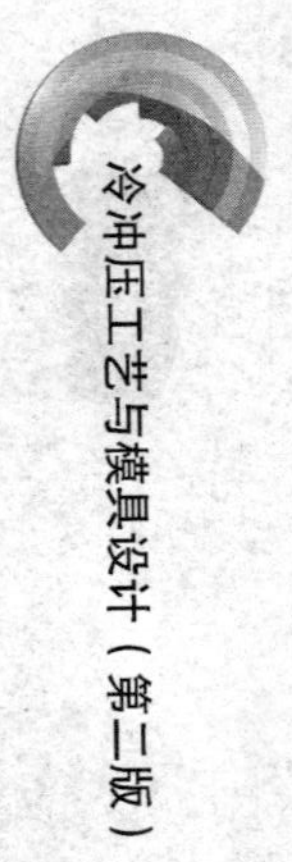

续表

凹模周界		闭合高度（参考）*H*		零件件号、名称及标准编号					
				1	2	3		4	
				上模座 GB/T 2855.1	下模座 GB/T 2855.2	导柱 GB/T 2861.1		导套 GB/T 2861.3	
				数量					
L	*B*	最小	最大	1	1	1	1	1	1
				规格					
80	80	110	130	80×80×25	80×80×30	20×100	22×100	20×65×23	22×65×23
		130	150			20×120	22×120		
		120	145	80×80×30	80×80×40	20×110	22×110	20×70×28	22×70×28
		140	165			20×130	22×130		
100		110	130	100×80×25	100×80×30	20×100	22×100	20×65×23	22×65×23
		130	150			20×120	22×120		
		120	145	100×80×30	100×80×40	20×110	22×110	20×70×28	22×70×28
		140	165			20×130	22×130		
125		110	130	125×80×25	125×80×30	20×100	22×100	20×65×23	22×65×23
		130	150			20×120	22×120		
		120	145	125×80×30	125×80×40	20×110	22×110	20×70×28	22×70×28
		140	165			20×130	22×130		

续表

凹模周界		闭合高度（参考）H		零件件号、名称及标准编号					
				1	2	3		4	
				上模座 GB/T 2855. 1	下模座 GB/T 2855. 2	导柱 GB/T 2861. 1		导套 GB/T 2861. 3	
				数量					
L	B	最小	最大	1	1	1	1	1	1
				规格					
100	100	110	130	100×100×25	100×100×30	20×100	22×100	20×65×23	22×65×23
		130	150			20×120	22×120		
		120	145	100×100×30	100×100×40	20×110	22×110	20×70×28	22×70×28
		140	165			20×130	22×130		
125		120	150	125×100×30	125×100×35	22×110	25×110	22×80×28	25×80×28
		140	165			22×130	25×130		
		140	170	125×100×35	125×100×45	22×130	25×130	22×80×33	25×80×33
		160	190			22×150	25×150		
160		140	170	160×100×35	160×100×40	25×130	28×130	25×85×33	28×85×33
		160	190			25×150	28×150		
		160	195	160×100×40	160×100×50	25×150	28×150	25×90×38	28×90×38
		190	225			25×180	28×180		
200		140	170	200×100×35	200×100×40	25×130	28×130	25×85×33	28×85×33
		160	190			25×150	28×150		
		160	195	200×100×40	200×100×50	25×150	28×150	25×90×38	28×90×38
		190	225			25×180	28×180		

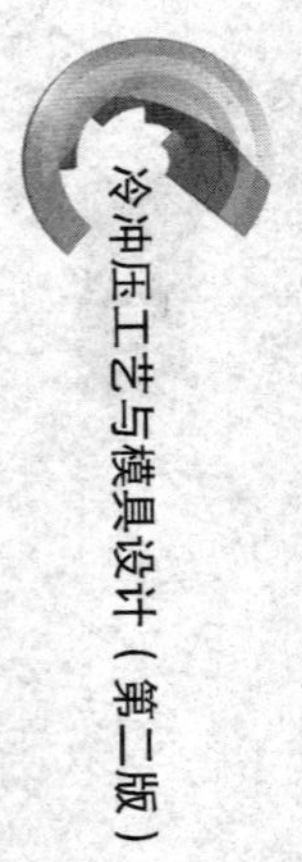

续表

凹模周界		闭合高度（参考）H		零件件号、名称及标准编号					
				1	2	3		4	
				上模座 GB/T 2855.1	下模座 GB/T 2855.2	导柱 GB/T 2861.1		导套 GB/T 2861.3	
				数量					
L	B	最小	最大	1	1	1	1	1	1
				规格					
125	125	120	150	125×125×30	125×125×35	22×110	25×110	22×80×28	25×80×28
		140	165			22×130	25×130		
		140	170	125×125×35	125×125×45	22×130	25×130	22×85×33	25×85×33
		160	190			22×150	25×150		
160		140	170	160×125×35	160×125×40	25×130	28×130	25×85×33	28×85×33
		160	190			25×150	28×150		
		170	205	160×125×40	160×125×50	25×160	28×160	25×95×38	28×95×38
		190	225			25×180	28×180		
200		140	170	200×125×35	200×125×40	25×130	28×130	25×85×33	28×85×33
		160	190			25×150	28×150		
		170	205	200×125×40	200×125×50	25×160	28×160	25×95×38	28×95×38
		190	225			25×180	28×180		

续表

<table>
<tr><th colspan="2" rowspan="3">凹模周界</th><th colspan="2" rowspan="3">闭合高度
（参考）
H</th><th colspan="6">零件件号、名称及标准编号</th></tr>
<tr><th>1</th><th>2</th><th colspan="2">3</th><th colspan="2">4</th></tr>
<tr><th>上模座
GB/T 2855. 1</th><th>下模座
GB/T 2855. 2</th><th colspan="2">导柱
GB/T 2861. 1</th><th colspan="2">导套
GB/T 2861. 3</th></tr>
<tr><th rowspan="3">L</th><th rowspan="3">B</th><th rowspan="3">最小</th><th rowspan="3">最大</th><th colspan="6">数量</th></tr>
<tr><th>1</th><th>1</th><th>1</th><th>1</th><th>1</th><th>1</th></tr>
<tr><th colspan="6">规格</th></tr>
<tr><td rowspan="4">250</td><td rowspan="4">125</td><td>160</td><td>200</td><td rowspan="2">250×125×40</td><td rowspan="2">250×125×45</td><td>28×150</td><td>32×150</td><td rowspan="2">28×100×38</td><td rowspan="2">32×100×38</td></tr>
<tr><td>180</td><td>220</td><td>28×170</td><td>32×170</td></tr>
<tr><td>190</td><td>235</td><td rowspan="2">250×125×45</td><td rowspan="2">250×125×55</td><td>28×180</td><td>32×180</td><td rowspan="2">28×110×43</td><td rowspan="2">32×110×43</td></tr>
<tr><td>210</td><td>255</td><td>28×200</td><td>32×200</td></tr>
<tr><td rowspan="4">160</td><td rowspan="8">160</td><td>160</td><td>200</td><td rowspan="2">160×160×40</td><td rowspan="2">160×160×45</td><td>28×150</td><td>32×150</td><td rowspan="2">28×100×38</td><td rowspan="2">32×100×38</td></tr>
<tr><td>180</td><td>220</td><td>28×170</td><td>32×170</td></tr>
<tr><td>190</td><td>235</td><td rowspan="2">160×160×45</td><td rowspan="2">160×160×55</td><td>28×180</td><td>32×180</td><td rowspan="2">28×110×43</td><td rowspan="2">32×110×43</td></tr>
<tr><td>210</td><td>255</td><td>28×200</td><td>32×200</td></tr>
<tr><td rowspan="4">200</td><td>160</td><td>200</td><td rowspan="2">200×160×40</td><td rowspan="2">200×160×45</td><td>28×150</td><td>32×150</td><td rowspan="2">28×100×38</td><td rowspan="2">32×100×38</td></tr>
<tr><td>180</td><td>220</td><td>28×170</td><td>32×170</td></tr>
<tr><td>190</td><td>235</td><td rowspan="2">200×160×45</td><td rowspan="2">200×160×55</td><td>28×180</td><td>32×180</td><td rowspan="2">28×110×43</td><td rowspan="2">32×110×43</td></tr>
<tr><td>210</td><td>255</td><td>28×200</td><td>32×200</td></tr>
</table>

续表

凹模周界		闭合高度（参考）*H*		零件件号、名称及标准编号					
				1	2	3		4	
				上模座 GB/T 2855. 1	下模座 GB/T 2855. 2	导柱 GB/T 2861. 1		导套 GB/T 2861. 3	
				数量					
L	*B*	最小	最大	1	1	1	1	1	1
				规格					
250	160	170	210	250×160×45	250×160×50	32×160	35×160	32×105×43	35×105×43
		200	240			32×190	35×190		
		200	245	250×160×50	250×160×60	32×190	35×190	32×115×48	35×115×48
		220	265			32×210	35×210		
200	200	170	210	200×200×45	200×200×50	32×160	35×160	32×105×43	35×105×43
		200	240			32×190	35×190		
		200	245	200×200×50	200×200×60	32×190	35×190	32×115×48	35×115×48
		220	265			32×210	35×210		
250		170	210	250×200×45	250×200×50	32×160	35×160	32×105×43	35×105×43
		200	240			32×190	35×190		
		200	245	250×200×50	250×200×60	32×190	35×190	32×115×48	35×115×48
		220	265			32×210	35×210		
315		190	230	315×200×45	315×200×55	35×180	40×180	35×115×43	40×115×43
		220	260			35×210	40×210		
		210	255	315×200×50	315×200×65	35×200	40×200	35×125×48	40×125×48
		240	285			35×230	40×230		

续表

凹模周界		闭合高度（参考）*H*		零件件号、名称及标准编号					
				1	2	3		4	
				上模座 GB/T 2855.1	下模座 GB/T 2855.2	导柱 GB/T 2861.1		导套 GB/T 2861.3	
				数量					
L	*B*	最小	最大	1	1	1	1	1	1
				规格					
250	250	190	230	250×250×45	250×250×55	35×180	40×180	35×115×43	40×115×43
		220	260			35×210	40×210		
		210	255	250×250×50	250×250×65	35×200	40×200	35×125×48	40×125×48
		240	285			35×230	40×230		
315		215	250	315×250×50	315×250×60	40×200	45×200	40×125×48	45×125×48
		245	280			40×230	45×230		
		245	290	315×250×55	315×250×70	40×230	45×230	40×140×53	45×140×53
		275	320			40×260	45×260		
400		215	250	400×250×50	400×250×60	40×200	45×200	40×125×48	45×125×48
		245	280			40×230	45×230		
		245	280	400×250×55	400×250×70	40×230	45×230	40×140×53	45×140×53
		275	320			40×260	45×260		

续表

凹模周界		闭合高度（参考）H		零件件号、名称及标准编号					
				1	2	3		4	
				上模座 GB/T 2855. 1	下模座 GB/T 2855. 2	导柱 GB/T 2861. 1		导套 GB/T 2861. 3	
				数量					
L	B	最小	最大	1	1	1	1	1	1
				规格					
315	315	215	250	315×315×50	315×315×60	45×200	50×200	45×125×48	50×125×48
		245	280			45×230	50×230		
		245	290	315×315×55	315×315×70	45×230	50×230	45×140×53	50×140×53
		275	320			45×260	50×260		
400		245	290	400×315×55	400×315×65	45×230	50×230	45×140×53	50×140×53
		275	315			45×260	50×260		
		275	320	400×315×60	400×315×75	45×260	50×260	45×150×58	50×150×58
		305	350			45×290	50×290		
500		245	290	500×315×55	500×315×65	45×230	50×230	45×140×53	50×140×53
		275	315			45×260	50×260		
		275	320	500×315×60	500×315×75	45×260	50×260	45×150×58	50×150×58
		305	350			45×290	50×290		

续表

凹模周界		闭合高度（参考）H		零件件号、名称及标准编号					
				1	2	3		4	
				上模座 GB/T 2855. 1	下模座 GB/T 2855. 2	导柱 GB/T 2861. 1		导套 GB/T 2861. 3	
				数量					
L	B	最小	最大	1	1	1	1	1	1
				规格					
400	400	245	290	400×400×55	400×400×65	45×230	50×230	45×140×53	50×140×53
		275	315			45×260	50×260		
		275	320	400×400×60	400×400×75	45×260	50×260	45×150×58	50×150×58
		305	350			45×290	50×290		
630		240	280	630×400×55	630×400×65	50×220	55×220	50×150×53	55×150×53
		270	305			50×250	55×250		
		270	310	630×400×65	630×400×80	50×250	55×250	50×160×63	55×160×63
		300	340			50×280	55×280		
500	500	260	300	500×500×55	500×500×65	50×240	55×240	50×150×53	55×150×53
		290	325			50×270	55×270		
		290	330	500×500×65	500×500×80	50×270	55×270	50×160×63	55×160×63